U0248635

工业和信息化部"十四五"规划教材

容错飞行控制系统可靠性理论与技术

王少萍　石　健　张　超　王兴坚　著

科学出版社

北　京

内 容 简 介

本书围绕容错控制系统新理论和新技术,介绍了容错控制系统的可靠性要求、基于统计可靠性理论、基于失效物理可靠性理论、高可靠性系统设计方法及容错控制综合可靠性评价方法。书中主要内容是作者及其团队在归纳、总结和发展有关容错控制系统可靠性的科研成果的基础上,结合相关实际工程应用完成的。全书共分9章,分别论述了容错控制系统基本组成、基于统计和基于失效物理的元件可靠性理论、面向成功和故障的系统可靠性分析方法、元件和系统的可靠性设计方法、故障诊断与容错控制及容错控制系统的综合可靠性理论方法等。本书内容新颖,注重工程实际,书中实例均为实际系统的可靠性分析和评价结果。

本书可供从事高可靠控制系统设计、研制、使用和维护等领域的工程技术人员阅读,也可以作为控制领域和其他相关专业研究生的参考书。

图书在版编目(CIP)数据

容错飞行控制系统可靠性理论与技术 / 王少萍等著. —北京:科学出版社,2023.5

ISBN 978-7-03-074135-6

Ⅰ. ①容… Ⅱ. ①王… Ⅲ. ①飞行控制系统－容错技术－系统可靠性 Ⅳ. ①V249

中国版本图书馆 CIP 数据核字(2022)第 239781 号

责任编辑:任 静 / 责任校对:胡小洁
责任印制:吴兆东 / 封面设计:迷底书装

科学出版社 出版
北京东黄城根北街 16 号
邮政编码:100717
http://www.sciencep.com
北京中石油彩色印刷有限责任公司 印刷
科学出版社发行 各地新华书店经销
*
2023 年 5 月第 一 版 开本:787×1092 1/16
2023 年 5 月第一次印刷 印张:21
字数:511 000

定价:148.00 元

(如有印装质量问题,我社负责调换)

前　言

容错控制技术的迅速发展是高安全关键系统的需求与多学科理论发展的结果。随着安全关键系统的复杂程度越来越高，系统的可靠性和安全性已成为保障其经济社会效益的关键。容错控制系统覆盖现代控制理论、可靠性、信号处理、故障诊断、最优化方法、人工智能等多个学科，其应用领域包括航空航天、核反应堆、热电厂、轨道交通、石油运输、机器人、化工、船舶等多个工程技术领域。同时，该领域还是国内外研究的活跃领域，每年在控制、可靠性等权威期刊上有上千篇论文发表。

容错控制系统一般采用冗余的硬件、软件或算法来提高系统可靠性。如果没有完备的故障机理分析、故障诊断方法和容错控制技术，即便采用冗余设计可能也达不到预期提高可靠性的效果，甚至可能会降低系统可靠性。例如 2018 年 10 月发生在印尼狮航和 2019 年 3 月发生在埃塞俄比亚航空的波音 737MAX 空难，就是迎角传感器故障给机动特性增强系统 (MCAS)错误信号，造成了飞机在正常爬升中 MCAS 频繁给出自动压低机头指令，造成飞机坠毁，两场事故共夺去了 346 条生命。因此，揭示容错控制系统的失效机理，探索提升可靠性的设计方法，构建基于统计和性能的可靠性模型，提出基于故障诊断的容错控制方法对容错控制系统的可靠性至关重要。

本书是作者所在的北京航空航天大学机电系统健康服役研究团队 20 多年的容错控制系统可靠性方面研究和实践的总结。本书的完成得到了国家自然科学基金国际合作重点基金 (51620105010)、国家 973 课题(2014CB046402)、国家 863 项目(2009AA04Z412)、国防 973 课题等 10 项国家项目的资助，相关理论分别应用于四代机、大型客机、大型运输机、导弹、运载火箭、船舶和轨道交通领域，取得了很好的应用效果。

全书分为 10 章。第 1 章概述了飞机操纵系统的发展历程，通过电传操纵系统可靠性需求引出飞机的容错控制系统及其关键技术。第 2 章介绍了基于统计的可靠性理论，给出了可靠性相关的基本概念和基于统计的可靠性指标体系。第 3 章介绍了基于失效物理的可靠性理论，包括材料的退化规律及敏感应力、基于疲劳损伤的可靠性度量、基于磨损的可靠性度量和基于老化的可靠性度量。第 4 章讲述了面向成功的网络可靠性分析方法，包括基于可靠性框图和基于网络分析方法的可靠性分析方法。第 5 章介绍了基于失败的可靠性分析方法，包括故障树分析方法、故障模式影响分析方法和马尔可夫状态转移的可靠性分析方法。第 6 章和第 7 章讲述了元件和系统的可靠性设计方法，包括热设计、电磁兼容设计、应力强度干涉模型设计及余度设计和容错设计方法。第 8 章讲述了容错控制系统故障诊断技术，包括基于模型的故障诊断技术、故障决策技术及故障诊断的评价。第 9 章介绍了飞行控制系统的容错控制技术，包括被动容错、主动容错和飞推一体容错控制方法。第 10 章以飞机飞行控制系统为例，给出了各种可靠性分析技术在实例中的应用。

　　本书出版还得到了研究生石存、李彤阳、王军、崔晓玉、马仲海等人的帮助，同时书中部分插图和仿真内容来源于廖子锐、乔雅静、耿艺璇、陈仁同、张亚东等的工作，在此作者表示衷心的感谢！

　　由于作者水平有限及研究工作的局限性，特别是容错控制系统可靠性技术本身处于不断发展中，书中难免存在一些不妥和疏漏之处，恳请广大读者批评指正。

目　　录

第1章 概　　论

1.1　飞机操纵系统的发展

自从 1903 年莱特兄弟发明世界上第一架依靠自身动力进行载人飞行的飞机以来，驾驶员主要是通过操纵位于飞机不同部位上的气动操纵面，改变作用于飞机上的气动力及力矩，实现不同的飞行任务。在座舱中，驾驶员移动驾驶杆或脚蹬，通过操纵系统偏转位于不同翼面上的气动操纵面，实现对飞机运动的控制。100 多年来，飞机操纵系统的发展大致经历了四个阶段，本章概述了飞机操纵系统的发展历程，简要介绍容错控制系统的概念及关键技术。

1.1.1　飞机操纵系统的发展阶段

1. 机械操纵系统

飞机诞生以后的前 30 多年中，飞机的操纵系统采用的是简单的机械操纵系统，由钢索的软式操纵，发展为拉杆的硬式操纵。驾驶杆及脚蹬的运动经过钢索或拉杆的传递直接拖动舵面运动，如图 1.1 所示。驾驶员在操纵过程中必须克服舵面上所承受的气动力，并依据这种感觉来操纵飞机。只要对传动的摩擦、间隙和传动系统的弹性变形加以限制，就可以获得满意的性能。

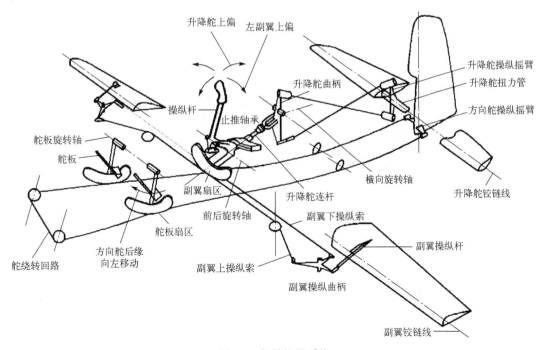

图 1.1　机械操纵系统

2. 助力操纵系统

随着飞机尺寸、重量及飞行速度的不断提高，由于舵面铰链力矩的增大，驾驶员难以直接通过钢索或拉杆拉动舵面。20世纪40年代末出现了液压助力器，将其安装在操纵系统中，如图1.2所示，作为一种辅助装置来增大施加在舵面上的作用力，以发挥飞机的全部机动能力。图1.2(a)为可逆助力操纵系统，驾驶员仍然可以通过拉杆或钢索感受到舵面上所受到的气动力，并依据这种感觉来操纵飞机。

当超音速飞机出现后，超音速飞行时飞机的焦点急剧后移，纵向静稳定力矩剧增，此时需要相当大的操纵力矩才能满足飞机机动性要求，此外，由于尾翼上出现了超音速区，升降舵操纵效率大为降低，因此，不得不采用全动平尾进行操纵。全动平尾的铰链力矩很大，并且数值的变化范围较宽，非线性特性影响严重，驾驶员无法直接承受舵面上的铰链力矩并依据它来操纵飞机。因此，出现了不可逆力操纵系统，如图1.2(b)所示。这种系统切断了舵面与驾驶杆的直接联系，驾驶员的操纵指令直接控制助力器上的分油活门，从而通过助力器改变舵面的偏转并承受舵面的铰链力矩。此时，驾驶杆上所承受的杆力仅用于克服传动机构中的摩擦，与飞行状态无关，驾驶员亦无法从杆力的大小来感受飞机飞行状态的变化，不符合飞行操纵要求。为使驾驶员获得必要的操纵感觉，感受到适当的杆力和杆位移，在系统中增加了人感装置。驾驶杆的操纵情况(如杆力梯度、杆位移梯度)要随飞行状态变化，使驾驶员有真实的操纵力的感觉。

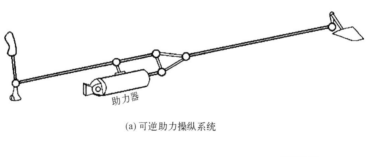

(a) 可逆助力操纵系统

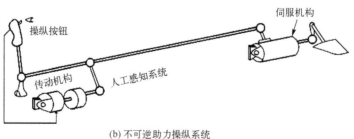

(b) 不可逆助力操纵系统

图 1.2　助力操纵系统

3. 增稳与控制增稳控制系统

从20世纪50年代中期开始，随着飞机向高空高速方向发展，飞行包线不断扩大，飞机的气动外形很难既满足低空低速的要求又满足高空高速的要求，常常会产生在高空高速飞行时飞机的静稳定性增加而阻尼不足，而在低速飞行时稳定性不够的现象。为了提高飞机的稳定性和改善飞机的阻尼特性，人们将人工操纵系统与自动控制结合起来，将增稳系统引入人工操纵系统中，形成了具有稳定功能的全助力操纵系统，如图 1.3 所示。这种系统利用角速率陀螺或加速度计测量飞机相关变量的变化形成人工阻尼和增稳信号，通过串联或并联舵机操纵舵面，使飞机在高空或高速条件下仍具有满意的操纵品质。从驾驶员操纵角度来看，增稳系统是飞机的组成部分，驾驶员操纵的犹如一架具有优良品质的"等效飞机"。在这种系统里，增稳系统和驾驶杆是互相独立的，增稳系统并不影响驾驶员的操纵。由于舵面既受驾驶杆机械传动指令控制，又受增稳系统产生的指令控制，为了操纵安全起见，增稳系统对舵面的操纵权限受到限制，一般仅为舵面全权限的 3%～6%。

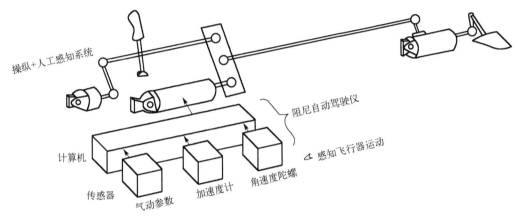

图 1.3　飞机的增稳系统

增稳系统在增大飞机的阻尼和改善稳定性的同时，在一定程度上降低了飞机操纵反应的灵敏性，从而使飞机的操纵性变差。为了克服这种缺点，在增稳系统的基础上，进一步发展成为控制增稳系统。它与增稳系统的主要区别在于，在控制增稳系统里，还将驾驶员操纵驾驶杆的指令信号变换为电信号，并经过一定处理后，引入到增稳系统中，作为增稳系统的指令输入信号，控制舵机的运动。通过合理的设计可获得满意的操纵性和机动性，较好地解决了稳定性与操纵性之间的矛盾，控制增稳系统的典型结构如图 1.4 所示。由于驾驶员还可通过该系统直接控制舵面，因此控制增稳系统的权限可以增大到全权限的 30%以上。

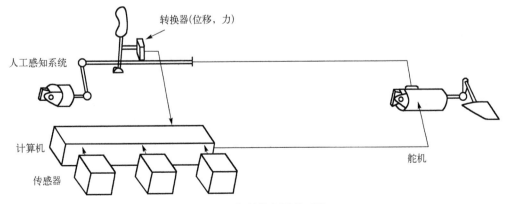

图 1.4　飞机的控制增稳系统

机械操纵系统以及带增稳或控制增稳的机械操纵系统都存在以下缺点：

（1）在大型飞机上机械操纵系统尺寸大、笨重；

（2）不可避免地会存在一些如摩擦力和传动间隙等非线性因素，其所产生的迟滞现象是造成系统自振的重要因素；

（3）由于机械操纵直接固定在机体上，它容易传递飞机的弹性振动，引起驾驶杆偏移，有时会诱发人机振荡等。

4. 电传操纵系统

鉴于飞机机械操纵机构复杂，不易与自动飞行控制及控制增稳系统相协调，为保证飞机有好的操纵性能，20 世纪 70 年代初成功研制出了电传操纵（Fly-by-wire，FBW）系统，如图 1.5 所示。

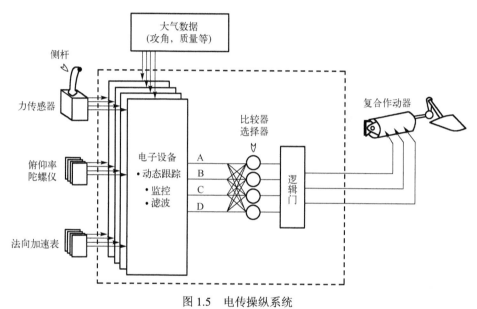

图 1.5　电传操纵系统

电传操纵系统主要由传感器、飞行控制计算机和舵机组成。驾驶员的操纵指令完全通过电信号利用控制增稳系统实现对飞机操纵，是一个全时全权限的"电信号系统+控制增稳"的飞行操纵系统，较好地克服了机械操纵系统所存在的缺点，同时改善了飞机的操纵品质，可以减少维护工作量以及更容易与自动飞行控制系统相耦合等。

1.1.2　电传操纵系统的特点

飞机典型电传操纵系统可以为飞机在整个飞行包线内提供优化的飞行品质，为飞行操纵任务提供最大的灵活性。它可以实现俯仰、滚转、偏航三轴控制增稳和精确控制，实现自动迎角和法向过载限制，使飞行员可以最大限度地发挥飞机的能力，而不必担心由于疏忽而造成失控。同时，有效的余度部件和信号通道为飞机提供了高的安全性和完成任务的概率。其机内自检能力可以保证系统以最短的地面维护时间做好飞行准备。

下面以 B777 飞机电传操纵系统为例说明其组成和功能。B777 飞机是美国波音公司制造的一种中、远程宽体运输机。飞机全长超过 60 米，高 18.4 米，最大起飞重量可达 280 多吨，最大实用升限为 43000 英尺气压高度，最大飞行速度可达 330 海里/小时或 0.87 马赫。最大航程分为两种：7340～8930 公里和 11170～13670 公里。飞机下单翼外挂两个发动机吊舱，水平安定面/升降舵以及垂直安定面/方向舵位于机尾。大翼上除了外侧副翼和襟副翼外，还安装了增升装置：每侧有外侧后缘襟翼、内侧后缘襟翼和克鲁格襟翼各一块以及七块前缘缝翼。每侧大翼上还有七块扰流片，以帮助空中操纵和着陆减速。B777 飞机的飞行操纵面如图 1.6 所示。其中，两个升降舵和一个活动的水平安定面实现俯仰控制；两个襟副翼和两个副翼，14 块扰流板实现横滚控制，在正常方式时，襟副翼都是用来控制横滚的；偏航由唯一的一个方向舵控制，方向舵几乎与垂直尾翼一样高。方向舵的下段有一活动部分，该部分的转动速度是主舵面的两倍，从而提供了附加的偏航控制能力。

B777 的飞行控制系统主要由三大部分构成：电传操纵系统(主飞行操纵系统)、自动飞行控制系统和自动油门系统。这里主要介绍 B777 飞机的电传操纵系统。

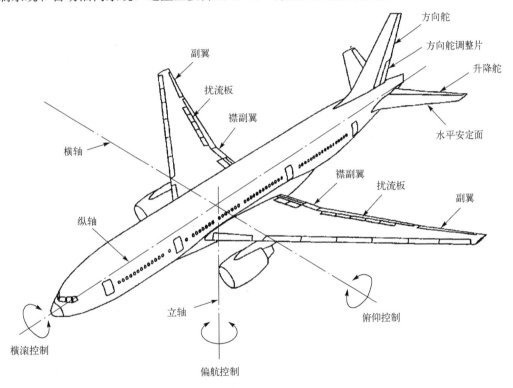

图 1.6 B777 飞机气动操纵面布局

1. B777 飞机主飞行操纵系统

B777 飞机主飞行操纵系统是电传操纵系统。它的基本组成框图如图 1.7 所示。驾驶员通过操纵盘实现俯仰和滚转的操纵，通过脚蹬踏板实现偏航的控制。电传操纵装置与飞机飞行操纵面通过电信号连接，且具有控制增稳功能，即主操纵系统是电传操纵系统。

电传操纵系统主要包括主飞行计算机(Primary Flight Computer，PFC)、作动器控制电子装置(Actuator Control Electronics，ACE)、动力控制组件(Power Control Unit，PCU)、杆位置传感器(Position Transducers)、人感系统(Feel Units)、配平作动器(Trim Actuators)、A/P 反驱动伺服器(A/P Backdrive)、速度制动作动器(Speed Brake Actuator)、断开开关(PFC Disconnect

Switch)、飞行控制 ARINC 629 总线及其电源组件。主要交联的分系统有：三个自动驾驶/飞行指引计算机(Autopilot Flight Director Computer，AFDC)、两个飞机信息管理系统(Airplane Information Management System，AIMS)、大气数据惯性基准组件(Air Data Inertial Reference Unit，ADIRU)、辅助姿态和大气数据基准组件(Subsidiary Attitude Air Data Reference Unit，SAARU)等。

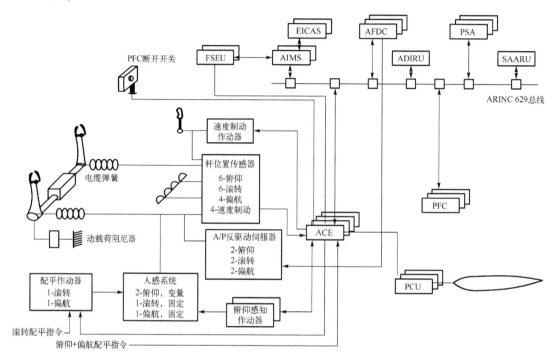

AFDC：自动驾驶/飞行指引计算机　　　　PFC：主飞行计算机
EICAS：发动机指示和机组警报系统　　　ADIRU：大气数据惯性基准组件
PSA：电源组件　　　　　　　　　　　　SAARU：辅助姿态和大气数据基准组件
FSEU：襟翼板电子单元　　　　　　　　ACE：作动器控制电子装置
AIMS：飞机信息管理系统　　　　　　　PCU：动力控制组件

图 1.7　B777 飞机主飞行操纵系统组成

在人工操纵时，由驾驶员控制的操纵盘、操纵脚蹬踏板以及减速板手柄的移动，由多套相应的位移传感器所感应，并将其转变成模拟电子信号，这些信号被送到作动器控制电子装置，并被作动器控制电子装置转化为数字信号，通过 629 总线发送到主飞行计算机。主飞行计算机通过飞行控制总线与飞机系统交换数据，它接收大气数据惯性基准单元或备用姿态和大气数据基准单元以及飞机信息管理系统的信号，根据设计好的控制规律以及飞行保护功能进行计算，产生相应的控制指令。计算所得数字指令信号从主飞行计算机通过飞行控制总线再发送到作动器控制电子装置。作动器控制电子装置将这些指令信号转换为模拟信号，并将它们发送到动力控制组件和安定面配平控制模块。动力控制组件控制每一个飞行操纵面。每个扰流片由一个动力控制组件控制；每个副翼、襟副翼和升降舵由两个动力控制组件控制；方向舵由三个动力控制组件控制。每个动力控制组件包括一个液压作动器、一个电子液压伺服阀和位置反馈传感器。两套安定面配平控制模块控制水平安定面驱动马达和制动装置的液压动力。

在自动驾驶仪工作时，主飞行计算机从所有三个自动驾驶/飞行指引计算机(AFDC)接受自动驾驶指令，并依控制律产生相应的控制指令通过 ACE 及 PCU 控制相应舵面。与此同时，主飞行计算机还通过 AFDC 提供给反驱动作动器以反驱动信号，反驱动作动器移动操纵盘、操纵杆、脚踏板同步于自动驾驶指令。这样，驾驶舱操纵装置的相应移动给机组人员提供一个能见的信号。PFC 内部各部件与外部有关系统是通过数字交联和模拟交联交换信息的。数字交联分为两种：一种是由飞机系统的 ARINC629 总线提供的通过 AIMS 转换的信息；另一种是由飞行控制 ARINC629 总线提供的飞机系统之间的信息交流。和 PFC 相交联的全部模拟信号交联都集中在 ACE，主要输入/输出信号有：驾驶员飞行操纵的各位置及力传感器信号，方向及俯仰配平电信号，与襟翼电子组件、动力控制组件(PCU)及 AIMS 设备柜交换的信号、主飞行计算机的脱开/自动电门信号等。

2. B777 飞机主飞行操纵系统典型部件

1) 主飞行计算机

主飞行计算机(PFC)是现代飞机飞行控制系统的核心部件，它的主要功能是采集驾驶员输入指令，计算不同工作模式中控制律，并生成必要的控制指令，控制作动器驱动舵面按照指令动作，并反馈飞机的运动信息，调整误差信号趋于零实现飞机的操纵。飞行控制计算机系统除了进行多种控制外，还要对飞控系统中各种传感器、主操纵计算机本身的硬件及软件、伺服传感器进行自动检测和余度管理。

电传操纵系统有三个完全相同的主飞行计算机，每套称为一个通道。每个主 PFC 又包括有三个数字计算机支路，分别为支路 1、支路 2 和支路 3。每个支路包括：一个输入信号监视器、一套控制法则；一个通道交叉监视器、一个主飞行计算机输出选择器。PFC 有两种工作方式：正常和辅助。PFC 自动选择自己的工作方式。在正常方式时，PFC 全部功能均能正常工作。当 PFC 探测到从 ADIRU 或 SAARU 来的数据丢失了重要大气和姿态传感器数据时，PFC 自动选择辅助方式。辅助方式是一种降级工作方式，仅能实现特定的功能。主飞行计算机的主要功能是完成操纵面的指令计算，以使飞机达到所要求的稳定性和操纵性。PFC 控制规律的主要功能如图 1.8 所示。

2) 作动器控制电子装置

作动器控制电子装置(ACE)是一个信号变换器，也是实现电传操纵系统的直接操纵方式。主要的功能如图 1.9 所示。

作动器控制电子装置包括模拟/数字转换器、数字/模拟转换器、直接操纵方式选择逻辑、直接操纵方式的指令计算、对动力控制组件(PCU)实现闭环控制和激励电源控制。模拟/数字转换器将来自座舱中杆位移传感器的模拟信号输入到 ACE，并将其转换为数字信号。发送模拟信号的传感器主要有操纵盘、操纵杆、方向舵脚踏和减速板手柄。此外，用于直接操纵方式控制律计算的俯仰角速率陀螺所产生的模拟输入信号也送入模拟/数字转换器，转换为数字信号，并传送给主飞行计算机，为电传操纵系统次要工作模式提供信号。数字信号通过 629 总线发送给其他系统。数字/模拟转换器将来自 629 总线的数字信号送到数字/模拟转换器，将其转换成模拟信号，并发送到动力控制组件的不同的伺服控制回路操纵不同的气动舵面。

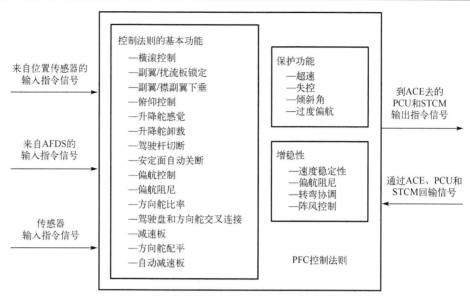

AFDS：自动驾驶/飞行指引系统，STCM：安定面配平控制模件

图 1.8 主飞行计算机控制规律功能

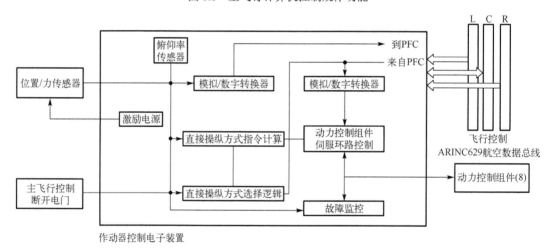

图 1.9 作动器控制装置

直接操纵方式是驾驶员不通过主飞行计算机，直接通过 ACE 控制动力控制组件操纵气动舵面的一种操纵方式。驾驶员可以人工地通过主飞行计算机断开电门将 ACE 转换到直接操纵方式。此外，当来自三个飞行控制总线上的数据不能得到，或者当内部监控器发现故障时，主飞行计算机将自动产生转换为直接操纵方式的指令，ACE 内部的控制逻辑将执行这些指令，实现直接操纵方式。在直接操纵方式时，为了使俯仰通道具有一定的操纵品质，利用俯仰角速率陀螺测量的飞机俯仰角速率作为反馈信号，构成增稳系统，依据驾驶盘的输入信号按照给定的控制规律产生相应的指令信号直接控制动力控制组件实现对升降舵的操纵。对航向和滚转，则依驾驶员的操纵信号，通过一定的处理，直接产生控制指令送往动力控制组件，实现对相应舵面的操纵。动力控制组件伺服回路的闭环控制是 ACE 接受动力控制组件的位置反馈信号，并与它本身所产生的指令信号综合处理后，产生对动力控制组件的控制指令。除以上功能外，ACE 还实现对动力控制组件的故障监控，并为驾舱中杆力传感器提供激磁电源。

3) 动力控制组件

动力控制组件为操纵各种气动舵面提供动力。全机共有 29 个动力控制组件，每一个动力控制组件包括一个作动器、一个电液伺服阀和位置反馈传感器，并与作动器控制电子装置一起形成闭环伺服回路。当位置反馈传感器信号等于指令位置时，作动器控制电子装置就终止对动力控制装置的控制指令，相应的气动舵面将停止在所指令的位置，如图 1.10 所示。

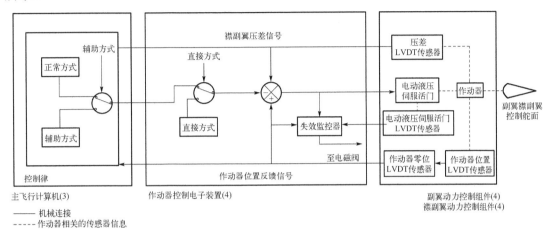

图 1.10　ACE 伺服环路功能简图

4) 大气数据和惯性基准组件

电传操纵系统的主要信号源是大气数据和惯性基准组件(ADIRU)，它由余度的静压、全压模块，环形激光陀螺，加速计和处理器组成，具有容错能力。备用的姿态/大气数据基准组件(SAARU)为电传系统提供信息的备份。ADIRU 及 SAARU 通过 629 总线与主飞行计算机交换信息。

5) 飞机信息管理系统

飞机信息管理系统(AIMS)主要用于综合实现某些功能。对于主飞行控制系统来说，AIMS 不仅提供了座舱显示接口，而且可以实现与没有接到总线上的其他飞机系统进行信息交换。此外，AIMS 还包含机载维护系统以实现飞机系统状态的初始检测和维修信息显示。

6) 能源系统

电传操纵系统包括三余度液压源和三余度电源，为飞机操纵提供能源保障。

1.1.3　电传操纵系统的挑战

电传操纵系统自出现以来，采用杆指令信号的前馈信号以及各种不同形式的反馈信号，使飞机具有不同的响应特性以及优秀的飞行品质，且减少了体积重量，但它存在一个重要且急需解决的问题，即可靠性问题。由于电传操纵系统主要核心部件是电子部件，而电子部件性能的发挥容易受环境影响，如易受雷电和周围环境电磁干扰的影响，其可靠性远远低于机械部件。要想使得电传操纵系统的电子部件具有相当于机械操纵系统的可靠性，需要付出极高的代价。若采用余度系统提高系统的可靠性，就需要系统级的可靠性设计方法，将不太可靠的电子部件通过设计技术组成具有较高可靠性的系统。因此，电传操纵系统的可靠性问题是其能否在飞机上广泛使用的关键问题，于是出现了余度技术、监控技术和容错技术。

第一架采用电传操纵系统的作战飞机 F-111 采用了三余度带机械备份的模拟式系统，之后其他型号的飞机(如"狂风"战斗机、F-8C 战斗机、F-104G 战斗机、波音 YC-14 短距起落运输机等)也都采用了电传操纵系统加机械备份系统的非相似余度设计。20 世纪 60 年代中期出现了集成电路，为制造小型可靠的余度电传系统提供了物质条件。1972 年美国第一套采用无机械备份的电传操纵系统装备了 YF-16 轻型战斗机，从此开始了无任何机械备份的电传操纵系统的发展。数字技术的发展，更小、更密集和更有效的大规模集成电路的发展，推动了数字式电传系统的应用。1978 年，美国已开始将数字式电传系统用于 F-18 战斗机，但该机仍保留有机械备份系统。在此期间，英国采用"美洲虎"战斗机作为研究电传操纵系统的验证机，该机装有四余度数字式电传操纵系统，于 1981 年首次试飞，这是第一架无任何机械备份的数字式电传操纵系统的飞机。80 年代中期，美国改型了 AFTI/F-16 验证机为 F-16C/D 型飞机，该电传系统为四余度双故障/工作的系统，采用四余度的数字备份系统，系统的体积比模拟式系统减少了 2/3。

1986 年投入商业运营的空中客车 A320 飞机是带有机械备份的数字式电传操纵系统，采用双/三共五套非相似余度的数字计算机，可以保证其中任何一套计算机正常工作时，飞机安全飞行。90 年代中期投入运营的 B777 飞机也采用了数字式电传操纵系统，利用人工应急机械配平系统作为系统最后备份系统。苏联生产的 SU-27 战斗机是一种四余度模拟式电传操纵系统，可实现双故障工作，该系统无任何机械备份系统。

1.2　容错飞行控制系统的关键技术

对于像飞机操纵系统这样的安全关键系统，必须采用容错技术以获得高或超高可靠性和安全性。这类系统一旦发生故障将造成巨大的损失，特别是航空、航天、航海、核工业和化学工业等，由于其特定的工作环境，原则上只许成功，不许失败，对系统的安全性、可靠性和可用性提出了更高的要求。1960 年，苏联东方号飞船突然发生爆炸，当场炸死 54 人，其中包括苏联陆军元帅。1985 年，日本航空公司一架波音 747 飞机局部结构断裂而撞山坠毁，机上 524 人只有 4 人幸免。1986 年，苏联切尔诺贝利核电站发生泄漏事故，造成方圆 30 公里成为污染区，7000 多人死于这次核污染。1996 年，欧洲航天局耗巨资研制的"阿丽亚娜"5 型火箭因计算机软件错误在起飞不久后发生爆炸，价值数亿美元的通信卫星及火箭瞬间化为灰烬。20 世纪 90 年代美国"大力神""雅典娜""德尔塔"等火箭发射失败，造成 30 亿美元的损失。2000 年法国"协和"客机起飞中机翼起火爆炸，造成机上 109 人全部死亡、地面死亡 4 人的惨剧。2003 年 2 月 1 日美国"哥伦比亚"号航天飞机坠毁，7 名宇航员罹难。2018 年 10 月 29 日一架印尼狮航集团的波音 737 MAX 航班起飞 13 分钟后由于飞行控制软件设计缺陷坠毁，导致 189 人遇难。频频出现的灾难性事故使人们更进一步认识到在大型复杂系统中引入容错技术和故障检测与诊断技术的重要性。

为了提高飞机操纵系统的可靠性，普遍采用了以下容错设计方法，于是成就了目前的容错飞行控制系统，使用可靠性不高的电子部件构成了非常可靠的电子系统。

1.2.1 余度技术

人们对"容错"的直观要求就是当系统出现故障时,可以通过某些措施使这些错误恢复或可以容忍,而不至于使系统的性能得不到发挥。最早出现的容错结构是硬件的余度设计,这是源于可靠性理论认为硬件若采用并联余度可以大大提高系统的任务可靠性,因为几个并联的部件中任何一个故障其功能都可以由与其并联的其他部件完成,从而解决了困扰多年的电子产品可靠性低的问题。而硬件的简单并联不可避免硬件的共因故障或共模故障,因此在硬件冗余的基础上出现了具有故障检测、诊断、隔离、切换的冗余结构,通过自动故障诊断技术和冗余结构使系统出现故障后可以顺利故障定位并切除故障源,仍能维持系统正常性能或在性能降级下工作。鉴于硬件余度技术需要增加系统的成本、重量和所需空间,在某些特定情况下(如航天器)硬件余度技术受到限制,因此出现了解析余度和非相似余度的容错技术。解析余度是采用与测量变量有关的物理过程的解析模型来构成的余度,控制系统利用该解析模型作为余度参与系统的故障诊断与隔离,以实现在不增加硬件设备的条件下保证容错能力。采用解析余度的容错控制系统要求建立的控制系统数学模型要绝对准确,而实际系统存在的非线性和不确定性等使得准确解析模型的获取异常困难。非相似余度是采用不同部件之间的内在联系和功能上的冗余性,当系统中的某些部件故障时用其余完好的不同部件部分甚至全部承担故障部件所丧失的作用,以维持系统的性能在允许的范围之内。

随着软件工程的迅速崛起,通过信息共享和智能管理,计算机系统尝试研究 N 文本和恢复块技术等能顺利地从故障状态恢复成正常状态的恢复技术,研制错误少或易于检测错误的软件,利用附加在信息上的余度码自动检错、纠错,保护计算机系统中正在处理的信息和存储的信息不被破坏或泄漏,采用多数表决方式提高系统输出信息的可靠性,使软件实现了容错的目的。

1.2.2 故障诊断与监控技术

无论是硬件余度的容错技术还是软件故障恢复的容错技术,均要求系统配置有故障检测、诊断、重构的设备(或程序)以实现在线实时诊断、定位和处理的功能。对于航空航天运载器来说,在系统中引入故障诊断和容错技术是提高其有效性、更好发挥现有效能的重要途径,并能实现复杂系统的健康管理。目前先进的通信、交通、银行、航空、航天等领域已经大量采用软硬件容错计算机控制系统,通过软件容错和硬件余度设计以及大量容错信息交叉传输达到信息融合、故障诊断以及系统重构的目的,因此,计算机控制系统的余度技术、故障检测与诊断、容错控制与重构及可靠性、维修性、可用性分析技术无论是对于工业还是军事、航空、航天等领域都具有重要的作用。

1.2.3 容错技术

容错的基本思想是由冯·诺伊曼(J.V.Nenmann)提出的,他指出人的大脑细胞在人的一生中不断地失效并死亡,令人惊奇的是这并不影响任何生理系统的正常工作。据估算,在人的大脑内总数约为 10^{10} 个脑细胞中,平均每小时约有 10^3 个失效或死亡;一年之内脑细胞失效

的总数约为 10^7 个。一个人一生中失效或死亡的脑细胞达 10^9 个，相当于脑细胞总数的十分之一，然而一个正常人的神经系统却能够毫无故障地工作一生，不但不为这些损坏了的"零件"所破坏，而且思维能力和可靠性也不受影响。另一方面动物体内的自修复能力和克服故障的能力也引起人们的深思。例如蟑螂的腿被损坏（甚至被切掉）后，很快就能再生出一条完全一样的新腿；哺乳类动物中某些动物的脑血管如果发生流通障碍，旁边的支血管就会自动地胀大变粗，用以代替发生了故障的动脉，使肢体不致因缺血而衰亡。这些生物界的自动排错和容忍故障的能力如果引用到技术领域，使系统也具有这种自修复和容忍故障的能力，就可以达到高可靠性系统的目的，这就是容错的思想。

随着计算机在复杂系统中地位的日益重要，软件在容忍系统故障方面所起的作用也越来越大，因此引入"容错"的概念。"容错"是计算机系统设计技术，容错是容忍故障的简称。"容错"中的"错"表示系统的故障，可以表达为至少一个重要变量或特性偏离了正常状态，也可以表现为系统所不期望的状态。从本质上讲，余度技术和容错技术很难严格区分，只是余度技术涉及的硬件内容较多，而容错技术离不开软件的工作。通过采用余度技术和容错技术可以在提高系统可靠性方面取得出色的成果，例如十年前半导体器件故障率的数量级为 10^{-6}/时，而今天已降低到 10^{-9}/时。

容错（Fault Tolerant）技术是指系统对故障的容忍技术，也就是指工作状态的系统中一个或多个关键部分发生故障或差错时，能自动检测与诊断，并能采取相应措施保证系统维持其功能或保持其功能在可接受的范围内的技术。

容错技术近三十几年发展很快，并首先在先进的计算机中得以实现。这是因为现代工业技术的发展对计算机的可靠性要求很高，例如航空航天飞行控制、人造卫星、潜艇导航、空中交通管制以及银行业务管理等领域，要求计算机成年累月连续无故障地工作，从而促进了容错计算机的迅速发展。目前世界上已经有几十家计算机公司推出了容错计算机，容错计算机的平均无故障工作时间（Mean Time Between Failure，MTBF）可达 15～20 年。例如 20 世纪 70 年代后期推出的容错计算机有美国麻省理工学院 Draper 实验室的多重处理机（FTMP），美国 Stratus 公司生产的 Stratus 系列"零故障计算机"等。其次，对于动态系统也希望能有容错工作状态，因为对于任何系统而言，故障是客观存在的。由于长期不间断工作的需要或某些任务的需要，希望系统在某些单元故障的情况下，仍能正常地不间断地工作，所以容错动态系统的研究被提到日程上来。例如，飞行控制系统可能由于环境的显著变化使其一个或多个关键部件故障，而这些故障会影响系统的稳定性及控制性能；这就希望控制系统能适时检测并诊断出故障情况，立即做出正确的分析与决策，使飞机不至于坠毁。因此要设计一种控制系统能用牺牲性能来维持控制的稳定性，即工作可靠但性能下降，或者用冗余资源使故障部分切除并切换成正常的部件，这就是迫切需要解决的容错控制问题，1986 年 9 月，美国国家科学基金委员会、IEEE 控制系统学会联合举办了一次专题讨论会，国际控制界 52 位著名专家会聚于美国加州圣塔克拉拉大学，讨论控制科学的发展及当前面临的挑战，提出了当时和未来的七个挑战性课题，容错控制就是其中的一个。因此动态系统的容错技术随着现代科学技术的发展也必将得到迅速的发展。

容错技术是设计高或超高可靠性计算机系统必不可少的技术，一般可以分为硬件容错、软件容错、信息容错和时间容错。由于计算机应用日益广泛，许多关键部门如果发生计算机系统故障，就会严重影响其效能，造成信息泄漏、破坏、窃取乃至机毁人亡等更严重的恶性事故，所以计算机系统的高可靠性技术是实现信息化社会的关键，也是航空、航天、运输、金融、信息网络等高精尖领域发展的基础。

1.2.4　容错控制技术

容错控制(Fault-tolerant Control)的概念是 1986 年 9 月由美国国家自然科学基金会和美国电气和电子工程师协会(IEEE)控制系统学会共同在美国加州圣塔克拉拉大学举行的控制界专题讨论的报告中正式提出的。

容错控制系统就是具有冗余能力的控制系统，即在某些部件发生故障的情况下，系统仍能够按原定性能指标或性能指标略有降低(但可接受)安全地完成控制任务。

动态系统的容错控制是伴随着解析余度的故障诊断技术发展而发展的，若当其执行器、传感器或元部件故障情况下闭环控制系统仍然具有稳定理想特性，则称此闭环控制系统为容错控制系统。容错控制系统的特点是当其中发生故障时，系统仍然能够维持控制系统运行在安全的状态，并满足一定的性能指标要求。根据容错方法的不同，容错控制可分为被动容错控制和主动容错控制。被动容错控制设计是通过设计余量减少系统对单个部件的依赖程度，即使出现该故障又无校正的情况下系统仍然能够工作；主动容错是通过实时检测和诊断故障，采取对故障进行控制和处理的方法，使得系统在故障发生时仍然能够工作。

容错控制的思想始于 1971 年，波兰卡特维兹经济大学的 Niederlinski 提出了完整性控制理念，开启了容错控制先河。随后，Beard 也开始了容错控制的研究。1980 年，美国圣塔克拉拉大学的 Siljak 提出了可靠镇定方法，可以通过设计多个补偿器并行镇定同一个被控对象。通常，将容错控制分为了两类，即主动容错(Active FTC)和被动容错(Passive FTC)。1986 年在 IEEE 控制系统大会上首次给出了容错控制概念，1991 年瑞典教授 Astrom 指出容错控制具有使系统的反馈对故障不敏感的特点，1993 年国际自动控制联合会(IFAC)成立了过程故障诊断与安全性技术委员会，引领国际上的容错控制研究。1993 年 IFAC 技术过程的故障诊断与安全性专业委员会主席英国 Patton 教授发表了容错控制的综述论文，全面阐述了容错控制方法和关键技术。1993～1997 年间，大批控制领域的专家发表了多篇综述性文章和专题文章研究容错控制，如英国的 Patton 教授、Jovan 教授和 Corradini 教授等。

我国容错控制系统的研究始于 1986 年，张翰英教授、叶银忠教授和郑颖平率先开始研究容错控制系统关键技术。随后，葛建华、程一、周东华、胡寿松等提出基于参数空间、基于强跟踪滤波器的非线性系统故障诊断与容错控制方面的研究，出版了专著和综述性文章，并将故障诊断、人工智能、自适应控制、模式识别和最优化方法等有机融入容错控制系统设计中，为航空航天、城市交通、船舶运输、电力系统等的高可靠高安全运营提供了理论基础和技术手段。

容错控制技术主要的方法包括被动容错控制和主动容错控制两类。

1. 被动容错控制(Passive Fault Tolerant Control)

被动容错控制系统针对预先知道的故障设计控制器，当该预先设定好的故障发生时采用相应的控制器实现补偿，从而容忍一定数量预期的故障；或者设计一个固定(与故障无关)的控制器，使得即使出现了故障也保证一定的设计要求，其中故障有界，上界为常值或状态和时间的已知函数。被动容错控制系统会把故障看成系统模型的不确定性来处理。被动容错控制包括硬件余度（多执行器和多传感器）容错和基于预先设计控制器进行切换两种方式。

常用的被动容错控制方法有：可靠镇定、联立镇定和完整性控制。

1）可靠镇定

可靠镇定是采用两个或者多个补偿器并行地镇定同一个被控对象，当其中任意一个或多个补偿器发生故障后，利用剩余的补偿器还能够正常工作，闭环系统仍然可以稳定地运行。Siljak 最早提出可靠镇定概念，Vidyasagar 证明了采用两个补偿器时能够可靠镇定的充分必要条件是被控对象只能被稳定的控制器所镇定。当被控对象不满足强镇定条件时，补偿器就会出现不稳定的极点，当存在过程噪声时闭环系统就会出现不稳定的情况。Gundes 给出了设计两个补偿器的参数化方法，通过将一个稳定的控制器分解为两个并联的补偿器，利用两个补偿器间的相互作用解决可靠镇定求解的问题。后来，学者们又尝试采用多项式矩阵分解技术研究冗余控制器的可靠镇定问题，给出了不是强可镇定的多变量系统采用多个动态补偿器进行可靠镇定问题的求解方法。随后，有学者在可靠镇定的基础上设计出可以求随机线性二次型成本函数最小的控制器、采用常规控制器和冗余自适应控制器结合使系统出现故障后保证系统渐进稳定。对于不确定系统，也可以通过设计鲁棒可靠的控制器实现非线性干扰下的可靠镇定。

2）联立镇定

联立镇定又称为同时镇定，是针对被控对象内部元件故障的一种容错控制方法。通过构造一个固定的控制器，使其可以镇定不同内部元件故障下控制对象的特性，对系统故障具有稳定意义上的容错能力。联立镇定的本质是设计一个固定的控制器来镇定动态系统的多模型，使被控对象发生故障时仍然可以使其保持稳定控制。对于非线性控制对象，由于工作点会发生变动，联立镇定控制器就要可以适应不同工作点的稳定。

在联立镇定研究工作中，1982 年 Saeks 找到了互质分解与代数几何之间的关系，由以上两种方法得到了一个反馈控制系统的联立镇定全局解，并给出了其补偿器的几何判据。Kabamba 基于线性时不变系统中的广义采样保持函数，给出满足联立镇定的空置率构造方法，并解决了参数有限摄动问题。Olbrot 给出了非线性不确定系统在工作点变化情况下的联立振动控制器的设计方法。Stoustrup 给出了基于系统可测输出的联立镇定补偿器设计方法，并验证了在传感器失效下补偿器能够保证闭环系统稳定。

3）完整性控制

完整性控制也称为可靠性控制，是一种专门针对执行器与传感器故障的容错控制方法，该方法设计的控制器可以保证执行器和/或传感器发生故障的情况下仍能保持系统的稳定性。完整性控制的思路是利用故障的界和不等式的缩放来找到最坏的情况，保证系统在最坏的情况下仍然稳定。完整性控制一般是针对多输入多输出线性定常系统，常用的方法有参数空间法、Riccati 方程、极点配置法、Lyapunov 法和 LMI 法等。完整性控制方法可以在执行器发生各种故障的情况下，通过配置闭环系统的极点在预定的区域内实现系统的稳定控制。此外，H_∞ 优化理论、D 稳定性理论、基于频域分解方法和定量反馈理论等都可以被应用于系统完整性控制设计。H_∞ 控制是设计控制器保证系统输出的范数小于故障范数的若干倍数，以保证在故障情况下也可以稳定。

被动容错控制具有结构简单、容易设计的特点，能在一定故障发生的条件下实现稳定性控制，但被动容错控制只能够处理事先考虑的故障，对事先没有预计到的故障无能为力。由于需要保证最坏情况下的稳定性，被动容错控制会引入很大的保守性，因此出现了主动容错控制策略。

2. 主动容错控制（Active Fault Tolerant Control）

主动容错控制是在故障发生后可以通过重新调整控制器参数或者改变控制器结构以确保控制系统在故障情况下系统性能满足要求。多数主动容错控制需要故障检测和隔离（Fault Detection and Isolation，FDI），少数不需要 FDI 装置，但需要已知各种故障的先验知识。通常，主动容错控制系统通过 FDI 装置检测、分离和估计故障，当故障发生后，判断故障发生的位置，估计故障幅值的大小，设计新的控制律使得故障后的闭环系统在某种指标下尽量接近正常系统。鉴于主动容错可以根据不同的故障进行控制律重构，因此主动容错控制系统可以处理预期之外的故障，可以在故障发生后仍然保证最优的控制性能。

主动容错控制可以分为如下三类：

1）控制律重新调度

这种控制方法需要已知可能发生的故障，离线计算出各种故障下所需要的控制律增益参数，并存储于计算机中。当 FDI 装置在线诊断出故障后，通过决策单元从设计好的增益参数中挑选出一个合适的增益参数，得到故障后的容错控制律。控制律重新调度是一种非常实用而且快速的容错控制方法，但是这种主动容错方法的正确性严重依赖于 FDI 的准确性和鲁棒性，任何不正确的故障检测隔离都可能导致闭环系统不稳定，所以 FDI 的可靠性至关重要。

2）控制律重构设计

这种控制方法是在 FDI 装置发现并诊断出故障后，在线进行系统控制律的重组或重构。其核心思想是在系统运行过程中，由于故障会破坏当前的控制相适应的环境，需要重新设计一个能适应新环境的控制器，使得重构后的系统性能尽量接近原来的系统。系统在故障后能进行控制律重构的条件是原系统具有一定的冗余，最常见的控制律重构方法是基于故障检测诊断（Fault Detection and Diagnosis，FDD）的特征结构配置方法。由于控制律重构需要实时快速故障定位和利用现有资源进行控制律设计，这种容错方法非常依赖于故障检测和隔离（Failure Detection and Isolation，FDI）能力，精度高但难度较大。

3）模型跟随重组控制

模型跟随重组控制是基于模型参考自适应理论，无论系统故障与否，使得被控对象的输出始终自适应地跟踪参考模型输出。由于这种容错方法的设计思想是自适应的，因此不需要 FDI 装置。当系统发生故障后，被控过程会随之变动，被控对象的控制律会随着故障的产生自适应地进行重组，以便保持被控对象对参考模型输出的实时跟踪，达到理想的动态特性。

随着计算机技术的飞速发展，基于网络的控制系统在航空航天、海洋、电力等国民经济关键系统中广泛应用，通信网络带宽、信息传输延时等均给控制系统带来不确定性。因此影响网络控制系统容错性能的因素更多更复杂，在容错控制中需要考虑的因素更多。1993年 R. Srichander 等提出了基于马尔可夫的容错控制系统，将 FDI 的决策过程看成一组与故障相关的马尔可夫随机过程,在此基础上考虑通信网络造成的信息传输时延、非线性、不确定性下的主动容错,从而出现了将主动容错稳定性与可靠性融为一体的主动容错控制系统设计方法。

近年来,自适应技术、鲁棒控制和智能控制在容错控制领域应用也越来越广泛,为飞行容错控制提供了越来越多的可能性。但从理论方法到实际应用还有很长的路要走,主要表现在以下几个方面:容错飞行控制系统的自适应性、自组织与自决策能力还不足;容错重构控制理论还不完善;飞行控制系统故障检测与隔离未能达到实时;未能很好抑制虚警和误报;非线性飞行控制系统的故障处理还缺乏实用性。容错飞行控制系统未来研究的方向包括:①基于非相似余度的容错控制系统设计,包括任务分割、余度配置、任务调度、故障监控和处理;②鲁棒容错飞行控制系统设计,即设计具备强抗干扰能力的飞行控制系统,对各种干扰和小故障具有鲁棒性;③智能容错飞行控制系统,即引入人工智能技术,通过对尽量多的容错飞行控制系统各种工况的学习提高其对故障和工况变化的智能性应对;④自适应容错控制系统,即考虑飞行环境、飞行工况和飞行任务的动态变化及由此带来的非线性和参数不确定性,提高飞行容错控制系统的自适应性。

1.3 容错控制系统可靠性技术的发展

早在 20 世纪三四十年代,德国人在研制 V-1 和 V-2 导弹时就提到了“可靠性”这一名词,但是由于战争的失败,可靠性没有在德国被深入研究、科学定义和形成学科。到了 50 年代的朝鲜战争时,美国的武器装备从太平洋东岸运输到西岸,交付部队作战使用之时,发现故障频繁,使用率很低。为了维修这些装备,耗费巨大,特别是电子装备,将近有一半不能使用。装备的故障随时困扰着随军工程师,维修技师天天忙于排除装备故障。这些故障并非在作战中受损所致,而是在装备经过运输后开箱后检测就发现了的。于是军方把这些故障归咎于产品承包制造商,而制造商则以出厂检验合格有军方代表验收为理由推脱。为此,军方和承制方发生了激烈的争吵。为了解决这个矛盾,弄清问题之所在,美国国防部组织了专门小组——美国国防部电子设备可靠性咨询小组(Advisory Group on Reliability of Electronic Equipment,AGREE)研究武器装备的故障问题,试图搞清故障发生的原因、机理以及故障与环境条件的相关性。研究工作进行了多年,应用了故障分类技术和统计学、物理学、环境科学和失效分析技术,终于获得了突破性进展,取得了重要的成果:

首先,电子元器件具有故障率,故障率与制造元器件的材料、工艺有关,也与其工作环境有关。其次,武器装备的故障规律与元器件的故障率相似,可以在装备的设计制造过程中探求。这就是后来电子设备寿命分布定量模型的起点和可靠性理论的基础。1957 年,AGREE在研究报告中对可靠性做了定义,于是可靠性学科诞生了。AGREE 在报告中提出了世界上第一批可靠性定义但小组内部没有统一。例如 AGREE 1 组的定义是:在整个规定的工作期间无故障的概率;AGREE 3 组的定义是:在给定的条件下在规定的时间内无故障完成规定功能的概率;AGREE 8 组的定义是:设备满足规定的使用要求和试验程序的概率,或设备在储存检查或使用时刻完成其功能的概率。1962 年,美国颁布的世界上第一批可靠性标准之一《MIL-STD-721A》对故障的定义是:装备没有能力完成其预定范围内要求的功能。可靠性的定义用可靠度来阐述:装备在规定的时间内完成预定功能的概率。此外还对任务可靠度进行定义：已知装备在任务开始时处于合适工作状态，以一定的方式使用并有预定目的的装备在任务期间完成规定特性的概率。

1966 年，可靠性学科在美国处于大力推广的时期，美国国防部及时修改了可靠性标准。在《MIL-STD-726B》中对故障的定义是：在规定的条件下，产品丧失规定的功能。对可靠性的定义是：产品在规定的条件下和规定的时间内完成规定功能的概率。标准定义的故障和可靠性是相互对应的。

1980 年，美国国防部在 DODD5000.40 指令中对故障的定义是：故障是一事件，即产品的任何部分不能按其特性规范要求进行工作。对可靠度的定义是：在规定的条件下无故障的持续时间或概率。

随着武器装备对可靠性和安全性要求的不断提升，从 20 世纪 50 年代开始，可靠性分析技术的发展如火如荼，先后出现了可靠性框图法、故障模式影响与致命性分析(Failure Mode Effect Analysis，FMEA)、故障树分析(Fault Tree Analysis，FTA)、马尔可夫状态转移法及综合分析方法等，这些方法到目前仍然在安全关键系统的设计中起着举足轻重的作用。

传统的可靠性分析方法采用组合分析方法(即串、并联组合分析方法)，这种方法假设组成的元部件是相互独立的，元件仅可能有两种状态(正常或故障)，可靠性模型仅需要考虑元件和系统的结构关系及元件的可靠性参数，不考虑系统的性能降级、故障诊断与隔离装置可靠性和系统控制律重构对系统动态性能的补偿等。而容错控制系统的故障逻辑具有动态关系，后来出现了动态故障树分析方法用以描述系统故障的动态逻辑变化、马尔可夫过程分析法通过状态变化反映动态系统从正常到故障的过程变化、Petri 网用变迁来描述动态系统性能的降级和监控系统的影响、优化分析方法将费用、重量与可靠性进行一体化设计与分析等。

1.3.1　动态故障树分析法

动态故障树分析法(Dynamic Fault Tree Analysis，DFTA)是 1997 年由弗吉尼亚大学 Dugan 提出的，他通过引入动态逻辑门对系统的动态行为进行描述，采用马尔可夫状态转移链方法进行计算，从而实现动态故障逻辑分析。在动态故障树中，最小割集方法已不再适用。因此，引入动态逻辑门，如功能触发门、优先与门、顺序门、冷贮备门、热贮备门等描述故障的动态逻辑关系，采用马尔可夫过程分析方法进行计算。

通常情况下，整个动态故障树只有很少一部分在本质上是动态的。为了尽可能地减少复杂系统故障树的 NP 问题，在用动态故障树分析方法对整个动态故障树进行处理时，必须在整个故障树中识别出独立子树，将动态门和静态门区分开来，然后决定是采用一般故障树的处理方法还是用马尔可夫模型对独立子树(而不是对整个动态故障树)进行处理。换句话说，就是利用几个马尔可夫模型和一般故障树上处理模型对整个故障树进行处理。这样一来，每个处理模型可以非常小，再对这些模型进行单独处理就显得非常简单，大大减少了故障树运算(对顶事件的概率的计算或对最小割集的运算)的工作量。

当对整个故障树中的独立子树处理结束之后，可以利用故障树中剩余的故障门来对其处理结果进行综合。即在整个故障树中，自下向上，用具有相应故障概率或故障率的基本事件来代替独立子树。这样，递归处理直至整个故障树的顶事件，就可以计算得到整个故障树发生故障的概率。

1.3.2 多态系统理论

传统的可靠性模型几乎都假设系统要么完全好，要么完全失效，无法揭示物理系统的内在运行状态。多状态模型通过引入有限的状态数，使系统的描述更为真实，多态系统理论能够透彻地反映出系统性能与部件性能的关系。多态系统在 20 世纪 70 年代由 Barton 和 Damon 等提出，目前，已经有大量的文献描述了系统退化过程的多状态和基于多状态模型的系统可靠性评估，主要有四种：通用生成函数方法(Universal Generating Function，UGF)、结构函数法、随机过程方法以及蒙特卡罗仿真方法。

随机过程中的马尔可夫过程方法在多态系统可靠性分析中的应用相对较多，且理论成熟。后来又出现了维纳过程、逆高斯过程和伽马过程等。利用马尔可夫过程方法分析多态系统可靠性时，要求系统各个状态的驻留时间必须服从指数分布，还需要知道状态转移率，且当部件数量或部件状态较多时计算十分繁杂，使得其在工程中的应用受到很大的限制。当不满足该条件时，Kharoufeh 利用半马尔可夫过程建立了多态系统的可靠性模型。Lisnianski 将随机过程方法和通用生成函数方法结合，首先利用马尔可夫过程方法分析多态部件状态概率，然后再利用通用生成函数方法分析多态系统可靠性，该方法可以极大地减少计算量。

生成函数也称为发生函数，是连接离散数学与连续数学的桥梁，是现代离散数学领域中的重要方法。20 世纪 80 年代，Ushakov 对生成函数进行了扩展，提出了通用生成函数的概念，随后 Levitin 和 Lisnianski 等将通用生成函数引入多态系统可靠性领域，计算了多态串-并联系统的可靠性。由于通用生成函数方法在计算多态系统可靠性时方便快捷，因此该方法在多态系统可靠性分析与优化设计中得到了广泛的应用与推广。Lisnianski 将随机过程方法和通用生成函数方法结合，分析了多态系统可靠性。Levitin 和 Xing 利用通用生成函数方法分析了故障传播系统的性能和可靠性。通用生成函数方法计算速度快，且便于数值实现，能够解决复杂多态系统的可靠性分析问题。在飞机非相似容错舵面控制系统中，作者及其团队也采用了马尔可夫过程分析关键元部件各个状态的概率，结合通用生成函数的方法分析了 HA/EHA 系统的可用度。

1.3.3 Petri 网方法

Petri 网(Petri Net，PN)是 1962 年 Carl Adam Petri 在他的博士论文中首先提出来的，作为信息处理系统描述和建模的数学工具引起了欧美学术界与工业界的注意，并不断得到发展。Petri 网研究的系统模型行为特征包括：状态的可达性(reachability)、位置的有界性(boundedness)、变迁的活性(liveness)、初始状态的可逆性(reversibility)、标识之间的可达性(reachability)、变迁之间的坚挺(persistence)、事件之间的同步距离(synchronic distance)和公平性(fairness)等。Petri 网模型的主要分析方法依赖于：可达树、关联矩阵和状态方程、不变量和分析化简方法。

目前，Petri 网已由最初的位置/变迁(P/T)系统衍生出了随机 Petri 网(Stochastic Petri Net，SPN)系统、广义随机 Petri 网(Generalized Stochastic Petri Net，GSPN)系统、随机回报网(Stochastic Reward Net，SRN)系统和确定与随机 Petri 网(Deterministic and Stochastic Petri Net，DSPN)系统等。Petri 网可以使用变迁来描述容错控制系统动态性能的降级、故障检测和误检、虚警的影响关系。

1.3.4　可靠性优化分析方法

对容错控制系统而言,高可靠性和高安全性要求是设计的第一要务,当然也需要考虑重量、体积和费用等问题,因此容错控制系统的可靠性优化也是其关键技术。1958 年,Bellman 提出了动态规划法解决系统可靠性最优化问题,采用拉格朗日乘子处理两个或两个以上的约束问题。1967 年,Keelle 采用控制序列的动态规划解决了三个非线性约束系统的可靠性最优化问题。1971 年,Sharman 建立了一种在子问题之间直接分配冗余度的方法,用于解决多个线性约束条件的多级系统。1975 年,Aggarwal 引入可靠度的相对增量和松弛变量的衰减量,以此作为分级冗余设计的准则,改进了多个非线性约束的系统的可靠度优化问题。1972 年,Misra 等人把拉格朗日乘子法和 K-T 条件相结合用于可靠度优化问题。继而,出现了基于惩罚函数、广义简约梯度法和遗传算法等复杂系统可靠度最优化方法。1978 年,Sakawa 最早综合考虑费用、重量和系统可靠度的多目标优化问题,Hwang 基于此解决了飞机发动机的最佳替换年限问题。1987 年,Park 用模糊集合理论分析了二元串联系统的可靠度优化问题,1992 年,Dhingra 应用目标规划和模糊优化解决了多约束系统的可靠度优化问题。

1.4　容错飞行控制系统可靠性分析特点

容错控制系统是由软件和硬件组成的复杂动态系统,具有功能、运行、故障、维修相关性,以及动态时序性、故障自修复性和多信息融合性,使得容错控制系统余度管理、故障诊断和可靠性建模非常困难。具体表现为以下几点。

1.4.1　软硬件的相关性

软硬件的相关性从容错控制系统设计初始阶段就表现出来了,如图 1.11 所示。

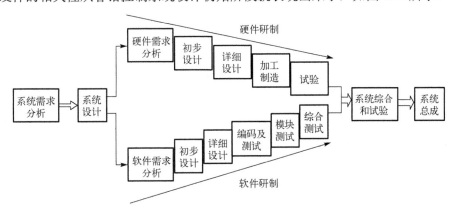

图 1.11　计算机系统设计阶段示意图

系统的需求分析阶段是对硬件和软件的功能进行分配。很明显硬件和软件是相互依存的,软件在硬件上面运行,硬件是软件运行的基础;而软件又支配和调度硬件运行,硬件和软件在计算机系统中缺一不可。

在控制系统中,软硬件所完成的功能是相互渗透的,有些功能既可以由硬件来完成,也可以由软件来完成。尤其是嵌入式系统,软件固化在硬件中实现实时控制功能和信号处理功能，软硬件的接口已相当模糊，很难将软件和硬件严格区分开来进行分析。虽然系统的功能分配必须将功能完整地分配给硬件和软件，但其功能实现是由软硬件协同作用完成的。同时，软件对硬件、硬件对软件都有一定的要求，例如实时控制软件要求硬件要具有足够快的运算速度和与之匹配的时序配置；硬件又要求软件以尽量少的代码占用尽量少的硬件空间实现实时控制功能。因此必须协调好硬件和软件之间的各种匹配关系，这种特点构成了软硬件之间的**功能相关性**。

在系统运行中，硬件、软件的运行状态之间也是相互依存、相互影响的。软件在硬件上运行，硬件的工作状态决定了软件的工作状态；而软件支配硬件的运行，软件的运行带动硬件的工作，硬件的工作状态反过来对软件的下一个运行单元产生影响。这种软硬件运行状态间的依存关系，体现了软件和硬件之间的**运行相关性**。

由于软硬件存在以上功能渗透和运行状态依存的关系，软硬件的故障必定存在一定的耦合关系。通常，一个硬件(或软件)故障可以引发一系列其他的硬件或软件的故障，即产生相关多重故障。相关多重故障不仅可以发生在硬件内部、软件内部、接口，也会在硬件、软件之间交替发生。有些情况下，一个原因会造成多个故障，即共因故障；有些情况，虽然某些故障不至于立刻导致系统失效，但却加大了系统失效的趋势；而有些故障的发生，却使另外一些故障没有出现的机会。在软硬件容错设计中，有些硬件故障可以用软件来弥补，称为允许硬件错误的软件设计；信息传输过程中可以用硬件或软件来实现纠错。硬件在软件工作或不工作时都可能发生故障，软件的工作和维修活动会因硬件的故障而中断；而软件不工作就不会发生故障。以上的软硬件之间的关系体现了软硬件的**故障相关性**。

在维修过程中，维修一个故障常常会产生新的错误，也会使某些故障的发生概率增大。同样，它不仅可能发生在硬件或软件，也会在硬件、软件之间发生。软件和硬件之间的故障维修时间也是相互关联的，硬件在软件工作和软件维修时都可能故障；而软件如果不被移植到其他系统中维修，软件的工作和维修活动就会因硬件的故障而中断。体现了软件、硬件的**维修相关性**。

1.4.2　故障的时序性和系统的重构性

图 1.12 所示为 F-8 纵向数字飞控容错控制系统的原理示意图，很显然采用了硬件余度和软件容错技术。

该系统的硬件包括三余度数字式主系统和三余度模拟备份计算机旁路系统，主系统采用了三余度数字计算机，其接口单元与容错飞行参数传感器及驾驶杆位置传感器相连，指令由模拟式中值表决器输至电子伺服系统驱动舵机。该系统软件除了主系统软件外采用驻留备份软件进行容错，当一个潜在故障被检测出来后，启动控制律，重复 10 次故障仍持续存在，则通过剩余的好通道表决，宣告该通道故障，飞控系统进入计算机旁路系统。驻留备份软件是按照动态容错软件思想设计的备份软件，它由存储器、触发装置和切换网络组成，存储器在主数字计算机中，触发启动装置在计算机外部，切换网络在接口单元内，为附加的硬件。备份软件启动在主系统 3 个通道有下述情况发生时启动并运行：①系统中至少有两个通道的主软件同时发生故障；②系统中至少有两个通道的触发机构同时产生脉冲。共存于容错控制系统中的硬件和软件不仅具有软硬件的故障相关性，而且具有故障的动态时序性：软硬件的主系统首先故障，其相应的备份系统才可能故障。由于容错控制系统的结构会依据系统故障的具体情况进行重构，且该重构策略依赖于故障发生的时序，因此该系统的故障模式影响分析最大的困难在于如何用推理过程描述系统的结构动态变化及其影响。

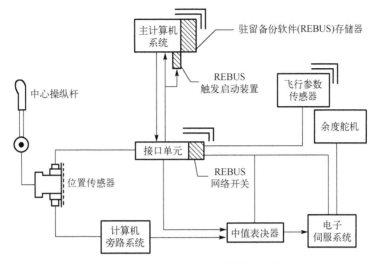

图 1.12　容错控制系统计算机原理图

1.4.3　系统的动态性能

容错控制系统与一般控制系统一样，除了要求系统具有一定的功能外，对控制性能也同样有严格的要求，如系统的稳定性、快速性、平稳性、稳态误差等。对于一般的元部件和系统，描述其在规定条件下、在规定时间内完成规定功能的指标是可靠度。而对于控制系统，由于其存在非线性、参数漂移、状态耦合等问题，即便所组成的元部件均正常，其控制性能仍受元部件参数漂移等因素的影响，因此控制系统的可靠性问题是系统功能与性能的综合体现。通常，控制系统的动态性能对于实时飞行控制系统来说是至关重要的，因此在进行可靠性分析时必须充分考虑系统控制性能的变化对系统可靠性的影响。

1.4.4　系统的复杂性

容错控制系统的结构要比实现相同控制功能的单通道系统复杂，系统中除了控制器、传感器、执行机构和被控对象之外，还有一定的故障检测、故障监控和故障切换措施(简称故障监控装置)。系统的故障监控装置通过感受各余度的工作状况，利用监控算法比较和确定故障位置并进行故障隔离切换，系统按照新的余度配置继续工作，因此容错控制系统具有明显的动态时序性。此外，容错控制系统的各组成部分是由软硬件组成的复杂系统，软件和硬件故障具有相关性和耦合性，因此对这样的系统进行可靠性分析，需要建立考虑软硬件相关性、动态时序性、控制系统性能的可靠性分析方法。

本书将针对容错控制系统的以上特性，结合作者多年来有关容错飞行控制系统可靠性的研究成果，聚焦其可靠性建模与分析技术和飞机容错控制系统的安全性与可靠性评价技术进行介绍，为从事安全关键系统的理论研究人员和工程技术人员提供提高容错控制系统可靠性与安全性的理论和技术实现手段。

线 上 习 题

[1.1]　从你的角度分析容错飞行控制系统可靠性设计方法有哪些？它们各自的优缺点有哪些？你还有其他的途径改善飞行控制系统的可靠性和安全性吗？

线 下 习 题

1.1　图 1.12 中的飞行控制系统为什么可以实现容错控制？可以实现几个故障的容错？

1.2　图 1.12 中设计了哪些容错的环节？其中接口单元的作用是什么？

1.3　以你对控制的了解，分析容错控制发展中各种方法实现容错的能力和约束条件有哪些？

参 考 文 献

王飞跃，王成红. 2002. 基于网络控制的若干基本问题的思考和分析[J]. 自动化学报，28: 171-176.

王少萍. 2000. 可靠性工程[M]. 北京: 北京航空航天大学出版社.

杨晖. 2001. 先进重构飞行控制技术和方法研究[J]. 飞行力学，19(4): 11-14.

杨伟，章卫国，杨朝旭，等. 2007. 容错飞行控制系统[M]. 西安: 西北工业大学出版社.

Bentiez-Perez H, Carcia-Nocetti F. 2005. Reconfigurable Distributed Control[M]. Berlin: Springer.

Blanke M, Kinnaert M, Lunze J, et al. 2006. Diagnosis and Fault-Tolerant Control[M]. second edition. Berlin: Springer.

Caccavale F, Villani L. 2003. Fault Diagnosis and Fault Tolerant for Mechatronic Systems: Recent Advances[M]. Berlin: Springer.

Chen J, Patton R J, Zhang H Y. 1996. Design of unknown input observers and robust fault detection filters[J]. International Journal of Control, 63(1): 85-105.

Frank P. 1990. Fault diagnosis in dynamic systems using analytical and knowledge-based redundancy[J]. Automatic, 26: 459-474.

Gertler J. 1998. Fault Detection and Diagnosis in Engineering Systems[M]. New York: Marcel Dekker.

Hajiev C, Caliskan F. 2003. Fault Diagnosis and Reconfiguration in Flight Control Systems[M]. London: Kluwer Academic Publishers.

Heiming B, Lunze J. 1999. Definition of the tree-tank benchmark problem for controller reconfiguration[C]// Proceedings of the European Control Conference, Karlsruhe: 4030-4034.

Isermann R. 1997. Supervision, fault-detection and fault-diagnosis methods: An introduction[J]. Control Engineering Practices, 5(5): 693-652.

Jovan D. 2003. An adaptive reconfigurable formation flight control design[C]//Proceedings of the 2003 American Control Conference, Denver: 284-289.

Mahmoud M, Jiang J, Zhang Y. 2003. Active Fault Tolerant Control Systems: Stochastic Analysis and Synthesis[M]. Berlin: Springer.

Noura H, Theilliol D, Ponsart J C, et al. 2009. Fault-tolerant Control Systems-design and Practical Application[M]. Berlin: Springer.

Patton R J, Lopez-Toribio C J, Uppal F J. 1998. Artificial intelligence approaches to fault diagnosis[J]. International Journal of Applied Mathematics and Computer Science, 9 (3): 511-518.

Srichander R, Walker B K. 1993. Stochastic stability analysis for continuous time fault tolerant control systems[J]. International Journal of Control, 57 (2): 433-452.

Zhang Y, Jiang J. 2008. An interacting multiple-model based fault detection, diagnosis and fault-tolerant control systems[J]. Annual Reviews in Control, 32 (2): 229-252.

拓展阅读

莱特兄弟(Wright Brothers)

　　莱特兄弟是美国著名的发明家，哥哥是威尔伯·莱特(Wilbur Wright)，弟弟是奥维尔·莱特(Orville Wright)。1903年12月17日，莱特兄弟首次试飞了完全受控、依靠自身动力、机身比空气重、持续滞空不落地的飞机，也就是世界上第一架飞机"飞行者一号"。

　　飞机是历史上最伟大的发明之一，有人将它与电视和电脑并列为20世纪对人类影响最大的三大发明。莱特兄弟首创了让飞机能受控飞行的飞行控制系统，从而为飞机的实用化

奠定了基础，此项技术至今仍被应用在所有的飞机上。莱特兄弟的伟大发明改变了人类的军事、交通、经济、生产和日常生活。

冯·诺依曼(John von Neumann)

　　冯·诺依曼，美国数学家。冯·诺依曼是20世纪最重要的数学家之一，他是基础数学(包括算子理论、测度论、集合论、代数几何、遍历论等)、量子力学、计算机科学与工程、博弈论等领域内的科学全才之一，由于他对计算机的开创性贡献，被后人誉为"计算机之父"和"博弈论之父"。

乔·萨特(Joe Sutter)

　　乔·萨特，波音747总工程师，他开创了双通道宽体机。他因领导了划时代的波音747飞机的研发而闻名，获得了由《飞行国际》杂志颁发的首届"飞行国际终身成就奖"，《飞行国际》编辑默多·莫里森(Murdo Morrison)说："乔·萨特帮助数千万普通旅行者缩短了地球上的距离。四十多年过去了，波音747的设计依然独树一帜——醒目而优美。更重要的是，无论用于客运还是货运，它都是一款高效可靠的运输工具。"

李明院士

　　李明院士作为国家重点预研项目的总设计师，在中国最早开展歼击机的验证机工作，先后实现了纵轴模拟式和数字式电传操纵系统的试飞验证，做出了开拓性贡献，被称为"中国电传操纵系统之父"。在某型歼击机研制中，先后任副总设计师和总设计师，亲自组织自动飞行系统规律的研究与仿真，使我国自行研制的自动驾驶系统首次在歼击机上使用。作为新机研制的总设计师，主持设计研制的某系统在系统综合和验证技术上有重大突破，使这项技术首次应用于改型飞机。

A320 飞机

A320 飞机是空中客车工业公司 1984 年首次推出的 150 座中短途客机,是世界上第一架电传操纵的民航飞机。该飞机取消了操纵钢索的机械操纵装置,用电信号进行飞机的控制,同时设计和研制了 5 台非相似计算机软硬件配置、故障监控装置和机械备份,不仅减轻了飞机操纵系统重量,还确保了飞行控制系统的安全性和可靠性。

第2章 基于统计的可靠性理论

可靠性学科是由故障分类学、统计学、失效物理学、环境科学和系统工程学等学科综合发展起来的新兴学科。经典的可靠性理论是由工程实践发展起来的，专家们在分析设备故障的基础上发现了其统计规律，于是创造了基于统计学的可靠性理论，进而创立了可靠性学科。

经典的可靠性理论是研究系统运行可靠性的普遍数量规律以及对其进行分析、评价、设计和控制的理论和方法。其中可靠性自身的规律如何、选用怎样的指标评价系统的可靠性、如何提高系统的可靠性等都是可靠性理论研究的内容。经典可靠性理论以概率论和数理统计为主要研究工具，认为元件和系统只有两个状态：正常和故障，通过统计得到系统可靠性的分析与评价。

2.1 概率统计理论

1. 概率的定义

概率(Probability)是反映随机事件出现的可能性大小。

$$P(E) = \lim_{N \to \infty} \frac{n}{N} \tag{2.1}$$

其中，n 为事件 E 出现的次数；N 为总次数，这里 $0 \leqslant P(E) \leqslant 1$。

2. 条件概率

条件概率(Conditional Probability)是指事件 A 在另外一个事件 B 已经发生条件下的发生概率，表示为：

$$P(A \mid B) = \frac{P(AB)}{P(B)} \tag{2.2}$$

3. 全概率

事件 A 的概率为所有可能情况下发生的简单事件的概率的求和。设所有可能发生的情况有：$\{B_1, B_2, \cdots, B_n\}$，则事件 A 发生的全概率(Total Probability Theorem)为：

$$P(A) = P(A \mid B_1)P(B_1) + P(A \mid B_2)P(B_2) + \cdots + P(A \mid B_n)P(B_n) \tag{2.3}$$

4. 贝叶斯定理

人们根据不确定性信息做出推理和决策需要对各种结论的概率做出估计，这类推理称为概率推理。贝叶斯推理(Bayes' Rule)的问题是条件概率推理问题，对揭示人们对概率信息的认知加工过程与规律、指导人们进行有效的学习和判断决策具有十分重要的理论意义。1793 年英国数学家贝叶斯为了解决"逆概率"问题，提出了贝叶斯定理。

正向概率问题：假如桶里有 10 个球，其中有 2 个白球、8 个黑球，任意摸出一个球，是白球的概率，称之为正向概率问题。所以，正向概率问题是通过已知信息求取未知信息的问题。

逆向概率问题：假设我们不知道桶里有什么，而是根据摸出来的球来预测桶里白球和黑球的比例，就称之为逆向概率问题。

现实生活中，我们手中的信息是有限的，如何在信息有限的情况下尽可能做出一个好的预测，就是贝叶斯定理的内涵。这里假设我们想得到事件 A 发生情况下 B 发生的概率 $P(B\mid A)$，而我们只有事件 B 发生的概率，即先验概率 $P(B)$，则需要不断实验得到实验结果 A，进而不断更新信息 A 带来的调整可能性函数 $\dfrac{P(A\mid B)}{P(A)}$，则随机事件 A 发生情况下 B 发生的可能性（称为后验概率）为：

$$P(B\mid A) = \frac{P(A\mid B)\cdot P(B)}{P(A)} \tag{2.4}$$

如果扩展事件集合为 $(A, B_1, B_2, \cdots, B_n)$，则贝叶斯公式可以描述为：

$$P(B_i\mid A) = \frac{P(B_i)P(A\mid B_i)}{\displaystyle\sum_{j=1}^{n}P(B_j)P(A\mid B_j)} \tag{2.5}$$

2.2　可靠性概念及其定量指标

可靠性用来度量产品或系统能否可靠完成规定的功能。此概念的产生和发展均与故障相生相长，只要产品或系统可以完成规定功能则说明其可靠，否则就认为故障。因此可靠性理论包括从可靠的角度进行评判的理论，也包括从其反面（即故障）的角度进行评判的理论。

鉴于产品从故障、失效到可靠性、安全性和容错系统分布在许多不同的技术领域，为了实现术语的标准化，这里综合国内外标准介绍以下常用术语。

2.2.1　可靠性的基本概念

1. 故障

产品所需功能能力降低到不可接受的偏差或完全丧失规定的功能称为"故障（Fault）"。

这里的产品是指作为单独研究和分别试验对象的任何元件、器件、设备和系统，可以表示产品的总体、样品等，功能是指产品应具备的技术性能。

故障存在很多类型，如轴上的小裂纹可能不会影响系统的正常运行，漂移故障会造成故障的加剧，轻微的故障可能造成产品功能障碍等。一切可靠性活动都是围绕故障展开的，都是为了防止、消除和控制故障的发生。一切可靠性投资都是为了提高产品可靠性，降低故障风险。所以，对于在设计、研制、试验和使用过程中出现的故障，一定要抓住不放，充分利用故障信息去分析、评价和改进产品的可靠性。

研究可靠性必须首先确定故障定义，因为在实际应用中往往出现下面的情况：对于某个用户来说，产品已发生故障；但对另一个用户来说产品仍处于正常状态。例如，某些电子产品作为军品来说是不合格的，但作为民品来说却是合格的。可见故障定量要求的不同，将造成可靠性定量要求的不同，因此在建立可靠性定量要求之前必须确定故障定义。

2. 失效

失效(Failure)是指系统在规定操作条件下执行所需功能的能力永久丧失。通常失效是由一个或多个故障导致，是在长期载荷作用下形成的。

3. 功能异常

功能异常(Malfunction)是在实现系统所需功能过程中出现的间歇性不正常现象。功能异常是系统功能的暂时中断，经过一段时间系统功能还能全部或部分恢复。

图 2.1 显示了故障、失效和功能异常之间的关系。

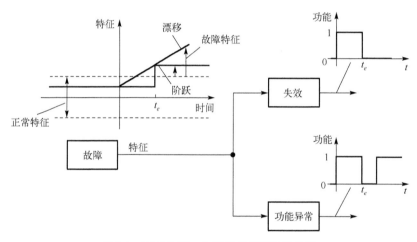

图 2.1　产品故障、失效和功能异常的关系

故障可能突然发生并发展(如同阶跃函数)，或缓变发展(如漂移函数)。假设与故障相对应的系统特征与故障发展通常成正比，则该特征超过正常值的容差限后，便可以指示故障。根据该特征值的大小，系统在时间 t_e 时刻发生功能异常或完全失效。

表 2.1 给出产品故障、失效和功能异常的一些典型表征。

表 2.1　故障、失效与功能异常典型表征

过程	故障	特征	失效	功能异常
电气照明	开关触点腐蚀	间歇导通	—	间歇照明
	电缆断开	无电流	无照明	—
直流电机	电刷磨损	电枢电阻高	—	扭矩和转速不连续
	励磁线圈断线	无电通量	无扭矩，无转速	—
机床皮带传动	皮带预紧力过低	扭矩传递不连续		动力学分段运动

续表

过程	故障	特征	失效	功能异常
机床皮带传动	皮带断裂	无法传递扭矩	进给驱动停止	—
气动阀	供气密封泄漏	运动迟缓，有限运动范围	—	闭环无法跟踪指令
	阀芯腐蚀	机械摩擦过大	无法运动	—

4. 可靠性

产品的可靠性(Reliability)：产品在规定的使用条件下，在规定的时间内，完成规定功能的能力。

由定义可以看出产品的可靠性与"规定条件"是分不开的，这里提到的规定条件既包括使用时的环境条件(environment conditions)，即所有内部与外部的条件，如温度、湿度、辐射、电场、冲击、振动等或其组合，也包括使用时的应力条件、维护方法、储存时的条件以及使用时对操作人员技术等级的要求，在不同的规定条件下产品的可靠性是不同的。

产品的可靠性与规定的时间密切相关，因为随着时间的增长，产品的可靠性是下降的。因此在不同的规定时间内，产品的可靠性是不同的。不同的产品对应的时间指标不同，例如火箭发射装置可靠性对应的时间以秒计，海底通信电缆则以年计，而且这里的时间应看作具有广义的含义，即规定的时间可以用秒、分、年、次数及周期等来计算。

产品的可靠性还与规定的功能有密切关系。一般事先一定要明确规定的功能，只有对规定的功能有了清晰的概念，才能对产品是否发生故障有确切的判断。

经典的可靠性理论是在大量统计已故障的产品的基础上得到的统计规律。如 20 世纪 50 年代美国国防部成立了专门的电子设备可靠性咨询小组(AGREE)研究朝鲜战争中美国装备故障频发、使用效率低下的问题，经过多年的研究发现：①武器装备中的电子元器件具有故障率，而故障率与制造元器件的材料、工艺有关，也与其工作环境有关；②武器装备的故障规律与元器件的故障率相似，可以在装备的设计制造过程中探求。这就是后来电子设备寿命分布定量模型的起点和经典可靠性理论的基础。

经典的可靠性理论基于统计概率，通过大量可靠性试验得到产品故障概率分布，用概率特征量来表征产品的可靠性。鉴于产品的使用场合和不同情况下关心的定量指标不同，可靠性的定量表示很难只用一个量来表示。如产品从开始使用到某时刻 t 这段时间，维持规定功能的能力就可以用可靠度的指标来度量，该指标越大就表示在 t 段时间内完成规定功能的能力越大，即产品越可靠。因此，可靠度作为表示产品可靠性的一个数量指标。但是对于元器件来说，往往用寿命这个指标更直观，即产品从开始使用到丧失规定功能这段时间的长短。而对一个可修复的产品，则关心它两次故障间工作时间有多长。有时人们还需要了解产品在某个瞬间内故障的概率是多少，当然还可以列举其他一些表示方法，所有这些都是产品可靠性的指标，都必须给予定量表示。

可靠性的定量表示的另一个特点是它的随机性。虽然对于一个特定的产品来说，在某个规定时刻只能处于故障或正常这两种状态，不存在任何其他的中间状态，但是具体产品到丧失功能的寿命却是随机的，因此衡量产品在规定时间是否故障也具有随机性。由概率论可知，描述在一定条件下可能发生也可能不发生的事件称为随机事件。"一个产品在规定的时间内不故障"就是一个随机事件，随机事件的发生与否是带有随机性的，因此在讨论可靠性的定量特征时，就必须用到概率论和数理统计的方法。

5. 安全性

安全性(Safety)是系统不会对人员、设备或环境造成危险的能力。安全通常可视为一种状态，是风险不大于规定风险阈值的状态。安全性的定量指标是产品在规定条件下在任意时刻 t 不发生事故的概率。

6. 可用性

可用性(Availability)是指产品在规定条件下在时间 t 可用的能力，其定量指标是可用度。可用度的定义为：产品在规定条件下，在任意时刻 t 能正常工作的概率，用 $A(t)$ 表示。

2.2.2 不可修产品可靠性度量指标

在经典可靠性理论中，把产品分为不可修产品和可修产品。不可修产品常用的可靠性指标包括可靠度函数、累积故障分布函数、故障概率密度函数以及故障率函数等。

1. 可靠度函数 $R(t)$

可靠度函数的定义为：产品在规定的使用条件下，在规定的时间内，完成规定功能的概率。或定义为：产品工作到某一时刻之前不发生故障的概率。

为了用概率描述产品的可靠度，需要先确定随机事件。对于任意产品而言，其寿命 T 是一个随机变量，指产品从开始工作直到发生故障的时间。根据可靠度的定义，可靠度函数 $R(t)$ 可由下式表示：

$$R(t) = \begin{cases} P(T > t) & (t \geq 0) \\ 1 & (t < 0) \end{cases} \tag{2.6}$$

可见，可靠度函数是规定时间 t 的函数。

当随机变量 T 的故障分布函数 $f(t)$ 已知时，由下式可计算出预先给定值 t 下的可靠度：

$$R(t) = \begin{cases} \int_t^\infty f(t)\mathrm{d}t & (t \geq 0) \\ 1 & (t < 0) \end{cases} \tag{2.7}$$

称 $f(t)$ 为"故障概率密度函数"或"故障分布函数"。

当 T 的概率分布未知时，在可靠性试验中如有 n 个样本被测试，其中有 $r(t)$ 个在 t 时刻以前故障，$N(t) = n - r(t)$ 个样本在继续工作，则 t 时刻的可靠度为：

$$R(t) = \frac{N(t)}{n} = \frac{n-r}{n} \tag{2.8}$$

式中，$N(t)$ 称为残存的未故障(或残存)样本数，因此可靠性有时又称为"残存概率"。

例 2.1   某半导体制造公司的周平均产量为 1000 万个，去年发现有 10 万个测试检查不合格，试问这些半导体的可靠度是多少？如果这次测试排除了 99%的有缺陷的器件，那么某个顾客买到有缺陷器件的概率是多少？

解：半导体器件一年的产量为：$n = 52 \times 10 \times 10^6 = 5.2 \times 10^8$ 个，而相同时间内故障的数量为：$n_f = 1 \times 10^5$ 个，则其可靠度为：

$$R(t) = \frac{n - n_f}{n} = \frac{5.2 \times 10^8 - 1 \times 10^5}{5.2 \times 10^8} = 1 - 1.92 \times 10^{-4} = 0.9998$$

如果这些器件代表所有有缺陷器件的 99%，那么通过监测尚存留有缺陷的器件数为：

$$n_d = \left[\frac{1 \times 10^5}{0.99} - 1 \times 10^5 \right] \approx 1010$$

则某个顾客买到有缺陷器件的概率为：

$$q = \frac{1010}{5.2 \times 10^8 - 1 \times 10^5} \approx 1.94 \times 10^{-6}$$

可靠度 $R(t)$ 与时间 t 的关系曲线如图 2.2 所示。显然，任何产品的可靠度都是随着时间的增长而逐渐下降的。

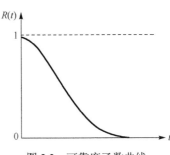

图 2.2　可靠度函数曲线

2. 累积故障分布函数 $F(t)$

累积故障分布函数又称累积故障概率或不可靠度。定义为：产品在规定的条件下，在规定的时间内，完不成规定功能的概率，用 $F(t)$ 表示：

$$F(t) = \begin{cases} P(0 < T \leqslant t) & (t \geqslant 0) \\ 0 & (t < 0) \end{cases} \tag{2.9}$$

当产品寿命 T 的故障分布函数 $f(t)$ 已知时，$F(t)$ 可由下式表示：

$$F(t) = \begin{cases} \int_0^t f(t) \mathrm{d}t & (t \geqslant 0) \\ 0 & (t < 0) \end{cases} \tag{2.10}$$

如果 $F(t)$ 是可微的，则：

$$f(t) = \frac{\mathrm{d}F(t)}{\mathrm{d}t} \quad (t \geqslant 0) \tag{2.11}$$

当产品寿命 T 的故障分布函数未知时，在可靠性试验中，如有 n 个样本被测试，其中 $r(t)$ 个在 t 时刻以前故障，则在 t 时刻的 $F(t)$ 为：

$$F(t) = \frac{r(t)}{n} \tag{2.12}$$

由式（2.7）和式（2.10）可见：

$$R(t) + F(t) = 1 \tag{2.13}$$

累积故障分布函数 $F(t)$ 与时间 t 的关系如图 2.3 所示。显然，任何产品的累积故障分布函数都是随着时间的增长而逐渐增大的。

例 2.2　请给出骰子被抛出的累积概率分布。

解：由于抛出的骰子每一个面出现的概率相等，则每次抛出骰子出现 1～6 的概率均为 1/6，则其累积概率分布为：

$$F(x) = x / 6 \qquad (1 \leqslant x \leqslant 6)$$

3. 故障概率密度函数 $f(t)$

故障概率密度函数的定义为：产品在某时刻 t 的单位时间 Δt 内发生故障的概率，记为 $f(t)$。当产品寿命 T 的概率分布已知时，则有：

$$f(t) = \frac{\mathrm{d}F(t)}{\mathrm{d}t} \quad (t \geqslant 0) \tag{2.14}$$

当产品寿命 T 的概率分布未知时，在可靠性试验中，在 $(t, t+\Delta t)$ 时间段内有 Δr 个样本故障，则此时的 $f(t)$ 为：

$$f(t) = \frac{\Delta r}{n\Delta t} \tag{2.15}$$

如果对 n 个试件做可靠性试验，取一定 Δt 间隔，由式 (2.15) 可以画出故障频数与时间关系的直方图，如图 2.4 所示。当 $\Delta t \to 0$ 时，故障频数的直方图趋近于连续分布曲线，这就是故障概率密度函数的分布曲线，如图 2.4 中的虚线表示。

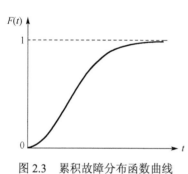
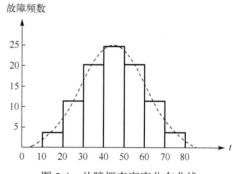

图 2.3　累积故障分布函数曲线　　　　　图 2.4　故障概率密度分布曲线

例 2.3 如果作用在水箱的风载荷概率密度为：

$$f(x) = \begin{cases} \dfrac{3x}{50 \times 10^4}(100 - x), & 0 \leqslant x \leqslant 100\text{kips} \\ 0, & \text{其他} \end{cases}$$

请计算小于 20kips 和大于 80kips 的概率。

解：
$$P(x \leqslant 20) = \int_0^{20} f(x)\mathrm{d}x = \frac{3}{50 \times 10^4}\int_0^{20} x(100 - x)\mathrm{d}x = 0.104$$

$$P(x \geqslant 80) = \int_{80}^{100} f(x)\mathrm{d}x = \frac{3}{50 \times 10^4}\int_{80}^{100} x(100 - x)\mathrm{d}x = 0.104$$

因此，小于 20kips 和大于 80kips 的概率之和为 $0.104 + 0.104 = 0.208$。

4. 故障率函数(或称失效率函数) $\lambda(t)$

故障率函数的定义为：产品工作到 t 时刻正常，产品在 $(t, t+\Delta t)$ 时间间隔内故障的概率。当产品寿命 T 的概率分布已知时，有：

$$\lambda(t) = \lim_{\Delta t \to 0} \frac{P(t < T \leqslant t + \Delta t \,/\, T > t)}{\Delta t} = \frac{\lim_{\Delta t \to 0}\{F(t + \Delta t) - F(t)\}\,/\,\Delta t}{R(t)} = \frac{f(t)}{R(t)} \qquad (2.16)$$

对上式进行积分，可以得到可靠度表达式：

$$R(t) = \mathrm{e}^{-\int_0^t \lambda(t)\mathrm{d}t} \qquad (2.17)$$

当产品寿命 T 的概率分布未知时，选取 n 个样本进行可靠性试验，在 t 时刻有 $n - r(t)$ 个样本完好，在 $(t, t + \Delta t)$ 时间间隔内有 Δr 个样本故障，则有：

$$\lambda(t) = \frac{\Delta r}{(n - r(t))\Delta t} \qquad (2.18)$$

例 2.4　某一部件的故障率为：

$$\lambda(t) = \begin{cases} 0.015 & (t \leqslant 200) \\ 0.025 & (t > 200) \end{cases}$$

求该部件的可靠度。

解：根据式 (2.17)，有：

$0 \leqslant t \leqslant 200$ 时，$R(t) = \mathrm{e}^{-\int_0^t 0.015\mathrm{d}\tau} = \mathrm{e}^{-0.015t}$

$t > 200$ 时，$R(t) = \mathrm{e}^{-\int_0^t 0.025\mathrm{d}\tau} = \mathrm{e}^{-0.025t}$

例 2.5　某产品的故障概率密度为 $f(t) = t\exp(-t^2/2)$，$t \geqslant 0$，试求其可靠度函数、故障率函数。如果 50 台产品投入使用 1 小时后有 27 台产品能够继续正常运行，试利用故障率函数估计 1 小时至 1.1 小时间隔内的期望故障数。

解：可靠度函数为：

$$R(t) = \int_t^{\infty} \tau \exp(-\tau^2/2)\mathrm{d}\tau = \exp(-t^2/2)$$

故障率：

$$\lambda(t) = f(t)\,/\,R(t) = t$$

由于 $N_s(0) = 50$，$N_s(1) = 27$，对于较小的时间间隔 Δt，期望的故障数为：

$$\Delta N = N_s(t) - N_s(t + \Delta t) \approx \lambda(t)\Delta t N_s(t) = 1.0 \times 0.1 \times 27 = 2.7$$

通常，不可修复产品典型的故障率曲线如图 2.5 所示，其形状很像浴盆的剖面，因此得名为浴盆曲线。

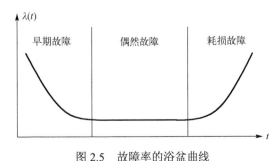

图 2.5　故障率的浴盆曲线

浴盆曲线主要包括三个区域：①早期故障期。由于生产过程中产品中含有不合格的元器件或产品中存在着不完善的地方，因而很容易发生故障，该区域表现为初始故障率高，随着使用时间增加故障率呈下降趋势，直到稳定到浴盆底部。为了避免早期故障，很多生产厂家在产品出厂前要进行早期筛选，以减少产品进入市场后的早期故障。②偶然故障期。产品经过早期筛选，产品趋向于稳定，达到最低的故障水平，这时的故障率近似为常数。这个阶段是产品最重要的工作段，产品故障往往与偶然因素有关。③耗损故障期：随着产品的使用，产品进入耗损期，产品由于元器件老化而进入寿命的终了期，故障率逐渐增高，直到产品最终故障。

5. 平均无故障工作时间(平均寿命) θ

平均无故障工作时间(平均寿命)是指一组试件无故障工作时间的算术平均值。对不可修复产品来说，是指平均无故障工作时间(Mean Time To Failure，MTTF)；对可修复产品来说是指平均无故障间隔时间(Mean Time Between Failure，MTBF)。

$$\theta = \frac{\sum_{i=1}^{n} t_i}{n} \tag{2.19}$$

式中，t_i 为母体中每个产品发生故障前的工作时间；n 为母体中总产品数。

对不可修复产品来说，MTTF 是故障前工作时间的期望值：

$$\mathrm{MTTF} = \int_0^\infty t f(t)\mathrm{d}t = \int_0^\infty R(t)\mathrm{d}t \tag{2.20}$$

对可修复产品而言，MTBF 由下式可得：

$$\mathrm{MTBF} = \frac{\sum_{i=1}^{n} t_i}{n} \tag{2.21}$$

式中，t_i 为可修复产品故障间隔时间；n 为可修产品修复次数。

当故障率为恒定值，并满足故障后可修理或可更换，则 MTBF 为：

$$\mathrm{MTBF} = \frac{1}{\lambda} \tag{2.22}$$

2.2.3　可修产品可靠性度量指标

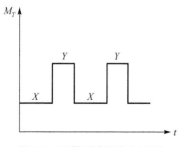

图 2.6　可修系统的寿命过程

在实际应用中，产品如果可以通过维修保养、更换故障或磨损的部件使发生故障的产品经维修后可以恢复正常工作，其状态会是正常与故障交替出现，它整个周期包括修复—故障—修复的全过程，如图 2.6 所示。

根据可维修系统的特点，整个寿命周期包括两部分：第一部分是修复—故障过程，即从维修好一直工作到再发生故障为止的时间,记为 X；第二部分是故障—维修过程，即从发生故障一直到维修好为止的时间，记为 Y。

下面按照寿命周期的两个不同阶段分别讨论其可靠性特征量，然后再考虑整个寿命周期的可靠性特征量。

2.2.2 节介绍了产品从正常到故障过程的可靠性特征量：$R(t), F(t), f(t), \lambda(t)$ 以及平均寿命 MTTF。下面介绍故障到维修过程的可靠性特征量。

1. 维修度 $M(t)$

在工程设计中，把维修性视为一种设计系统的固有特性，这种固有的系统特性决定了把系统维持在或恢复到给定使用状态所需的维修工作量。更确切地讲，维修性就是产品在预定的维修级别上，由具有规定的技术水平的人员，利用规定的程序和资源进行维修时，保持或恢复到规定功能的能力。从维修性的定义可以看出，维修性除与系统的设计有关外，还受维修人员的技术水平、维修程序、维修设施以及维修时所处的环境等因素影响。

和可靠性一样，维修性的特征量也是概率参数，其量化的度量指标是维修度。维修度（Maintainability）是表征可修系统维修难易的程度。它的定义为：可维修产品在规定的条件下，在规定的时间内，保持或恢复到规定功能的概率。

维修度 $M(t)$ 是维修时间 Y 的分布函数：

$$M(t) = \begin{cases} P(0 < Y \leq t) & (t \geq 0) \\ 0 & (t < 0) \end{cases} \tag{2.23}$$

当维修时间 Y 的维修密度函数 $m(t)$ 已知时，$M(t)$ 可由下式表示：

$$M(t) = \begin{cases} \int_0^t m(t)\mathrm{d}t & (t \geq 0) \\ 0 & (t < 0) \end{cases} \tag{2.24}$$

如果 $M(t)$ 是可微的，则：

$$m(t) = \frac{\mathrm{d}M(t)}{\mathrm{d}t} \quad (t \geq 0) \tag{2.25}$$

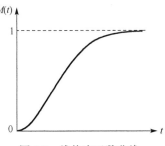

所以，维修密度函数 $m(t)$ 是在 Δt 时间内完成维修的概率。维修密度与维修概率的分布形式有关，随着分布的不同而不同。维修度 $M(t)$ 与时间 t 的关系曲线如图 2.7 所示。

图 2.7　维修度函数曲线

2. 维修率 $\mu(t)$

$\mu(t)$ 定义为：产品在 t 时刻产品还没有修复的情况下，它在 $(t, t+\Delta t)$ 时间间隔内完成维修的条件概率：

$$\mu(t) = \lim_{\Delta t \to 0} \frac{P(t < Y \leq t + \Delta t / Y > t)}{\Delta t} = \frac{m(t)}{1 - M(t)} \tag{2.26}$$

3. 平均维修时间（MTTR）

平均维修时间 MTTR（Mean Time To Repair）是维修时间 Y 的数学期望。

$$\mathrm{MTTR} = E(Y) = \int_0^\infty t m(t)\mathrm{d}t \tag{2.27}$$

4. 可用度 $A(t)$

可修系统的全寿命周期是由修复到故障过程和故障到修复过程不断交替而形成的。假设 $t=0$ 时产品是新的，即处于正常状态。当某一时刻 $t>0$ 时，如果产品是好的，对于可维修产品，它可能已经产生过若干次故障，又进行过若干次维修，而后处于正常状态；也可能产品从 $t=0$ 开始到某一时刻 $t>0$ 一直保持正常状态，中间没有发生过任何故障。描述这种特性的可靠性指标称为可用性，可用性是系统可靠性和维修性的综合表征，是反映系统当需要时处于正常状态的可能性的大小。

值得注意的是，在可修系统特征量中，t 的含义是不同的。在修复—故障过程的可靠性特征量中，t 是寿命时间；对于故障—修复过程的特征量中，t 是指首次故障时间；而在修复—故障—修复过程中，这里 t 是指时刻，与产品在 t 时刻以前的状态无关。

可用性的度量指标是"可用度"。如果产品的可靠度和维修度均服从指数分布，即 $R(t)=\mathrm{e}^{-\lambda t}, M(t)=1-\mathrm{e}^{-\mu t}$，则可用度 $A(t)$ 满足微分方程（详细推导见第 5 章）：

$$\frac{\mathrm{d}A(t)}{\mathrm{d}t} = -\lambda A(t) + \mu[1-A(t)] \tag{2.28}$$

解得：

$$A(t) = \frac{\mu}{\lambda+\mu} + \frac{\lambda}{\lambda+\mu}\mathrm{e}^{-(\lambda+\mu)t} \tag{2.29}$$

可见，$A(t)$ 表示的是瞬时可用度。当 $\mu=0$ 时有：

$$A(t) = R(t) = \mathrm{e}^{-\lambda t} \tag{2.30}$$

当 $t \to \infty$ 时，$A = \lim_{t\to\infty} A(t)$ 极限存在，则称 A 为稳态可用度，A 可用下式表示：

$$A = \frac{\mu}{\lambda+\mu} = \frac{\mathrm{MTBF}}{\mathrm{MTBF}+\mathrm{MTTR}} \tag{2.31}$$

例 2.6 假设有 10 个部件同时工作，在时刻 $t=5$ 小时，部件 1、4、7、8 经历了一次故障—修复后达到正常状态，而部件 3、10 则是从 $t=0$ 开始一直到 $t=5$ 小时始终保持正常状态，中间没有发生任何故障，则 $t=5$ 小时时刻正常工作的部件数为 6 个，部件总数为 10 个，$t=5$ 小时的可用度为：

$$A(5) = \frac{6}{10} = 0.6$$

2.2.4 系统可靠性度量

系统可靠性指标是对系统可靠性要求的定量规定，只有当产品有了可靠性指标才能对系统可靠性进行度量，常用系统可靠性指标有以下几种。

1. 平均寿命或平均无故障间隔时间（MTTF 或 MTBF）

平均寿命常用于表示较长寿命的系统。在这种系统中，可靠性的分布形式不太严格或计划的任务时间比规定的平均寿命短。虽然这种表示适用于规定寿命，但在早期寿命期中，它不能保证规定的可靠性水平。如指数分布的系统，平均寿命 θ 对应的可靠度 $R(\theta)=0.37$；正态分布的平均寿命 θ 对应的可靠度 $R(\theta)=0.5$。

2. 任务可靠度 $R(t_m)$

任务可靠性（Mission Reliability）反映了产品在规定的任务剖面时间内完成要求功能的能力。可靠度可用规定任务时间 t_m 内的正常工作概率来表示。当要求设备和系统在任务期间具有高可靠性时，用任务可靠度表征是适合的。任务剖面指产品在完成规定任务这段时间内所经历的事件和环境的时序描述，其中包括任务成功或致命故障的判断准则。

3. 成功概率 $P(S)$

对于成败性事件，常用"系统成功的概率"（与时间无关）来表示一次性使用装置的可靠性。如导弹发射的可靠性、弹头爆炸的可靠性及打靶的可靠性等。这种定义也适用于规定周期性使用的可靠性。对于飞机来说，一次执行任务的时间是确定的，如战斗机平均约 1.6 小时，运输机平均约 6.7 小时，往往也可用成功概率作为可靠性指标要求。

4. 故障率 $\lambda(t)$

通常用"规定的时间内的故障率 $\lambda(t)$"表示长寿命或故障率很小的系统。图 2.8 给出了以上系统可靠性指标的关系。

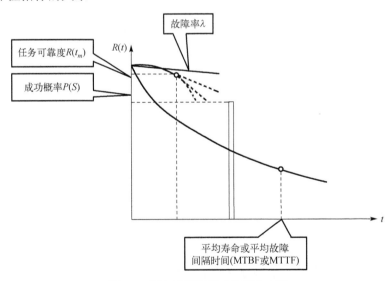

图 2.8　规定可靠性要求的基本方法

5. 基本可靠性（MTBF）

根据美军标准 MIL-STD-785B201.2.3 规定，系统的基本可靠性是采用简单串联模型且产品寿命分布服从指数分布下计算的可靠性。对于余度系统，基本可靠性的计算公式为：

$$\text{MTBF}=1/\left(\sum_{i=1}^{m}n_i\lambda_i\right) \tag{2.32}$$

式中，m 为组成系统的单元个数；n_i 为第 i 个单元的余度数；λ_i 为第 i 个单元的故障率。

由式 (2.32) 可以看出，余度数越多 MTBF 越低。因为基本可靠性反映了产品对维修的要求，且不局限于任务期间的故障。余度数增多，只能提高任务可靠度，即在任务执行期间保证有足够的可靠度，达到任务可靠性指标的要求。但余度数增多，部件增多，出故障的可能性增多，地面维修任务相应增加。因此平均无故障间隔时间减少，使基本可靠性降低。故系统设计时，应对任务可靠度与基本可靠性权衡考虑。

2.3 常用的统计分布

鉴于产品可靠性研究的是随机事件的规律，因此会遇到许多随机变量，各种随机变量有各自不同的概率分布。各种产品由于故障机理不同，其故障分布也多种多样，通过产品的寿命试验，可以确定产品的故障概率分布。根据产品的故障概率分布，可以掌握产品的可靠性，从而提出改进产品可靠性的方法，确定维修策略。

在经典可靠性理论中，将随机变量分为两类：①离散分布，即随机变量的值域是离散的，常用的离散分布有二项分布和泊松分布；②连续分布，即随机变量的分布函数是连续的，常用的连续分布有指数分布、正态分布、对数正态分布、伽马分布及威布尔分布等。

2.3.1 二项分布

当进行一种试验只有两种可能的结果时，这种试验称为成败型试验。如发射一枚导弹，只有成功和失败两种可能的结果；向空中抛一枚硬币，落下时只能有正面朝上或反面朝上两种结果。如果把两种可能出现的事件分别表示为 A 和 $\bar{A}$，且它们发生的概率分别假设为：

$$P(A) = p \quad (0 \leqslant p \leqslant 1) \tag{2.33}$$

$$P(\bar{A}) = 1 - p = q \quad (0 \leqslant q \leqslant 1) \tag{2.34}$$

现在独立地做 n 次试验，那么事件 A 发生的次数 X 是一个随机变量，它服从二项分布：

$$P(X = k) = C_n^k p^k q^{n-k} \tag{2.35}$$

式中，$C_n^k = \dfrac{n!}{k!(n-k)!}$ 是 n 中取 k 的组合。

上式描述的是 n 次试验中有 k 次成功(好产品)和 $(n-k)$ 次失败(坏产品)的概率，其中 p 是试验成功(好产品)的概率，$q = 1 - p$ 是试验失败(坏产品)的概率。

二项分布的可靠度函数描述的是独立的 n 次试验中，获得 k 次以上成功的概率：

$$R(k) = \sum_{i=k}^{n} C_n^i p^i q^{n-i} \tag{2.36}$$

在可靠性研究中，二项分布常用来计算成败型系统的成功概率，也适用于计算相同部件并行工作冗余系统的成功概率。二项分布的故障概率密度曲线和可靠度曲线如图 2.9 和图 2.10 所示。

例 2.7 一个火力发电厂购买了 4 个锅炉，假设一个锅炉一年内没有故障的概率为 0.7，请求锅炉在年底的累积故障概率分布函数。

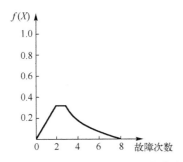

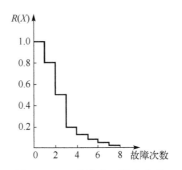

图 2.9 二项分布故障概率密度曲线   图 2.10 二项分布可靠度曲线

解：由于 $p = 0.7$，$q = 0.3$，$n = 4$，则：

$$P(S_n = 0) = C_4^0 0.7^0 \cdot 0.3^4 = 0.0081$$

$$P(S_n = 1) = C_4^1 0.7^1 \cdot 0.3^3 = 0.0756$$

$$P(S_n = 2) = C_4^2 0.7^2 \cdot 0.3^2 = 0.2646$$

$$P(S_n = 3) = C_4^3 0.7^3 \cdot 0.3^1 = 0.4116$$

$$P(S_n = 4) = C_4^4 0.7^4 \cdot 0.3^0 = 0.2401$$

2.3.2 泊松分布

泊松分布(Poisson)是可靠性分析中常采用的一种分布形式，这种分布可以认为是 $n \to \infty$ 时二项分布的扩展。当事件 A 发生的次数 X_n 服从二项分布：$P(X_n = k) = C_n^k p_n^k (1 - p_n)^{n-k}$，这里 P_n 与 n 有关，$np_n = \lambda =$ 常数，则有：

$$\lim_{n \to \infty} P(X_n = k) = \frac{\lambda^k \mathrm{e}^{-\lambda}}{k!} \tag{2.37}$$

设某一给定时间 t 的故障数为 k，λ 为产品的故障率，则在 $(0,t)$ 时间间隔内发生 k 个故障产品的概率为：

$$P(X = k) = \frac{(\lambda t)^k}{k!} \mathrm{e}^{-\lambda t} \tag{2.38}$$

在 t 时刻可靠度函数或零故障概率为：

$$R(t) = \frac{(\lambda t)^0 \mathrm{e}^{-\lambda t}}{0!} = \mathrm{e}^{-\lambda t} \tag{2.39}$$

对系统而言，可靠度可用 t 时刻少于 k 次故障的概率描述：

$$R(t) = \sum_{i=0}^{k} \frac{(\lambda t)^i \mathrm{e}^{-\lambda t}}{i!} \tag{2.40}$$

泊松分布的故障概率密度曲线和可靠度曲线见图 2.11 和图 2.12 所示。

以上两种分布是建立在有限空间或可列无限空间基础上的，因此也称它们为离散分布。

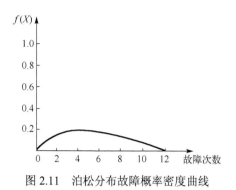

图 2.11 泊松分布故障概率密度曲线

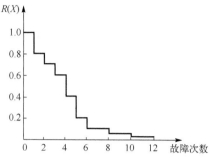

图 2.12 泊松分布可靠度曲线

2.3.3 指数分布

指数分布是可靠性研究中最重要且最常用的一种分布形式,电子产品的寿命分布一般服从指数分布。指数分布的密度函数为:

$$f(t) = \lambda e^{-\lambda t} \tag{2.41}$$

其中故障率 λ 为常数。可靠度函数为:

$$R(t) = \int_t^\infty \lambda e^{-\lambda t} dt = e^{-\lambda t} \tag{2.42}$$

由故障率公式可得:

$$\lambda(t) = \frac{f(t)}{R(t)} = \frac{\lambda e^{-\lambda t}}{e^{-\lambda t}} = \lambda = \text{constant} \tag{2.43}$$

平均寿命为:

$$\theta(\text{MTTF或MTBF}) = \int_0^\infty t f(t) dt = \frac{1}{\lambda} \tag{2.44}$$

指数分布的可靠度曲线如图 2.13 所示,可见指数分布的电子产品随着使用时间增加,可靠度急剧下降,这也说明电子产品任务可靠性不太高。指数分布的故障率曲线见图 2.14 所示。

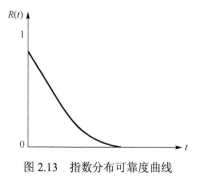

图 2.13 指数分布可靠度曲线

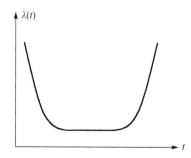

图 2.14 指数分布的曲线

可见,指数分布的故障率为常值,只不过电子产品的浴盆曲线盆地较窄。那怎样才能用不太可靠的电子产品组成很可靠的电子系统呢?下面介绍一个指数分布的性质。

指数分布的"无记忆性":指数分布最重要的性质是无记忆性,即一个产品的寿命服从指数分布，当时刻 t_0 产品正常时，它在 t_0 以后的剩余寿命与新产品一样，与 t_0 无关。用条件概率表示指数分布的无记忆性为：

$$P\{(T > t_0 + t) / (T > t_0)\} = P(T > t) \tag{2.45}$$

证明：根据条件概率，式 (2.45) 可以表示为：

$$P\{(T > t_0 + t) / (T > t_0)\} = \frac{P(T > t_0 + t) \bigcap P(T > t_0)}{P(T > t_0)}$$

$$= \frac{P(T > t_0 + t)}{P(T > t_0)} = \frac{\mathrm{e}^{-\lambda(t_0+t)}}{\mathrm{e}^{-\lambda t_0}} = \mathrm{e}^{-\lambda t}$$

$$= P(T > t)$$

因此，式 (2.45) 被证明成立。

例 2.8　假设电子产品的故障率 $\lambda = 1 \times 10^{-3}/\mathrm{h}$，试计算 $t = 1\mathrm{h}$, $t = 100\mathrm{h}$, $t = 100\mathrm{h}$ 的可靠度。

解：由于是电子产品，因此服从指数分布，则可靠度为：

$$R(t = 1) = \mathrm{e}^{-\lambda t} = \mathrm{e}^{-0.001} = 0.999$$

$$R(t = 100) = \mathrm{e}^{-0.1} = 0.904$$

$$R(t = 1000) = \mathrm{e}^{-1} = 0.368$$

2.3.4　正态分布

正态分布常用于描述机械产品的故障分布，如机械产品的应力分布和强度分布常用这种分布形式，它用于描述因腐蚀、磨损、疲劳而引起故障的产品寿命分布特别适用。

正态分布的密度函数为：

$$f(t) = \frac{1}{\sqrt{2\pi}\sigma} \mathrm{e}^{-\frac{1}{2}\left(\frac{t-\mu}{\sigma}\right)^2} \tag{2.46}$$

式中，μ 称为均值，表示产品寿命的期望值；σ 称为标准偏差，表示偏差离均值的散布程度；σ^2 称为方差。这里：

$$\mathrm{MTTF}(\text{或}\mathrm{MTBF}) = E(T) = \mu \tag{2.47}$$

正态分布有这样一种性质，即标准偏差 σ 与 μ 所在的横坐标值无关。为了计算方便，把 μ 移到 0 点，并把横坐标改写成以 σ 为单位（即 $\sigma = 1$），令 $z = (t - \mu) / \sigma$，则可将一般的正态分布化为标准正态分布，其密度函数为：

$$F(z) = \varphi(z) = \frac{1}{\sqrt{2\pi}} \int_{-\infty}^{z} \mathrm{e}^{-\frac{z^2}{2}} \mathrm{d}z \tag{2.48}$$

标准正态分布可以按 z 值查询本书附录。

例 2.9　选取 100 个汽车制动器做实验，得到均值为 56669.5 英里和标准偏差 12393.5。如果是正态分布，请求制动距离小于 50000 英里的概率。

解：$z = \dfrac{x - \mu}{\sigma} = \dfrac{x - 56669.5}{12393.64}$，则概率为：

$$P(X < 50000) = P\left[z < \frac{50000 - 56669.5}{12393.64}\right] = P(z < -0.5381) = 0.2946$$

2.3.5　对数正态分布

有些产品寿命的对数服从正态分布,则产品寿命就服从对数正态分布,对数正态分布的密度函数为:

$$f(t) = \frac{1}{\sqrt{2\pi}\sigma t} e^{-\frac{1}{2}\left(\frac{\ln t - \mu}{\sigma}\right)^2} \tag{2.49}$$

式中,μ、σ 为分布参数,可靠度函数为:

$$
\begin{aligned}
R(t) &= 1 - \int_0^t f(\tau)\mathrm{d}\tau = 1 - \int_0^t \frac{1}{\sqrt{2\pi}\sigma\tau} e^{-\frac{1}{2}\left(\frac{\ln\tau - \mu}{\sigma}\right)^2}\mathrm{d}\tau \\
&= 1 - \frac{1}{\sqrt{2\pi}}\int_{-\infty}^{\frac{\ln t - \mu}{\sigma}} e^{-\frac{x^2}{2}}\mathrm{d}x = 1 - \varphi\left(\frac{\ln t - \mu}{\sigma}\right)
\end{aligned}
\tag{2.50}
$$

故障率函数为:

$$\lambda(t) = \frac{f(t)}{R(t)} = \frac{1}{\sigma t\sqrt{2\pi}} \frac{e^{-\frac{1}{2}\left(\frac{\ln t - \mu}{\sigma}\right)^2}}{1 - \varphi\left(\frac{\ln t - \mu}{\sigma}\right)} \tag{2.51}$$

平均寿命:

$$
\begin{aligned}
\mathrm{MTTF}(\text{或MTBF}) &= E(T) = \int_0^\infty tf(t)\mathrm{d}t \\
&= \frac{1}{\sigma\sqrt{2\pi}}\int_0^\infty e^{-\frac{1}{2}\left(\frac{\ln t - \mu}{\sigma}\right)^2}\mathrm{d}t = e^{\mu + \frac{\sigma^2}{2}}
\end{aligned}
\tag{2.52}
$$

2.3.6　威布尔分布

威布尔(Weibull)分布在可靠性研究中被广泛使用,它特别适用于机电类产品的故障分布形式。由于它可以利用概率值很容易地推断出它的分布参数,所以广泛应用于寿命试验的数据处理。

威布尔分布含有三个分布参数:m 表征分布曲线的形状,称为形状参数;t_0 表征坐标尺度,称为尺度参数;γ 表征分布曲线的起始位置,称为位置参数。

威布尔分布的密度函数为:

$$f(t) = \frac{m}{t_0}(t - \gamma)^{m-1} e^{-\frac{(t-\gamma)^m}{t_0}} \quad (\gamma \leqslant t,\ 0 < m,\ t_0) \tag{2.53}$$

累积分布函数为:

$$F(t) = 1 - \mathrm{e}^{-\frac{(t-\gamma)^m}{t_0}} \tag{2.54}$$

可靠度函数：

$$R(t) = \mathrm{e}^{-\frac{(t-\gamma)^m}{t_0}} \tag{2.55}$$

故障率函数：

$$\lambda(t) = \frac{f(t)}{R(t)} = \frac{m}{t_0}(t-\gamma)^{m-1} \tag{2.56}$$

平均寿命：

$$\mathrm{MTTF(MTBF)} = E(T) = t_0^{\frac{1}{m}}\Gamma\left(1 + \frac{1}{m}\right) = \eta\Gamma\left(1 + \frac{1}{m}\right) \tag{2.57}$$

上式中 $\eta = t_0^{1/m}$ 称为特征寿命，$\Gamma(k) = (k-1)!$。

在威布尔分布中，当形状参数 m 大于 3 以后，威布尔分布就趋向于正态分布；当形状参数 m 等于 1 时，就变成了指数分布，所以指数分布可以看成威布尔分布的一个特例。

指数分布、正态分布、对数正态分布、威布尔分布、伽马分布统称连续分布，其可靠性曲线如表 2.2 所示。可靠性特征量的内在联系如图 2.15 所示。

表 2.2　连续分布故障概率密度、可靠度及故障率函数曲线

类型	分布类型故障密度函数 $f(t)$	可靠度函数 $R(t)$	故障率函数 $\lambda(t) = f(t)/R(t)$
正态	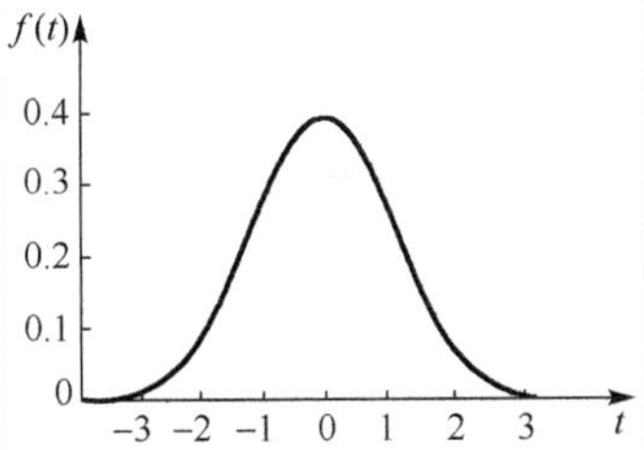	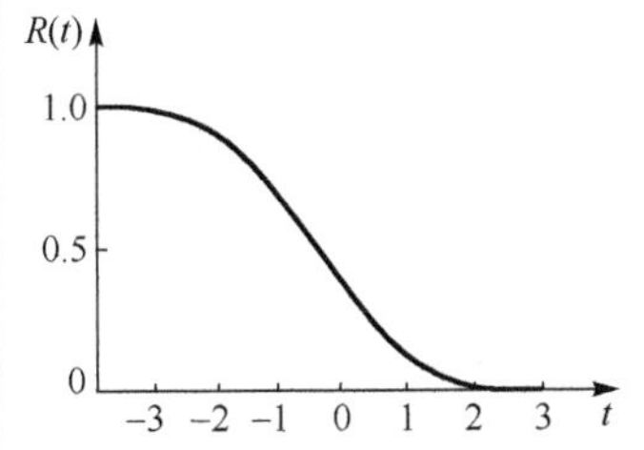	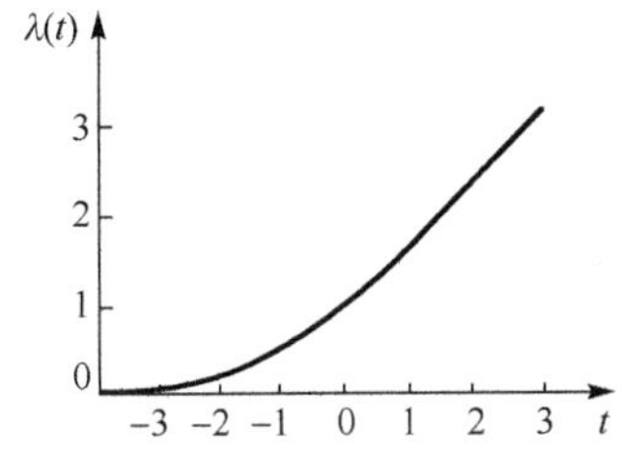
对数正态	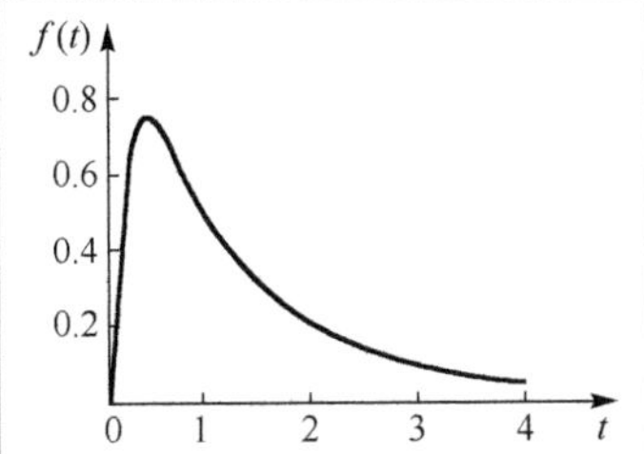	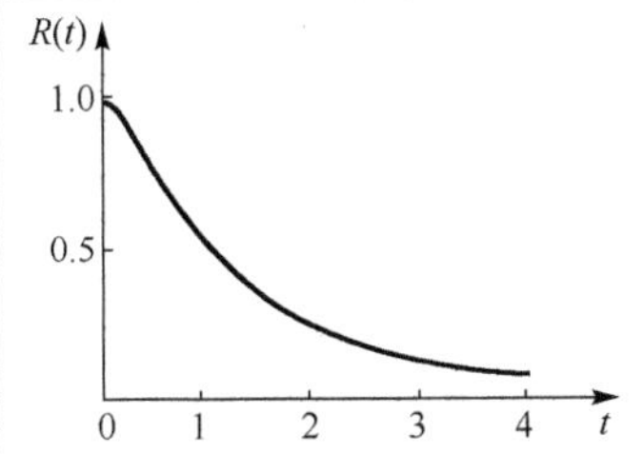	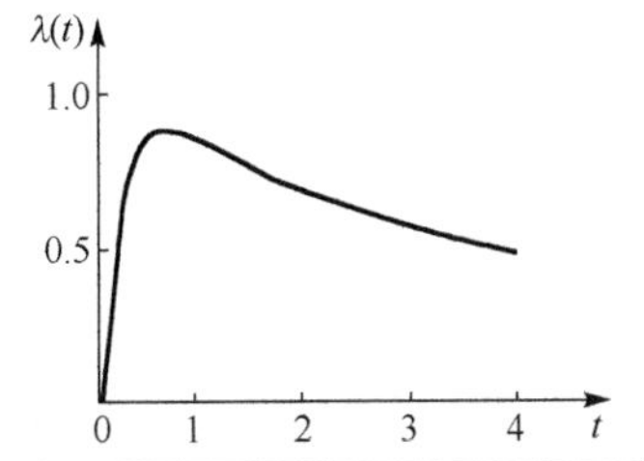
指数	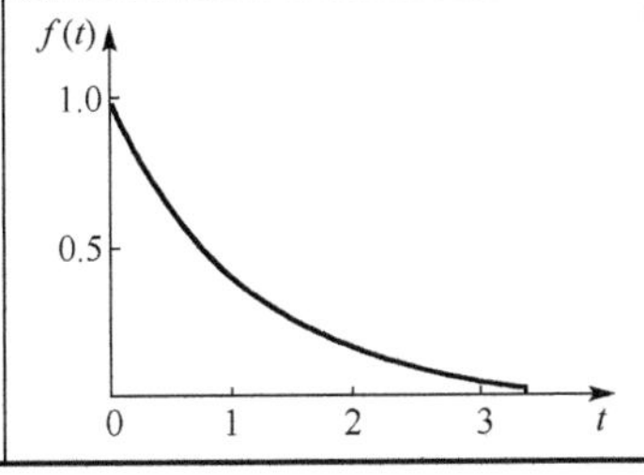	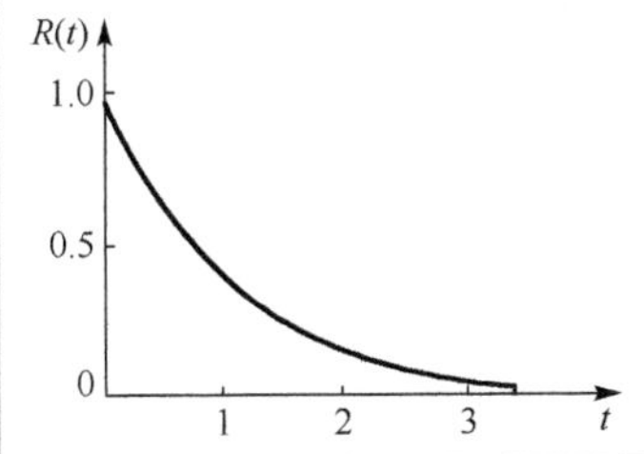	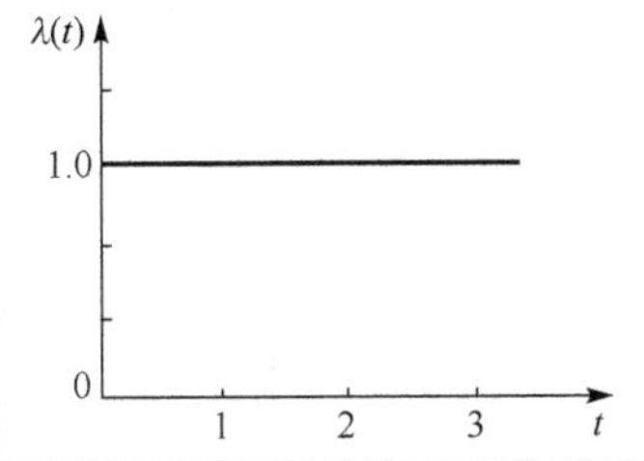

续表

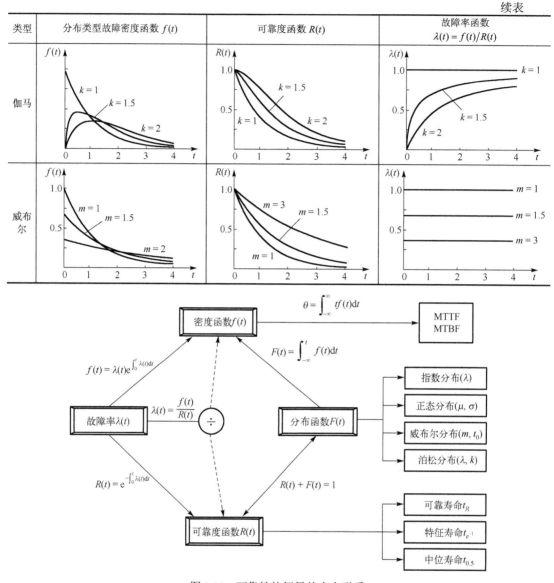

图 2.15　可靠性特征量的内在联系

线 上 习 题

[2.1]　请通过文献查阅，给出指数分布的无记忆性内在含义。如何利用指数分布的无记忆性提高电子系统的可靠性？

线 下 习 题

2.1　什么是随机变量？什么是随机变量的均值和标准偏差？如何计算不同分布的均值和标准偏差？

2.2　离散分布与连续分布的关系是什么？什么分布可以构建离散分布与连续分布的桥梁？为什么说威布尔分布是所有连续分布的综合表征？

2.3　假设某机场在时刻 x 飞机着陆次数如习题表 2.1 所示，算出其均值、标准偏差及任意时刻 x 小于等于 3 次的概率。

习题表 2.1　飞机着陆次数

x	$P(x)$	x	$P(x)$
0	0.06	4	0.18
1	0.14	5	0.12
2	0.20	6	0.05
3	0.25		

2.4　在发动机制造厂，假设 70% 的发动机曲轴是由机械师 R 制造的，30% 的发动机曲轴是由机械师 S 制造的。根据过去的经验，机械师 R 制造的发动机曲轴的次品率为 2%，机械师 S 制造的发动机曲轴的次品率为 3%。求任意选取一个发动机曲轴是次品且是机械师 R 制造的概率。

2.5　假设某产品的故障率 $\lambda = 1 \times 10^{-3} / \text{h}$，计算 10 小时、100 小时和 1000 小时的可靠度，并计算其平均寿命。

参 考 文 献

阿姆斯塔特. 1978. 可靠性数学[M]. 北京：科学出版社.

姜兴渭, 宋政吉, 王晓晨. 可靠性工程技术[M]. 哈尔滨：哈尔滨工业大学出版社, 2005.

市田嵩, 铃木和幸. 可靠性分布与统计[M]. 北京：机械工业出版社, 1988.

王振成, 张震, 王欣, 等. 2020. 设备管理故障诊断与维修[M]. 重庆：重庆大学出版社.

夏虹, 刘永阔, 谢春丽. 2010. 设备故障诊断技术[M]. 哈尔滨：哈尔滨工业大学出版社.

肖德辉. 1985. 可靠性工程[M]. 北京：中国宇航出版社.

闫纪红. 2012. 可靠性与智能维护[M]. 哈尔滨：哈尔滨工业大学出版社.

曾声奎, 王自力. 可靠性设计与分析[M]. 北京：国防工业出版社, 2011.

朱晓颖, 蔡高玉, 陈小平, 等. 2016. 概率论与数理统计[M]. 北京：人民邮电出版社.

Ang A, Tang W H. 1986. Probability and Statistics for Engineerings[M]. Boston: Duxbury Press.

Antonio J, Marques C. 2018. Diagnosis and Fault Tolerance of Electrical Machines, Power Electronics and Drives[M]. London: IET Digital Library.

Benbow D W, Broome H W. 2009. The Certified Reliability Engineer Handbook[M]. Wisconsin: ASQ Quality Press.

Birolini A. 2004. Reliability Engineering: Theory and Practice[M]. Berlin: Springer.

Casella G, Berger R L. 2001. Statistical Inference[M]. Boston: Duxbury Press.

Larsen R J, Marx M L. 2005. An Introduction to Mathematical Statistics and its Applications[M]. New Jersey: Prentice Hall.

Levin M A, Kalal T T. 2003. Improving Product Reliability: Strategies and Implementation[M]. New York: John Wiley & Sons.

O'Connor P, Kleyner A. 2012. Practical Reliability Engineering. Fifth Edition[M]. New York: John Wiley & Sons.

Soong T T. 1981. Probability Modeling and Analysis in Science and Engineering[M]. New York: John Wiley & Sons.

 **拓展阅读**

卡当（Jerome Cardan）

卡当（1501～1576）出生于意大利的帕维亚（Pavia），被称为统计学的鼻祖。1663 年他出版了《DeLudoAleoe》（博弈论），讲述了如何计算掷骰子得到某一点的方法，是概率论发展的滥觞。

贝叶斯（Thomas Bayes）

贝叶斯是 18 世纪英国的数学家、数理统计学家和哲学家，概率论理论创始人。贝叶斯首先将归纳推理法用于概率论基础理论，并创立了贝叶斯统计理论，对于统计决策函数、统计推断、统计的估算等做出了贡献。1763 年由 Richard Price 整理发表了贝叶斯的成果《An Essay towards Solving a Problem in the Doctrine of Chances》，提出贝叶斯公式。利用贝叶斯公式可以对先验分布进行重新更新与完善，从而实现准确的概率估计。

吉罗拉莫·卡尔达诺（Girolamo Cardano）

吉罗拉莫·卡尔达诺（1501～1576），意大利文艺复兴时期百科全书式的学者，数学家、物理学家、占星家、哲学家和赌徒，古典概率论创始人。在他的著作《论运动、重量等的数字比例》中建立了二项定理并确定了二项系数。他一生撰写了 200 多部著作，内容涵盖医药、数学、物理、哲学、宗教和音乐。

威布尔（Waloddi Weibull）

瑞典工程师、数学家Fréchet于1927年首先给出了威布尔分布的定义，1951 年威布尔研究了材料疲劳和相关极限值的理论，并用该分布描述材料寿命长度的近似分布，后以他的名字命名了该分布。

二战中的神奇武器——德国 V1、V2 导弹

第二次世界大战（World War Ⅱ，1939 年 9 月 1 日至 1945 年 9 月 2 日），简称二战，是以德国、意大利、日本三个法西斯轴心国及仆从国与反法西斯同盟和全世界反法西斯力量进行的第二次全球规模的战争。二战期间，德国人把他们所有的创造力发挥到极致，研发出了一批十分先进甚至超越时代的武器，即世界上第一款真正意义上的弹道导弹——V2 导弹，以及第一款巡航导弹——V1 导弹。1944 年 6 月 13 日，已经两年多没有受到空袭的英国伦敦，突然遭到了不知来自何方的空中打击，英国空军根本没有侦察到德军轰炸机的影子。从这些武器的残骸

看，它是一种从来没见过的新型武器，弹体两侧有机翼，尾部还有推进装置，以至于英国人一开始认为这是一架高速飞机。但实际上，这是世界上第一款巡航导弹，代号 V1 导弹。当时诺曼底登陆已经完成，二战胜利在望，这种从天而降的武器，又给战争前程蒙上了一层阴影。V1 导弹杀伤力巨大，很快它就在伦敦造成了数千人的伤亡。后来英国飞行员发现，V1 导弹的稳定性欠佳，只需要干扰它的飞行，就会让其失控。于是英国飞行员就在英吉利海峡上监视 V1 导弹，用战机自身扰动气流，让其失控坠海，这才逐渐扭转了局面。到德国投降前，德国一共发射了约 1 万枚 V1 导弹，造成了约 7000 人丧生，1.8 万人受重伤。但由于 V1、V2 导弹的可靠性问题，它并没有挽回德国已经注定的败局。

罗姆航空发展中心
（Roma Aviation Development Center）

世界上最早开展电子产品可靠性研究的机构。先后为美国海军、陆军和 NASA 开展可靠性、维修性研究，形成美国电子产品可靠性分析中心。

第 3 章　基于失效物理的可靠性理论

基于统计的可靠性理论假设产品仅存在于两态：正常和故障，通过大量数据搜集和统计分析得到分布函数，进而进行可靠性统计特征量分析，实现可靠性分析。而在实际使用过程中，许多产品，尤其是机械产品和机电产品，其故障的发生发展是渐变的，其性能随着时间和载荷作用逐步退化，最后造成产品故障。这一类故障的发生和发展与其承受的载荷历程及时间有关，与其所受的环境及其上下游故障传递有关，还与其选择的材料属性有关，需要考虑失效物理才能真正描述其故障历程，于是出现了基于失效物理的可靠性理论。

失效物理(Physics-of-failure，PoF)是描述失效模式与促使失效产生的诱因(应力，包括工作应力、环境应力和时间应力)之间的关系和规律，是在原子和分子水平上探讨、阐明元器件和材料失效有关的内部物理、化学过程(失效机理)，主要包括扩散(体扩散、表面扩散)、晶体结构缺陷(缺位、多余原子、位错等)的迁移和扩展、材料的形变和破坏(弹性变形、塑性变形、蠕变、脆性断裂和延性断裂等)、氧化和腐蚀(电腐蚀和化学腐蚀)、老化(光老化和热老化)及机械磨损等。

失效物理分析是描述在热应力(恒定温度/温度循环/温度冲击)、电磁应力(电场/磁场)、机械应力(振动/机械冲击)、辐射应力(辐照累积/单粒子效应)、低气压(海拔高度)、电应力(电流/电压)、多应力耦合(热电/热力/等)作用下产品失效发生发展的规律。工程中最基本的失效物理有应力断裂、腐蚀、磨损、蠕变、冲击断裂和疲劳等。传统的可靠性认为故障具有随机性，采用故障发生概率描述产品故障行为；而失效物理认为故障具有确定性，是随时间而逐渐退化直至故障，是应力作用一定时间造成故障的发生。对于由机械和电子器件构成的机电控制系统，其能否可靠使用不仅与各元部件的失效物理有关，而且与环境变化有关。

3.1　材料的退化规律

材料退化是指工程材料经长期使用后性能的退化。常见的钢材的退化现象有中高温长期使用后碳化物的聚集(珠光体球化)、石墨化、蠕变损伤甚至晶粒长大，在腐蚀介质中导致晶间腐蚀并逐步加深、异种钢(珠光体-奥氏体)焊接接头长期高温运行后组织变化和长期中子辐射后钢材脆化等。其结果使钢材的强度(或持久强度)下降，或塑性与韧性降低，导致机械设备出现不安全因素。高分子材料长期使用后也会出现塑性下降脆性增加的退化问题，即老化。常见的材料退化包括弹性变形、塑像变形、脆性断裂和延性断裂等。

3.1.1　材料参数的退化模型

通常一些材料的重要参数(如机械强度、电容器泄漏、晶体管阈值电压、刹车片厚度等)发生变化会出现可靠性问题。令 S 表示重要的材料参数，且其随时间单调缓慢变化，利用泰勒展开式有：

$$S(t) = S_{t=0} + \left(\frac{\partial S}{\partial t}\right)_{t=0} t + \frac{1}{2}\left(\frac{\partial^2 S}{\partial t^2}\right) t^2 + \cdots \tag{3.1}$$

如果可以忽略高阶项，则材料参数退化的规律可以描述为：

$$S = S_0[1 \pm A_0(t)^m] \tag{3.2}$$

式中，S_0 为 $t=0$ 时的材料参数；A_0 为材料系数，m 为幂指数；"+"表示材料参数随时间增加，"−"表示材料参数随时间减小。式(3.12)模型又称为幂律模型。一般，材料的参数 S/S_0 随时间逐渐减小，如图 3.1 所示。

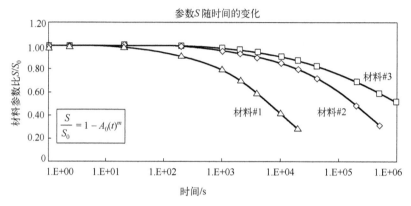

图 3.1　材料参数随时间变化的曲线

例 3.1　半导体器件的阈值电压 V_{th} 随时间变化的数据如表 3.1 所示，求 100 小时后的阈值电压。

表 3.1　半导体器件阈值电压随时间变化的数据

时间 t/h	0	1	2	10
$V_{\text{th}}(V)$	0.750	0.728	0.723	0.710

解：由于半导体器件的阈值电压退化满足式(3.2)规律，则有：

$$V_{\text{th}} = (V_{\text{th}})_0[1 - A_0(t)^m]$$

取对数：

$$\ln\left[\frac{(V_{\text{th}})_0 - V_{\text{th}}}{(V_{\text{th}})_0}\right] = m \ln t + \ln A_0$$

将表 3.1 数据带入，可以得到：$m = 0.25$，$A_0 = e^{-3.506}$，则：

$$V_{\text{th}}(t = 100) = 0.75 \times [1 - e^{-3.506}(100)^{0.25}] = 0.68\,\text{V}$$

除了式(3.1)所示的材料退化模型外，常用的材料退化模型和启动延迟退化模型，如表 3.2 所示。

表 3.2　常用的材料退化模型和启动延迟退化模型

材料退化模型		
幂指数模型	$S = S_0[1 \pm A_0(t)^m]$	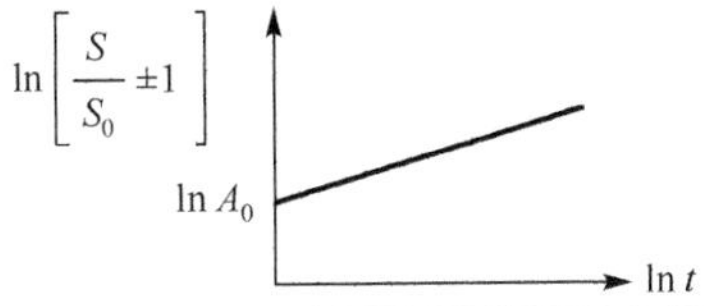
指数模型	$S = S_0 \exp[\pm A_0 t]$	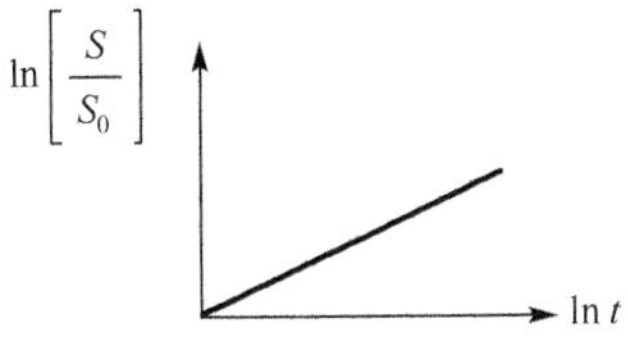
对数模型	$S = S_0[1 \pm \ln(A_0 t + 1)]$	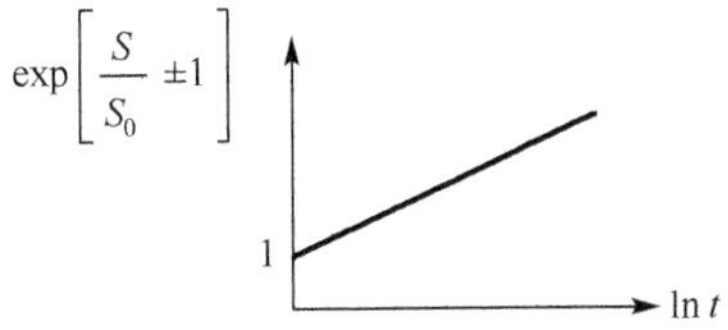
启动延迟退化模型		
幂指数模型	$S = S_0[1 \pm A_0(t - t_0)^m]$	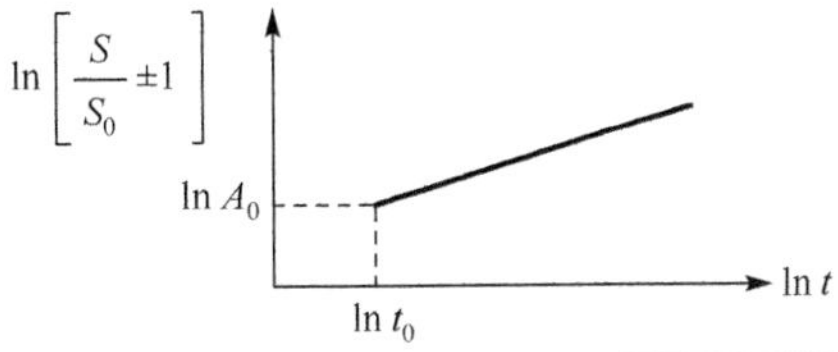
指数模型	$S = S_0 \exp[\pm A_0(t - t_0)]$	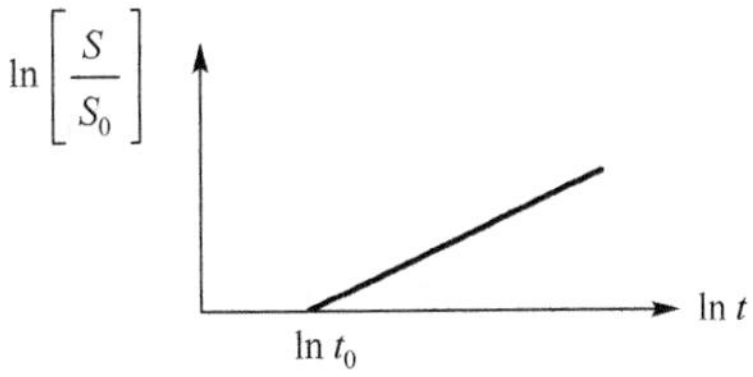
对数模型	$S = S_0\{1 \pm \ln[A_0(t - t_0) + 1]\}$	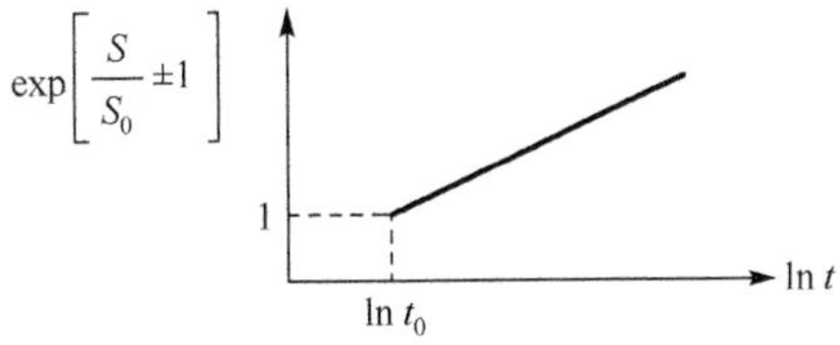

定义退化率：单位时间材料性能退化的比例，用数学表达为：

$$D_R = \frac{\mathrm{d}S^*}{\mathrm{d}t} \tag{3.3}$$

式中，$S^* = 1 - \dfrac{S}{S_0} = t^m$。对于幂指数模型，当 $A_0 = 1$ 时材料退化率为：

$$D_R = \frac{\mathrm{d}S}{\mathrm{d}t} = mt^{m-1} \tag{3.4}$$

材料的退化率如图 3.2 所示。

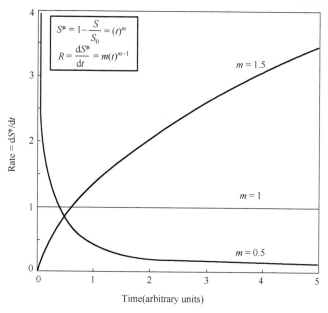

图 3.2　材料的退化率曲线

由图 3.2 可见，当 $m < 1$ 时材料的退化率递减，会在故障前出现饱和；当 $m = 1$ 时材料的退化率为常值；当 $m > 1$ 时材料的退化率递增，最终导致灾难性故障。

根据式 (3.2)，如果材料参数 S / S_0 达到材料故障极限，则我们可以得到故障时间：

$$\mathrm{TF} = \left[\frac{1}{\pm A_0} \left(\frac{S - S_0}{S_0} \right)_{\mathrm{crit}} \right]^{1/m} \qquad (3.5)$$

图 3.3 为不同参数到达故障极限 0.8 的故障时间。

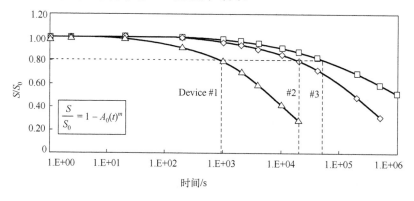

图 3.3　故障时间曲线

3.1.1 节中我们只考虑参数 A_0 与材料参数有关，而在实际使用中其还与承受的应力和温度有关，如电子设备 $A_0 = A_0(V, T)$，机械产品 $A_0 = A_0(\sigma, T)$。通常使用过程中，极少数系统仅有电子设备或机械设备，常用机电设备，这时 $A_0 = A_0(V, \sigma, T)$，则故障时间为：

$$\mathrm{TF} = \left[\frac{1}{\pm A_0(V, \sigma, T)} \left(\frac{S - S_0}{S_0} \right)_{\mathrm{crit}} \right]^{1/m} \qquad (3.6)$$

例 3.2　例 3.1 中半导体器件的阈值电压 V_{th} 退化规律为：

$$V_{th} = 0.4 \left[1 - \frac{0.05}{e^{0.3}} (t)^{0.3} \right]$$

求阈值电压增长 10%的时间。

解：需要的时间为 10.1h。

通常，材料的退化是由于材料力学性能的变化造成的。而材料力学性能的变化可以造成弹性变形、塑性变形、黏性流动、高温蠕变和断裂等。下面就给出由于材料力学性能变化的退化模型。

3.1.2　材料退化的弹性变形

材料的变形是材料在受到外力作用时产生的形状和体积的变化。弹性变形是外力除去后变形也消失的过程，是材料原子间结合力的反映和度量。弹性体服从胡克定律，即施加给材料的应力 σ 和所引起的应变 ε 之间呈线性关系：

$$\sigma = E \cdot \varepsilon \tag{3.7}$$

式中，E 为弹性模量。

弹性模量依应力状态的形式而异。对于各向同性材料而言，单向拉伸或压缩用正弹性模量 E（也称杨氏模量）。当受到剪切应力产生剪切应变时用剪切弹性模型 $G = \tau / \gamma$（切变模量），其中 τ 为切应力，γ 为切应变。

材料所承受的应力是分布在单位面积上的内力，揭示了内力在截面上的聚集程度，可以表示为：

$$\sigma = F / A \tag{3.8}$$

式中，F 为外力；A 为面积。

材料的应变是用来描述物体内部各质点之间的相对位移，直线应变可以表示为：

$$\varepsilon = \frac{L - L_0}{L_0} = \frac{\Delta L}{L_0} \tag{3.9}$$

式中，L 为材料变形后的长度；L_0 为初始长度；ΔL 为变形量。

当材料受到剪切力时，材料的微元会发生切应变（图 3.4）：

$$\gamma = \frac{w}{h} \tag{3.10}$$

通常，材料在外力作用下会发生形状和体积的变化，这种变化有可能是可逆的，也有可能是不可逆的，甚至发展到材料断裂。其应力与应变曲线如图 3.5 所示。

图 3.5 中，AB 段成比例关系，设 B 点的应力为比例极限 σ_B。当应力$<\sigma_B$ 时，是可逆线性比例关系，当应力去除后可以恢复。令 C 点为弹性极限 σ_C，当应力在 σ_B 和 σ_C 之间，外力去除后有一定的塑性变形。令 D 点为屈服极限 σ_D，当应力大于 σ_D 时材料出现断裂，进而引发故障。一般脆性材料（如陶瓷材料）没有塑性变形，韧性金属材料有塑性变形。脆性材料断裂公式为：

$$\sigma \geq \sigma_t \quad \text{or} \quad \sigma \geq \sigma_c \tag{3.11}$$

式中，σ_t 为单轴拉伸实验中材料发生断裂时的应力；σ_c 为单轴压缩实验中材料发生断裂时的应力。

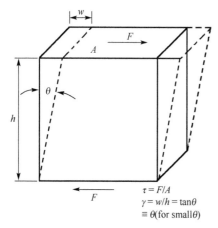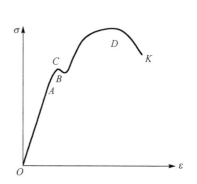

图 3.4　材料微元的剪切变形　　　　图 3.5　材料的应力与应变曲线

如将以上的关系拓展为三维，则有如下三方向应力应变关系：

$$
\begin{cases}
\varepsilon_x = \dfrac{1}{E}[\sigma_x - \upsilon(\sigma_y + \sigma_z)] \\[2mm]
\varepsilon_y = \dfrac{1}{E}[\sigma_y - \upsilon(\sigma_x + \sigma_z)] \\[2mm]
\varepsilon_z = \dfrac{1}{E}[\sigma_z - \upsilon(\sigma_x + \sigma_y)]
\end{cases}
\tag{3.12}
$$

式中，υ 为泊松比。三方向剪切应力和应变关系有：

$$
\begin{cases}
\gamma_{xy} = \dfrac{\tau_{xy}}{G} \\[2mm]
\gamma_{yz} = \dfrac{\tau_{yz}}{G} \\[2mm]
\gamma_{xz} = \dfrac{\tau_{xz}}{G}
\end{cases}
\tag{3.13}
$$

式中，$G = \dfrac{E}{2(1+\upsilon)}$。如果是压缩应变，其压缩体积模量为 $K = \dfrac{E}{3(1-2\upsilon)}$，属于本征参数，与外界条件无关。

影响弹性变形的因素有：

(1)温度。温度升高原子热运动加剧，引起晶格使能曲线曲率变化，故 E 会发生变化：

$$
E = E_0 - bT \exp\left[\frac{T_0}{T}\right]
\tag{3.14}
$$

式中，E，E_0 分别为温度为 T 和 0K 时的弹性模量；T 为热力学温度；b，T_0 是由物质而定的经验常数。

(2)气孔。当材料中存在气孔，弹性模量随气孔率的增加而降低：

$$E = E_0 \exp[-bP] \tag{3.15}$$

式中，P 为气孔率；b 为常数。

3.1.3　材料退化的塑性变形模型

如果材料承受外部载荷进一步增加，组成的材料的原子会移动至新的平衡位置，导致宏观变形，当外力除去后无法恢复，这种变形称为塑性变形或屈服。材料的塑性变形往往还伴随着内部空穴缺陷的产生和发展，发生塑性变形的材料往往容易断裂。塑性变形的应力-应变不再服从胡克定律，而应该通过塑性力学计算获得。在一定的变形条件(加载状况、变形温度及速度)下引起物体塑性变形的单位应变力称为变形抗力。由于塑性变形的材料往往很容易发生断裂，更多应该考虑材料的断裂问题。材料的塑性变形一般包括单晶体的塑性变形、多晶体的塑性变形、陶瓷材料的塑性变形和高分子材料的塑性变形。

1. 塑性变形对金属组织和性能的影响

(1)形成纤维组织：当变形程度很大时，多晶体晶粒便显著地沿变形方向被拉长。形成的纤维组织会使变形抗力增加，且会产生明显的各向异性。

(2)形成亚组织：随着变形程度的增加，一些位错互相纠缠在一起，密集的位错纠结在晶粒内围成细小的颗粒组织。亚组织的形成使得位错运动更加困难，导致变形抗力增加。

(3)产生内应力：由于变形不均，会在材料内部产生内应力，变形后作为参与应力保留在材料内部。内应力的存在，会导致金属的开裂和变形抗力增加。

(4)产生加工硬化：随着变形程度的增加，金属的强度和硬度逐渐增加，而塑性和韧性逐渐降低。

一般组成金属的元素越少、晶粒越细小、组织分布越均匀，则金属的塑性越好。塑性变形时，压应力成分越多，金属越不容易破坏，可塑性就越好。随着温度的升高，材料塑性增加，变形抗力降低。

2. 塑性变形的应力应变

取一个微小正六面体(即所谓单元体)，在三个相互垂直的面上有九个应力分量，如图 3.6 所示。其中 σ 表示三个面的正应力，τ 表示三个面的剪应力，ε 表示三个方向主应变。

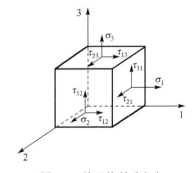

图 3.6　单元体所受应力

单元体在与主平面呈 45° 的界面上切应力达到最大值，称为主切应力，如图 3.7 所示。

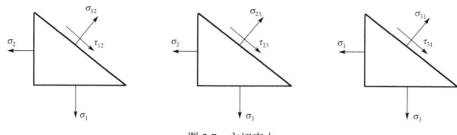

图 3.7 主切应力

则正应力值为：

$$\sigma_{12} = (\sigma_1 + \sigma_2)/2, \quad \sigma_{23} = (\sigma_2 + \sigma_3)/2, \quad \sigma_{31} = (\sigma_3 + \sigma_1)/2 \qquad (3.16)$$

主切应力为：

$$\tau_{12} = \pm(\sigma_1 - \sigma_2)/2, \quad \tau_{23} = \pm(\sigma_2 - \sigma_3)/2, \quad \tau_{31} = \pm(\sigma_3 - \sigma_1)/2 \qquad (3.17)$$

若 $\sigma_1 \geqslant \sigma_2 \geqslant \sigma_3$，则：

$$\tau_{max} = \pm(\sigma_1 - \sigma_3/2) \qquad (3.18)$$

当采用简单加载时，塑性变形的主应力和主应变服从全量理论：

$$\begin{cases} \dfrac{\sigma_1 - \sigma_2}{\varepsilon_1 - \varepsilon_2} = \dfrac{\sigma_2 - \sigma_3}{\varepsilon_2 - \varepsilon_3} = \dfrac{\sigma_3 - \sigma_1}{\varepsilon_3 - \varepsilon_1} = C \\ \text{or} \quad \dfrac{\sigma_1 - \sigma_m}{\varepsilon_1} = \dfrac{\sigma_2 - \sigma_m}{\varepsilon_2} = \dfrac{\sigma_3 - \sigma_m}{\varepsilon_3} = C \end{cases} \qquad (3.19)$$

由全量理论可知，塑性变形下的应力和应变符号不一定一致，即拉应力不一定对应拉应变，压应力不一定对应压应变，要看应力与平均应力的差值。某方向应力为零其应变不一定为零。在任何一种应力状态下，应力分量的大小与应变分量的大小顺序是相对应的，即若 $\sigma_1 > \sigma_2 > \sigma_3$，则 $\varepsilon_1 > \varepsilon_2 > \varepsilon_3$。

随着塑性变形的不断增加，材料的强度、硬度和变形抗力逐渐增加，而塑性和韧性逐渐降低，如图 3.8 所示。

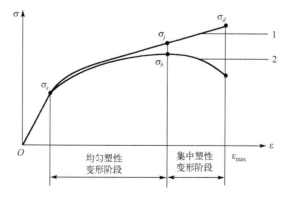

图 3.8 金属材料的应力-应变曲线

图 3.8 的塑性变形应力-应变曲线可以用下式表示：

$$\sigma = A\varepsilon^n \qquad (3.20)$$

式中，A 为系数；n 为硬化指数。

3.1.4　材料退化的扩散模型

众所周知，扩散现象在生活中无处不在。如房间某处打开一瓶香水，慢慢在其他地方可以闻到香水味；在清水中注入一滴墨水，可以发现它慢慢扩散。在固体材料中，扩散在材料生产和使用的物理过程中也常常出现，如均匀退火、固态相变、化学热出炉、烧结、蠕变等。所谓扩散，是由构成物质(粒子、原子、分子)的热运动而产生的物质迁移现象。扩散的宏观表现是物质的定向输送。描述扩散规律的定律有菲克第一定律和菲克第二定律。

假设材料中有一个微元(如图 3.9 所示)，由于热的作用使粒子从微元的左侧扩散至右侧(x 向)，如果浓度和浓度梯度不随时间改变属于稳态扩散，此时可以用菲克第一定律表示：

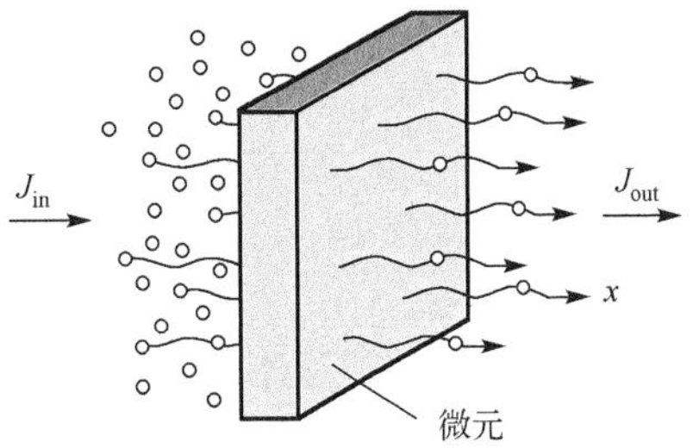

图 3.9　材料中的微元

$$\nabla J(x,t) = -D\frac{\partial \rho(x,t)}{\partial x} \tag{3.21}$$

式中，D 为扩散系数；J 为单位时间内通过垂直于扩散方向的单位面积的扩散物质量；ρ 为粒子体积浓度；$\frac{\partial \rho}{\partial x}$ 为截面处的浓度梯度；"$-$"表示扩散方向与浓度梯度方向相反。

根据散度定理，对上式进行积分得到：

$$\int J \cdot \mathrm{d}A = -\frac{\mathrm{d}N}{\mathrm{d}t} \tag{3.22}$$

式中，A 为微元表面面积；N 为存在于微元中的粒子总数。

根据反应论可得：

$$\frac{\mathrm{d}N}{\mathrm{d}t} = -k(t)N(t) \tag{3.23}$$

式中，$k(t)$ 为反应率。通常，可以用反应率反映粒子扩散造成的材料性能退化，如裂纹扩散速度。对于许多故障机理，材料的粒子扩散可以描述为菲克过程：

$$J(x,t) = \mu\rho(x,t)F - D\frac{\partial \rho(x,t)}{\partial x} \tag{3.24}$$

式中，μ 表示粒子的迁移能力；F 表示驱动力。式(3.24)右侧前一项为粒子漂移分量，后一项为粒子扩散分量。根据爱因斯坦理论，粒子迁移能力可以表示为：

$$\mu = \frac{D}{K_B T} = \frac{D_0 \exp\left(-\dfrac{Q_{\mathrm{diffusion}}}{K_B T}\right)}{K_B T} \tag{3.25}$$

式中，$Q_{\mathrm{diffusion}}$ 为粒子扩散的激活能；T 为温度；K_B 为玻尔兹曼常数($8.62\times10^{-5}\,\mathrm{eV/K}$)。

如果为三轴扩散(图 3.10)，则用菲克第二定律表示单位时间内物质变化量：

$$Q = \left[\frac{\partial J_x}{\partial x} + \frac{\partial J_y}{\partial y} + \frac{\partial J_z}{\partial z}\right]\delta x \delta y \delta z \tag{3.26}$$

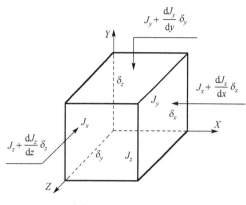

图 3.10　三方向扩散

其由于粒子扩散造成的材料性能退化可以得到类似式(3.26)的退化率表征。

3.1.5　材料的蠕变过程

当材料在高温和机械应力作用下，由于高温载荷作用材料的力学性能会产生相应变化，因而会造成材料缓慢而连续的塑性变形(即蠕变)。典型的蠕变过程包括初始蠕变、稳定蠕变和加速蠕变三个阶段，如图 3.11 所示。

图 3.11 中，OA 段是试样在 T 温度下承受恒定拉应力 σ 时所产生的初始伸长率 ε_0。若应力超过金属在该温度下的屈服强度，则 ε_0 包括弹性伸长率和塑性伸长率两部分。此时的应变还不是蠕变，而是外载荷作用下引起的一般变形过程。从 A 点开始，随着时间增长而产生的应变属于蠕变，即 $ABCD$ 曲线。

典型的金属蠕变曲线包括三个阶段：

(1) AB 段称为初始蠕变段 τ_1：该阶段为减速蠕变阶段，这一阶段开始时蠕变速率较大，随着时间延长蠕变速率逐渐减小，到达 B 点蠕变速率达到最小值。

(2) BC 段称为稳定蠕变段 τ_2：该阶段为恒速蠕变阶段，这一阶段的特点是蠕变速率几乎保持不变。一般所说的金属蠕变速率即这一阶段的蠕变速率。

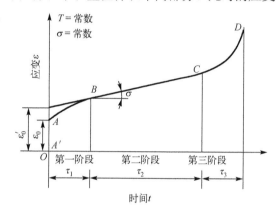

图 3.11　典型的金属蠕变曲线

(3) CD 段称为加速蠕变段 τ_3：在这个阶段随着时间的延长蠕变逐渐增大，至 D 点产生蠕变断裂。

蠕变引起的故障主要是过大的蠕变变形超过了设计允许的范围进而导致断裂。对蠕变寿命的描述常采用通过蠕变试验拟合得到的 Larson-Miller 模型：

$$\begin{cases} \sigma = F(T,\tau) \\ \text{or} \quad \sigma = F(P) \end{cases} \tag{3.27}$$

其中，T 为持久温度(K)，τ 为持续时间(h)，参数 P 的定义为：

$$P = (C + \lg \tau) \tag{3.28}$$

式中，C 为与材料成分相关的常数。

对于大多数高温材料而言，其持久强度可以由下式描述：

$$\mathrm{d}\sigma = \left(\frac{\partial \sigma}{\partial T}\right)_\tau \mathrm{d}T + \left(\frac{\partial \sigma}{\partial \tau}\right)_T \mathrm{d}\tau \tag{3.29}$$

由式(3.28)和式(3.29)可得：

$$\left(\frac{\partial \sigma}{\partial \tau}\right)_T = K_T\left(\frac{\partial \sigma}{\partial T}\right)_\tau \tag{3.30}$$

式中，$K_T = \dfrac{T}{\tau(C+\lg\tau)\ln 10}$。当试验温度 T 一定时，在 (τ_0,τ) 积分得到：

$$\sigma = \int_{\tau_0}^{\tau}\left(\frac{\mathrm{d}\sigma}{\mathrm{d}T}\right)_\tau K_T\mathrm{d}\tau \approx \sigma_0 + T\left(\frac{\mathrm{d}\sigma_0}{\mathrm{d}t}\right)\ln\left(\frac{C+\lg\tau}{C+\lg\tau_0}\right) \tag{3.31}$$

进而可以得到材料随温度的持久强度曲线，如图 3.12 所示。

通常，温度对蠕变的曲线的影响有：

(1)当应力较小或温度较低时，蠕变在第二个阶段持续时间较长，甚至不出现第三阶段。

(2)当应力较大或温度较高时，蠕变在第二个阶段很短，很短时间就断裂。

通常，在温度应力作用下材料的退化模型可以用阿伦尼乌斯模型表示：

$$\frac{\partial S}{\partial t} = A_0\exp\left(-\frac{\Delta E}{kT}\right) \tag{3.32}$$

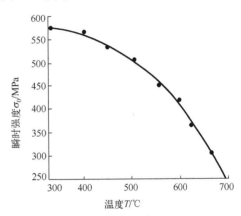

图 3.12　材料的高温瞬时强度

式中，S 为材料的退化量；$\dfrac{\partial S}{\partial t}$ 表示温度在 T 下的退化速率；k 为玻尔兹曼常数；A_0 为常数；t 为反应时间；ΔE 为激活能。

对式 (3.35) 进行变换，得到蠕变失效时间为：

$$\ln L = A + B/T \tag{3.33}$$

式中，$A = \dfrac{S_p - S_0}{A_0}$；$B = \Delta E/k$；$S_p$ 为蠕变失效时的材料退化量；S_0 为初始退化量。

定义金属高温力学性能为：

(1)蠕变极限。蠕变极限是金属材料在高温长时载荷作用下的塑性变形抗力指标。当采用基于蠕变速率 $\dot\varepsilon$ 定义时，蠕变极限为在规定温度 T 下使试样产生稳态蠕变速率 $\dot\varepsilon$ 不超过规定值的最大应力，用 $\sigma_{\dot\varepsilon}^T$ 表示。如果采用基于材料伸长率 ε 定义，蠕变极限为在规定温度 T 下和规定的试验时间 t 内使试样产生的蠕变总伸长率 ε 不超过规定值的最大应力，用 $\sigma_{\varepsilon/t}^T$ 表示。

(2)持久强度。对于高温材料，除了测定蠕变极限外，还必须测定其在高温长时载荷作用下的断裂强度，即持久长度。持久长度是在规定温度 T 下、在规定时间 t 内，不发生断裂的最大应力，用 σ_t^T 表示。通常，持久强度是通过材料高温拉伸持久试验测定的。

3.1.6　材料的应力松弛

所谓应力松弛是在规定温度和初始应力条件下，金属材料中的应力随时间增加而减小的现象，可以看成是应力不断降低条件下的蠕变过程。应力松弛与蠕变属于同一问题的两个方面，典型的应力松弛常见于聚合物材料，如橡胶松紧带开始使用时感觉比较紧，用一段时间后越来越松。描述橡胶应力松弛常用的模型有：

（1）Maxawell 模型。

$$\sigma = \sigma_0 \exp(-t / \tau) \tag{3.34}$$

式中，$\tau = \eta / E$ 为松弛时间，表示形变固定时由于黏流使应力松弛到初始应力的 $1 / e$ 所需的时间；η 为材料弹性模量；E 为牛顿黏度，可以通过试验测定。

（2）Tobolsky 模型。

Tobolsky 模型的拉伸应力为：

$$\tau = s \exp\{-K_s stkT\} \cdot \left\{ \frac{l}{l_0} - \frac{l_0}{l^2} \right\} \tag{3.35}$$

式中，$K_s = \dfrac{KT}{h} \exp\{-E / RT\}$；$s$ 表示承担应力的单位体积内受到主边界的分子个数；k 表示玻尔兹曼常数；T 表示绝对温度；l_0 / l 表示拉伸后的长度与拉伸前长度的比值。

（3）P-t-T 三元模型。

$$\begin{cases} \sigma / \sigma_0 = A \exp\{-k_1 t^\alpha\} \\ k_1 = A_1 \exp(-E / kT) \end{cases} \tag{3.36}$$

式中，E 为表观激活能；k 表示玻尔兹曼常数。

应力松弛还如高温管道法兰接头的紧固螺栓、用于压紧配合固定于轴上的汽轮机叶轮等。通常应力松弛曲线如图 3.13 所示。

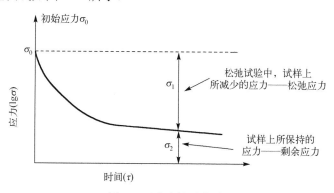

图 3.13　应力松弛曲线

由图 3.13 可知，应力松弛包括两个阶段：阶段一应力下降很快，阶段二应力下降逐渐缓慢。定义应力松弛极限为 σ_r，表示在一定应力和温度下不能继续发生松弛的剩余应力。

热力学是研究热和机械功相互转化，进而研究物质的热性质、热运动规律及不稳定态转变趋势的科学。金属材料应力松弛的实质就是一种不稳定态向稳定态转变的必然趋势。由热力学第二定律可知，在恒温、恒容条件下，系统的自由能变化（ΔF）可用式（3.37）表示：

$$\Delta F = dU - T dS \tag{3.37}$$

式中，dU 为系统内能的变化；T 为温度；dS 为系统熵的变化。

弹性部件（如弹簧）在应力松弛的过程中，内能的变化包括材料内部组织结构变化和弹性部件应变能的变化引起的内能变化，即：

$$dF = dU_s - T dS + k_1 \tau d\tau \tag{3.38}$$

其中，dU_s 为材料内部组织结构变化的内能；τ 为弹性部件承受切应力；k_1 为材料系数。

从热力学角度看，当 $dF < 0$ 时，应力松弛将自动进行。对式 (3.38) 进行积分，可以得到弹性部件的应力松弛模型。可见，不同材料在不同温度下应力松弛情况不同，表 3.3 给出了 60Si2Mn 弹簧在不同温度下试验拟合后的应力松弛曲线拟合方程。

表 3.3　60Si2Mn 弹簧应力松弛曲线拟合方程

温度 T/℃	松弛曲线方程	相关系数
100	$F = 8.005 \exp(-0.8552t) + 229 \exp(-8.522 \times 10^{-5}t)$	0.9996
140	$F = 15.88 \exp(-0.9814t) + 224.5 \exp(-8.5951 \times 10^{-5}t)$	0.9997
160	$F = 16.96 \exp(-0.9932t) + 223.9 \exp(-8.604 \times 10^{-5}t)$	0.9999
200	$F = 26.75 \exp(-1.107t) + 218.8 \exp(-0.0001087t)$	0.9999

以 60Si2Mn 弹簧为例，建立松弛速率与温度之间的关系式，如式 (3.44) 所示：

$$v_s = 3.02 \exp(-1795 / T) \tag{3.39}$$

由式 (3.39) 可知，C 可以被看作松弛一小时后松弛速率，经过拟合，建立 C 与温度之间的关系式：

$$C = 15.517 \exp(-2568 / T) \tag{3.40}$$

很显然，式 (3.45) 也是阿伦尼乌斯模型的形式。

3.2　基于疲劳损伤的可靠性度量

疲劳损伤是指材料或结构受到多次重复变化的载荷作用后，应力值虽然没有超过材料的强度极限但发生破坏的现象，包括裂纹萌生、扩展和最终断裂三个阶段。由于疲劳总是发生在结构应力远低于设计容许最大应力的情况下，因此不易被发现，这也是疲劳最危险的地方。通常，疲劳破坏的特点有：①突然性，断裂时没有明显的塑性变形，因此断裂没有明显的征兆，而发生突然的破坏；②低应力，疲劳破坏在循环应力的最大值远低于材料抗拉强度或屈服强度的情况下就可以发生；③重复载荷，疲劳破坏是多重复载荷作用下产生的破坏，是长期交变应力作用的结果。

影响疲劳的因素有：①应力集中，疲劳源总是出现在应力集中的地方，因此需要在构件设计时避免严重的应力集中，如加大应力突变处的圆角半径；②表面状态，疲劳裂纹常常从表面开始，所以表面状态对疲劳强度会有显著的影响，表面加工越粗糙，疲劳强度降低，疲劳越严重，表面处理或由于装配引起的残余应力也会引起疲劳强度降低；③运行环境，一般腐蚀性气体、盐水腐蚀和使用温度升高都会降低材料的疲劳强度。

3.2.1　循环载荷作用规律

1. 疲劳载荷循环应力水平描述

在零部件材料承受反复应力的作用过程中，每一次的应力作用称为一个应力周期

(cycle)，此周期内的材料受力状态，由原本的无应力先到达最大正应力 $\sigma_{\max}$（拉伸应力），然后到达最大负应力 $\sigma_{\min}$（压缩应力），最后回到无应力状态，如图 3.14 所示。

图 3.14 中，$\sigma_{\max}$ 为最大应力，$\sigma_{\min}$ 为最小应力，$\sigma_m = (\sigma_{\max} + \sigma_{\min})/2$ 为平均应力，$\sigma_a = (\sigma_{\max} - \sigma_{\min})/2$ 为应力幅，$R = \sigma_{\max}/\sigma_{\min}$ 为应力比。

在承受循环应力的过程中，每一个应力周期所经历的时间长短（即频率）与疲劳关系甚微，应力周期的振幅及累积次数才是决定疲劳破坏发生的主要因素。另外，压缩应力不会造成疲劳破坏，拉伸应力才是疲劳破坏的主因。

由于疲劳破坏是局部损伤累积的结果，判断是否疲劳破坏可以看断口情况，如断口光滑、有海滩条带、可见裂纹源、裂纹扩展区和瞬断区，则是应力集中累积的结果，可判断为疲劳损伤。

2. 材料疲劳的 σ-N 曲线（又称 S-N 曲线）

疲劳是产品在交变载荷作用下发生的一种失效机理，疲劳损伤过程包括裂纹萌生、裂纹扩展和最终断裂三个阶段。为了得到材料在交变载荷作用下的性能关系，对材料施加不同的应力 σ 进行疲劳试验，记录其寿命 N，即可得到图 3.15 的 S-N 疲劳曲线。

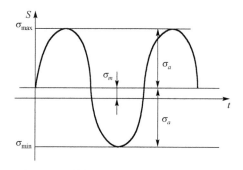

图 3.14　材料承受反复应力的作用过程

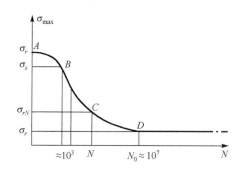

图 3.15　S-N 疲劳曲线

在图 3.15 中，σ 代表应力幅，N 代表载荷循环数。可见，应力幅越大，材料的疲劳寿命越短。当应力幅小于 σ_r 时，代表无限寿命。机械零件的疲劳大多发生在 S-N 曲线的 CD 段，其材料疲劳性能关系可用下式表示：

$$\sigma^m N = C \qquad (N_C \leqslant N \leqslant N_D) \tag{3.41}$$

式中，C 为常数。在有限寿命区间内循环次数 N 与疲劳极限 σ_{rN} 的关系为：

$$N = \left(\frac{\sigma_r}{\sigma_{rN}}\right)^m N_0 \tag{3.42}$$

式中，N_0 为应力循环基数；σ_r、N_0 及 m 由材料试验决定。

工程上一般认为，在同级应力水平下的疲劳寿命服从对数正态或威布尔分布，所以先求出不同应力水平下的 P-N 曲线后，将不同存活率下的数据点相连可以得到一簇 S-N 曲线，其中每一条曲线代表某一存活率下的应力-寿命关系，称为 P-σ-S（又称 P-S-N）曲线，如图 3.16(a) 所示。当应力增大时，较少的循环次数就可以达到断裂临界应力 σ_c，因而造成材料断裂(图 3.16(b))。当应力 σ 小于 σ_c 时理论上可以承受无限次应力循环而不发生断裂;否则在应力 σ 作用下, N_1 次循环萌生裂纹,增至 N_2 时零件发生断裂。

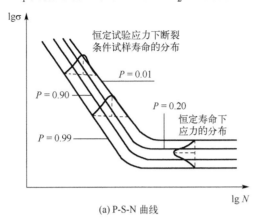

(a) P-S-N 曲线

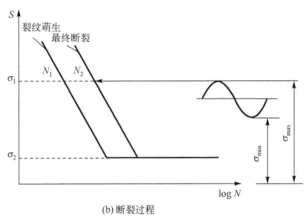

(b)断裂过程

图 3.16 材料疲劳断裂过程

3. 变幅载荷下的损伤累积理论

当零部件材料施加交变应力时,其退化过程常采用线性损伤累积模型(又称 Miner 法则)描述。线性累积损伤模型假定:产品在施加交变应力下材料的损伤是线性累积的,当材料的累积能量一旦到达一定值(所做的功为 W)就会引起元部件的故障。设在某一交变应力 S_i 作用下,材料的循环寿命次数为 N_i,所做的功为 W_i,元部件施加的交变载荷为:交变应力 S_1 作用下循环 n_1 次,交变应力 S_2 作用下循环 n_2 次……如此不断改变应力等级直至元件故障,其所做的功为 $W = \sum W_i$,那么它存在 $(W_i / W) = (n_i / N_i)$ 呈线性比例关系。假定每个交变应力作用下元件发生的故障是随机的,在时间上服从指数分布,那么这些故障事件同时发生的概率为:

$$\prod \mathrm{e}^{-\frac{n_i}{N_i}} = \mathrm{e}^{-\sum \frac{n_i}{N_i}} \tag{3.43}$$

当上述概率值为 e^{-1} 时所经历的时间就是疲劳寿命,即:

$$\sum \frac{n_i}{N_i} = 1 \tag{3.44}$$

解上式可以求得循环寿命次数的期望值 $\sum n_i$。

例 3.3　构建的 S-N 曲线为 $S^2N = 2.5 \times 10^{10}$，设计寿命内的载荷谱如表 3.4 前两列，假定 100%P 时的应力为 150MPa，试求其累积损伤。

表 3.4　构件寿命期内载荷谱

设计载荷 P_i	循环 $n_i(10^6)$	$S_i(MPa)$	$N_i(10^6)$	$D_i = n_i / N_i$
P	0.05	150	1.111	0.045
0.8P	0.1	120	1.736	0.058
0.6P	0.5	90	3.086	0.162
0.4P	5	60	6.944	0.72

解：累积损伤 $D = \sum_{i=1}^{4} \dfrac{n_i}{N_i} = 0.045 + 0.058 + 0.162 + 0.72 = 0.985$。

疲劳破坏过程比较复杂，受很多因素影响，主要分为以下四个阶段：

(1) 交变应力作用产生滑移，金属挤出或挤入形成微裂纹的核；

(2) 微观裂纹沿着滑移面扩展，主要在主应力约 45° 的剪切力作用面，产生几条微裂纹；

(3) 宏观裂纹扩展，裂纹扩展方向基本上与主应力垂直，为单一裂纹；

(4) 当裂纹超过临界尺寸即出现断裂。

4. 疲劳损伤模型

实际使用中，零部件疲劳损伤受多种因素影响，往往与材料的物理特性、受力状态、循环次数和使用环境等息息相关，这里给出多因素疲劳损伤表征：

$$D = F(n, \sigma, f, T, M, \Delta) \tag{3.45}$$

式中，D 是疲劳损伤量；n 是循环次数；σ 是循环载荷；f 是加载频率；T 是加载温度；M 是环境湿度；Δ 是其他影响因素。

当加载频率、加载温度和环境湿度等多种因素确定时，疲劳损伤只与循环次数和循环载荷有关，则有：

$$D = F(n, \sigma) \tag{3.46}$$

假设损伤相对增量 $\mathrm{d}D / D$ 是循环次数相对增量 $\mathrm{d}n / n$ 的线性函数，则有：

$$\frac{\mathrm{d}D}{D} = f(\sigma)\frac{\mathrm{d}n}{n} \tag{3.47}$$

由于损伤是不可逆的，对于任意的载荷，$f(\sigma)$ 是非负的，则有：

$$\ln D = f(\sigma)\ln n + C \tag{3.48}$$

式中，C 是一个任意常数。

当材料发生失效时，则有 $n = N_f$ 和 $D = D_f = 1$，进而可得：

$$D = \left(\frac{n}{N_f}\right)^{f(\sigma)} \tag{3.49}$$

对于 Chaboche 非线性疲劳累积损伤理论，损伤量与循环次数的关系为：

$$\mathrm{d}D = f(\sigma_M, \bar{\sigma}, D)\mathrm{d}N = D^{\alpha(\sigma_M, \bar{\sigma})}\left[\frac{\sigma_M - \bar{\sigma}}{M(\bar{\sigma})}\right]^{\beta}\mathrm{d}N \tag{3.50}$$

式中，σ_M 表示一个循环过程的最大应力；$\bar{\sigma}$ 表示一个循环过程的最大最小应力的均值；M、β 都是材料参数。对式 (3.50) 积分，可以得到：

$$D = \left(\frac{N}{N_F}\right)^{1/1-\alpha} \tag{3.51}$$

式中，N_F 表示材料失效时的循环次数寿命。

3.2.2　基于疲劳损伤可靠性度量

由于在循环载荷作用下，材料会萌生裂纹并扩展直至断裂。这里假设疲劳产生的裂纹长度用 a 表示，裂纹扩展速率用 $\mathrm{d}a/\mathrm{d}N$ 表示，断裂控制参量用应力强度因子 ΔK 表示，则可以得到疲劳裂纹扩展曲线如图 3.17 所示。

图 3.17 中，曲线的下限 ΔK_{th} 是裂纹扩展门槛应力强度因子，上限为 $(1-R)K_C$，K_C 为平面应变断裂韧性，疲劳裂纹扩展速率满足 Paris 公式 $\mathrm{d}a/\mathrm{d}N = C(\Delta K)^m$，则疲劳断裂判据为：

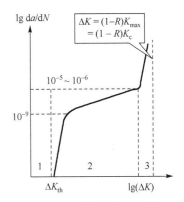

图 3.17　疲劳裂纹扩展曲线

$$K = f\left(\frac{a}{W}, \cdots\right)\sigma\sqrt{\pi a} \leqslant K_C \tag{3.52}$$

很显然，疲劳裂纹扩展是时间的函数，考虑疲劳失效物理的可靠度可以表示为：

$$R_f(t) = P\{K[a(t)] < K_c\} \tag{3.53}$$

或者：

$$R_f(t) = P(a(t) < a_c) \tag{3.54}$$

当裂纹扩大到临界尺寸 a_c 时，零部件产生失稳而很快断裂。

如考虑样本的离散性，可将基于概率的关系引入，将疲劳损伤 D、裂纹及裂纹扩展用概率分布表示，即可将基于概率的可靠性分析与基于疲劳失效物理的可靠性分析进行结合，实现综合可靠性分析和评估。

3.2.3　疲劳寿命预测方法

鉴于疲劳裂纹的产生和扩展与所承受的载荷密切相关，因此疲劳寿命预测方法依据载荷谱不同所用方法稍有区别。当零部件承受恒幅载荷时，采用 S-N 疲劳性能和平均应力影响进行寿命预测；当承受变幅载荷时，采用 Miner 损伤累积理论进行寿命预测。针对寿命预测的结果和裂纹状态，可以给出安全寿命设计方法。

零部件的疲劳损伤大部分是局部应力集中造成的，常用局部应力应变法来预测疲劳裂纹寿命。首先要通过实际的载荷谱和材料的循环应力-应变响应曲线推算得到应力最大处的局部应力应变谱;然后根据应变-寿命曲线得到不同循环荷载下构件的疲劳寿命并将当前的循环次数折算成相应的疲劳损伤;最后用 Miner 线性累计损伤理论得到构件的疲劳裂纹形成寿命,具体的过程如图 3.18 所示。

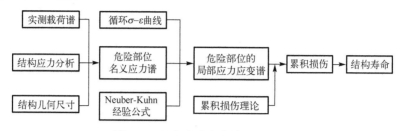

图 3.18 局部应力应变法计算流程

传统的局部应力应变法依托 ε-N 关系,即 Manson-Coffin 公式:

$$\varepsilon_a = \varepsilon_{ea} + \varepsilon_{pa} = \frac{\sigma_f}{E}(2N)^b + \varepsilon_f(2N)^c \tag{3.55}$$

其中,ε_a 为裂纹处的应变;ε_{ea} 为弹性应变;ε_{pa} 为塑性应变;σ_f 为疲劳强度系数;E 为弹性模量;b 为疲劳强度指数;ε_f 为疲劳延性系数;c 为疲劳延性指数;N 为疲劳寿命。

疲劳缺口系数定义为 K_f:

$$K_f = S_f / S_{f'} \tag{3.56}$$

式中,S_f 为光滑试件疲劳极限;$S_{f'}$ 为缺口试件疲劳极限。由于实际工程中很难直接测量疲劳缺口系数 K_f,工程中常用 Neuber-Kuhn 经验公式:

$$K_f = K_t \Big/ \sqrt{1 + \frac{1-n'}{1+n'} \cdot \frac{1}{1 + \frac{S}{E}\left(\frac{K'}{S}\right)^{1/n'}}} \tag{3.57}$$

式中,K_t 为应力集中系数;材料参数 n', K' 与当前应力水平有关。

通常,当名义应力较小时疲劳缺口系数 K_f 基本保持不变,随着名义应力增大 K_f 逐渐减小。

例 3.4 假定 30CrMnSiNi-2A 合金钢双边缺口试件尺寸如图 3.19 所示,其疲劳性能参数如表 3.5 所示。

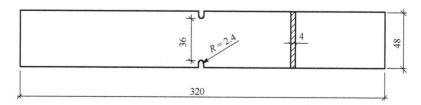

图 3.19 30CrMnSiNi-2A 合金钢双边缺口试件尺寸

表 3.5 30CrMnSiNi-2A 合金钢参数

E / MPa	K' / MPa	n'	σ_f / MPa	ε_f	b	c
202455	2647.69	0.13	2773.22	1.2071	−0.1026	−0.7816

查阅《应力集中系数手册》可以得到该缺口的理论应力集中系数 $K_t = 3$，根据最大应力的情况和理论应力集中系数可以得到疲劳缺口系数 K_f。试件所受载荷谱如表 3.6 所示。

表 3.6　试件载荷谱

加载级	载荷谱/kN	平均载荷/kN	循环次数
1	16.672	61.784	685
2	28.440	69.630	520
3	41.680	76.004	152
4	62.765	84.340	10
5	78.456	88.263	2
6	62.765	84.340	10
7	41.680	76.004	152
8	28.440	69.630	520
9	16.672	61.784	685

其中局部应力、应变的计算和寿命估算见表 3.7 所示。

表 3.7　局部应力应变的计算和寿命估算

级数	$S_{i\max}$ /MPa	K_f	ΔS /MPa	$\sigma_{i\max}$ /MPa	$\Delta\sigma$ /MPa	σ_m /MPa	ε_a /%	n_i	N_i	n_i / N_i ($\times 10^{-6}$)
1	544.8	2.998	231.6	1286.7	694.3	939.6	0.171	685	5848558	117
2	681.0	2.990	395.0	1673.0	1179.1	1083.5	0.292	520	30514	17041
3	817.3	2.968	578.9	1770.5	1687.6	926.7	0.432	152	5784	26279
4	1021.6	2.875	871.7	1519.2	2245.4	396.5	0.691	10	2059	4857
5	1157.8	2.763	1089.7	1607.3	2478.8	369.3	0.921	2	917	2181
6	1021.6	2.875	871.7	1490.6	2245.4	369.3	0.711	10	2689	3719
7	817.3	2.968	578.9	1211.7	1687.6	369.3	0.454	152	19537	7780
8	681.0	2.990	395.0	957.5	1179.1	369.3	0.316	520	473846	1097
9	544.8	2.998	231.6	715.1	694.3	369.3	0.198	685	79354867	8.63

由于材料的记忆特征，第一次载荷谱造成的损伤 D_1 较大，而之后每次载荷循环的损伤 D_2 相对较小保持不变。

$$D_1 = \sum_{i=1}^{9} n_i / N_i = 0.06308$$

$$D_2 = 2 \times \sum_{i=6}^{9} n_i / N_i + n_5 / N_5 = 0.02739$$

考虑到高载迟滞对于疲劳寿命的影响：

$$N_f = c_P \times \left(1 + \frac{1 - D_1}{D_2}\right) = 96325 \text{ 次}$$

3.3　基于磨损的可靠性度量

任何机器运转时，相互接触的零件之间都会因相对运动而产生摩擦，摩擦直接造成磨损。由于磨损将造成表层材料的损耗，零件尺寸发生变化，直接影响零件的使用寿命。据不完全统计，世界能源的 1/3～1/2 消耗于摩擦，而机械部件的 80% 失效原因是磨损。所谓摩擦磨损是摩擦副相对运动时，在摩擦作用下表面物质不断损失或产生残余变形和断裂的现象。

3.3.1　磨损的一般规律

磨损过程一般分为 3 个阶段（如图 3.20 所示）：①跑合阶段（OA 阶段），表面被磨平，实际接触面积不断增大，表面应变硬化，形成氧化膜，磨损率减小；②稳定磨损阶段（AB 阶段），表面磨损按一定的稳定值磨损；③剧烈磨损阶段（BC）阶段，随着磨损增长，磨耗增加，表面间隙增大，表面质量恶化，机件快速失效。跑合阶段磨损率随着时间减小至常值，进入稳定磨损阶段保持一定的磨损率（基本是常值），到达剧烈磨损段磨损率急剧升高直至磨损失效。

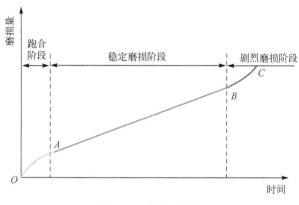

图 3.20　磨损量曲线

磨损按照机理可以分为黏着磨损、磨料磨损、疲劳磨损、腐蚀磨损、冲蚀磨损、微动磨损和冲击磨损等。磨损的破坏方式如表 3.8 所示。

表 3.8　以微动磨损为例的磨损破坏方式

破坏方式	基本特征
微动磨损	磨损表面有黏着痕迹，铁金属磨屑被氧化成红棕色氧化物，通常作为磨料加剧磨损
剥层	破坏首先发生在次表面，错位塞积，裂纹成核，并向表面扩展，最后材料以薄片剥落，形成片状磨屑
胶合	表面存在明显黏着痕迹和材料转移，有较大黏着坑块，在高速重载下大量摩擦热使表面焊合，撕脱后留下片片黏着坑
咬死	黏着坑密集，材料转移严重，摩擦副大量焊合，磨损急剧增加，摩擦副相对运动受到阻碍或停止
点蚀	材料以极细粒状脱落，出现许多"豆斑"状凹坑
研磨	宏观上光滑，高倍才能观察到微小的磨粒划痕
划伤	低倍可观察到条条划痕，由磨粒切削或犁沟造成
凿削	存在压坑，间或有粗短划痕，由磨粒冲击表面造成

1. 黏着磨损模型

当摩擦副相对运动时，由于黏着效应所形成结点发生剪切断裂，被剪切的材料或脱落成磨屑，或由一个表面迁移到另一个表面，此类磨损称为黏着磨损。

通常，摩擦副表面并不是完全光滑的，当接触表面滑动时，法向力和切向力是经接触点的黏着和犁沟作用传递的。较软表面上的微凸体容易产生塑性变形被磨去形成光滑表面。此时的接触情况便成了硬的凸峰(如图 3.21 所示)与较软表面的接触，于是硬的微凸体在软表面上面犁沟并使平面上每一个接触点都经受循环载荷。硬微凸体在软表面上施加的曳引力使表面产生周期性的塑性变形和错位运动，不断积累使两摩擦表面产生黏着。当微凸体相对运动时，相互黏着的微凸体发生剪切、断裂，断裂的材料或成为磨屑或发生转移。黏着—剪切—转移—再黏着循环不断进行，构成黏着磨损过程。

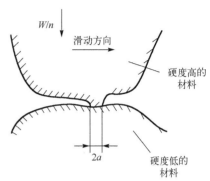

图 3.21　单个微凸体黏着磨损

黏着磨损一般用 Archard 模型表示。假设摩擦副的一方是较硬的材料，另一方是较软的材料，法向载荷 W 由 n 个半径为 a 的相同微凸体承受，则当材料发生塑性变形时，法向载荷 W 与较软材料的屈服极限 σ_y 间的关系：

$$W = \sigma_y n \pi a^2 \tag{3.58}$$

当摩擦副相对滑动，假设微凸体产生磨粒的概率为 K、滑动距离为 L，则接触表面的黏着磨损量可以表示为：

$$Q = \frac{KWL}{3\sigma_y} \tag{3.59}$$

对于弹性材料有 $\sigma_y \approx H/3$，H 为布氏硬度值，则有：

$$Q = \frac{KWL}{3H} \tag{3.60}$$

式中，K 为黏着磨损系数。

可见黏着磨损量与滑动距离成正比、与法向载荷成正比和与较软材料的屈服极限(或硬度)成反比。考虑到磨损不仅与载荷、滑动速度有关，还与温度和时间有关，因此磨损量也可以表示为：

$$Q = KdWVt \tag{3.61}$$

式中，d 为材料比重；t 为时间。

2. 磨粒磨损模型

外界硬颗粒或者对磨表面上的硬凸起物或粗糙峰在摩擦过程中引起表面材料脱落的现象称为磨粒磨损。磨粒磨损包括两体磨损(硬磨料或表面微凸体与一个摩擦表面的磨损)、三体磨损(磨粒介于两摩擦表面之间并在两表面之间滑动)等。磨粒磨损是最普遍的磨损形式,据统计磨粒磨损造成的损失占整个磨损的一半以上。

1) 两体磨损

磨粒磨损一般采用拉宾诺维奇(Rabinosicz)模型,即假定单磨粒形状为圆锥体,半角为 θ,载荷为 W,磨粒嵌入表面圆锥半径为 r,压入深度为 h,滑动距离为 L,屈服极限为 σ_s,磨粒硬度为 H,关系如图 3.22 所示。

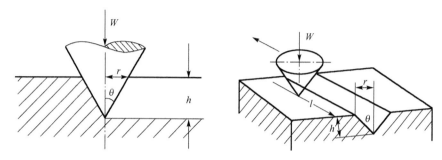

图 3.22　磨粒磨损示意图

在垂直方向的投影面积为 πr^2,滑动时只有半个锥面承受载荷,共有 n 个微凸体,则承受的法向载荷为:

$$W = n\frac{\pi r^2}{2}\sigma_s \tag{3.62}$$

将犁去的体积作为磨损量,由于 $r = h\tan\theta$,单位滑动距离的磨损量为:

$$Q_0 = nhr = \frac{2W}{\pi\sigma_s\tan\theta} \tag{3.63}$$

考虑到微凸体相互作用产生磨粒的概率为 K 和滑动距离为 L,材料强度为 H,则接触表面的磨损量为:

$$Q = KL\frac{2W}{\pi\sigma_s\tan\theta} = K_s\frac{WL}{H} \tag{3.64}$$

式中, K_s 为磨粒磨损系数,是几何参数 $2/\tan\theta$ 和概率常数 K 的乘积, K_s 与磨粒硬度、形状和起切削作用的磨粒数量等因素有关。

2) 三体磨损

当磨粒介于两摩擦表面之间并在两表面之间滑动则对配对表面都会造成磨损,如图 3.23 所示。

根据几何关系以及摩擦副材料的相对硬度,单个磨粒嵌入摩擦副的深度分别为:

$$\begin{cases} \Delta_A(x,y,D) = \dfrac{H}{1+H}\left(\dfrac{D}{\tan\beta_d} - h(x,y)\right) \\[3mm] \Delta_B(x,y,D) = \dfrac{1}{1+H}\left(\dfrac{D}{\tan\beta_d} - h(x,y)\right) \end{cases} \tag{3.65}$$

其中，Δ_A 为磨粒嵌入摩擦副上表面深度；Δ_B 为磨粒嵌入摩擦副下表面深度；H 为摩擦副表面硬度比。在规定时间内单个磨粒对摩擦副造成的磨损体积分别为：

$$\begin{cases} \Delta V_A(x,y,D) = f\Delta_A^2(x,y,D)\tan\beta_d\omega r(x,y) \\ \Delta V_B(x,y,D) = f\Delta_B^2(x,y,D)\tan\beta_d\omega r(x,y) \end{cases} \tag{3.66}$$

其中，f 为磨损系数；ω 为转速；r 为点 (x,y) 对应的半径。一定时间内 (x,y) 区域内所有磨粒对摩擦副造成的磨损体积分别为：

$$\begin{cases} V_A(x,y) = \sum_D \Delta V_A(x,y,D)k(D)h(x,y)\mathrm{d}x\mathrm{d}y \\ V_B(x,y) = \sum_D \Delta V_B(x,y,D)k(D)h(x,y)\mathrm{d}x\mathrm{d}y \end{cases} \tag{3.67}$$

其中，$k(D)$ 为尺寸为 D 的磨粒对应浓度。所以一定时间内摩擦副磨损总体积为：

$$V = \iint\limits_{(x,y)\in\Omega} [V_A(x,y)+V_B(x,y)] \tag{3.68}$$

其中，Ω 表示摩擦副上所有需要考虑的区域。

如考虑一定时间 t 和材料密度 ρ，则磨损造成的泄漏流量可以表示为：

$$Q = \int_0^t \rho V\mathrm{d}t \tag{3.69}$$

3. 冲蚀磨损模型

冲蚀磨损（Erosion）是指流体或固体颗粒以一定的速度和角度对材料表面进行冲击所造成的磨损。这里以磨损颗粒-壁面碰撞反弹模型说明冲蚀磨损建模过程。当磨损颗粒以一定的速度和角度冲击表面的壁面，然后再以一定的速度和角度反弹，如图 3.24 所示。

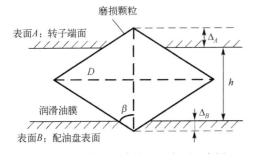

图 3.23　磨粒嵌入摩擦副两表面示意图

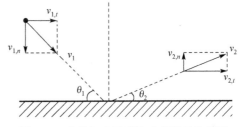

图 3.24　磨粒与壁面碰撞反弹原理示意图

碰撞过程中有能量损失，该碰撞符合冲量动量原理，能量损失可以采用法向恢复系数和切向恢复系数描述，它们的表达如下：

$$\varepsilon_N = \frac{v_{2,n}}{v_{1,n}}$$
$$\varepsilon_T = \frac{v_{2,t}}{v_{1,t}} \tag{3.70}$$

式中，$v_{1,n}$、$v_{1,t}$ 分别为磨粒相对于壁面碰撞之前的法向、切向速度；$v_{2,n}$、$v_{2,t}$ 分别是磨粒相对于壁面碰撞之后的法向、切向速度；法向恢复系数 ε_N、切向恢复系数 ε_T 的表达式已经被 Grant 和 Forder 等人证实取决于磨粒的入侵碰撞角度。由于冲蚀磨损与磨粒速度、碰撞角度和材料特性等有关，基于 Edwards 模型可以得到冲蚀磨损速率为：

$$R_{\text{ersion}} = \sum_{p=1}^{N_p} \frac{m_p C(d_p) f(\alpha_p) v_p^{b(v_p)}}{A_{\text{face}}} \tag{3.71}$$

式中，N_p 是壁面冲击面积 A_{face} 上的磨粒数量；m_p 是磨粒的质量；$C(d_p)$ 是磨粒直径的函数；v_p 是磨粒相对于壁面的冲击速度；$b(v_p)$ 是磨粒相对速度的函数；$f(\alpha_p)$ 是冲击角度的函数。冲击角度函数 $f(\alpha_p)$ 为角度的分段函数，定义如下：

$$f(\alpha_p) = \begin{cases} 0.04\alpha_p, & 0° \leqslant \alpha_p < 20° \\ 0.02\alpha_p + 0.4, & 20° \leqslant \alpha_p < 30° \\ -\dfrac{1}{30}\alpha_p + 2, & 30° \leqslant \alpha_p < 45° \\ -\dfrac{1}{450}\alpha_p + 0.6, & 45° \leqslant \alpha_p < 90° \end{cases} \tag{3.72}$$

3.3.2　磨损可靠性度量

根据以上磨损规律可知，无论是黏着磨损、磨粒磨损，还是冲蚀磨损，其磨损量随时间的变化均可以表示为以下通式：

$$Q = f(d, W, v, T, m_p, f(\alpha_p), \Delta, t) \tag{3.73}$$

其中，d 为材料参数；W 为载荷应力；v 为运动速度；T 为温度；m_p 为磨粒质量；$f(\alpha_p)$ 为磨粒冲击角度；t 为时间；Δ 为其他影响因素。

不同的摩擦磨损其磨损量不同，当导致磨损失效阈值 $Q_{\text{threshold}}$ 已知时，磨损可靠度可以用以下公式表示：

$$R(t) = P(Q(t) \leqslant Q_{\text{threshold}}) \tag{3.74}$$

当考虑零部件样本的离散性时，可以将基于概率的可靠性与基于磨损失效物理的可靠性相结合，把磨损规律中的参数随机化，即可得到综合考虑随机分布的磨损失效可靠性表征。

3.4　基于老化的可靠性表征

3.4.1　考虑温度的老化机理

机械设备或零部件在长期的使用和保管、闲置中，出现形态变化、精度降低、性能变坏，称为老化。老化失效常常出现在橡胶等非金属材料中，其老化机理主要是由于温度变化和时间的累积造成橡胶分子结构发生裂变和结构化，出现热氧化，造成自身的弹性逐渐消退，致使橡胶材料性能变坏，进而造成失效。由于橡胶材料有很好的弹性，因此橡胶广泛地应用于机械设备的液、气密封中，橡胶材料老化是各种密封失效的主要原因。

将橡胶分子主链、橡胶分子交联链均看成一条弹簧，在老化过程中，一部分弹簧断裂(实线）、一部分新弹簧重新形成（虚线），如图 3.25 所示，构成了基于橡胶分子交联断裂的力学模型。

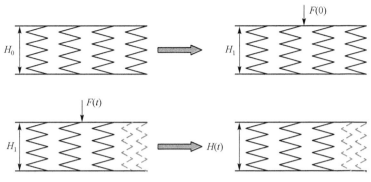

图 3.25　橡胶分子链老化过程

橡胶密封圈的弹性模量：

$$K(t) = K_d(N - V_d \cdot t) + K_a \cdot V_a \cdot t \tag{3.75}$$

式中，N 为初始分子个数；K_d 为初始分子弹性系数；K_a 为交联分子弹性系数；V_d 为分子断裂速度；V_a 为分子交联速度。橡胶与密封面的弹性接触力：

$$F(t) = (H_0 - H_1)(N - V_d \cdot t)K_d \tag{3.76}$$

式中，H_0 为橡胶密封圈原始截面高度；H_1 为橡胶密封圈装入机构中的截面高度。

橡胶密封圈老化后的高度为：

$$H(t) = H_1 + \frac{F(t)}{K(t)} \tag{3.77}$$

式中，H_1 为橡胶密封圈在机构中的限制截面高度；$F(t)$ 为橡胶密封圈在老化过程中的弹力；$K(t)$ 为老化过程中橡胶密封圈的弹性模量。

当橡胶密封件由于老化失去弹性，则老化后的密封与接触副的作用就变成了摩擦磨损问题，就可以采用 3.3 节的磨损可靠性度量来研究。如果橡胶用于密封，当出现密封老化造成摩擦磨损，其直接的影响就是会出现泄漏，因此用泄漏可以简洁描述其老化退化关系。假设泄漏流量用 q 表示，则有：

（1）当 $H \geq H_1 + \varepsilon$ 时，$q = 0$。

（2）当 $H_1 \leq H < H_1 + \varepsilon$ 时，$q_2 = \dfrac{b\left(\dfrac{\varepsilon}{2} + H_1 - H(t) + \dfrac{F_1}{K(t)}\right)^3}{12\mu L}\Delta P$。

（3）当 $H < H_1$ 时，$q = \dfrac{b\left(H_1 - H(t) + \dfrac{F_1}{K(t)} + \dfrac{\varepsilon}{2}\right)^3}{12\mu L}\Delta P$。

式中，$H(t)$ 为橡胶密封圈从机构中取出的恢复截面直径；F_1 为油液对橡胶密封圈径向压力的合力；$K(t)$ 为橡胶密封圈的弹性模量；H_1 为机构中的限制高度；ε 为油缸缸壁粗糙度公差；b 为孔道缝隙宽度；L 为孔道缝隙长度；μ 为流体黏度。

一般而言,橡胶等的老化与温度密切相关,表 3.9 给出了一组橡胶密封圈在老化过程中体积变化的实验数据,其中 T 表示绝对温度,h 表示时间,$\varepsilon\%$ 表示橡胶老化率(老化后永久变形率)。

表 3.9　不同温度下密封圈的永久变形率

$\varepsilon\%$　T h	345K	360K	375K	390K
5	2.328	5.328	11.89	17.27
16	3.608	12.47	27.44	35.88
22	4.657	17.22	32.81	41.90
28	5.588	19.37	35.88	46.05
43	7.218	20.98	40.03	52.08
52	12.11	25.99	45.25	58.50
64	15.13	33.94	48.93	61.90
68	20.14	36.72	52.34	67.97
72	22.47	38.46	54.75	71.05

可见,随着环境温度的提高,橡胶密封圈老化程度越来越严重,因此温度是造成橡胶密封圈老化的主要因素。

3.4.2　多场耦合作用下的老化机理

这里以唇形密封为例说明多场耦合作用下的老化机理,往复密封和机械密封老化机理建模类似。图 3.26 为唇形密封的结构示意图,其中 x 代表周向坐标系,y 代表轴向坐标系,z 代表径向坐标系。当轴转动时,在旋转轴和密封唇口间会形成一层润滑油膜。这层油膜不仅能润滑两接触表面,而且起到减小密封唇口的磨损、减小密封系统的扭矩及支撑密封唇口的作用。润滑油膜的支撑作用主要基于流体动压原理,可以用 Reynolds 方程来描述。在笛卡儿坐标系下,Reynolds 方程如下:

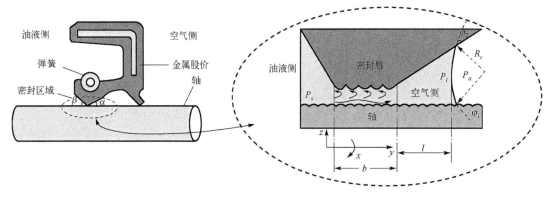

图 3.26　唇形密封的示意图

$$\frac{\partial}{\partial x}\left(h^3\frac{\partial p_h}{\partial x}\right) + \frac{\partial}{\partial y}\left(h^3\frac{\partial p_h}{\partial y}\right) = 6\mu U\frac{\partial h}{\partial x} + 12\mu\frac{\partial h}{\partial t} \tag{3.78}$$

其中，U 为轴的旋转速度；μ 为润滑油黏度；p_h 为流体动压力；h 为油膜厚度且：

$$h(x,y,t)=h_{\mathrm{avg}}+h_{\mathrm{seal}}(x-\delta_x(t),y)+h_{\mathrm{shaft}}(x,y,t)+\delta_z(x,y,t) \tag{3.79}$$

其中，h_{avg} 为润滑油膜的初始平均厚度；δ_x 是密封唇口切向弹性形变；δ_z 是密封唇口法向弹性形变；h_{seal} 为密封唇口表面的高度分布；h_{shsft} 为旋转轴表面的高度分布。

考虑流体动压载荷 W_h 及黏度切向应力 τ_h 可以通过求解 Reynolds 方程获得：

$$W_{\mathrm{h}}(t)=\int_0^{L_x}\int_0^{L_y}p_{\mathrm{h}}(x,y,t)\mathrm{d}x\mathrm{d}y \tag{3.80}$$

$$\tau_{\mathrm{h}}(x,y,t)=\frac{h(x,y,t)}{2}\frac{\partial p_{\mathrm{h}}(t)}{\partial x}+\mu\frac{U}{h(x,y,t)} \tag{3.81}$$

其中，L_x 为周向长度。

事实上，唇形密封区域处于混合润滑状态，如图 3.27 所示，则总的法向载荷由流体动压载荷 W_h 及微凸体接触载荷提供：

$$W_{\mathrm{n}}=W_{\mathrm{h}}+W_{\mathrm{a}} \tag{3.82}$$

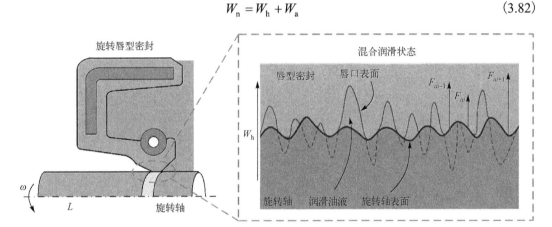

图 3.27　旋转唇形密封润滑区域的混合润滑

则微凸体接触压力为：

$$W_{\mathrm{a}}(t)=L_x\int_0^{L_y}p_{\mathrm{a}}(y,t)\mathrm{d}y \tag{3.83}$$

平均微凸体接触载荷 $W_{\mathrm{a\_avg}}$ 为：

$$W_{\mathrm{a\_avg}}=\frac{1}{t_{\mathrm{ul}}}\int_0^{t_{\mathrm{ul}}}W_{\mathrm{a}}(t)\mathrm{d}t \tag{3.84}$$

绝大部分情况下，流体动压载荷 W_h 并不会引起密封唇口的磨损，密封唇口的磨损只与微凸体接触载荷 W_a 有关，则根据 Archard 模型可以得到磨损体积：

$$V_{\mathrm{w}}=kW_{\mathrm{a}}S \tag{3.85}$$

由于测量微凸体接触载荷很困难，而测量总的法向载荷是可行的，修正 Archard 磨损公式为：

$$V_{\mathrm{w}}=k_{\mathrm{c}}W_{\mathrm{n}}S \tag{3.86}$$

其中，磨损模量 $k_c = \dfrac{V_w}{W_n S}$，通过磨损试验在特定润滑状态下获得且设定为常数。

混合润滑状态下，修正后的磨损深度 h_w 为：

$$h_w = k_L p_n S \tag{3.87}$$

其中，p_n 为总的方向压力。

当轴旋转时，密封间的摩擦力及剪切力会做功生热，旋转唇形密封系统的润滑区域温度会升高，进而温度影响油液的黏度和润滑及密封性能。根据能量守恒原理，有：

$$T - T_{ref} = \frac{\Phi}{Q_\rho C_p + h_c 2\pi R L} \tag{3.88}$$

其中，Φ 为旋转唇形密封系统总的生热量；T 为润滑区域的平均温度；T_{ref} 为参考温度（环境温度）；L 代表旋转轴的长度；R 为旋转轴的半径；h_c 为旋转轴的导热系数；C_p 为润滑液的比热容，Q_ρ 为旋转唇形密封系统的泄漏率。

3.4.3 老化可靠性度量

根据以上老化规律可知，无论是材料老化还是结构老化，其老化造成的泄漏量随时间和几何尺寸的变化可以表示为：

$$q(t) = f[h(x,y,t), p_n(x,y,t), T, t, \Delta] \tag{3.89}$$

其中，$h(x,y,t), p_n(x,y,t), T, \Delta$ 分别为密封的油膜厚度、总法向载荷、温度和其他影响因素。

假设当密封由于老化造成泄漏，进而加剧密封副的摩擦磨损，当摩擦磨损失效阈值 $q_{threshold}$ 已知时，则老化可靠度可以用以下公式表示：

$$R(t) = P[q(t) \leqslant q_{threshold}] \tag{3.90}$$

3.5 基于失效物理的可靠性

基于失效物理的可靠性度量一般分为以下两步：

第一步：构建失效物理性能退化模型。

由以上性能退化关系可知，无论是材料的变形、蠕变、松弛还是产品的疲劳、磨损、老化，其失效物理退化规律可以统一表征为随着时间变化的关系：

$$D(t) = f(\theta, t) \tag{3.91}$$

式中，$D(t)$ 表示材料或产品性能退化变量，θ 为退化模型中的参数，t 为时间。

不同的失效物理退化变量如表 3.10 所示。

表 3.10 不同材料和产品的失效物理退化变量

序号	退化形式	失效物理退化规律	性能退化变量
1	材料参数退化	$S(t) = S_0[1 \pm A_0(t)]^m$	$D(t) = S(m,t)$
2	弹性变形	$\sigma(t) \geqslant \sigma_t$ or $\sigma(t) \geqslant \sigma_c$	$D(t) = \sigma(t)$
3	塑性变形	$\varepsilon_{x,y,z}(t)$	$D(t) = \varepsilon(t)$

续表

序号	退化形式	失效物理退化规律	性能退化变量
4	扩散	$Q(t)$	$D(t) = Q(t)$
5	蠕变	蠕变伸长量 $\varepsilon(t)$	$D(t) = \varepsilon(t)$
6	应力松弛	l_0 / l	$D(t) = l(t)$
7	疲劳	$N(t)$	$D(t) = N(t)$
8	磨损	$V(t)$	$D(t) = V(t)$
9	老化	$q(t)$	$D(t) = q(t)$

第二步：给定材料或产品退化的阈值 $D_{\text{threshold}}$，则基于失效物理的可靠度可以表征为：

$$R(t) = \begin{cases} P[D(t) \leqslant D_{\text{threshold}}] = P[f(\theta,t) \leqslant D_{\text{threshold}}] \\ P[D(t) \geqslant D_{\text{threshold}}] = P[f(\theta,t) \geqslant D_{\text{threshold}}] \end{cases} \tag{3.92}$$

式 (3.95) 表明，当设备或零部件的性能退化参数是递增趋势时，则其失效物理可靠度为时间 t 内性能参数 $f(\theta,t) \leqslant D_{\text{threshold}}$ 的概率；当设备或零部件的性能退化参数呈递减趋势时，则其失效物理可靠度为时间 t 内性能参数 $f(\theta,t) \geqslant D_{\text{threshold}}$ 的概率。

很显然，由于设备或零部件的性能退化具有一定趋势，可以根据其退化趋势及其失效阈值得到失效物理可靠性表征。不同于基于概率的可靠性依赖于故障统计获得，失效物理可靠性依赖于性能退化规律和时间，表征的是物理退化过程引起的产品可靠性变化。不同的设备和零部件，其失效物理不同，因此其可靠性表征不同，但均是建立在其性能退化规律和失效阈值下的可靠度度量。

零部件的失效物理可靠性与其所承受的载荷作用和时间有关，不同的零部件其可靠性表征不同，下面以航空液压泵转子-配流副为例说明失效物理可靠性分析方法。图 3.28 为某轴向柱塞泵的内部结构图及其影响液压泵关键失效退化的摩擦副，即转子-配流摩擦副。

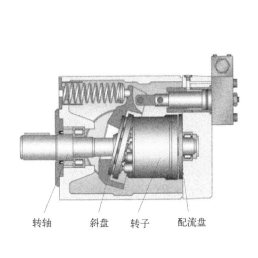
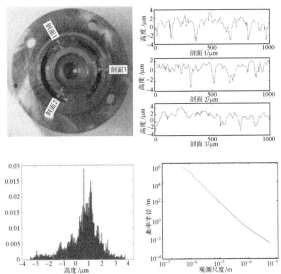

　　　(a) 柱塞泵内部结构图　　　　　　　　　　　　　(b) 配流盘表面形貌

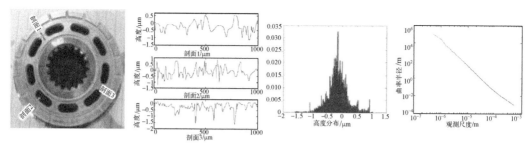

(c) 转子表面形貌

图 3.28　航空液压泵及其主要摩擦副

航空液压泵工作过程中，由于转子受到吸、排油腔偏心力矩的作用，转子配流盘之间的油膜呈楔形，并且在某些情况下会发生局部接触，处于混合润滑状态。混合润滑条件下，转子-配流盘之间的润滑油膜是不连续的，对于 (x,y) 处一个面积为 $\mathrm{d}x\mathrm{d}y$ 的小微元，转子与配流盘的真实接触面积上的支撑力为：

$$p(x,y) = p_l(x,y)(1-a_w) + p_s(x,y) \tag{3.93}$$

其中，$p_l(x,y)$ 表示假设 (x,y) 处无粗糙峰计算出的油膜压力；$p_s(x,y)$ 是粗糙峰接触压力；a_w 为真实接触面积占名义接触面积的比例数。

设配流盘表面高度分布为 $g(z)$，则接触面积比例数 a_w 可以表征为：

$$a_w = \int_{h(x,y)}^{\infty} g(z)\mathrm{d}z \tag{3.94}$$

其中，$h(x,y)$ 表示小微元处的油膜厚度。结合转子-配流盘接触面的统计特性，粗糙峰接触压力可以根据 Hertz 弹性接触理论求解。考虑弹性和塑性变形可以得到粗糙峰的接触力：

$$p_s(x,y) = \int_0^{a_c} f_p(a)n_p(a)\mathrm{d}a + \int_{a_c}^{a_L} f_e(a)n_e(a)\mathrm{d}a \tag{3.95}$$

式中，f_e 是弹性变形接触力；f_p 是塑性变形接触力。

鉴于摩擦副微观表面存在油液及其动态油膜，其流体方程可以用雷诺方程表示：

$$\frac{\partial}{\partial x}\left(\frac{\rho h^3}{\mu}\frac{\partial p_l}{\partial x}\right) + \frac{\partial}{\partial y}\left(\frac{\rho h^3}{\mu}\frac{\partial p_l}{\partial y}\right) = 6\left[\frac{\partial}{\partial x}(v_x\rho h) + \frac{\partial}{\partial y}(v_y\rho h) + 2\rho\frac{\partial h}{\partial t}\right] \tag{3.96}$$

其中，p 为油膜动态压力分布；h 为油膜厚度；μ 为润滑介质动力黏度。

动力黏度 μ 受到温度和压力的影响：

$$\mu = \mu_0 \exp[\alpha_p p_l - \alpha_T(T - T_0)] \tag{3.97}$$

其中，$\mu_0, T_0, \alpha_p, \alpha_T$ 为常数。

油膜温度分布可以由能量方程解出：

$$c_p\rho\left(\frac{\partial T}{\partial t} + \boldsymbol{v}\cdot\mathrm{grad}T\right) = \lambda\cdot\mathrm{div}(\mathrm{grad}T) + \mu\Phi_D(\boldsymbol{v}) \tag{3.98}$$

其中，c_p 是流体比热；$\boldsymbol{v}$ 是流速向量；λ 是流体热导率；Φ_D 是能量耗散系数。

则热变形的计算公式为：

$$\varepsilon_T(x,y) = [\boldsymbol{H}]^{-1}\int_V [\boldsymbol{D}]^{\top}[\boldsymbol{E}]\{[\boldsymbol{a}_T]\cdot T(x,y)\}\mathrm{d}V \tag{3.99}$$

其中，H 为刚度矩阵；D 为节点形状参数矩阵；E 为弹性模量矩阵；a_T 为热膨胀系数矩阵。

弹性变形的计算公式为：

$$\varepsilon_p(x, y) = \frac{1 - v^2}{\pi E} \iint_{\Omega} \frac{p(\xi, \zeta)}{\sqrt{(x - \xi)^2 + (y - \zeta)^2}} \, d\xi d\zeta \tag{3.100}$$

其中，E 为弹性模量；v 为泊松比。

以上变形会引起转子-配流盘表面微凸体的接触和摩擦磨损，得到摩擦副磨损体积为：

$$v = aP_p^b \omega^c \exp\{dP_p + e\omega\} \tag{3.101}$$

以及摩擦副磨损造成的泄漏流量可以表示为：

$$Q = \int_0^t \rho v \, dt \tag{3.102}$$

假设液压泵失效的泄漏流量阈值为 Q_{max}，则液压泵转子-配流盘摩擦磨损可靠度为：

$$R_p(t) = P(Q \leq Q_{max}) \tag{3.103}$$

额定工况下(压力 21MPa，转速为 4000r/min)液压泵的可靠度曲线如图 3.29 所示。

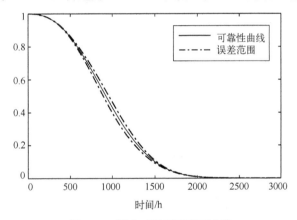

图 3.29　额定工况下可靠度曲线

一定载荷下的故障概率密度函数为：

$$f_0(t) = \frac{\hat{m}}{\hat{\eta}_0} \left[\left(\frac{t}{\hat{\eta}_0} \right)^{\hat{m}-1} \right] \exp\left[-\left(\frac{t}{\hat{\eta}_0} \right)^{\hat{m}} \right] \tag{3.104}$$

平均故障时间(MTTF)为：

$$T_{MTTF} = \int_0^{\infty} t f_0(t) \, dt \tag{3.105}$$

线 上 习 题

[3.1]　选择一个旋转机械(如电机、谐波齿轮、轴承或液压泵等)，分析其失效物理性能退化规律，给出可靠性表征和仿真分析其可靠性变化规律。

[3.2]　分析基于统计的可靠性分析方法与基于失效物理的可靠性分析方法的联系和区别。

线 下 习 题

3.1　在材料疲劳研究中，疲劳裂纹随着应力循环次数 N_{cyc} 的增加而增加，如习题表 3.1 所示。假设疲劳裂纹服从幂律关系，请用公式描述其裂纹扩展规律，并计算 500 次循环后的疲劳裂纹长度。

习题表 3.1　材料疲劳裂纹表

循环应力 N_{cyc}	裂纹尺寸 CS / μm	循环应力 N_{cyc}	裂纹尺寸 CS / μm
0	1	200	9
100	2	300	28

3.2　在半导体加工过程中，晶圆良率是一个重要的制造参数。习题表 3.2 给出了随着时间变化的晶圆良率，试给出晶圆良率退化模型。

习题表 3.2　半导体晶圆良率表

时间/周	裂纹尺寸 CS / μm	时间/周	裂纹尺寸 CS / μm
1	68.2	7	65.0
2	67.2	8	64.0
3	68.2	9	60.0
4	67.2	10	55.5
5	68.2	11	53.0
6	67.1	12	48.5

3.3　如习题图 3.1 螺栓拧紧装置，螺栓和螺母采用低碳钢其模量为 $E = 200\text{GPa}$，抗拉屈服强度 $\sigma_Y = 0.2\text{GPa}$，抗拉强度 $\sigma_{TS} = 0.5\text{GPa}$，蠕变指数 $n = 4$，求螺母拧多少圈可以使得螺栓的抗拉强度等级达到 0.4GPa？如果 1 年应力可以从 0.4GPa 松弛到 0.35GPa，多长时间螺栓的松弛力到 0.25GPa？

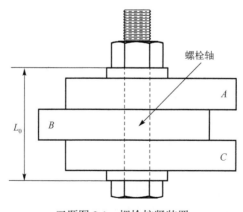

习题图 3.1　螺栓拧紧装置

参 考 文 献

陈亮，樊艳艳，单华平，等. 2020. 橡胶 O 形圈加速老化预测性能与实际性能对比[J]. 特种橡胶制品，41（6）：62-65.

邓四二，李兴林，汪久根，等. 2011. 角接触球轴承摩擦力矩特性研究[J]. 机械工程学报，47（5）：114-120.

李家争. 2020. 热油老化对氟橡胶特性影响及寿命预测研究[D]. 杭州：浙江工业大学.

李彤阳. 2019. 基于磨粒生成的液压泵磨损寿命预测与可靠性评价[D]. 北京：北京航空航天大学.

李迎兵. 2011. 轴向柱塞泵滑靴副油膜特性研究[D]. 杭州：浙江大学.

刘迪. 2019. 唇形密封圈失效机理及寿命预测方法研究[D]. 北京：北京航空航天大学.

刘洪，苑士华，荆崇波，等. 2013. 磨损轮廓与弹性变形对滑靴动态特性的影响[J]. 机械工程学报，49（5）：75-83.

刘璇，杨睿. 2020. 橡胶密封材料老化研究进展[J]. 机械工程材料，44（9）：1-10.

汤何胜，訚耀保，李晶. 2014. 轴向柱塞泵滑靴副间隙泄漏及摩擦转矩特性[J]. 华南理工大学学报（自然科学版），42（7）：74-79.

王安迎，王林林，王伟. 2021. 三元乙丙橡胶热氧老化试验与密封条寿命预测[J]. 弹性体，31（1）：5-9.

张国锋，杨进候，王志杰. 2008. 鱼雷产品橡胶密封件贮存期评估[J]. 船舶科学技术，30（4）：107-109.

张新. 2012. 浅谈机械设备老化的成因分析[J]. 工业技术，（5）：92.

Biboulet N, Luc H. 2010. Hydrodynamic force and moment in pure rolling lubricated contacts. Part 2: Point contacts[J]. Proceedings of the Institution of Mechanical Engineers, Part J: Journal of Engineering Tribology, 224（8）：777-787.

Chakraborty I, Mavris D N, Emeneth M, et al. 2014. A system and mission level analysis of electrically actuated flight control surfaces using Pacelab SysArc[C]//AIAA Science and Technology Forum and Exposition（SciTech），Maryland, USA: 381-403.

Chryssaphinou O, Limnios N, Malefaki S. 2011. Multi-state reliability systems under discrete time semi-Markovian hypothesis[J]. IEEE Transactions on Reliability, 60（1）：80-87.

Fischer W, Meier-Hellstern K. 1993. The Markov-modulated Poisson process（MMPP）cookbook[J]. Performance Evaluation, 18（2）：149-171.

Kharoufeh J P, Cox S M. 2005. Stochastic models for degradation-based reliability[J]. IIE Transactions, 37（6）：533-542.

Ma Z, Wang S, Zhang C, et al. 2018. A Load sequence design method for hydraulic piston pump based on time-related Markov matrix[J]. IEEE Transactions on Reliability,（99）：1-12.

Veeramany A, Pandey M D. 2011. Reliability analysis of nuclear component cooling water system using semi-Markov process model[J]. Nuclear Engineering and Design, 241（5）：1799-1806.

Wang S, Hong W, Shi J, et al. 2013. Integrated aging model of rubber seal ring based on material structure reconfiguration[C]//8th IEEE Conference on Industrial Electronics and Applications（ICIEA），Melbourne: 1054-1058.

Xu B, Wang Q, Zhang J. 2015. Effect of case drain pressure on slipper/swashplate pair within axial piston pump[J]. Journal of Zhejiang University-Science A, 16（12）：1001-1014.

 **拓展阅读**

沃勒(Wholer)

法国工程师彭塞烈(Poncelet J. V.)于 1839 年首次使用"疲劳"这一术语来描述在循环载荷作用下承载能力逐渐耗尽以至于最后突然断裂的现象。19 世纪 60 年代，德国工程师沃勒(1501～1576)在斯特拉斯堡皇家铁路工作期间，为解决机车车辆断轴的问题测定出第一条 S-N 曲线，提出疲劳破坏的主要因素是应力幅，为疲劳强度设计奠定了基础。

阿查德(J. F. Archard)

20 世纪 50 年代初期，美国科学家阿查德提出了黏着磨损理论。该理论认为，摩擦副表面相对滑动时，由于黏着效应使黏着结点剪切断裂，从而造成材料上有许多微体积脱落。阿查德假定磨粒为半球体，其半径等于接触斑点的半径，并由此建立了磨损计算公式，该公式至今仍是磨损研究领域的经典公式之一，被广泛应用于摩擦副的分析和计算中。

迈纳(Palmgren-Miner)法则

迈纳法则是由迈纳于 1945 年提出的疲劳累积损伤定律，包括线性损伤理论和非线性损伤理论两大类。线性损伤理论认为疲劳损伤可以线性相加。非线性损伤理论主要由 Manson 双线性累积损伤理论、Corten-Dlan 理论等组成。虽然迈纳损伤准则不能考虑疲劳载荷的先后顺序，但由于产品疲劳寿命具有一定离散性，而线性损伤计算方法可以基本反映出结构寿命的中位水平，因此在工程中广为使用。

彼得·乔斯特(H. Peter Jost)

彼得·乔斯特(1921～2016)是英国学者和摩擦学创始人，他于 1966 年发表了《乔斯特报告》提出摩擦学理论(Tribology)，明确了摩擦学的定义为：研究做相对运动的相互作用表面间的摩擦、磨损和润滑规律及其控制技术的学科。

卢瑟(Robert Lusser)

德国工程师，曾做过飞行员，是航空界举足轻重的人物。他先后参与设计了夜间飞机、无人机和导弹 V1 的研制。1943 年用概率设计法计算出 V2 火箭导航系统的可靠度为 0.75，率先提出利用概率乘积法则进行系统可靠性评价，被称为"可靠性之父"。

格里菲斯(Griffith)

格里菲斯是断裂力学大师，1915 年到英国皇家航空研究中心工作，后任英国空军实验室首席科学家，1941 年当选英国皇家院士。其主要贡献是从能量的角度解释了应力脆断的现象，提出断裂力学观点和理论。

日本航空 123 号航班空难

1985 年 8 月 12 日，日本航空的波音 747-100SR 飞机从东京起飞不久，在高天原山坠毁，造成 520 人死亡，是有史以来死伤最惨重的空难。事故原因是这架飞机在七年前曾损伤机尾，但波音公司的维修人员少补了一排铆钉，使得损伤处疲劳积累，从而导致飞机飞行时尾翼撕裂脱落引发事故。

阿拉斯加航空 261 号班机空难

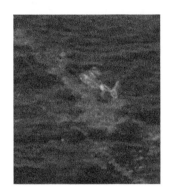

阿拉斯加航空 261 号班机是一架国际航班，2000 年 1 月 31 日航班从墨西哥哈利斯科州巴亚尔塔港古斯塔沃·迪亚斯·奥尔达斯军官国际机场起飞，在经历了灾难性的俯仰失控之后，飞机坠毁于美国加利福尼亚州安那卡帕岛以北 4.3 公里的太平洋里。飞机上的 2 名飞行员，3 名乘务员以及 83 位乘客(包括 3 名儿童)全部遇难。事故原因是螺母过度磨损造成水平尾翼卡塞，造成飞机机头向下无法扬起，飞机高速撞击海面后坠毁。

"挑战者"号航天飞机

1986 年 1 月 28 日，美国佛罗里达州肯尼迪航天中心发射的"挑战者"号航天飞机在发射 73 秒后突然爆炸，7 名航天员全部遇难，价值 12 亿美元的航天飞机毁于一旦。调查委员会经过反复严密考证，确凿的事实证明"挑战者"号右侧助推火箭联结处的环形密封圈在火箭点火处破裂，燃烧火焰热流外溢，火焰又搏击燃油箱，引起飞机爆炸。主要原因是发射当天的低气温使橡皮环老化失去膨胀性，导致推进器燃料泄漏，即导致这场悲剧的是火箭助推器上的一个小小的橡胶老化。

第4章 基于成功的系统可靠性分析方法

为了保证飞机的控制系统的可靠性，其设计常采用复杂的容错和余度设计，这里介绍一些关于控制系统的可靠性分析方法。常用的可靠性分析方法有基于可靠性框图的分析方法、基于网络的分析方法、基于故障树的分析方法和基于马尔可夫状态转移的可靠性分析方法。

4.1 基于可靠性框图的可靠性分析方法

所谓可靠性框图(Reliability Block Diagram)是从可靠性角度出发研究系统与部件之间的逻辑图，这种图依靠方框和连线的布置绘制出系统的各个部分发生故障时对系统功能特性的影响。可靠性框图与系统功能原理图是不同的，例如图 4.1(a)是最简单的振荡电路，它由一个电感 L 和一个电容 C 并联连接的。但根据振荡电路的工作原理，电感 L 和电容 C 中任意一个故障都会引起振荡电路故障，因此振荡电路的可靠性框图为串联连接，如图 4.1(b)所示。

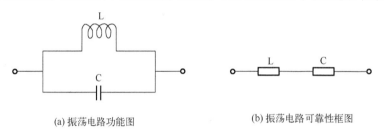

(a) 振荡电路功能图　　　　　　　　(b) 振荡电路可靠性框图

图 4.1　典型系统的可靠性框图

采用可靠性框图法可以分析典型系统的可靠性。

4.1.1 串联系统可靠性模型

设由 n 个部件组成的系统，其中任一部件发生故障，系统即出现故障，或者说只有全部部件都正常系统才正常，这样的系统称为串联系统。其可靠性框图如图 4.2 所示。

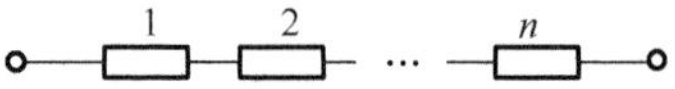

图 4.2　串联系统可靠性框图

设第 i 个部件的寿命为 x_i，可靠度为 $R_i = P\{x_i > t\}$ $(i = 1, 2, \cdots, n)$。假定 $x_1, x_2, \cdots, x_n$ 随机变量相互独立，若初始时刻 $t = 0$ 时，所有部件都是新的，且同时工作。显然串联系统的寿命为：

$$X_s = \min\{x_1, x_2, \cdots, x_n\} \tag{4.1}$$

故系统的可靠度为：

$$R_s(t) = P(X_s > t) = P\{\min(x_1, x_2, \cdots, x_n) > t\}$$

$$= P\{x_1 > t, x_2 > t, \cdots, x_n > t\} = \prod_{i=1}^{n} P\{x_i > t\}$$

$$= \prod_{i=1}^{n} R_i(t) \tag{4.2}$$

当第 i 个部件的故障率函数为 λ_i，则系统的可靠度为：

$$R_s(t) = \prod_{i=1}^{n} e^{-\int_0^t \lambda_i(u)\mathrm{d}u} = e^{-\int_0^t \sum_{i=1}^{n} \lambda(u)\mathrm{d}u} = e^{-\int_0^t \lambda_s(u)\mathrm{d}u} \tag{4.3}$$

故系统的故障率为：

$$\lambda_s(t) = \sum_{i=1}^{n} \lambda_i(t) \tag{4.4}$$

因此，一个独立部件组成的串联系统的故障率是所有部件故障率之和，式(4.4)说明了串联系统故障率相加的性质；式(4.2)说明了串联系统可靠度相乘的性质。由此可见，对于串联系统，部件数目和工作时间 t 所起的作用是相同的。为了提高系统的可靠性，应使系统的工作时间尽可能缩短或者使部件数目尽可能减少。

通常串联系统的可靠度总是小于或等于最不可靠部件的可靠度。即对串联模型而言有：

$$R_s \leqslant \min\{R_i\} \tag{4.5}$$

因此在设计串联系统时，应当选择可靠度较高的元件，并尽量减少串联的元件数。

串联系统的平均寿命为：

$$\mathrm{MTTF} = \int_0^\infty R_s(t)\mathrm{d}t = \int_0^\infty e^{-\int_0^t \lambda_s(u)\mathrm{d}u}\mathrm{d}t \tag{4.6}$$

当部件的寿命服从参数为 λ_i 的指数分布时，即 $R_i(t) = e^{-\lambda_i t}, i = 1, 2, \cdots, n$，系统的可靠度和平均寿命为：

$$R_s(t) = e^{-\sum_{i=1}^{n} \lambda_i t} \tag{4.7}$$

$$\mathrm{MTTF} = \frac{1}{\sum_{i=1}^{n} \lambda_i} \tag{4.8}$$

在经验上，部件数目 n 愈大，串联系统故障率 λ_s 愈接近于一个与时间无关的数值，因此在 $n \to \infty$ 时可近似认为 λ_s 为常数。

例 4.1　某容错计算机由 60 片集成电路芯片组成，每一片上有 25 个焊点，15 个金属化孔。这 60 片集成电路芯片分别装在两块板上，每块板平均有 80 个插件接头。设各部件服从指数分布：集成电路芯片的故障率为 $\lambda_1 = 1 \times 10^{-7}/\mathrm{h}$，焊点的故障率为 $\lambda_2 = 1 \times 10^{-9}/\mathrm{h}$，金属化孔的故障率为 $\lambda_3 = 5 \times 10^{-9}/\mathrm{h}$，插件接头的故障率为 $\lambda_4 = 1 \times 10^{-8}/\mathrm{h}$，求系统工作 2 小时的可靠度 $R_s(t)$ 和平均无故障工作时间 MTTF。

解：　易见，该容错计算机系统中各部件是串联组成的，利用串联系统可靠性模型可以得到：

$$\lambda_s = 60 \times 10^{-7} + 60 \times 25 \times 10^{-9} + 60 \times 15 \times 5 \times 10^{-9} + 2 \times 80 \times 10^{-8} = 1.36 \times 10^{-5}/\mathrm{h}$$

系统的可靠度和平均寿命为：

$$R_s(t=2) = e^{-\lambda_s t} = e^{-1.36 \times 10^{-5} \times 2} = 0.9999728$$

$$\text{MTTF} = \frac{1}{\lambda_s} = \frac{1}{1.36 \times 10^{-5}} = 73529.4\text{h}$$

4.1.2　并联系统可靠性模型

设系统由 n 个部件组成，若至少一个部件正常，系统即正常，或必须所有 n 个部件都发生故障时系统才出现故障，这样的系统称为并联系统。并联系统的可靠性框图如图 4.3 所示。

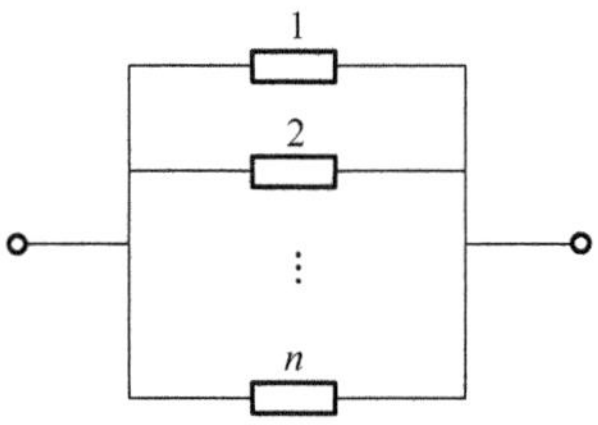

设第 i 个部件的寿命为 x_i，可靠度为 $R_i = P\{x_i > t\}$ $i =1$, $2,\cdots,n$。假定 $x_1, x_2, \cdots, x_n$ 随机变量相互独立，则并联系统的寿命为：

$$X_s = \max\{x_1, x_2, \cdots, x_n\} \tag{4.9}$$

图 4.3　并联系统框图

系统可靠度为：

$$\begin{aligned}
R_s(t) &= P\{\max(x_1, x_2, \cdots, x_n) > t\} \\
&= 1 - P\{\max(x_1, x_2, \cdots, x_n) \leqslant t\} \\
&= 1 - P\{x_1 \leqslant t, x_2 \leqslant t, \cdots, x_n \leqslant t\} \\
&= 1 - \prod_{i=1}^{n}[1 - R_i(t)]
\end{aligned} \tag{4.10}$$

式 (4.10) 表明并联系统的可靠度高于任何一个部件的可靠度。当部件的寿命服从参数为 λ_i 的指数分布，即 $R_i(t) = e^{-\lambda_i t}, i = 1, 2, \cdots, n$，系统的可靠度为：

$$R_s(t) = \sum_{i=1}^{n} e^{-\lambda_i t} - \sum_{1 \leqslant i < j \leqslant n} e^{-(\lambda_i + \lambda_j)t} + \sum_{1 \leqslant i < j < k \leqslant n} e^{-(\lambda_i + \lambda_j + \lambda_k)t} + \cdots + (-1)^{n-1} e^{-\left(\sum_{i=1}^{n} \lambda_i\right)t} \tag{4.11}$$

系统的平均寿命为：

$$\text{MTTF} = \sum_{i=1}^{n} \frac{1}{\lambda_i} - \sum_{1 \leqslant i < j \leqslant n} \frac{1}{\lambda_i + \lambda_j} + \cdots + (-1)^{n-1} \frac{1}{\lambda_1 + \lambda_2 + \cdots + \lambda_n} \tag{4.12}$$

特别当 $n = 2$ 时，有：

$$\begin{cases}
R_s(t) = e^{-\lambda_1 t} + e^{-\lambda_2 t} - e^{-(\lambda_1 + \lambda_2)t} \\
\text{MTTF} = \dfrac{1}{\lambda_1} + \dfrac{1}{\lambda_2} - \dfrac{1}{\lambda_1 + \lambda_2} \\
\lambda_s(t) = \dfrac{\lambda_1 e^{-\lambda_1 t} + \lambda_2 e^{-\lambda_2 t} - (\lambda_1 + \lambda_2)e^{-(\lambda_1 + \lambda_2)t}}{e^{-\lambda_1 t} + e^{-\lambda_2 t} - e^{-(\lambda_1 + \lambda_2)t}}
\end{cases} \tag{4.13}$$

例 4.2　某飞控系统由三通道并联组成，设单通道服从指数分布，故障率为 $\lambda = 1 \times 10^{-3}/\text{h}$，求系统工作 1 小时的可靠度、故障率和平均寿命。

解：对于单通道而言，由于服从指数分布且 $\lambda = 1 \times 10^{-3}/\text{h}$，则：

$$R_{单}(t=1) = e^{-\lambda t} = e^{-0.001 \times 1} = 0.999$$

$$\mathrm{MTTF} = \frac{1}{\lambda} = \frac{1}{0.001} = 1000\mathrm{h}$$

对于三通道并联系统，其可靠度为：

$$R_s(t=1) = 1 - \prod_{i=1}^{3}[1-R_i(t)] = 1-(1-\mathrm{e}^{-\lambda t})^3 = 3\mathrm{e}^{-\lambda t} - 3\mathrm{e}^{-2\lambda t} + \mathrm{e}^{-3\lambda t} = 0.999999998$$

$$\lambda_s(t=1) = -\frac{R_s'(t)}{R_s(t)} = \frac{3\lambda\mathrm{e}^{-\lambda t} - 6\lambda\mathrm{e}^{-2\lambda t} + 3\lambda\mathrm{e}^{-3\lambda t}}{3\mathrm{e}^{-\lambda t} - 3\mathrm{e}^{-2\lambda t} + \mathrm{e}^{-3\lambda t}} = 3\times10^{-9}/\mathrm{h}$$

$$\mathrm{MTTF} = \int_0^\infty R_s(t)\mathrm{d}t = \int_0^\infty (3\mathrm{e}^{-\lambda t} - 3\mathrm{e}^{-2\lambda t} + \mathrm{e}^{-3\lambda t})\mathrm{d}t = \frac{3}{\lambda} - \frac{3}{2\lambda} + \frac{1}{3\lambda} = 1833.3\mathrm{h}$$

由此可以看出，采用三通道并联系统可以大大提高系统任务时间内的可靠度。

4.1.3　并串联可靠性模型和串并联可靠性模型

如果系统以并串联或串并联构成系统，其可靠性框图如图 4.4 和图 4.5 所示。

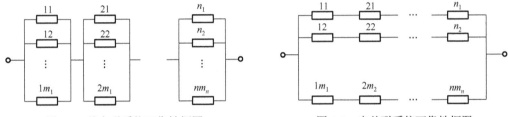

图 4.4　并串联系统可靠性框图　　　　　　　图 4.5　串并联系统可靠性框图

若各部件的可靠度分别为 $R_{ij}(t)$，$i=1,2,\cdots,n$，$j=1,2,\cdots,m_i$，且所有部件的故障都相互独立，则由并联系统可靠性框图可得并串联模型的可靠度：

$$R_s(t) = \prod_{i=1}^{n}\left\{1 - \prod_{j=1}^{m_i}[1-R_{ij}(t)]\right\} \tag{4.14}$$

当所有 $R_{ij}(t) = R_0$，所有 $m_i = m$，则：

$$R_s(t) = \{1 - [1-R_0(t)]^m\}^n \tag{4.15}$$

特别当 $R_0(t) = \mathrm{e}^{-\lambda t}$ 时：

$$\begin{cases} R_s(t) = \{1 - [1-\mathrm{e}^{-\lambda t}]^m\}^n \\ \mathrm{MTTF} = \frac{1}{\lambda}\sum_{j=1}^{n}(-1)^j \mathrm{C}_n^j \sum_{k=1}^{m_j}(-1)^k \mathrm{C}_m^k \frac{1}{k} \end{cases} \tag{4.16}$$

式中，C_n^j 为从 n 中取 j 的组合。

对于串并联系统，此时系统可靠度为：

$$R_s(t) = 1 - \prod_{i=1}^{n}\left\{1 - \prod_{j=1}^{m_i}[1-R_{ij}(t)]\right\} \tag{4.17}$$

当所有 $R_{ij}(t) = R_0$，所有 $m_i = m$，则：

$$R_s(t) = 1 - [1 - R_0^m(t)]^n \tag{4.18}$$

特别当 $R_0(t) = \mathrm{e}^{-\lambda t}$ 时：

$$\begin{cases} R_s(t) = 1 - [1 - \mathrm{e}^{-m\lambda t}]^n \\ \mathrm{MTTF} = \dfrac{1}{m\lambda} \sum_{i=1}^{n} \dfrac{1}{i} \end{cases} \tag{4.19}$$

例 4.3　设系统由四个部件组成，每个部件的可靠度均为 $R_i = 0.9(i = 1, 2, 3, 4)$，试分析图 4.6 中两种形式构成的系统的可靠度。

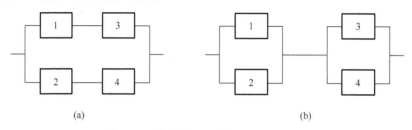

(a)　　　　　　　　　　　　　　　(b)

图 4.6　四部件串并联系统和并串联系统

解：代入式 (4.14) 和式 (4.17) 可以得到如下结果：

(a) 系统的可靠度为：

$$R_s(t) = 1 - (1 - R_1 R_3)(1 - R_2 R_4) = 0.9639$$

(b) 系统的可靠度为：

$$R_s(t) = [1 - (1 - R_1)(1 - R_2)][1 - (1 - R_3)(1 - R_4)] = 0.9801$$

由以上结果可见采用分机冗余比整机冗余系统可靠度高，因此在设计余度系统时常采用分机余度设计技术。

4.1.4　表决系统可靠性模型

设系统由 n 个部件组成，而系统成功地完成任务需要其中至少 k 个部件是好的，这种系统称为 $k/n(G)$ 结构，或称 n 中取 k 表决系统 $(1 \leqslant k \leqslant n)$，其中 G 表示系统完好。例如电力系统、多个发动机的飞机、由多根钢索拧成的钢缆等，都可以称为 $k/n(G)$ 系统，原理框图如图 4.7 所示。

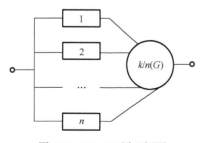

图 4.7　$k/n(G)$ 原理框图

表决系统有以下三种特殊情况：

(1) $n/n(G)$ 系统等价于 n 个部件的串联系统；

(2) $1/n(G)$ 系统等价于 n 个部件的并联系统；

(3) $m + 1/(2m+1)(G)$ 系统称为多数表决系统。

定义：

$$x_i = \begin{cases} 1, & \text{第 } i \text{ 个部件正常} \\ 0, & \text{第 } i \text{ 个部件故障} \end{cases}$$

若系统完好必须满足：

$$\sum_{i=1}^{n} x_i \geqslant k \tag{4.20}$$

对于 n 个部件相同的情况，可借助二项定理求其可靠度。当系统由 n 个相同的部件组成时，设某一部件在规定的时间内的可靠度为 R，那么在规定时间内的不可靠度为 Q，且 $R + Q = 1$，对于 n 个部件来说：

$$(R + Q)^n = 1$$

将上式展开：

$$(R + Q)^n = R^n + C_n^1 R^{n-1} Q + C_n^2 R^{n-2} Q^2 + \cdots + Q^n = 1 \tag{4.21}$$

即可得到 $k / n(G)$ 系统的可靠度：

$$R_s(t) = \sum_{i=k}^{n} C_n^i R^i (1 - R)^{n-i} \tag{4.22}$$

当部件的寿命服从参数为 λ 的指数分布，即 $R_i(t) = e^{-\lambda t}, i = 1, 2, \cdots, n$，则 $k / n(G)$ 表决系统的可靠度表达式为：

$$R_s(t) = \sum_{i=k}^{n} C_n^i e^{-i\lambda t} (1 - e^{-\lambda t})^{n-i} \tag{4.23}$$

$$\mathrm{MTTF} = \int_0^\infty R_s(t) \mathrm{d}t = \sum_{i=k}^{n} C_n^i \int_0^\infty e^{-i\lambda t} (1 - e^{-\lambda t})^{n-i} \mathrm{d}t = \sum_{i=k}^{n} \frac{1}{i\lambda} \tag{4.24}$$

当 $k = 1$ 时，$1 / n(G)$ 即为并联系统 $R_s = 1 - (1 - R)^n$；

当 $k = n$ 时，$n / n(G)$ 即为串联系统 $R_s = R^n$；

当 $k = m + 1, n = 2m + 1$ 时，即为多数表决系统。多数表决系统的可靠度函数表达式为：

$$R_s(t) = \left[\sum_{i=0}^{m} C_{2m+1}^i e^{-\lambda t(2m+1-i)} (1 - e^{-\lambda t})^i \right] e^{-\lambda_V t} \tag{4.25}$$

式中，λ 为系统部件故障率；λ_V 为多数表决器故障率；C 表示组合。

例 4.4 设具有三台发动机的喷气飞机，这种喷气飞机至少需要有两台发动机正常工作才能安全飞行。假定这种飞机的事故仅由发动机引起，并设飞机起飞、降落和飞行期间的故障率均为同一常数 $\lambda = 1 \times 10^{-3} /$ 小时，试计算飞机工作 1 小时的可靠度以及飞机的平均寿命为多少？

解： 该系统为典型的 $2 / 3(G)$ 系统，根据式 (4.23) 可以得到其可靠度：

$$R_s = \sum_{k=2}^{3} C_n^k R^k (1 - R)^{3-k} = 3R^2 - 2R^3$$

工作 1 小时的可靠度和平均寿命为：

$$R_s(t = 1) = 3e^{-2\lambda t} - 2R^{-3\lambda t} = 3e^{-2 \times 10^{-3} \times 1} - 2e^{-3 \times 10^{-3} \times 1} = 0.999997$$

$$\mathrm{MTTF} = \int_0^\infty R_s(t) \mathrm{d}t = \frac{1}{2\lambda} + \frac{1}{3\lambda} = 833.3 \text{ 小时}$$

根据以上结果和例 4.2 结果可见，采用 $2 / 3(G)$ 表决系统要比采用三通道并联的可靠度提高程度小，采用余度技术不一定提高系统的平均寿命。

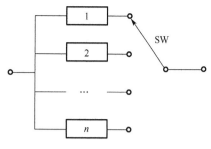

图 4.8　贮备系统可靠性框图

4.1.5　贮备系统可靠性模型

贮备系统由 n 个部件组成，在初始时刻，一个部件开始工作，其余 $n-1$ 个部件作为贮备。当工作部件故障时，贮备部件逐个地替换故障部件，直到所有 n 个部件均故障，系统才发生故障。贮备系统包括冷贮备系统和热贮备系统，图 4.8 为贮备系统的可靠性框图。

1.　冷贮备系统

所谓冷贮备系统指贮备期间贮备部件不通电、不运行，所以贮备部件故障不劣化，贮备期长短对以后的工作寿命没有影响。但是，贮备系统中贮备部件替换故障部件的转换开关对整个系统能否可靠正常地工作影响很大，因此根据转换开关 SW 的可靠性，冷贮备系统可以分为以下两种情况，假设转换是瞬时完成的。

1）转换开关完全可靠的冷贮备系统

假设冷贮备系统 n 个部件的寿命分别为 $x_1, x_2, \cdots, x_n$，且相互独立。可见，冷贮备系统的寿命为：

$$X_s = x_1 + x_2 + \cdots + x_n \tag{4.26}$$

因此，系统的累积故障分布为：

$$F_s(t) = P\{x_1 + x_2 + \cdots + x_n \leqslant t\} = F_1(t) * F_2(t) * \cdots * F_n(t) \tag{4.27}$$

其中，$F_i(t) = 1 - R_i(t)$ 是第 i 个部件的累积故障分布，*表示卷积：

$$A(t) * B(t) = \int_0^t B(t-u) \mathrm{d}A(u) \tag{4.28}$$

因此，系统的可靠度为：

$$R_s(t) = 1 - F_1(t) * F_2(t) * \cdots * F_n(t) \tag{4.29}$$

系统的平均寿命为：

$$\mathrm{MTTF} = E\{x_1 + x_2 + \cdots + x_n\} = \sum_{i=1}^n E(x_i) = \sum_{i=1}^n T_i \tag{4.30}$$

其中，T_i 是第 i 个部件的平均寿命。

当部件的寿命服从参数为 λ_i 的指数分布，即 $R_i(t) = \mathrm{e}^{-\lambda_i t}$，$i = 1, 2, \cdots, n$，且 $\lambda_1, \lambda_2, \cdots, \lambda_n$ 两两不相等，冷贮备系统的可靠度和平均寿命为：

$$\begin{cases} R_s(t) = \sum_{i=1}^n \left[\prod_{\substack{k=1 \\ k \neq i}}^n \dfrac{\lambda_k}{\lambda_k - \lambda_i} \right] \mathrm{e}^{-\lambda_i t} \\[4mm] \mathrm{MTTF} = \sum_{i=1}^n \dfrac{1}{\lambda_i} \end{cases} \tag{4.31}$$

当 $\lambda_i = \lambda,\ i = 1,2,\cdots,n$，则冷贮备系统的可靠度和平均寿命为：

$$\begin{cases} R_s(t) = \displaystyle\sum_{i=0}^{n-1} \frac{(\lambda t)^i}{i!} e^{-\lambda t} \\ \mathrm{MTTF} = \dfrac{n}{\lambda} \end{cases} \tag{4.32}$$

当 $n = 2, \lambda_1 = \lambda_2 = \lambda$，代入上式得：

$$\begin{cases} R_s(t) = e^{-\lambda t} + \lambda t e^{-\lambda t} \\ \mathrm{MTTF} = \dfrac{2}{\lambda} \end{cases} \tag{4.33}$$

2) 转换开关不完全可靠的冷贮备系统

由图 4.8 可以看出，贮备系统的转换开关对整个系统的可靠度影响是至关重要的。假设冷贮备系统由 n 个部件和一个转换开关组成，n 个部件的寿命分别为 $x_1, x_2, \cdots, x_n$，且相互独立。初始时刻一个部件开始工作，其余 $n-1$ 个部件作贮备。当工作部件故障时，转换开关立即从刚故障的部件转换到下一个贮备部件，这里转换开关不完全可靠，假设转换开关寿命服从 0-1 型，即使用开关时要么正常（开关正常的概率为 R_{sw}）要么故障（开关故障概率为 $1 - R_{sw}$）。在以下两种情况下，会造成系统故障。

(1) 当某一工作的部件故障，使用转换开关时转换开关故障，则系统故障；

(2) 使用了 $n-1$ 次转换开关，转换开关都正常，n 个部件都故障时系统故障。

为了描述在转换开关不完全可靠情况下的系统可靠度，引入一个随机变量：

$$\gamma = \begin{cases} j, & \text{若第 } j \text{ 次使用转换开关时，转换开关故障}(j = 1,2,\cdots,n-1) \\ n, & \text{若 } n-1 \text{ 次使用转换开关时，转换开关均正常} \end{cases}$$

由 γ 的定义，有如下关系式：

$$P(\gamma = j) = R_{sw}^{j-1}(1 - R_{sw}) \qquad (j = 1,2,\cdots,n-1)$$

$$P(\gamma = n) = R_{sw}^{n-1}$$

$$\sum_{j=1}^{n} P(\gamma = j) = 1$$

此时，系统的寿命可以表示为：

$$X_s = x_1 + x_2 + \cdots + x_\gamma \tag{4.34}$$

根据全概率公式可以得到系统的可靠度：

$$\begin{aligned} R_s(t) &= P\{x_1 + x_2 + \cdots + x_\gamma > t\} \\ &= \sum_{j=1}^{n} P\{x_1 + x_2 + \cdots + x_\gamma > t\,/\,\gamma = j\} P(\gamma = j) \\ &= \sum_{j=1}^{n-1} P\{x_1 + x_2 + \cdots + x_j > t\} R_{sw}^{j-1}(1 - R_{sw}) + P\{x_1 + x_2 + \cdots + x_n) > t\} R_{sw}^{n-1} \end{aligned} \tag{4.35}$$

当部件的寿命服从参数为 λ 的指数分布，即 $R_i(t) = e^{-\lambda t}, i = 1, 2, \cdots, n$，系统的可靠度和平均寿命为：

$$R_s(t) = \sum_{i=0}^{n-1} \frac{(\lambda R_{sw} t)^i}{i!} e^{-\lambda t} \tag{4.36}$$

$$\text{MTTF} = \frac{1}{\lambda(1 - R_{sw})}(1 - R_{sw}^n) \tag{4.37}$$

当每个部件的故障率两两不相同时，可类似地求出可靠度和平均寿命，但表达式比较复杂，下面仅给出两个部件的结果：

$$P(\gamma = j) = \begin{cases} 1 - R_{sw} & (j = 1) \\ R_{sw} & (j = 2) \end{cases} \tag{4.38}$$

$$\begin{cases} R_s(t) = P\left\{\sum_{j=1}^{\gamma} x_j > t\right\} = (1 - R_{sw})P\{x_1 > t\} + R_{sw}P\{x_1 + x_2 > t\} \\ \qquad = e^{-\lambda_1 t} + \dfrac{R_{sw}\lambda_1}{\lambda_1 - \lambda_2}(e^{-\lambda_2 t} - e^{-\lambda_1 t}) \\ \text{MTTF} = \dfrac{1}{\lambda_1} + R_{sw}\dfrac{1}{\lambda_2} \end{cases} \tag{4.39}$$

当 $R_{sw} = 1$，即转换开关完全可靠时，结果同转换开关完全可靠的冷贮备系统。

2. 热贮备系统

热贮备系统比冷贮备系统复杂得多，因为贮备部件在贮备期间可能通电和运转，因此有可能发生故障，其贮备寿命与工作寿命分布一般不相同。

假设系统由 n 个相同的部件组成，部件的工作寿命和贮备寿命分别服从参数为 λ 和 μ 的指数分布。在初始时刻，一个部件工作，其余的部件作热贮备，这期间所有的部件均可能故障。但工作部件故障时，由尚未故障的贮备部件去替换，直到所有的部件都故障，则系统故障。

1) 转换开关完全可靠的热贮备系统

假设热贮备系统 n 个部件的寿命均相互独立，部件的工作寿命与其曾经贮备了多长时间无关，所有部件的工作寿命和贮备寿命分别服从参数为 λ 和 μ 的指数分布。为了求系统的可靠度和平均寿命，我们用 t_i 表示第 i 个故障部件的故障时刻，$i = 1, 2, \cdots, n$，且令 $t_0 = 0$，显然热贮备系统的寿命为：

$$X_s = \sum_{i=1}^{n}(t_i - t_{i-1}) \tag{4.40}$$

在时间区间 $(t_i - t_{i-1})$ 中，系统已有 $i-1$ 个部件故障，还有 $n-i+1$ 个部件是正常的，其中一个部件工作，$n-i$ 个部件作热贮备。由于指数分布的无记忆性，$t_i - t_{i-1}$ 服从参数为

$\lambda+(n-i)\mu$ 的指数分布，$i=1,2,\cdots,n$，且它们都相互独立。故该系统等价于 n 个独立部件组成的冷贮备系统，其中第 i 个部件的寿命服从 $\lambda_i=\lambda+(n-i)\mu$ 的指数分布。当 $\mu>0$ 时，可以得到：

$$\begin{cases} R_s(t)=P(X_s>t)=\sum_{i=0}^{n-1}\left[\prod_{\substack{k=0\\k\neq i}}^{n-1}\frac{\lambda+k\mu}{(k-i)\mu}\right]\mathrm{e}^{-(\lambda+i\mu)t} \\ \mathrm{MTTF}=\sum_{i=0}^{n-1}\frac{1}{\lambda+i\mu} \end{cases} \tag{4.41}$$

当 $\mu=0$ 时，为冷贮备系统；当 $\mu=\lambda$ 时，此系统归结为并联系统。

当部件寿命分布的参数不同时，热贮备系统可靠度的表达式相当烦琐。这里，仅讨论两个部件的情况。在初始时刻，部件 1 工作，部件 2 热贮备。部件 1、2 的工作寿命分别为 x_1 和 x_2，部件 2 的贮备寿命为 y。因此，系统的累积故障分布为分别服从参数为 λ_1,λ_2,μ 的指数分布。此时系统的可靠度和平均寿命是：

$$\begin{cases} R_s(t)=\mathrm{e}^{-\lambda_1 t}+\dfrac{\lambda_1}{\lambda_1-\lambda_2+\mu}[\mathrm{e}^{-\lambda_2 t}-\mathrm{e}^{-(\lambda_1+\mu)t}] \\ \mathrm{MTTF}=\dfrac{1}{\lambda_1}+\dfrac{1}{\lambda_2}\left(\dfrac{\lambda_1}{\lambda_1+\mu}\right) \end{cases} \tag{4.42}$$

2) 转换开关不完全可靠的热贮备系统

假定转换开关不完全可靠，转换开关寿命服从 0-1 型，即使用开关时开关正常的概率为 R_{sw}。为了简单起见，这里仅考虑两个不同型部件的情形。在初始时刻部件 1 工作，部件 2 热贮备。部件 1、2 的工作寿命分别为 x_1 和 x_2，部件 2 的贮备寿命为 y。因此，系统的累积故障分布为分别服从参数为 λ_1,λ_2,μ 的指数分布。此时系统的可靠度和平均寿命是：

$$\begin{cases} R_s(t)=\mathrm{e}^{-\lambda_1 t}+R_{sw}\dfrac{\lambda_1}{\lambda_1-\lambda_2+\mu}[\mathrm{e}^{-\lambda_2 t}-\mathrm{e}^{-(\lambda_1+\mu)t}] \\ \mathrm{MTTF}=\dfrac{1}{\lambda_1}+R_{sw}\dfrac{1}{\lambda_2}\left(\dfrac{\lambda_1}{\lambda_1+\mu}\right) \end{cases} \tag{4.43}$$

例 4.5　设每个部件服从指数分布，其故障率为 $\lambda_i=1\times10^{-3}/\mathrm{h}$，试比较单部件系统、两部件并联系统、三中取二表决系统、两部件冷贮备系统(转换开关完全可靠)的系统可靠度。

解：根据串联、并联、表决系统的系统可靠性计算公式，得到：

$$R_{\text{单}}=\mathrm{e}^{-\lambda t}=\mathrm{e}^{-0.001t}$$

$$R_{\text{并联}}=2\mathrm{e}^{-\lambda t}-\mathrm{e}^{-2\lambda t}=2\mathrm{e}^{-0.001t}-\mathrm{e}^{-0.002t}$$

$$R_{2/3(G)}=3\mathrm{e}^{-2\lambda t}-2\mathrm{e}^{-3\lambda t}=3\mathrm{e}^{-0.002t}-2\mathrm{e}^{-0.003t}$$

$$R_{\text{冷贮备}}=(1+\lambda t)\mathrm{e}^{-\lambda t}=(1+0.001t)\mathrm{e}^{-0.001t}$$

图 4.9 给出了不同结构的可靠度曲线。

由图 4.9 可以看出冷贮备系统(转换开关完全可靠)的可靠度最高，其次是两部件并联、三中取二表决系统、单部件系统。从图 4.9 可以看出，当工作时间 $t>1/1.44\lambda$ 时，三中取二表决系统的可靠度低于单部件的可靠度，但当 t 较小时三中取二表决系统的可靠度远远高于单部件的可靠度，这种方案主要是为了解决工作的时间较短的偶然故障而选用的，一般用于导弹或航天飞机的可靠性设计中，可见余度系统可以在短期内显著提高系统的可靠性。

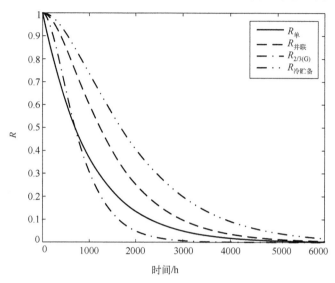

图 4.9　几种结构方案系统可靠度的比较

例 4.6　一个系统由两个部件组成，设其寿命均服从指数分布：$R_1(t) = \mathrm{e}^{-\lambda_1 t}$，$R_2(t) = \mathrm{e}^{-\lambda_2 t}$，$\lambda_1 = \lambda_2 = 0.01/$时，$\mu = 0.01/$时，求 $t = 10$ 小时这两部件组成串联、并联、冷贮备和热贮备(开关完全可靠)四种情况下系统的可靠度和平均寿命。

解：串联系统：

$$R_s = R_1 R_2 = \mathrm{e}^{-(\lambda_1 + \lambda_2)t} = \mathrm{e}^{-(0.01+0.01)\times 10} = 0.81873075$$

$$\mathrm{MTTF}_s = \frac{1}{\lambda_1 + \lambda_2} = \frac{1}{0.01 + 0.01} = 50 小时$$

并联系统：

$$R_s = 1 - (1 - R_1)(1 - R_2) = 1 - (1 - \mathrm{e}^{-\lambda_1 t})(1 - \mathrm{e}^{-\lambda_2 t}) = 1 - (1 - \mathrm{e}^{-0.01\times 10})^2 = 0.990944088$$

$$\mathrm{MTTF}_s = \frac{1}{\lambda_1} + \frac{1}{\lambda_2} - \frac{1}{\lambda_1 + \lambda_2} = \frac{1}{0.01} + \frac{1}{0.01} - \frac{1}{0.01 + 0.01} = 150 小时$$

冷贮备系统：

$$R_s = R_1 R_2 = \mathrm{e}^{-\lambda t}(1 + \lambda t) = \mathrm{e}^{-0.01\times 10}(1 + 0.01\times 10) = 0.99532116$$

$$\mathrm{MTTF}_s = \frac{n}{\lambda} = \frac{2}{0.01} = 200 小时$$

热贮备系统：

$$R_s = \mathrm{e}^{-\lambda_1 t} + \frac{\lambda_1}{\lambda_1 + \mu - \lambda_2}[\mathrm{e}^{-\lambda_2 t} - \mathrm{e}^{-(\lambda_1 + \mu)t}] = \mathrm{e}^{-0.01\times 10} + \mathrm{e}^{-0.01\times 10} - \mathrm{e}^{-0.02\times 10} = 0.990944083$$

$$\mathrm{MTTF}_s = \frac{1}{\lambda_1} + \frac{1}{\lambda_2}\left(\frac{\lambda_1}{\lambda_1 + \mu}\right) = \frac{1}{0.01} + \frac{1}{0.01}\left(\frac{0.01}{0.01 + 0.01}\right) = 150 小时$$

　　由以上计算可以看出冷贮备系统的可靠度最高,其次是热贮备系统、并联系统和串联系统。因此在设计高可靠性系统时,要权衡各类型不可修系统对系统可靠度的贡献,采用优化的系统结构以达到系统的可靠性指标。

4.2　网络分析法

　　网络分析方法是利用网络图表示大规模复杂系统的逻辑关系,从成功角度分析部件可靠与系统可靠之间的关系,从中寻找所有最小路集,进而计算复杂系统可靠度的方法。

4.2.1　网络的基本概念

　　从抽象的数学观点看,网络是由一些节点及连接这些节点对之间的弧组成的图。

　　定义 4.1　设 $V = \{U_1, U_2, \cdots, U_n\}$ 和 $E = \{e_1, e_2, \cdots, e_n\}$ 是任意一个有限集合,满足:

　　(1) V 非空;

　　(2)对每一个 $e_i \in E$ 都是 V 的一个无序(或有序)元素对 (U_i, U_j) 之间的连线。则称 (V, E) 组成一个无向(或有向)网络图, V 中的元素称为节点, E 中元素称为弧。由无向弧构成的网络称为无向网络;由有向弧构成的网络称为有向网络,如图 4.10 所示;由无向弧和有向弧共同构成的网络称为混合网络,如图 4.11 的桥形网络就是典型的混合网络。

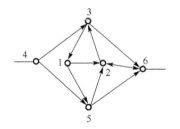

图 4.10　有向网络

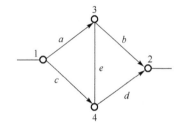

图 4.11　桥形网络示意图

　　定义 4.2　从指定节点 U_1 经过一串弧序可以到达节点 U_2 ,则称这个弧序列为 U_1 到 U_2 的一条路。

　　定义 4.3　从节点 U_1 到节点 U_2 的弧序称为一条最小路,即满足:

　　(1)它是一条路;

　　(2)最小性:从这个弧序列中除去任意一条弧后即不是从 U_1 到 U_2 的路。

　　定义 4.4　最小路中包含的弧数称为最小路的长度。

　　例如,图 4.11 中的 $\{c, e, d\}$ 是节点 1 到节点 2 的一条路,而 $\{c, d\}$ 是节点 1 到节点 2 间的最小路,其长度为 2。

　　定义 4.5　有重复弧出现的网络称之为广义网络。

　　在计算网络系统的可靠度时,为了使问题简化,需作以下几点假设:

　　(1)系统或弧只有两种可能的状态:正常或故障。

　　(2)节点的可靠度为 1。

　　(3)无向弧(即双向弧)两个方向的可靠度相同。

　　(4)弧之间的故障是相互独立的,即一条弧的故障不会引起别的弧也故障。

定义 4.6　设 $K \subset E$ 是一些弧的组合, 若 K 中所有元素(弧)都故障就使得信息不能从 U_1 节点到达 U_2 节点, 则称 K 为 U_1 和 U_2 之间(网络)的一个割集, 简称一个割。图 4.11 中的 $\{\bar{a}, \bar{c}, \bar{e}\}$ 为一个割。

定义 4.7　若 K 为一个割, 并且满足最小性, 即 K 中除去一个元素(弧)后就不是割, 则称 K 为一个最小割, 如图 4.11 中的 $\{a, c\}$。

利用摩根定律可以实现最小路与最小割的互换。假设最小路集为 $A_i(i = 1, 2, \cdots, n)$, 每一条最小路由弧 x_{ij} 构成, 即任意一条最小路为:

$$A_i = \bigcap_{x_{ij} \in A_i} x_{ij} \tag{4.44}$$

则系统成功的事件为:

$$S = \bigcup_{i=1}^{m} A_i \tag{4.45}$$

利用摩根定律有:

$$\bar{S} = \overline{\bigcup_{i=1}^{m} A_i} = \bigcap_{i=1}^{m} \bar{A}_i = \bigcap_{i=1}^{m} \left(\bigcup_{x_{ij} \in A_i} \bar{x}_{ij} \right) \tag{4.46}$$

这里可以得到系统故障的事件为:

$$\bar{S} = \bigcup_{k=1}^{n} C_k \tag{4.47}$$

其相应的最小割集为:

$$C_k = \bigcap_{x_{kw} \in C_k} \bar{x}_{kw} \tag{4.48}$$

例 4.7　仍以图 4.11 桥形网络为例, 其所有最小路为 $\{ab, cd, aed, ced\}$, 求桥形网络的最小割集。

解: 由(4.46)得:

$$\bar{S} = \overline{ab \bigcup cd \bigcup aed \bigcup ceb} = \overline{ab} \bigcap \overline{cd} \bigcap \overline{aed} \bigcap \overline{ceb}$$
$$= (\bar{a} \bigcup \bar{b}) \bigcap (\bar{c} \bigcup \bar{d}) \bigcap (\bar{a} \bigcup \bar{e} \bigcup \bar{d}) \bigcap (\bar{c} \bigcup \bar{e} \bigcup \bar{b})$$
$$= \overline{ac} \bigcup \overline{bd} \bigcup \overline{bce} \bigcup \overline{ade}$$

所以, 桥形网络的最小割集为 $\{\overline{ac}, \overline{bd}, \overline{aed}, \overline{ceb}\}$。

4.2.2　求网络最小路的方法

要求出复杂系统的可靠度, 首先要从系统网络中求出输入节点到输出节点之间的所有最小路, 所以求系统最小路是网络分析法的关键。下面介绍两种求最小路的方法: 联络矩阵法和大型网络最小路计算机算法。

1. 联络矩阵法

设任意一个(有向、无向、混合)网络系统,它有 n 个节点,定义矩阵 C 为该网络的联络矩阵,联络矩阵中的元素为:

$$C_{ij} = \begin{cases} x, & \text{节点} i \text{到节点} j \text{之间有弧} x \text{直接相连} \\ 0, & \text{节点} i \text{到节点} j \text{之间无弧直接相连} \end{cases}$$

仍以图 4.11 桥形网络为例,写出其联络矩阵为:

$$C = \begin{bmatrix} 0 & 0 & a & c \\ 0 & 0 & 0 & 0 \\ 0 & b & 0 & e \\ 0 & d & e & 0 \end{bmatrix}$$

对联络矩阵,定义"乘法"运算 $C^r = (C_{ij}^{(r)})$,其中:

$$C_{ij}^{(r)} = \begin{cases} \sum_{k=1}^{n} C_{ik} \cdot C_{kj}^{(r-1)} & (i \neq j) \\ 0 & (i = j) \end{cases} \tag{4.49}$$

这里约定 $C_{ij}^{(1)} = C_{ij}$。$C_{ij}^{(r)}$ 表示从节点 i 到节点 j 长度为 r 的最小路全体。按式(4.49)计算 $C_{ij}^{(r)}$ 的表达式中,若某一项 e 中有的弧出现不止一次,则该项 e 应取 0;或者 $C_{ij}^{(r)}$ 中的某一项已被包含在 $C_{ij}^{(1)}, C_{ij}^{(2)}, \cdots, C_{ij}^{(r-1)}$ 中的某一项中,也应把 e 取作 0。因为出现第一种情况时,e 就不是长度为 r 的从 i 到 j 的最小路;第二种情况下,从 e 中除去一些弧后,它仍是 i 到 j 的路,因此 e 不是一条最小路,所以这两种情况应排除。

在一个有 n 个节点的网络中,任意两节点间最小路的最大长度 $\leq n-1$,故对联络矩阵 C 而言,必有 $C^n = 0$。因此,如求出 $C, C^2, \cdots, C^{r-1}$,则可以得到任意两个节点间的最小路全体 $\sum_{r=1}^{n-1} C_{ij}^{(r)}$。这只要做 $n-1$ 次矩阵"乘法"运算即可。但实际计算时,对一个具体网络而言,只需求出输入节点到输出节点的所有最小路,没有必要求出矩阵中所有的元素。如设节点 1 为输入节点,节点 2 为输出节点,因此只需求出 $C, C^2, \cdots, C^{r-1}$ 的元素。

联络矩阵求最小路的方法有以下两种:

1) 左乘法

先写出 C 阵,然后列出 C 阵对应于输出节点标号的列,如桥形网络为第二列 $(C)_2$,用 $(C)_2$ 阵去左乘 C 阵,得到 C^2 的第二列 $(C^2)_2$,逐次下去可得到 C^{n-1} 的第二列 $(C^{n-1})_2$。

如桥形网络的联络矩阵和对应于输出节点的列阵为:

$$C = \begin{bmatrix} 0 & 0 & a & c \\ 0 & 0 & 0 & 0 \\ 0 & b & 0 & e \\ 0 & d & e & 0 \end{bmatrix} \qquad\qquad (C)_2 = \begin{bmatrix} 0 \\ 0 \\ b \\ d \end{bmatrix} \tag{4.50}$$

利用联络矩阵左乘法可以得到桥形网络所有的最小路:

$$(\boldsymbol{C}^2)_2 = \boldsymbol{C} \cdot (\boldsymbol{C})_2 = \begin{bmatrix} ab + cd \\ 0 \\ ed \\ eb \end{bmatrix} \tag{4.51}$$

$$(\boldsymbol{C}^3)_2 = \boldsymbol{C} \cdot (\boldsymbol{C}^2)_2 = \begin{bmatrix} aed + ceb \\ * \\ * \\ * \end{bmatrix} \tag{4.52}$$

取出 $(\boldsymbol{C}^2)_{12}, \cdots, (\boldsymbol{C}^{n-1})_{12}$ 元素得到所有最小路为 $\{ab, cd, aed, ceb\}$，其中*表示任意量（只关心第一行）。

2）右乘法

先写出 $\boldsymbol{C}$ 阵，然后列出 $\boldsymbol{C}$ 阵对应于输入节点标号的行，如桥形网络为第一行 $(\boldsymbol{C})_1$，用 $(\boldsymbol{C})_1$ 阵去右乘 $\boldsymbol{C}$ 阵，得到 $\boldsymbol{C}^2$ 的第一行 $(\boldsymbol{C}^2)_1$，逐次下去可得到 $\boldsymbol{C}^{n-1}$ 的第一行 $(\boldsymbol{C}^{n-1})_1$。取出相对于输出节点的列元素即为网络的最小路全体。

这种只求一行或一列的算法使计算量大大减少。联络矩阵法对广义网络也适用。当节点不太多时，可用联络矩阵法手算网络最小路；当节点较多时，可采用计算机算法求取网络最小路。

2. 大型网络最小路计算机算法

当网络中节点数 n 很大时，联络矩阵往往很大且为稀疏矩阵，因此用联络矩阵法求最小路时需要大量的空间存储及计算，故提出了有效的计算机算法求最小路。

计算机算法求最小路需要以下几种矩阵：

1）路线矩阵

对于一个由 n 个节点和 m 条弧构成的任意网络，定义相应的 n 阶矩阵为路线矩阵：

$$R = \{R[j, C(j)]\}$$

其中，$j = 1, 2, \cdots, n$ 个节点，$C(j) = 1, 2, \cdots, E_j$，E_j 为第 j 行下步可达的节点数。可见，路线矩阵是由节点构成的，记录了第 j 行可以一步到达的节点标号。为了区别输入节点 I，在路线矩阵中每行增加一个元素：

$$R(j, E_j) = \begin{cases} -1 & (j = I) \\ 0 & (j \neq I) \end{cases}$$

称 $R[j, C(j)]$ 为网络的路线矩阵。

2）离开节点弧数矩阵

$$\boldsymbol{E} = [E_1, E_2, \cdots, E_n]$$

其中，E_i 为离开第 i 个节点弧的个数。

3）节点 $\boldsymbol{F}$ 函数矩阵

节点 $\boldsymbol{F}$ 函数矩阵的初值为：

$$F(i) = \begin{cases} 1, & i = I \\ -1, & i = L \\ 0, & \text{其他} \end{cases}$$

节点 F 函数矩阵的作用是：当某个节点 i 已经走过，其值为 1。在寻找一条最小路的过程中，它可以用来判断后面的节点是否与已走过的节点重复。一旦 $F = -1$，表明已达到输出节点 L，即找到一条最小路。

4) 记号矩阵 $C = (C(1), C(2), \cdots, C(n))$

$C(j)$ 记录节点 j 在路线矩阵 R 中的列号。

求最小路的计算机算法要求的输入数据有：n 为网络中节点数；I 为输入节点标号；L 为输出节点标号；$E = [E_1, E_2, \cdots, E_n]$ 为离开节点的弧数；$R[j, C(j)]$ 为路线矩阵。图 4.12 是求最小路的算法流程图，把输入数据输入到流程图中，即可得到网络的最小路。

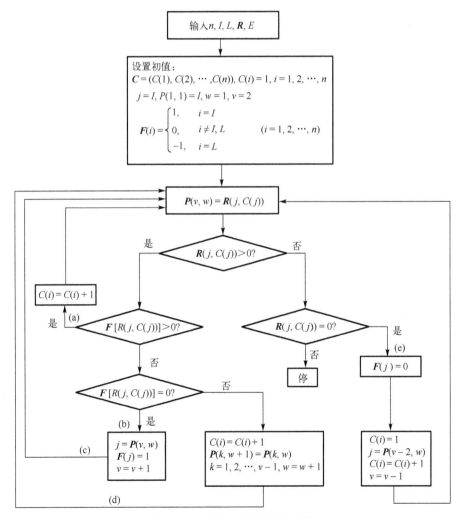

图 4.12　求最小路的算法流程图

输出结果：P 为最小路矩阵，其中每一列为由输入节点 I 到输出节点 L 的一条最小路。P

的元素 $p(v,w)$ 记录了第 w 条最小路中第 v 个节点的标号。由于最小路的条数和长度事先未知，故 $\boldsymbol{P}$ 的阶数只能估计。

图中字符说明：(a)节点无重复；(b)未到输出节点 L ；(c)节点 j 做下次出发的起点；(d)一条最小路结束，准备下一条最小路的起点；(e)节点 $p(v-1,w)$ 以下都走遍，从这个节点倒退两个节点，准备走另一支。

整个算法的基本思想是：

(1)输入节点 I 作为起始节点；

(2)由起始节点出发，依次选下一步可达的节点；

(3)判断节点 i 是否已走过，若走过，则退回到起始点，转(2)；

(4)判断是否已达到输出节点 L ，若不是输出节点，则把 i 作为起始节点，转(2)；

(5)判断是否已找到所有最小路，如果没有，则后退一步，把上个节点作为起始点，转(2)；

(6)结束。

由上可见，算法的关键是需要进行三个判断：一是判断节点是否与前面走过的节点重复；二是判断是否找到了一条最小路；三是判断是否找到所有最小路。

在最小路算法框图中，若某一步走到节点 j , $\boldsymbol{R}(j,C(j))$ 是其后要走的节点标号。若 $\boldsymbol{R}(j,C(j))=0$ 表明节点 j 以后的所有分支都已走过。此时应由 j 退一个节点，即由节点 j 前面一个节点再往下探索。若 $\boldsymbol{R}(j,C(j))>0$, $\boldsymbol{F}[R(j,C(j))]=0$ 表明节点无重复，且未到输出节点 L ；若 $\boldsymbol{R}(j,C(j))>0$, $\boldsymbol{F}[R(j,C(j))]=-1$ 表明一条最小路已找到。一旦 $\boldsymbol{R}(j,C(j))<0$ ，表明已求得所有最小路。

例 4.8 求图 4.10 有向网络的最小路。

解：根据图 4.10 可以得到计算机算法的输入数据：

$$n=6, I=4, L=6$$

$$\boldsymbol{R} = \begin{bmatrix} 5 & 2 & 0 \\ 6 & 3 & 0 \\ 6 & 1 & 0 \\ 5 & 3 & -1 \\ 6 & 2 & 0 \\ 2 & 0 & 0 \end{bmatrix} \qquad \boldsymbol{E}=[2,2,2,2,2,1] \qquad \boldsymbol{F}=[0,0,0,1,0,-1]$$

利用上述算法可以依次求出从节点 4 到节点 6 的所有最小路，共 7 条，按列排列：

$$\boldsymbol{P} = \begin{bmatrix} 4 & 4 & 4 & 4 & 4 & 4 & 4 \\ 5 & 5 & 5 & 3 & 3 & 3 & 3 \\ 6 & 2 & 2 & 6 & 1 & 1 & 1 \\ & 6 & 3 & & 5 & 5 & 2 \\ & & 6 & & 6 & 2 & 6 \\ & & & & & 6 & \end{bmatrix}$$

上述计算机算法只能记录最小路经过的节点，对于一般性网络，可以方便地转化为最小弧路阵。

4.2.3　最小路不交化

假设由 4.2.2 节可以求得任意网络的最小路 $A_1, A_2, \cdots, A_m$ ，则网络的可靠度可由下式求得：

$$R_s = P\left\{\bigcup_{i=1}^{m} A_i\right\} \tag{4.53}$$

对于广义网络而言，网络最小路之间是相交的，因此必须对最小路进行不交化才能代入式(4.53)求网络系统的可靠度。常用的不交化算法有以下三类：

1. 容斥定理

由概率论知，如果存在 m 个相交事件 $A_1, A_2, \cdots, A_m$ ，采用如下容斥定理可以去掉相容事件相交的部分，再对不交和求概率即可得到系统的可靠度。

$$R_s = P\left(\bigcup_{i=1}^{m} A_i\right) = \sum_{i=1}^{m} P(A_i) - \sum_{i<j=2}^{m} P(A_i A_j) + \sum_{i<j<k=3}^{m} P(A_i A_j A_k) + \cdots + (-1)^{m-1} P\left(\bigcap_{i=1}^{m} A_i\right) \tag{4.54}$$

2. 布尔不交化算法

下面的定理把无向网络中长度为 $n-1$ 的最小路与其他最小路进行不交化。

定理 4.1：设 $A_1, A_2, \cdots, A_m$ 为无向网络的所有最小路，其中 A_m 的长度为 $n-1$ ，记 $A_m = x_1 x_2 \cdots x_{n-1}$ ，则有：

$$\bigcup_{i=1}^{m} A_i = \bigcup_{i=1}^{m-1} A_i + x_1 x_2 \cdots x_{n-1} \overline{x}_n \cdots \overline{x}_l \tag{4.55}$$

上式的右端两项是不交的，其详细证明参见参考文献(王少萍，2000)。

上述定理表明，对于长度为 $n-1$ 的最小路，只要在其中添上 $l-n+1$ 条不出现的弧的逆，这样所得事件与其他 $m-1$ 条最小路不相交。例如图 4.11 桥形网络 最小路为 $\{ab, cd, aed, ceb\}$ ，其中长度为 $n-1$ 的最小路为 aed 及 ceb 。按上述定理，则 $a\overline{bc}ed$ 、$\overline{a}bcd\overline{e}$ 与 ab, cd 两条路不相交。

这样，无向网络只需要对长度小于 $n-1$ 的最小路进行不交化(有向网络同样适用)。

布尔不交化算法的思想很简单，对于任意有限个集合的并 $\bigcup_{i=1}^{r} A_i$ 求不交和，只要每做一步从并集合中分出一个不相交的集合。

第一步，先从 $\bigcup_{i=1}^{r} A_i$ 集合中取出某一集合，假设为 A_1 ，按下式得到与 A_1 不相交的集合：

$$\bigcup_{i=1}^{r} A_i = A_1 + \overline{A}_1 \bigcup_{i=2}^{r} A_i \tag{4.56}$$

把上式整理简化，可以得到与 A_1 不相交的集合。

第二步，重复第一步做法，逐次下去，最终可以把 $\bigcup_{i=1}^{r} A_i$ 化为不交和。

1)对于无向网络：

(1)挑出长度为 $n-1$ 的最小路的全体 $A_{r+1},A_{r+2},\cdots,A_m$ ，利用上述定理化为不交和：

$$\bigcup_{i=r+1}^{m}A_i=\sum_{i=r+1}^{m}B_i \qquad (4.57)$$

(2)把 $\bigcup_{i=1}^{r}A_i$ 化为不交和：

$$令\ R_s=\sum_{i=r+1}^{m}P(B_i)\qquad r_0=r,k=0$$

$$A_i^{(0)}=A_i,\qquad(i=1,2,\cdots,r_0)$$

$$F=\bigcup_{i=1}^{r}A_i^{(0)}$$

(3) F 中取一项 $A_1^{(k)}$ ，使

$$R_s\Leftarrow R_s+P\{A_1^{(k)}\} \qquad (4.58)$$

则：

$$F=\overline{A_1}^{(k)}\bigcup_{i=2}^{r_k}A_i^{(k)}=\bigcup_{i=1}^{r_{k+1}}A_i^{(k)} \qquad (4.59)$$

上式需要利用摩根定律整理和简化。

(4) F 中还有项(即 $r_{k+1}\geqslant0$)吗？若有，则 $k\Leftarrow k+1$ 转(3)，否则 R_s 即为所求。

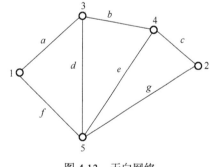

图 4.13 无向网络

2)对于有向网络

从上述算法的(2)开始，只需要令初值 $R_s=0$ 即可。

例 4.9 以图 4.13 所示无向网络为例，求系统的可靠度。

解： 首先可得输入节点 1 到输出节点 2 之间的所有最小路为 $fg,abc,adg,fec,abeg,adec,fdbc$ 。

(1)首先对长度为 $n-1=4$ 最小路进行不交化，根据以上定理可以求得不交和为： $abc\overline{d}e\overline{fg}+a\overline{b}cde\overline{fg}+\overline{a}bcde\overline{fg}$ 。

(2)对 $fg\bigcup abc\bigcup adg\bigcup fec$ 进行不交化，利用布尔不交化算法

A. 选 fg ，则：

$$F=\overline{fg}(abc\bigcup adg\bigcup fec)=(\overline{f}+\overline{g})(abc\bigcup adg\bigcup fec)=abc\overline{f}\bigcup ad\overline{f}g\bigcup abc\overline{g}\bigcup cefg$$

B. 选 $abc\overline{f}$ ，则：

$$F=\overline{abc\overline{f}}(ad\overline{f}g\bigcup abc\overline{g}\bigcup cefg)=cefg\bigcup a\overline{b}d\overline{f}g\bigcup a\overline{c}d\overline{f}g\bigcup abcfg$$

C. 选 $cef\overline{g}$ ，则：

$$F=\overline{cef\overline{g}}(a\overline{b}d\overline{f}g\bigcup a\overline{c}d\overline{f}g\bigcup abcfg)=a\overline{c}d\overline{f}g\bigcup abc\overline{ef}g\bigcup a\overline{b}d\overline{f}g$$

D. 选 $ac\overline{d}f\overline{g}$，则：

$$F = \overline{ac\overline{d}f\overline{g}}(abc\overline{e}fg \bigcup a\overline{b}d\overline{f}g) = abc\overline{e}fg \bigcup a\overline{b}cd\overline{f}g$$

E. 选 $abc\overline{e}fg$，则：

$$F = \overline{abc\overline{e}fg}(a\overline{b}cd\overline{f}g) = a\overline{b}cd\overline{f}g$$

3) 网络的最小路不交和为：

$$S = fg + abc\overline{f} + ce\overline{f}g + a\overline{c}\overline{d}fg + abc\overline{e}fg + a\overline{b}cd\overline{f}g + ab\overline{c}\overline{d}efg + a\overline{b}cde\overline{f}g + \overline{a}bcde\overline{f}g$$

4) 求系统可靠度：

$$R_s = P(S) = p_f p_g + p_a p_b p_c q_f + p_c p_e p_f q_g + p_a q_c p_d q_f p_g + p_a p_b p_c q_e p_f q_g$$
$$+ p_a q_b p_c p_d q_f p_g + p_a p_b q_c q_d p_e q_f p_g + p_a q_b p_c p_d p_e q_f p_g + q_a p_b p_c p_d q_e p_f q_g$$

3. 代数拓扑不交化算法

用多维体描述网络系统的数学模型：

定义 4.8　一个多维体是一个有序 n 元组，其中每个元与网络中的弧一一对应。

对于多维体描述的 n 元组，每个元素(弧)可以取三种状态：$\{0,1,x\}$，其中 1 表示该弧正常；0 表示该弧故障；x 表示最小路中不存在的弧，$x\{0,1\}$ 表示可以为 1 也可以为 0 的状态。多维体中 x 的个数定义为多维体的维数。

例如图 4.11 的桥形网络，其最小路为 $\{ab, cd, aed, ceb\}$。对于最小路 ab 用 n 元多维体表示为：

$$
\begin{matrix}
a & b & c & d & e \\
(1 & 1 & x & x & x)
\end{matrix}
$$

类似地可以把网络所有的最小路用多维体表示出来。为了便于计算机处理，我们用 "2" 代替 x 得到易于计算机处理的最小路多维体集合，仍以桥形网络为例，其最小路多维体集合为：

$$A = \begin{bmatrix} 1 & 1 & 2 & 2 & 2 \\ 2 & 2 & 1 & 1 & 2 \\ 1 & 2 & 2 & 1 & 1 \\ 2 & 1 & 1 & 2 & 1 \end{bmatrix}$$

当所有的最小路用多维体表示出来后，采用多维体间的锐积运算(即#运算)进行不交化。假设有两个多维体 A 和 B，$A\#B$ 运算的实质是：

$$A\#B = \{x / x \in A \bigcap x \notin B\} = A\overline{B} \tag{4.60}$$

多维体之间的运算为按位运算。假设 t^i 和 t^j 为两个多维体，则多维体间相应的运算规则为：

$$t^i \# t^j = \begin{cases} t^i, & \text{若存在任一对组元 } t_k^i \# t_k^j = \varnothing，\text{相当于 } t^i \bigcap t^j = \varnothing \\ \varnothing, & \text{若任一对组元 } t_k^i \# t_k^j = \in (1,2,\cdots,n)，\text{相当于 } t^i \in t^j \\ \bigcup_k (t_1^i, t_2^i, \cdots, a_k, \cdots t_n^i), & \text{其中 } t_k^i \# t_k^j = a_k \in (0,1), (k = 1,2,\cdots,n) \end{cases} \tag{4.61}$$

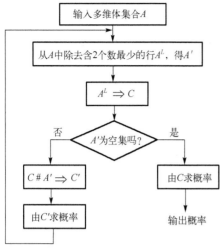

图 4.14　多维体"不交和"流程图

按照图 4.14 多维体"不交和"流程图进行不交运算，可以得到不交的多维体。这种算法由于多维体按位运算的优点使得多维体不至于膨胀，因此该算法占用内存少，占用机时少，并易于程序实现。

4.2.4　网络可靠度的计算

对最小路不交化后，直接代入概率就可以得到系统的可靠度。

例 4.10　应用代数拓扑运算计算桥形网络不交和。

解：由图 4.11 知，桥形网络共有 4 条最小路，用多维体表示为：

$$A = \begin{bmatrix} 1 & 1 & 2 & 2 & 2 \\ 2 & 2 & 1 & 1 & 2 \\ 1 & 2 & 2 & 1 & 1 \\ 2 & 1 & 1 & 2 & 1 \end{bmatrix}$$

根据多维体运算，得到结果如表 4.1，进而代入概率得到系统的可靠度：

$$R_s(t) = q_a p_b p_c q_d p_e + p_a q_b q_c P_d p_e + p_a p_b q_c + p_a p_b p_c q_d + p_c p_d$$

表 4.1　桥形网络多维体不交和计算结果

步骤	取出项 C	与 C "#" 的项 A'	$C\# A'$ 结果 C'	不交和布尔项	代入概率
	(abcde)	(abcde)	(abcde)		
1	(21121)	(11222) (22112) (12211)	(01101)	$\bar{a}bc\bar{d}e$	$q_a p_b p_c q_d p_e$
2	(12211)	(11222) (22112)	(10011)	$a\bar{b}\bar{c}de$	$q_a p_b p_c q_d p_e + p_a q_b q_c P_d p_e$
3	(11222)	(22112)	(11022) (11102)	$ab\bar{c}$ $abc\bar{d}$	$q_a p_b p_c q_d p_e + p_a q_b q_c P_d p_e$ $+ p_a p_b q_c + p_a p_b p_c q_d$
4	(22112)	∅	(22112)	cd	$q_a p_b p_c q_d p_e + p_a q_b q_c P_d p_e$ $+ p_a p_b q_c + p_a p_b p_c q_d + p_c p_d$

线 上 习 题

[4.1]　请检索波音飞机和空中客车飞机飞行控制系统中采用的系统可靠性设计结构，如果单通道飞行控制系统的故障率为 1×10^{-3}/h，请通过计算飞控系统可靠性指标，分析其可靠性设计的方法和准则。

[4.2]　为什么要在网络分析方法中必须进行不交化处理？不交化处理方法的相互关系是什么？

线 下 习 题

4.1　试计算如习题图 4.1 所示的飞机飞行控制系统在 $t=1\text{h}$ 的可靠性指标，假设图中的传感器、计算机和舵机的故障率均为 $\lambda=1\times10^{-3}/\text{h}$。

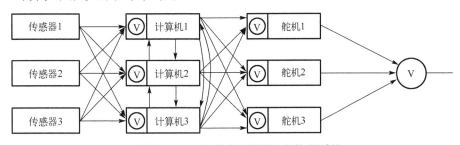

习题图 4.1　三余度交叉增强飞行控制系统

4.2　如习题图 4.2 飞行控制系统结构，所有产品的寿命服从指数分布，$\lambda_{\text{sensor}}=10^{-4}/\text{h}$，$\lambda_{\text{computer}}=10^{-3}/\text{h}$，$\lambda_{\text{actuator}}=5\times10^{-4}/\text{h}$，请计算 1 小时与 10 小时内的可靠度。

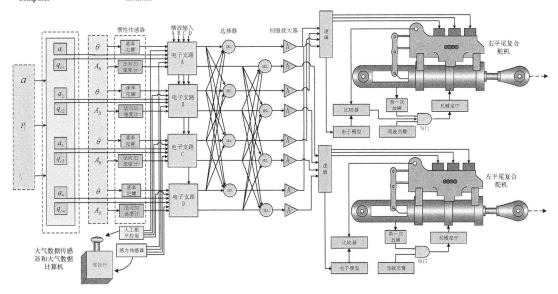

习题图 4.2　飞行控制系统结构图

4.3　假设由三个部件构成的并联系统、冷贮备系统和热贮备系统，其寿命服从指数分布，从系统可靠性角度可以得到怎样的可靠性设计原则？

参 考 文 献

高金源. 2005. 飞机电传操纵系统与主动控制技术[M]. 北京：北京航空航天大学出版社.

郭波. 2002. 系统可靠性分析[M]. 长沙：国防科技大学出版社.

疏松桂. 1992. 控制系统可靠性分析与综合[M]. 北京：科学出版社.

王华伟, 高军. 2013. 复杂系统可靠性分析与评估[M]. 北京：科学出版社.

王少萍. 2000. 工程可靠性[M]. 北京：北京航空航天大学出版社.

王占林. 2005. 近代电气液压伺服控制[M]. 北京：北京航空航天大学出版社.

于丹，李学京，姜宁宁,等. 2007. 复杂系统可靠性分析中的若干统计问题与进展[J]. 系统科学与数学，27(1):68-81.

Dong Y, Wang G, Zhang F, et al. 2011. Reliability analysis and assessment tool for AADL model[J]. Journal of Software, 22(6): 1252-1266.

Hjelmgren K, Svensson S, Hannius O. 1998. Reliability analysis of a single-engine aircraft FADEC[C]// Annual Reliability and Maintainability Symposium 1998 Proceedings. International Symposium on Product Quality and Integrity, Anaheim, USA: 401-407.

Pham H, Upadhyaya S J. 2002. Reliability analysis of a class of fault-tolerant systems[J]. IEEE Transactions on Reliability, 38(3): 333-337.

Yang J, Huang H, Sun R, et al. 2012. Reliability analysis of aircraft servo-actuation systems using evidential networks[J]. International Journal of Turbo Jet-Engines, 29(2): 59-68.

拓展阅读

冯如（1884～1912）

中国第一位飞机设计师，1907 年进入奥克兰飞机制造厂，1908 年制造出第一架飞机，试飞没有成功。1909 年他成立了广东飞行器公司，担任总机器师。1910 年他制作了第二架飞机并试飞成功，同时获得美国国际航空学会颁发的甲等飞行员证书，同年将公司迁回广州。遗憾的是，1912 年冯如在一次试飞中由于飞机失事失去了自己的生命。

爱莫尔·斯派雷（Eimer Sperry）

1912 年，美国的爱莫尔·斯派雷（Eimer Sperry）和他的儿子研制成功了世界上第一台可以保持飞机稳定平飞的电动陀螺稳定装置，该装置利用陀螺的稳定性和进动性，用来测量飞机的姿态，通过飞机的控制装置按照指令操纵飞机。20 世纪 30 年代在以上稳定装置的基础上，研制出了可以控制和保持飞机高度、速度和航迹的自动驾驶仪。

电传操纵系统的安全余度设计

现代电传操纵系统将传统的机械液压操纵用电子线路代替进行控制指令传输，大大减轻了液压管路和机械操纵的重量，电传飞控系统由传感器、控制计算机和作动器等组成。20 世纪 50 年代，第一个模拟式电传操纵系统被安装在火神（Avro Vulcan）轰炸机上，"协和"飞机是第一个使用电传操纵系统的客机。为了提高系统的安全性和可靠性，数字电传操纵系统开始采用余度设计技术。1972 年，美国 NASA 改装的 F-8 战斗机成为第一个采用数字电传操纵系统的飞行器，A320 是第一款采用数字电传操纵系统的客机。由于电子化和计算机化的数字电传操纵系统可靠性是令人担忧的问题，数字电传操纵系统普遍采用三余度或四余度系统并行工作，并且都有各自的线路连接到每个操纵面，以避免一个或两个计算机崩溃后无法操纵飞机的情况发生。

第5章　面向故障的系统可靠性分析方法

5.1　可修系统和马尔可夫过程

实际系统中多数属于可修系统。可修系统是由一些部件和一个或多个修理设备(或修理工)组成的系统。修理设备对故障的部件进行修理,修复后的部件可继续进行工作。在实际工程中,为了改善系统的可靠性,往往需采用维修手段。就可靠性而言,设计出的产品能正常工作的时间越长越好,而就维修性而言,设计出来的产品在发生故障时故障被排除得越快越好。将高可靠性与维修性结合起来,就可以得到高可用度。

5.1.1　马尔可夫过程

可修系统是可靠性理论中重要的系统,研究可修系统的主要数学工具是随机过程理论。当构成系统的各部件的寿命分布和故障后的修理时间分布均为指数分布时,只要适当定义系统的状态,这样的系统总可以用马尔可夫过程(Markov process)来描述。

本节主要介绍离散状态空间的齐次马尔可夫过程,着重讨论马尔可夫可修系统的模型,并把可修系统马尔可夫过程应用到不可修系统中,给出了马尔可夫状态转移链法。

马尔可夫过程的基本定义是系统"状态"(如工作、不工作)及"状态转移"(如由工作状态转移到由于故障处于不工作的状态,或从不工作状态转移到因修理而处于工作的状态)的概念。马尔可夫过程的数学表示为:

设 $\{X(t),\ t \geqslant 0\}$ 是取值在 $E = \{0,1,\cdots\}$ 或 $E = \{0,1,\cdots,N\}$ 离散状态空间的一个随机过程。若对任意自然数 n 及任意 n 个时刻点 $0 \leqslant t_1 < t_2 \cdots < t_n$,均有:

$$P\{X(t_n) = i_n \ / \ X(t_1) = i_1, \cdots, X(t_{n-1}) = i_{n-1}\} = P\{X(t_n) = i_n \ / \ X(t_{n-1}) = i_{n-1}\}$$
$$i_1, i_2, \cdots, \quad i_n \in E \tag{5.1}$$

则称 $\{X(t),\ t \geqslant 0\}$ 为离散状态空间 E 上连续时间的马尔可夫过程。

若对任意 $u, t \geqslant 0$,均有下式成立且与 u 无关:

$$P\{X(t+u) = j \ / \ X(u) = i\} = P_{ij}(t), \quad i, j \in E \tag{5.2}$$

则称马尔可夫过程 $\{X(t), t \geqslant 0\}$ 是齐次的。即 $P_{ij}(t)$ 只与时间区间 t 有关,而与时间起点 u 的位置无关。以下我们讨论的马尔可夫过程均假设是齐次的。

齐次马尔可夫过程的本质为:当给定时刻 t_{n-1} 过程 $\{X(t),\ t \geqslant 0\}$ 处于某个状态的条件下,过程在 t_{n-1} 以后发展的概率规律与过程在 t_{n-1} 以前的历史无关,即给定过程所处的状态为 $\{X(t_n)\}$ 时,则过程将来发展的规律 $\{X(t_{n+1})\}$ 仅与 $\{X(t_n)\}$ 有关,与该过程 $\{X(t_n)\}$ 之前的历史无关。

对于固定的 $j \in E$,$P_j(t) = P\{X(t) = j\}$ 表示时刻 t 系统处于状态 j 的概率,对于任意两状态 $i, j \in E$,函数 $P_{ij}(t)$ 称为转移概率函数。$P(t) = [P_{ij}(t)]$ 称为转移概率矩阵。对于状态转移矩阵函数显然具有如下性质:

$$\begin{cases} P_{ij}(t) \geqslant 0 \\ \displaystyle\sum_{j \in K} P_{ij}(t) = 1 \\ \displaystyle\sum_{k \in E} P_{ik}(u) \cdot P_{kj}(v) = P_{ij}(u + v) \end{cases} \tag{5.3}$$

$$P_j(t) = \sum_{k \in E} P_k(0) P_{kj}(t) \tag{5.4}$$

5.1.2　单部件可用度建模

在利用马尔可夫过程方法建立系统的可用度模型时，作如下假设：

(1) 系统的部件只能取两种状态：正常或者故障；

(2) 部件的状态转移率(故障率 λ 和修复率 μ)均为常数，即部件的故障分布和维修时间分布均服从指数分布，从而证明可以用马尔可夫过程来描述；

(3) 状态转移可以在任意时刻进行，但在相当小的时间区间 Δt 内不会发生两个及两个以上的部件转移，即同时发生两次或两次以上故障的概率为零；

(4) 每次故障或修理的时间与其他时间无关。

单部件是最简单的可修系统，利用单部件建立可用度模型可以指导其他复杂系统的可用度建模。

由于假设该单部件的寿命 X 和维修时间 Y 服从指数分布：

$$P\{X \leqslant t\} = 1 - \mathrm{e}^{-\lambda t} \qquad (t \geqslant 0, \lambda > 0) \tag{5.5}$$

$$P\{Y \leqslant t\} = 1 - \mathrm{e}^{-\mu t} \qquad (t \geqslant 0, \mu > 0) \tag{5.6}$$

根据假设，部件 X 和 Y 相互独立，故障修复后寿命分布与新的部件相同。定义系统状态为 $E = \{0,1\}$，其中 0 状态表示系统正常，1 状态表示系统故障。其相应的随机过程 $\{X(t), t \geqslant 0\}$ 是一个连续时间 t 和有限状态空间 $E = \{0,1\}$ 的随机过程，如图 5.1 所示。由于指数分布的无记忆性，可以证明 $\{X(t), t \geqslant 0\}$ 是一个齐次马尔可夫过程。

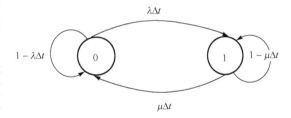

图 5.1　单部件状态转移概率图

由图 5.1 可以看出，单部件系统存在两个状态：0 和 1，存在四个状态转移途径 $P_{00}(\Delta t)$，$P_{01}(\Delta t)$，$P_{10}(\Delta t)$ 和 $P_{11}(\Delta t)$。假设状态与状态之间的转移时间很小，则在时刻 $(t, t + \Delta t)$ 内发生故障或完成修理的条件概率为 $\lambda \Delta t$ 和 $\mu \Delta t$，因此可以得到马尔可夫过程的状态转移概率：

$$\begin{aligned} P_{00}(\Delta t) &= P\{X(t + \Delta t) = 0 / X(t) = 0\} = 1 - \lambda \Delta t + O(\Delta t) \\ P_{01}(\Delta t) &= P\{X(t + \Delta t) = 1 / X(t) = 0\} = \lambda \Delta t + O(\Delta t) \\ P_{10}(\Delta t) &= P\{X(t + \Delta t) = 0 / X(t) = 1\} = \mu \Delta t + O(\Delta t) \\ P_{11}(\Delta t) &= P\{X(t + \Delta t) = 1 / X(t) = 1\} = 1 - \mu \Delta t + O(\Delta t) \end{aligned} \tag{5.7}$$

由式(5.7)可以得到状态转移概率矩阵：

$$P_{ij}(\Delta t) = \begin{bmatrix} 1 - \lambda\Delta t & \lambda\Delta t \\ \mu\Delta t & 1 - \mu\Delta t \end{bmatrix} \tag{5.8}$$

其相应的马尔可夫过程曲线一般被称为状态转移概率图，如图 5.1 所示，对式(5.8)进行变换得到状态转移速率矩阵：

$$V = \frac{P - I}{\Delta t} = \begin{bmatrix} -\lambda & \lambda \\ \mu & 1 - \mu \end{bmatrix} \tag{5.9}$$

由全概率公式可得：

$$\begin{aligned} P_0(t + \Delta t) &= P_0(t)(1 - \lambda\Delta t) + P_1(t)\mu\Delta t + o(\Delta t) \\ P_1(t + \Delta t) &= P_0(t)\lambda\Delta t + P_1(t)(1 - \mu\Delta t) + o(\Delta t) \end{aligned} \tag{5.10}$$

由式(5.10)可以得到如下微分方程：

$$P'(t) = P(t)V \tag{5.11}$$

式(5.11)是马尔可夫可修系统建立可用度模型的通式。对于单部件系统，上式可以表示为：

$$\begin{cases} P_0'(t) = -\lambda P_0(t) + \mu P_1(t) \\ P_1'(t) = \lambda P_0(t) - \mu P_1(t) \end{cases} \tag{5.12}$$

若时刻 $t = 0$ 时处于工作状态，即初始条件为 $P_0(0) = 1, P_1(0) = 0$，式(5.12)进行拉氏变换和拉氏反变换解得该微分方程为：

$$\begin{cases} P_0(t) = \dfrac{\mu}{\lambda + \mu} + \dfrac{\lambda}{\lambda + \mu} e^{-(\lambda + \mu)t} \\ P_1(t) = \dfrac{\lambda}{\lambda + \mu} - \dfrac{\lambda}{\lambda + \mu} e^{-(\lambda + \mu)t} \end{cases} \tag{5.13}$$

根据可用度的定义，系统在随机时刻 t 处于正常状态的概率为(其曲线如图 5.2 所示)：

$$A(t) = P_0(t) = \frac{\mu}{\lambda + \mu} + \frac{\lambda}{\lambda + \mu} e^{-(\lambda + \mu)t} \tag{5.14}$$

若时刻 $t = 0$ 时处于故障状态，即初始条件为 $P_0(0) = 0, P_1(0) = 1$，式(5.12)进行拉氏变换和拉氏反变换解得该微分方程为：

$$\begin{cases} P_0(t) = \dfrac{\mu}{\lambda + \mu} - \dfrac{\mu}{\lambda + \mu} e^{-(\lambda + \mu)t} \\ P_1(t) = \dfrac{\lambda}{\lambda + \mu} + \dfrac{\mu}{\lambda + \mu} e^{-(\lambda + \mu)t} \end{cases} \tag{5.15}$$

系统的可用度为：

$$A(t) = P_0(t) = \frac{\mu}{\lambda + \mu} - \frac{\mu}{\lambda + \mu} e^{-(\lambda + \mu)t} \tag{5.16}$$

当 $t \to \infty$ 时，可得系统的稳态可用度：

$$A(t) = P_0(t) = \frac{\mu}{\lambda + \mu} \tag{5.17}$$

由于 $\lambda = \dfrac{1}{\mathrm{MTBF}}, \mu = \dfrac{1}{\mathrm{MTTR}}$，故稳态可用度为：

$$A = \frac{\mathrm{MTBF}}{\mathrm{MTBF} + \mathrm{MTTR}} \tag{5.18}$$

当利用马尔可夫过程计算不可修系统可靠度时，只需要令 $\mu = 0$ 可得到不可修系统的模型（其状态转移图如图 5.3 所示）：

$$\begin{bmatrix} P_0'(t) \\ P_1'(t) \end{bmatrix} = \begin{bmatrix} P_0(t) \\ P_1(t) \end{bmatrix} \begin{bmatrix} -\lambda & \lambda \\ 0 & 0 \end{bmatrix} \tag{5.19}$$

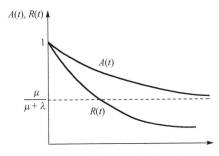

图 5.2　可用度与可靠度曲线

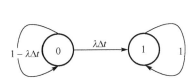

图 5.3　吸收状态的状态转移图

解上式，可以得到系统的可靠度：

$$R(t) = P_0(t) = \mathrm{e}^{-\lambda t} \tag{5.20}$$

系统首次故障前平均时间为：

$$\mathrm{MTTFF} = \int_0^\infty R(t)\mathrm{d}t = \frac{1}{\lambda} \tag{5.21}$$

由此可见，利用马尔可夫过程不仅可以建立可修系统的可用度模型，而且可以用于计算不可修系统的可靠性指标。

5.1.3　串联可修系统可用度建模

假设有 N 个不同的部件构成的串联系统，各个部件的故障率和修复率分别为 $\lambda_i, \mu_i, i = 1, 2, \cdots, N$。用 $x(t)$ 表示 t 时刻系统的状态，则：

$$x(t) = \begin{cases} 0, & \text{在时刻 } t \text{ 所有 } N \text{ 个部件均正常} \\ i, & \text{在时刻 } t \text{ 第 } i \text{ 个部件故障，其余部件正常} \end{cases}$$

系统故障，仅有一个修理工修理。$i = 1, 2, \cdots, N$ 描述这个系统的状态转移图如图 5.4 所示。根据图 5.4 可以写出串联系统的状态转移概率矩阵为：

$$P = \begin{bmatrix} 1 - \sum\limits_{i=1}^{N} \lambda_i \Delta t & \mu_1 \Delta t & \mu_2 \Delta t & \cdots & \cdots & \mu_N \Delta t \\ \lambda_1 \Delta t & 1 - \mu_1 \Delta t & 0 & 0 & \cdots & 0 \\ \lambda_2 \Delta t & 0 & 1 - \mu_2 \Delta t & 0 & \cdots & 0 \\ \vdots & \cdots & \cdots & \cdots & \cdots & \cdots \\ \lambda_N \Delta t & 0 & 0 & 0 & \cdots & 1 - \mu_N \Delta t \end{bmatrix} \tag{5.22}$$

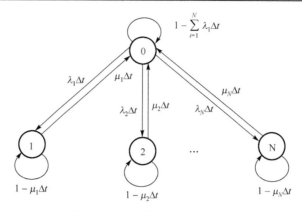

图 5.4　串联系统的状态转移图

状态转移速率矩阵为：

$$V = \begin{bmatrix} -\sum\limits_{i=1}^{N}\lambda_i & \mu_1 & \mu_2 & \cdots & \mu_N \\ \lambda_1 & -\mu_1 & 0 & 0 & \cdots 0 \\ \lambda_2 & 0 & -\mu_2 & 0 & \cdots 0 \\ \vdots & \cdots & \cdots & \cdots & \cdots \\ \lambda_N & 0 & 0 & 0 & \cdots -\mu_N \end{bmatrix} \quad (5.23)$$

代入通式(5.11)可以得到状态方程为：

$$\begin{bmatrix} \dot{P}_0(t) \\ \dot{P}_1(t) \\ \vdots \\ \dot{P}_N(t) \end{bmatrix} = \begin{bmatrix} P_0(t) \\ P_1(t) \\ \vdots \\ P_N(t) \end{bmatrix} V$$

状态方程展开后为：

$$\begin{cases} \dot{P}_0(t) = -\sum\limits_{i=1}^{N}\lambda_i P_0(t) + \sum\limits_{i=1}^{N}\mu_i P_i(t) \\ \dot{P}_j(t) = \lambda_j P_0(t) - \mu_j P_j(t) \quad (j = \overline{1,N}) \end{cases} \quad (5.24)$$

给定初始条件为：

$$[P_0(0), P_1(0), \cdots, P_N(0)] = [1, 0, \cdots, 0]$$

对式(5.24)进行拉氏变换得到：

$$\begin{cases} P_0(s) = \dfrac{1}{s + s\sum\limits_{i=1}^{N}\dfrac{\lambda_i}{s+\mu_i}} \\ P_j(s) = \dfrac{\lambda_j}{s+\mu_j} P_0(s) \quad (j = \overline{1,N}) \end{cases} \quad (5.25)$$

式(5.25)无法反拉氏变换，故求不出 $P_0(t)$ 和 $P_j(t)(j = \overline{1,N})$，但可以利用终值定理求 $t \to \infty$ 时系统可用度的稳态值：

$$A = \lim_{t \to \infty} A(t) = \lim_{t \to \infty} P_0(t)$$

$$= \frac{1}{1 + \sum_{i=1}^{N} \frac{\lambda_i}{\mu_i}} = \left(1 + \frac{\lambda_1}{\mu_1} + \frac{\lambda_2}{\mu_2} + \cdots + \frac{\lambda_N}{\mu_N} \right)^{-1} \quad (5.26)$$

当 $\mu_i = 0, i = 1, 2, \cdots, N$，该串联系统为不可修系统，其可靠度为：

$$R(t) = \mathrm{e}^{-\sum_{i=1}^{N} \lambda_i t} \quad (5.27)$$

5.1.4　并联可修系统可用度建模

由于并联系统的可用度模型比较复杂，这里仅对两个部件并联的情况进行分析。假设每个部件的寿命与维修时间均服从指数分布，即 $F_i(t) = 1 - \mathrm{e}^{-\lambda_i t}, Y_i(t) = 1 - \mathrm{e}^{-\mu_i t}, i = 1, 2$，用 $x(t)$ 表示 t 时刻系统的状态，则：

$$x(t) = \begin{cases} 0, & \text{在时刻 } t \text{ 两个部件均正常} \\ 1, & \text{在时刻 } t \text{ 部件 1 工作，部件 2 故障，系统工作} \\ 2, & \text{在时刻 } t \text{ 部件 2 工作，部件 1 故障，系统工作} \\ 3, & \text{在时刻 } t \text{ 部件 1 工作，部件 2 故障，系统故障} \\ 4, & \text{在时刻 } t \text{ 部件 2 工作，部件 1 故障，系统故障} \end{cases}$$

描述这个系统的状态转移图如图 5.5 所示。

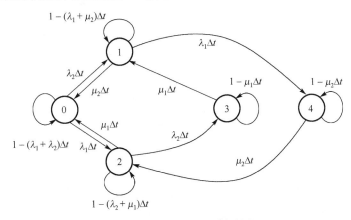

图 5.5　并联系统状态转移图

状态微分方程为：

$$\begin{bmatrix} P_0'(t) \\ P_1'(t) \\ P_2'(t) \\ P_3'(t) \\ P_4'(t) \end{bmatrix} = \begin{bmatrix} P_0(t) \\ P_1(t) \\ P_2(t) \\ P_3(t) \\ P_4(t) \end{bmatrix} \begin{bmatrix} -(\lambda_1 + \lambda_2) & \lambda_2 & \lambda_1 & 0 & 0 \\ \mu_2 & -(\lambda_1 + \mu_2) & 0 & 0 & \lambda_1 \\ \mu_1 & 0 & -(\lambda_2 + \mu_1) & \lambda_2 & 0 \\ 0 & \mu_1 & 0 & -\mu_1 & 0 \\ 0 & 0 & \mu_2 & 0 & -\mu_2 \end{bmatrix} \quad (5.28)$$

求解式 (5.28) 可以得到 $P_0(t), P_1(t), P_2(t), P_3(t), P_4(t)$，则系统的可用度为：

$$A(t) = P_0(t) + P_1(t) + P_2(t) \tag{5.29}$$

考虑 $t \to \infty$ 平稳状态下，系统的稳态可用度为：

$$
\begin{aligned}
P_0 &= \mu_1\mu_2(\lambda_1\mu_1 + \lambda_2\mu_2 + \mu_1\mu_2) \cdot [\lambda_1\mu(\mu_1 + \lambda_2)(\lambda_1 + \lambda_2 + \mu_2) \\
&\quad + \lambda_2\mu_1(\mu_2 + \lambda_1)(\lambda_1 + \lambda_2 + \mu_1) + \mu_1\mu_2(\lambda_1\mu_1 + \lambda_2\mu_2 + \mu_1\mu_2)]^{-1}
\end{aligned}
$$

$$P_1 = \frac{\lambda_2(\lambda + \lambda_2 + \mu_2)}{\lambda_1\mu_1 + \lambda_2\mu_2 + \mu_1\mu_2} P_0$$

$$P_2 = \frac{\lambda_1(\lambda + \lambda_2 + \mu_2)}{\lambda_1\mu_1 + \lambda_2\mu_2 + \mu_1\mu_2} P_0 \tag{5.30}$$

$$P_3 = \frac{\lambda_1\lambda_2(\lambda + \lambda_2 + \mu_2)}{\mu_1\lambda_1(\mu_1 + \lambda_2\mu_2 + \mu_1\mu_2)} P_0$$

$$P_4 = \frac{\lambda_1\lambda_2(\lambda + \lambda_2 + \mu_2)}{\mu_2(\lambda_1\mu_1 + \lambda_2\mu_2 + \mu_1\mu_2)} P_0$$

系统可用度为：

$$A(t) = P_0(t) + P_1(t) + P_2(t) \tag{5.31}$$

更复杂的可修系统只需要类似地列出系统的所有状态，画出相应的状态转移图，写出状态转移概率矩阵，代入式(5.12)可以得到各个状态的概率，再按照系统的结构得到系统的可用度。

例 5.1 微波终点站原理框图如图 5.6 所示，经测试单台收发设备(包括一台收信机和一台发信机)的 MTBF = 2000 小时，问两台收发设备并联联结系统的 MTBF_s 为多少小时？

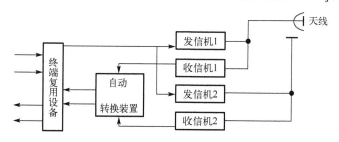

图 5.6　微波终点站原理图

解： 两台设备至少一台完好，微波站即能正常工作，从可靠性看两台设备构成并联系统。由第 2 章可以得到不考虑维修时的并联系统的 MTBF_s 为：

$$\text{MTBF}_s = \text{MTBF}\left(1 + \frac{1}{2}\right) = 3000 \text{ 小时}$$

若考虑维修，设每台设备故障诊断加修复时间为 5 小时，且维修工数量充足，两台设备可以同时进行维修，此时系统的状态转移概率图如图 5.7 所示。

解稳态情况下状态方程得系统的可用度为：

$$A = \frac{2\lambda\mu + \mu^2}{(\lambda + \mu)^2} = 0.999993781$$

由于单台设备的故障率、维修率和平均寿命为：

$$\lambda = \frac{1}{2000} = 5 \times 10^{-4} / \text{小时}$$

$$\mu = \frac{1}{5} = 0.2 / \text{小时}$$

$$\text{MTBF}_s = \frac{2\lambda + \mu}{2\lambda^2} = \frac{2 \times 5 \times 10^{-4} + 0.2}{2 \times (5 \times 10^{-4})^2} = 4 \times 10^5 \text{ 小时}$$

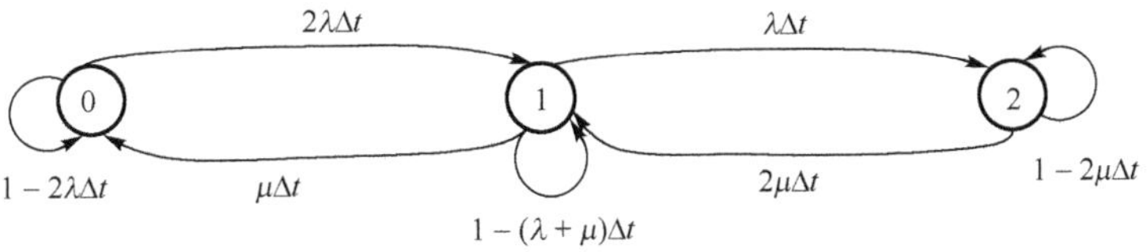

图 5.7　两个相同部件并联状态转移概率图

其他复杂的可修系统，如表决系统、串-并联系统、并-串联系统、冷贮备及热贮备系统的可用度模型建立方法类似于以上系统的分析。只需要根据系统的结构与工作原理，绘制出系统的状态转移概率图，写出如式 (5.12) 的微分方程，即可解微分方程得到系统的可用度。由于随着系统复杂性的提高，系统可用度模型的描述也越困难，因此这里就不再赘述了。

5.1.5　状态转移链法

状态转移链法是在可修系统马尔可夫模型的基础上导出的一种分析不可修系统可靠性的一种方法。它是基于系统失败的可靠性分析模型，是现行计算不可修系统可靠性中一种有代表性的方法，其特点是能准确考虑系统各部件之间的功能相依、结构的动态转换、故障相关及维修相关，更方便地考虑复杂余度系统的监控方式、监控覆盖率及余度降级过程。

由于目前飞机的飞行控制系统、核电站及计算机通信系统等余度系统在使用过程中由完好、报警、性能下降、严重故障到系统故障均具有动态时序过程，因此状态转移链法在此类具有余度降级特性系统的可靠性分析中被广泛使用，如 F-4 生存式飞机及 F-8 验证机的电传飞行控制系统的可靠性分析均采用这种方法。

对于余度系统，如把每个部件 (或分系统) 的工作和故障看作"状态"，则这种系统的可靠性从动态的眼光来看就是一个马尔可夫过程。因为系统状态的变化，实际上是一个随机事件发生的过程。它从系统正常工作开始到发生一次故障、二次故障……直到系统故障的可靠性降低 (或称余度降级) 过程，可看作是各种状态的转移过程。

为了避免解微分方程组，可以设想将状态转移图分解成若干条状态转移链，根据不同的链长，分别推导出公式。在应用时只要套用这些公式，然后综合各条链的结果，便可以得到整个系统的可靠性指标 (故障概率)。

1. 数学模型

设系统由 m 个部件 (或分系统) 组成，每个部件仅有正常和故障两种状态，则 m 个部件的不同状态组合有 2^m 个。如图 5.8 所示，设：

(1)状态 0 代表 m 个部件均正常，称为系统完好状态；

(2)状态 $1,2,\cdots,i_1$ 表示系统仅有一个部件故障，系统仍正常工作，称为一次故障状态；

(3)状态 $i_1+1,i_1+2,\cdots,i_2$ 表示系统仅有两个部件故障，系统正常，称为二次故障状态；

(4)状态 $i_{k-1}+1,i_{k-1}+2,\cdots,i_k(i_k=n-1)$ 表示系统有 k 个部件故障，系统正常，称为 k 次故障状态；

(5)状态 n 代表系统故障状态。

显然，$n\leqslant 2^m$，则系统可以由状态空间 $E=\{0,1,2,\cdots i_1,i_1+1,\cdots i_2,\cdots n-1,n\}$ 的随机过程 $\{X(t),t\geqslant 0\}$ 来描述。系统的完好状态 0 通常是过程的初始状态；系统的故障状态 n 是过程的吸收状态；状态 1～状态 $(n-1)$ 统称为随机过程的过渡状态。

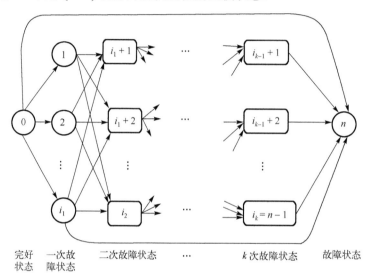

完好　一次故　二次故障状态　$\cdots$　　　k 次故障状态　　故障状态
状态　障状态

图 5.8　m 个部件组成系统的状态转移图

如果 m 个部件的寿命 X_i 分别独立地服从参数为 $\lambda_i(i=1,2,\cdots,m)$ 的指数分布，则上述构造的过程 $\{X(t),t\geqslant 0\}$ 具有马氏性：

$$P\{X(t_l+\Delta t)=j/\vec{X}(t),t\leqslant t_l\}=P[X(t_l+\Delta t)=j/X(t_l)=i] \qquad (5.32)$$

根据应用问题的实际情形及简化模型，常常假设过程具有时齐次性：

$$P\{X(t+\Delta t)=j/X(t)=i\}=P\{X(\Delta t)=j/X(0)=i\}=P_{ij}(\Delta t) \qquad (5.33)$$

由于系统不可维修，必有 $P_{nn}(\Delta t)\equiv 1$。

基于上述状态空间的结构，对于任意 $i,j\in E$，且 $i>j$ 必有 $P_{ij}(\Delta t)=0$，于是 $\{X(t),t\geqslant 0\}$ 是一个齐次马尔可夫劣化过程，其状态转移图如图 5.8 所示(略去状态自身转移环)。

状态转移链：在状态转移图中，由系统的完好状态 0 通向故障状态 n 的一串状态与弧的序列，称为状态转移链，简称转移链。链中的弧数称为链的长度。

设系统的全部状态转移链有 l 条，分别记为 $C_1,C_2,\cdots,C_l$。系统可能通过任意一条转移链达到故障状态。由于 $\{X(t)=n\}$ 表示事件：“在时刻 t 系统处于故障状态 n”。类似地，记 $\{X_{C_i}(t)=n\}$ 表示事件：“在时刻 t 系统由第 i 条转移链 C_i 导致故障”。穷举 l 条转移链使系统由完好状态 0 转移到故障状态 n 的全部转移方式。因此：

$$\{X(t) = n\} = \bigcup_{i=1}^{l} \{X_{C_i}(t) = n\} \qquad (5.34)$$

系统在瞬时 t 的故障只是通过一条转移链到达故障状态，而不可能同时通过两条或两条以上的链到达故障状态。也就是说，对于 $i \neq j, 1 \leq i \leq l, 1 \leq j \leq l$，在同一时刻 t，事件 $\{X_{C_i}(t) = n\}$ 与事件 $\{X_{C_j}(t) = n\}$ 是不可能同时发生的，即：

$$\{X_{C_i}(t) = n\} \bigcap \{X_{C_j}(t) = n\} = \varnothing$$

其中，$\varnothing$ 表示不可能事件，即空集。说明转移链之间没有"交"集。

式(5.34)右端的 l 个事件是两两不相容的。由此系统的故障概率(不可靠度)即为所有转移链发生概率的代数和：

$$F_s(t) = P\{X(t) = n\} = \sum_{i=1}^{l} P\{X_{C_i}(t) = n\} \qquad (5.35)$$

$P\{X(t) = n\}$ 简记为 $P_n(t)$，$P\{X_{C_i}(t) = n\}$ 简记为 $P_n^{C_i}(t)$，则上式可以表示为：

$$F_s(t) = P_n(t) = \sum_{i=1}^{l} P_n^{C_i}(t) \qquad (5.36)$$

在式(4.97)中 $P_n^{C_i}(t) = P\{X_{C_i}(t) = n\}$ 是第 i 条链使得系统在时刻 t 故障的概率，它是系统故障概率在第 i 条链上的分量。系统可靠度为：

$$R_s(t) = 1 - F_s(t) \qquad (5.37)$$

2. 状态转移链计算公式

为了计算系统故障概率在各条转移链上的分量，将链长为 $1,2,\cdots$ 等不同情形(如图 5.9 所示)，推导出计算公式，以备需要计算时套用。如在某条链上 Δt 时间段内，状态 i 转移到状态 j 的转移概率为：

$$P_{ij}(\Delta t) = 1 - \mathrm{e}^{-\lambda_{ij}\Delta t} = \lambda_{ij}\Delta t + o(\Delta t)$$

状态 i 的自身转移概率为：

$$P_{ii}(\Delta t) = 1 - \lambda_{ij}\Delta t + O(\Delta t)$$

1) 链长为 1 的转移链(见图 5.9)

记 $P_i(t)$ 为该转移链使系统在时刻 t 处于状态 i 的概率。那么，$P(t) = [P_0(t), P_1(t)]$ 满足以下微分方程组和初始条件：

$$\begin{cases} \begin{bmatrix} P_0'(t) \\ P_1'(t) \end{bmatrix} = \begin{bmatrix} P_0(t) \\ P_1(t) \end{bmatrix} \begin{bmatrix} \lambda_{00} & \lambda_{10} \\ 0 & 0 \end{bmatrix} \\ \begin{bmatrix} P_0(0) \\ P_1(0) \end{bmatrix} = \begin{bmatrix} 1 \\ 0 \end{bmatrix} \end{cases} \qquad (5.38)$$

解以上微分方程得到一步链长的故障概率计算公式：

$$P_1^{C_1}(t) = \frac{\lambda_{01}}{\lambda_{00}}(1 - e^{-\lambda_{00}t}) \tag{5.39}$$

2）链长为 2 的转移链（见图 5.10）

类似地把系统状态和状态转移速率阵代入式（5.11）可以得到二步链故障概率计算公式：

$$P_2^{C_2}(t) = \frac{\lambda_{01}\lambda_{12}}{\lambda_{00}\lambda_{11}}\left[1 - \frac{\lambda_{00}}{\lambda_{00} - \lambda_{11}}e^{-\lambda_{11}t} - \frac{\lambda_{11}}{\lambda_{11} - \lambda_{00}}e^{-\lambda_{00}t}\right] \tag{5.40}$$

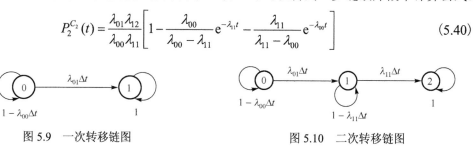

图 5.9　一次转移链图　　　　　　　　图 5.10　二次转移链图

3）链长为 n 的转移链（见图 5.11）

n 步链的故障概率计算通式为

$$P_n^{C_n}(t) = \prod_{r=0}^{n-1}\frac{\lambda_{r,r+1}}{\lambda_{r,r}}\left[1 - \sum_{k=0}^{n-1}\frac{\displaystyle\prod_{r=0}^{n-1}\lambda_{rr}}{\lambda_{kk}\displaystyle\prod_{\substack{r=0 \\ r \neq k}}^{n-1}(\lambda_{rr} - \lambda_{kk})}e^{-\lambda_{kk}t}\right] \tag{5.41}$$

其中，$\lambda_{kk} > 0$，$k = 0,1,2,\cdots,n-1$。

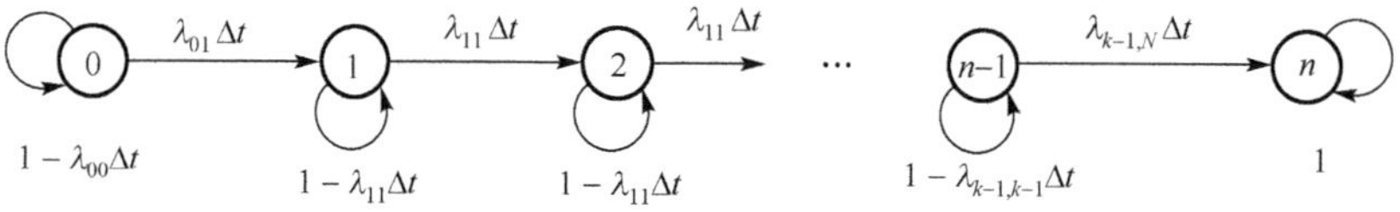

图 5.11　n 次转移链图

例 5.2　某型飞机电传飞行控制系统（FBW），由纵向通道 A，航向通道 B 及横向通道 C 组成，其系统可靠性逻辑图如图 5.12 所示。假设各通道的故障率为 $\lambda_A,\lambda_B,\lambda_C$，且 $\lambda = \lambda_A + \lambda_B + \lambda_C$，试计算系统可靠度指标。

由图 5.12 可以得到系统的状态空间为 $E = \{0,1,2,3,n\}$，其中 0 状态代表 A，B，C 均正常；1 状态代表 A，C 正常，B 故障；状态 2 代表 A，B 正常，C 故障；状态 n 代表 A 故障或者 B，C 同时故障，系统整个故障。

设 FBW 系统具有状态空间 $E = \{0,1,2,3,n\}$ 的随机过程 $\{X(t), t \geq 0\}$ 具有齐次马氏性，其状态转移图如图 5.13 所示。由于从状态 0 到状态 n 共有三条链（图 5.14），采用不同链长的故障概率计算公式可以得到三条链的故障概率。

A 部件故障形成的一步链 C_1，其故障概率为：

$$P_1^{C_1} = \frac{\lambda_A}{\lambda_A + \lambda_B + \lambda_C}[1 - e^{-(\lambda_A + \lambda_B + \lambda_C)t}]$$

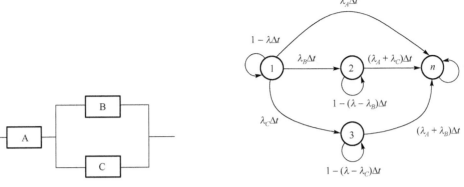

图 5.12　FBW 的可靠性框图　　　　　　图 5.13　FBW 的状态转移链图

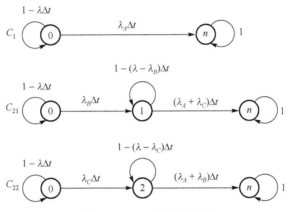

图 5.14　FBW 状态转移链

B 部件故障，然后 A，C 故障形成的二步链 C_{21}，其故障概率为：

$$P_2^{C_{21}} = \lambda_B(\lambda_A + \lambda_C)\left[\frac{1}{\lambda_B(\lambda_A + \lambda_B + \lambda_C)}e^{-(\lambda_A + \lambda_B + \lambda_C)t} - \frac{1}{\lambda_B(\lambda_A + \lambda_C)}e^{-(\lambda_A + \lambda_C)t}\right.$$

$$\left. + \frac{1}{(\lambda_A + \lambda_B + \lambda_C)(\lambda_A + \lambda_C)}\right]$$

$$= \frac{\lambda_A + \lambda_C}{(\lambda_A + \lambda_B + \lambda_C)}e^{-(\lambda_A + \lambda_B + \lambda_C)t} - e^{-(\lambda_A + \lambda_C)t} + \frac{\lambda_B}{(\lambda_A + \lambda_B + \lambda_C)}$$

C 部件故障，然后 A，B 故障形成的二步链 C_{22}，其故障概率为：

令 $\lambda = \lambda_A + \lambda_B + \lambda_C$，系统的故障概率为：

$$F_s(t) = P_n^{C_1} + P_n^{C_{21}} + P_n^{C_{22}} = 1 - e^{-(\lambda - \lambda_C)t} - e^{-(\lambda - \lambda_B)t} + e^{-\lambda t}$$

系统可靠度为：

$$R_s(t) = 1 - F_s(t) = e^{-(\lambda - \lambda_C)t} + e^{-(\lambda - \lambda_B)t} - e^{-\lambda t}$$

对于更复杂系统的可靠性分析，只需要画出状态转移图后，按照网络分析法求最小路程序，用计算机找出所有最小路 l 条转移链，再编成程序，输入不同 C_i 的链长及分系统的概率，即可求得复杂系统的可靠度。

5.2　故障树分析方法

5.2.1　故障树分析法

故障树分析法(Fault Tree Analysis，FTA)是一种评价复杂系统可靠性与安全性的方法。早在 20 世纪 60 年代初就由美国贝尔实验室首先提出并应用在民兵导弹的发射控制系统安全性分析中，用它来预测导弹发射的随机故障概率。后来，美国波音公司研制出 FTA 的计算机程序，进一步推动了它的发展。美国洛克希德公司又将 FTA 用于大型旅客机 L-1011 的安全可靠性评价中，建立了三十余棵故障树，大大提高了 L-1011 飞机的安全可靠性，使它打入国际市场。70 年代 FTA 应用到核电站事故风险评价中，计算出了初因事件的发生概率、工程设施故障概率以及各种水平的放射性排入环境的事故概率，第一次定量地给出核电站可能造成的风险。在和其他能源造成的风险以及社会现有的风险比较之后，令人信服地导出了核能是一种非常安全的能源的结论。目前 FTA 已从宇航、核能进入一般电子、电力、化工、机械、交通及船舶等领域。应用 FTA 还可以进行诊断故障、分析系统的薄弱环节，指导运行和维修，实现系统的优化设计。

FTA 是使用演绎法找出系统最不希望发生的事件(称顶事件)发生的原因事件组合(称最小割集)，并求其概率，这是从果到因的过程。FTA 是一种图形演绎法，是用一定的符号表示出顶事件→二次事件→……→底事件的逻辑关系，逻辑门的输入为"因"，输出为"果"。这种因果关系用图形表示出来，像一棵以顶事件为根的倒挂的树，"故障树"因此而得名。

通常 FTA 的程序是：选择顶事件、建立故障树、定性及定量评定故障树并求底事件的重要度等。

FTA 要比可靠性框图更实用、灵活、直观，它可以表示人为因素及环境的影响、多状态系统、非单调关联系统、相依关系等。它的困难在于在建故障树时，需找出系统部件的所有故障模式，往往难免会有遗漏。FTA 在以下几方面尚待深入研究：自动建树、非单调关联系统 FTA、多状态系统 FTA、相依底事件 FTA、FTA 的组合爆炸困难(计算量随故障树规模指数增长)、可修系统首次故障时间分布和平均寿命计算及数据库等。

1. 故障树的基本名词术语和符号

故障树：故障树是一种特殊的树状逻辑因果关系图，它用规定的事件、逻辑门和其他符号描述系统中各种事件之间的因果关系。逻辑门的输入事件是输出事件的"因"，逻辑门的输出事件是输入事件的"果"。

(1)基本事件：已经探明或尚未探明但必须进一步探明其发生原因的底事件，基本元部件故障或人为失误、环境因素等均属于基本事件。

(2)非基本事件：无需进一步探明的底事件。一般其影响可以忽略的次要事件属于非基本事件。

1)事件符号(如图 5.15 所示)：

底事件：位于故障树底部的事件称为底事件，它总是所讨论故障树中某个逻辑门的输入事件，它在故障树中不进一步往下发展。通常在故障树中底事件用"圆形"符号表示。

顶事件：顶事件就是所分析系统不希望发生的事件，它位于故障树的顶端，因此它总是逻辑门的输出而不可能是任何逻辑门的输入。通常在故障树中顶事件用"矩形"符号表示。

中间事件：除了顶事件外的其他结果事件均属于中间事件，它位于顶事件和底事件之间，它是某个逻辑门的输出事件，同时又是另一个逻辑门的输入事件。通常在故障树中的中间事件也用"矩形"符号表示。

房形事件：房形符号是由一个房形符号表示的底事件。它有两个作用：一个是触发作用，房形中标明的事件是一种正常事件，但它能触发系统故障；一种是开关作用，当房形中标明的事件发生时，房形所在的其他输入保留，否则去除。作为开关作用的房形事件可以是正常事件也可以是一种故障事件。通常在故障树中房形事件用"房形"符号表示。

菱形事件：表示准底事件或称非基本事件，一般表示那些可能发生，但概率值比较小或不需要再进一步分析或探明的故障事件。通常在故障树中小概率事件用"菱形"符号表示。

条件事件：条件事件与逻辑门连用，用"椭圆形"符号表示，表示当椭圆形中注明的条件事件发生时，逻辑门的输入才作用，输出才有结果，否则反之。

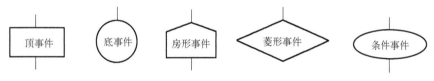

图 5.15　事件的基本符号

2) 逻辑门符号(如图 5.16 所示)：

与门：表示仅当所有输入事件同时发生，门的输出事件才发生。

或门：表示所有输入事件中，至少有一个输入事件发生时，门的输出事件发生。

异或门：表示或门中输入事件是互斥的，即当单个输入事件发生时，其他都不发生则输出事件才发生。

逻辑禁门：表示仅当禁门打开的条件事件发生时，输入事件的发生方导致门的输出事件发生。禁门常用来描述一些非正常条件下发生的故障事件，主要用于分析二次故障、外界条件或输出部件使用条件。如水管暴露在外面，水中温度低于 0℃，水管可能冻裂。

转移符号：三角形符号表示转移事件，故障树中同一故障事件常不在同一位置上出现，三角符号加上相应绕条可表示从某处转出或转入，说明在图上不宜直接重复的相同的树与树间的连接关系，也可表示规模较大的故障树的一部分转换为另一棵故障子树。

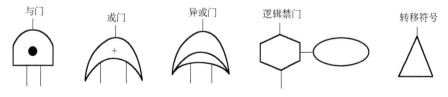

图 5.16　静态逻辑门符号

功能触发门(FDEP)：功能触发门由一个触发输入(既可以是一个基本事件，也可以是动态故障树中其他门的输出)，一个不相关的输出(反映触发事件的状态)和若干个相关的基本事件组成。相关基本事件与触发事件功能相关，当触发事件发生时，相关事件被迫发生，相关事件以后的故障对系统没有进一步的影响，可以不再考虑。通常在故障树中功能触发门符号如图 5.17 所示。

·优先与门：表示仅当输入事件按规定由左至右的顺序依次发生时，门的输出事件发生。如图 5.17 所示，优先与门的输入为 A 和 B。如果事件 A 和 B 都发生，并且 A 事件在 B 事件之前发生，输出事件才会发生。如果两个输入没有全部发生，或事件 B 在事件 A 之前发生了，输出事件不会发生。例如供电系统，有主供电和备供电系统，当主供电系统故障时，可通过切换开关依次转入备用系统。对于更多基本事件间发生的这种顺序关系，可以用优先与门的组合来表示。

·顺序门（SEQ）：顺序门强迫门下面的事件以从左到右的次序发生。与优先与门相比，优先与门检测事件是否以一定的顺序发生（事件可能以任何顺序发生），而顺序门强制事件只能以特定的顺序发生。顺序门包含两个或两个以上的输入，如图 5.17 所示。

顺序门和优先与门都可以表示系统事件的时序性，一个顺序门表示的时序关系，可以由几个优先与门的组合来表示。

·冷贮备门（CSP）：冷贮备门包括一个主输入事件和若干个贮备输入事件，符号如图 5.17 所示。由于贮备在主输入运行期间不通电、不运行，其贮备故障率为 0，贮备期的长短不影响其以后的工作寿命。主输入故障后，第一个贮备输入通电运行，替代主输入，第一个贮备输入故障后，才启动第二个贮备输入；以此类推。当所有的输入都故障后，门的输出事件才发生。

·热贮备门（WSP）：热贮备门包括一个主输入事件和若干个贮备输入事件，如图 5.17 所示。其中贮备事件在主输入运行期间通电，其贮备故障率不为 0，贮备期的长短直接影响其以后的工作寿命。主输入故障后，启动第一个热贮备输入运行，替代主输入，第一个热贮备输入故障后，才启动第二个贮备输入；以此类推。当所有的输入都故障后，门的输出事件才发生。

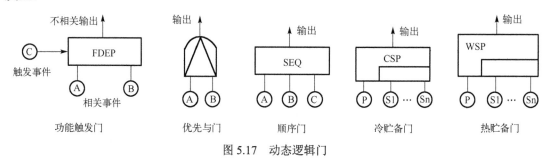

图 5.17　动态逻辑门

2. 建造故障树

在故障树分析中，建树的关键是要清楚地了解所分析的系统功能逻辑关系及故障模式、影响及致命性，建树完善与否直接影响定性分析与定量计算的结果是否准确，故障应是实际系统故障组合和传递的逻辑关系的正确抽象。建树工作较繁杂，因此应由系统设计、使用和可靠性方面的专家密切合作，而且应该不断深入，逐步完善。

建树方法一般分两类，第一类是人工建树，第二类称自动建树或计算机辅助建树。

1) 人工建造故障树

人工建树是用演绎法，即选定系统故障的一个判据作为分析目标(顶事件)，然后找出直接导致顶事件发生的各种可能因素或因素组合，这些因素可以包括功能故障、部件不良、程序错误、人为失误及环境影响等。进一步分析各因素故障的原因，循此格式逐级向下演绎，直到找出各个基本事件为止，这样就得到一棵故障树。注意这里建造的故障树不包括含有复杂控制回路的系统。

人工建造故障树的步骤如下：

(1) 顶事件 T 的选择。顶事件 T 应根据所研究的对象来选取，为了便于进行分析。应遵循两条共同的原则：①T 的发生与否必须有明确的定义，而且为了能够定量评定其发生的可能程度(用概率表示)，事件 T 应该是能够度量的；②事件 T 必须能进一步分解，即可以找出使 T 发生的直接原因。

(2) 建树方法。故障树是由各种事件以及连结事件的逻辑门构成的。当顶事件确定后，首先找出直接导致顶事件发生的各种可能因素或因素的组合，即中间事件(或二次事件)。在顶事件与紧连的中间事件之间，根据其故障逻辑关系，相应地画上逻辑门。如当两个二次事件 A_1, A_2 中有一个发生就造成 T 事件发生，则 T 与 A_1, A_2 之间是逻辑 "或" 的关系，T 表示为 T= $A_1 \cup A_2$，用或门相连。然后再对每个二次事件进行类似的分析，即找出其发生的直接原因，逐次下去，最终一直到不能进行分解的基本事件为止。这样就可得到用基本符号描绘的故障树。图 5.18 给出了飞机电液操纵系统故障树。

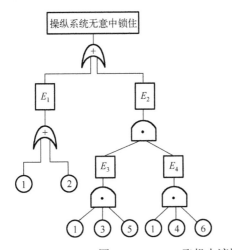

E_1—上锁控制电磁阀通电
E_2—液压传至上锁控制电磁阀
E_3—上锁使1号电磁阀通电
E_4—上锁使2号电磁阀通电
1—手动上锁电门故障在关闭位置
2—输矩朝量电门故障在关闭位置
3—上锁使电门故障在关闭位置
4—上锁使电门关闭在断开位置
5—1号电磁阀热短路
6—2号电磁阀热短路

图 5.18　L-1011 飞机电液操纵系统故障树

2) 建树原则

(1) 故障事件应精确定义，指明故障是什么，在何种条件下发生，必须在框中叙述清楚。

(2) 问题的边界条件应定义清楚，明确限定故障树的范围，并作一定假设，如导线不会故障，不考虑人为失误等。

(3) 建树应逐级进行，不允许 "跳跃"，即不允许门与门直接相连、事件与事件直接相连。门的全部输入事件确定清楚，输出有结果事件才能与另一个门相连。遵循这一原则能够保证每一个门的输出都是清楚的，输入都是确定的。

3）自动建树

随着系统复杂性的加大，系统所含部件越来越多，研究系统可靠性依靠手工建立故障树已不能胜任，必须编制相应的程序，由计算机辅助进行分析。自动建树又称为计算机辅助建树，它是借助于计算机程序在已有系统部件故障模式分析的基础上，对系统的故障过程进行编辑，从而达到在一定范围内迅速准确地自动建立故障树的目的。

自然建树常用合成法，合成法是在部件故障模式分析的基础上，用计算机程序对子故障树（Mini Fault Tree，MFT）进行编辑的一种方法。通过计算机将一些分散的小故障树按一定的分析要求自动地画成分析人员所要求的子故障树。合成法与演绎法的不同点是，只要部件故障模式所决定的子故障树一定，由合成法得到的故障树不论什么人进行建树其故障树只有一种形式（人工建树因人而异，不是唯一的）。因此，建立典型分系统的子故障树库是合成法的关键。其缺点是在这种合成过程中，不能考虑二次故障和部件有反馈作用的故障部件。合成法也不能通过分析系统而对系统的环境条件或人为失误加以弥补，只能针对硬件系统故障而建造故障树。

图 5.19 描述的是合成法进行自动建树的过程。

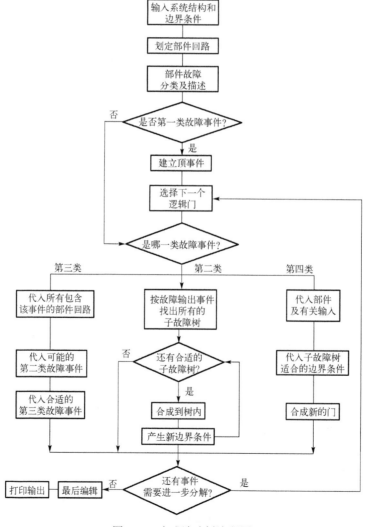

图 5.19　合成法建树流程图

用合成法建造故障树，需要考虑以下几个问题：

(1)部件故障传递函数。

合成法建树的关键是建立一组部件的故障传递函数(failure transfer function)，一个故障传递函数描述一种部件的故障模式。通常系统的部件有多种故障模式，因而对某一个部件而言可能有几个传递函数存在。这些故障传递函数又称子故障树。一般故障传递函数包括输出事件、输出门、内部事件、内部逻辑门、输入事件和鉴别号，其中鉴别号 D 用于区分同一部件不同的故障模式。例如保险丝的故障传递函数为如图 5.20 所示。

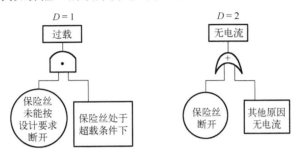

图 5.20　保险丝的故障传递函数

一般故障传递函数是独立于分析的系统，一个部件的故障模式对应于一个部件的故障传递函数，故障传递函数可以分类并建立故障子树。

(2)故障事件分类。

为了计算机合成方便，可以把故障事件分为以下几类。

第一类故障事件：指顶事件和它相应的顶结构，它由分析人员首先确定。

第二类故障事件：凡系统的故障事件超越任何单一部件的影响时而使系统的某个局部范围出现故障状态，如"回路中无电流"。

第三类故障事件：凡仅仅使系统中的一个部件处于故障状态的事件，如"灯泡中无电流"。

第四类故障事件：造成部件 A 处于故障状态是因为另一个部件直接输入 A 的结果。如"继电器触点仍开着"，一般指机械作用的原因。

(3)明确系统和部件的边界条件。

系统边界条件：指系统的初始正常状态与故障状态的条件及某些不允许发生的条件。如顶事件(马达不能启动)、初始条件(开关开始时打开的)和不允许条件(导线连接出现故障)等。

事件的边界条件：不允许有违反某事件定义域内的事件发生作为该事件的边界条件。例如"部件线路中无电流"这一事件的边界条件是不允许在进一步地扩展这个事件的过程中出现"部件线路中有电流"的事件的故障传递函数代入。

派生边界条件：合成法是从顶事件开始按步向下扩展，把包括各类事件的故障事件逐层代入最后扩展到基本事件为止，每进行一次合成都会产生新的条件和限制，这些新条件称之为派生边界条件，在以后的扩展中必须遵守。

从系统原理图划分出若干个"部件回路"，部件回路是由系统的部件组成的集合，它是按某种能流传递方式划分出来的。

故障事件的表达方式：任何故障事件都可以用部件名称、故障模式及影响来描述。

例 5.3　图 5.21 是一个马达控制系统，试利用合成法建立其故障树。

解：(1)确定系统的边界条件。

顶事件：电阻丝过热。

初始条件：继电器触点闭合；时间继电器触点闭合；开关闭合。

顶事件是第一类故障事件，因此必须分解到更高阶的故障事件或基本事件。图 5.22 给出了这种分解。

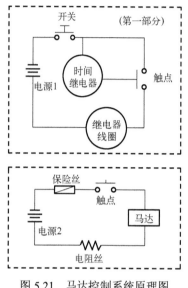

图 5.21　马达控制系统原理图

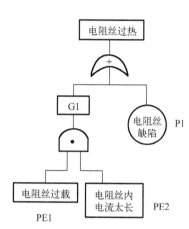

图 5.22　第一类故障事件的分解

(2)部件回路的划分：可划分为三个部件回路。如表 5.1 所示。

由第一类故障事件(顶事件)产生以下不允许的事件边界条件：因电阻丝而无电流或电阻丝过载。

表 5.1　部件回路的划分

部件回路	部件内容
1#	开关
	时间继电器线圈
	电源 1
2#	开关
	电源 1
	时间继电器触点
	继电器线圈
3#	电源 2
	保险丝
	电阻丝
	马达
	继电器触点

(3)分解第三类故障事件："电阻丝内过载"形成子故障树 PE1。

只有第 3#部件回路中包含有电阻丝，其合成的第 1 步见图 5.23。

(4)分解第二类故障事件："3#部件回路过载"代入所有包含在第 3#部件回路中有输出事

件为"过载"的故障传递函数。首先被合成到故障树中的部件传递函数是保险丝的子故障树（MFT），它是有专门的输出逻辑门。然后再代入电源、马达和电阻丝等部件相应的 MFT，这些故障传递函数如图 5.24 所示。由于是经过 2 步合成后的故障树，边界条件规定电阻丝的过载是不允许的事件，因此图 5.25 的合成树中以虚框表示。

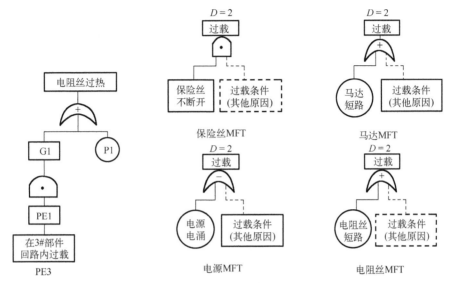

图 5.23　合成故障树的第 1 步　　　　图 5.24　各部件子故障树

由第二类故障事件所派生出来的附加事件边界条件是不允许的事件边界条件，即：
· 部件回路 3#中无电流；
· 继电器触点无电流；
· 保险丝无电流；
· 马达无电流。
以上派生的边界条件是不允许发生的事件。

（5）分解第三类故障事件："电阻丝内电流时间太长"（PE2）

产生电流通电过长的事件仅有继电器的触点。图 5.26 是回路中电流时间过长的故障分解支路。合成过程的第 6 步是分解故障事件 PE6：由于继电器触点闭合太长是由于它的线圈的直接输入所致，因此这属于第四类故障事件，代入相应的故障传递函数，得到故障树合成第 6 步以后的结果，见图 5.27。

（6）分解第三类故障事件："流经继电器线圈内的电流时间太长"（PE8）。

这是故障树合成的第 7 步，由于在 2#部件回路中包含继电器线圈，所以用第二类故障事件代入分解而得到图 5.28 的合成结果，由此得到由第二类故障事件所派生出来的不允许发生事件有：①2#部件回路中无电流；②继电器线圈无电流；③开关无电流；④时间继电器触点无电流；⑤电源无电流；⑥继电器触点闭合。

进一步分解"时间继电器触点闭合时间过长"PE12 故障事件为第四类故障事件。

（7）分解第四类故障事件 PE12 合成树过程的第 8 步和第 9 步，得到图 5.29 的合成故障树。完整的合成故障树如图 5.30 所示。图中 G1，G2，G3 为中间事件。

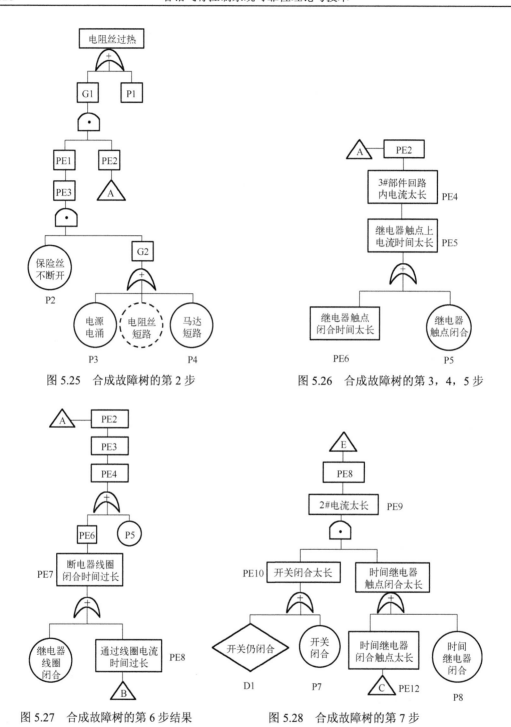

图 5.25　合成故障树的第 2 步　　　　　图 5.26　合成故障树的第 3，4，5 步

图 5.27　合成故障树的第 6 步结果　　　图 5.28　合成故障树的第 7 步

5.2.2　故障树的结构函数

本节主要介绍单调关联系统故障树的结构函数。所谓单调关联系统指系统中任一组成单元的状态由正常(故障)变为故障(正常)，不会使系统的状态由故障(正常)变为正常(故障)的系统。

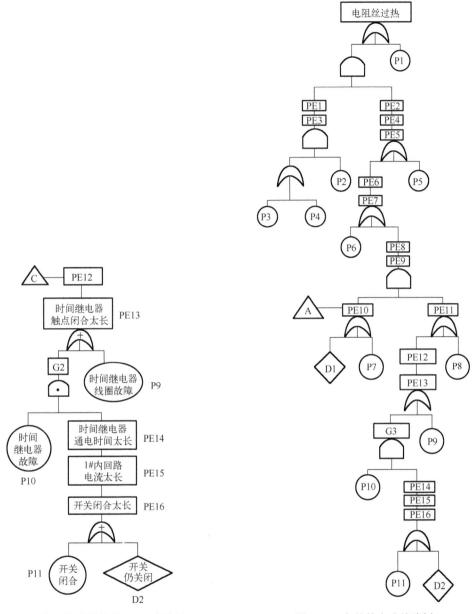

图 5.29　合成故障树的第 8，9 步结果　　　　　　图 5.30　完整的合成故障树

单调关联系统具有下述性质：

(1) 系统中的每个元部件对系统可靠性都有一定影响，只是影响程度不同而已。

(2) 系统中所有元部件故障，则系统一定故障；反之，所有元部件正常，系统一定正常。

(3) 系统中故障部件的修复不会使系统由正常转为故障；反之，正常元部件故障不会使系统由故障转为正常。

(4) 任何一个单调关联系统的故障概率不会比由相同部件构成的串联系统坏，也不会比由相同部件构成的并联系统好。

任一给定的静态单调关联系统故障树，可以转化为只含与门或者或门以及底事件的基本故障树，并用结构函数写出故障树的数学表达式。由于结构函数与时间无关，因此具有动态时序的动态单调系统故障树不能用结构函数表示，需要用马尔可夫状态转移理论分析。

考虑一个由 n 个部件组成的系统，把系统故障称为故障树的顶事件，记作 T；把各部件故障称为底事件，记作 $e_i, i=1,2,\cdots,n$。设系统和部件均只取正常和故障两个状态，故用变量 $x_i, i=1,2,\cdots,n$ 来描述底事件 $e_i, i=1,2,\cdots,n$ 的状态：

$$x_i = \begin{cases} 1, & \text{当底事件 } e_i \text{ 发生时} \\ 0, & \text{当底事件 } e_i \text{ 不发生时} \end{cases}$$

由于顶事件的状态是底事件状态的函数，如用 $\phi(\vec{X}) = \phi(x_1, x_2, \cdots, x_n)$ 描述顶事件 T 的状态，则有：

$$\varphi(\vec{X}) = \begin{cases} 1, & \text{当顶事件 } T \text{ 发生时} \\ 0, & \text{当顶事件 } T \text{ 不发生时} \end{cases}$$

$\phi(\vec{X})$ 称为故障树的结构函数或系统故障结构函数。这里，事件发生对应着故障状态，事件不发生对应着正常状态。注意：故障树结构函数中，x_i 和 $\phi(\vec{X})$ 取 0、1 值的定义和可靠性框图中部件和系统状态取 0、1 值的定义恰好相反。

由故障树的名称可知，其顶事件是表示系统不希望发生的故障状态，即 $\phi(\vec{X}) = 1$。与此状态相对应的底事件状态为部件故障状态，用 $x_i = 1$ 描述，即顶事件状态 $\phi(\vec{X})$ 由故障树中底事件状态 $x_i, i=1,2,\cdots,n$ 及其结构（如串联或并联）所决定，式 (5.42) 为故障树的结构函数：

$$\phi(\vec{X}) = \phi(x_1, x_2, \cdots, x_n) \tag{5.42}$$

1）"AND" 与门结构函数（并联结构）

$$\phi(\vec{X}) = \bigcap_{i=1}^{n} x_i = \prod_{i=1}^{n} x_i = \min x_i \tag{5.43}$$

2）"OR" 或门结构函数（串联系统）

$$\phi(\vec{X}) = \bigcup_{i=1}^{n} x_i = 1 - \prod_{i=1}^{n} (1 - x_i) = \max x_i \tag{5.44}$$

3）K/N（F）系统结构函数

$$\phi(\vec{X}) = \begin{cases} 1, & \text{当} \sum_{i=1}^{n} x_i \geqslant K \\ 0, & \text{其余情况} \end{cases} \tag{5.45}$$

以上逻辑门如图 5.31 所示。

4）任意复杂系统故障树结构函数

以桥形网络为例画出其故障树如图 5.32 所示，则顶事件的结构函数为：

$$\phi(\vec{X}) = \{b \bigcap [d \bigcup (e \bigcap c)]\} \bigcup \{a \bigcap [c \bigcup \{d \bigcap e\}]\} \tag{5.46}$$

其中，a, b, c, d, e 表示故障状态。

一般情况下，当故障树给出后，就可以根据故障树直接写出结构函数，又称布尔表达式。但这种表示法对于复杂系统故障树而言，在实际计算中没有什么应用价值，因为其表达式烦杂而冗长。一般用最小割集或最小路集来表示。另外，可靠性框图可按上述逻辑关系化作故障树(如图 5.33)，反之亦然。由此可见，可靠性框图与故障树是可以互相转换的，前者是成功模型，后者是失败模型，均可由结构函数描述，只是其中 1、0 的定义不同而已。

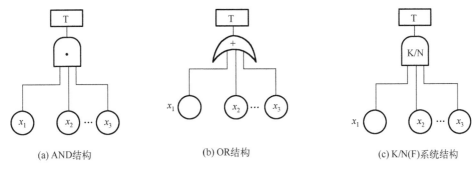

(a) AND结构　　　　　　　　(b) OR结构　　　　　　　　(c) K/N(F)系统结构

图 5.31　故障树结构函数

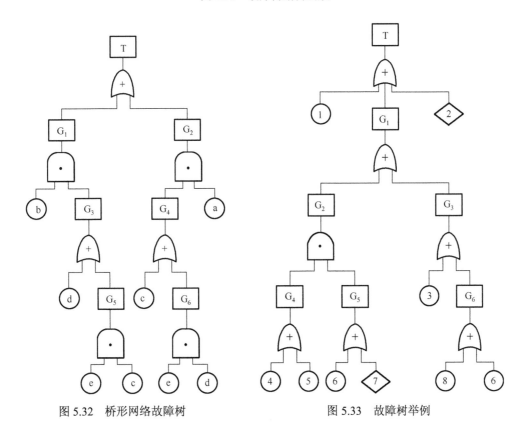

图 5.32　桥形网络故障树　　　　　　图 5.33　故障树举例

5.2.3　故障树的定性分析

故障树的定性分析即求系统故障树的最小割集。

1. 割集与最小割集

定义 5.1　设 C 是一些基本事件组成的集合。若 C 中每个事件都发生(故障)，即引起顶事件 T 发生，则 C 称为故障树的一个割，所有符合以上定义的 C 组成的集合称为割集。

定义 5.2　若 C 是一个割,且从中任意去掉一个事件后就不是割,则称 C 为一个最小割。

从工程角度来看,单调关联系统每个最小割代表一种故障模式,因为只要最小割中相应的基本故障事件发生,顶事件(系统故障)必然发生。

显然,只要求得故障树的所有最小割 $C_1, C_2, \cdots, C_l$,则顶事件 T 可表示为:

$$T = \bigcap_{j=1}^{l} C_j = \bigcup_{j=1}^{l} \bigcap_{i \in D_j} x_i \tag{5.47}$$

式中,D 表示最小割 C 中基本事件的下标集。

2. 下行法

下行法是故障树定性评定的一种方法。如故障树已给定,求全部最小割集的步骤如下:

从顶事件往下逐级进行,用各门的输入基本事件来置换各门的输出,直到全部输入都是基本底事件为止。这种算法的原理是:与门只能增加割集的元素数,而或门则能增加割集的数量。因此,置换的具体做法是:将与门的输入事件排成行(增加一个割集的容量);将或门的输入事件排成列(增加割集的数量)。最后,列举矩阵一列表示出全部用基本事件表示的割集。以下为下行法求最小割集的具体做法:

定义顶事件为 T,下面的门为或门,因此将它的输入 1,2,G_1 排成列,置换 T(步骤一);基本事件 1,2 不再分解,G_1 事件下的门为或门,将其输入 G_2,G_3 排成一列置换 G_1(步骤二);G_2 事件下的门为与门,故将其输入 G_4、G_5 排成一行置换 G_2(步骤三)……如此下去,在最后一步得到一列全部由基本事件表示的 9 个割集:{1},{2},{4,6},{4,7},{5,6},{5,7},{3},{6},{8},其具体步骤如表 5.2 所示。

表 5.2　下行法步骤

一	二	三	四	五	六
1	1	1	1	1	1
2	2	2	2	2	2
G_1	G_2	G_4, G_5	G_4, G_5	$4, G_5$	4, 6
	G_3	G_3	3	$5, G_5$	4, 7
			G_6	3	5, 6
				G_6	5, 7
					3
					6
					8

下面要检查它们是否为最小割集,如不是则要进行布尔吸收操作(等幂律 $x \cdot x = x$ 和吸收律 $x + xy = x$),求得最小割集。经过布尔吸收,本例的最小割集为 {1},{2},{4,7},{5,7},{3},{6},{8},其结构函数为:

$$\phi(\vec{X}) = x_1 \bigcup x_2 \bigcup (x_4 \bigcap x_7) \bigcup (x_5 \bigcap x_7) \bigcup x_3 \bigcup x_6 \bigcup x_8$$

3. 上行法

上行法是由下而上进行的,每做一步,利用集合运算规则进行简化。仍以图 5.33 为例来说明，为了书写方便，用"+"代替"∪"，且省去"∩"符号。

图 5.33 故障树最后一级为：

$$G_4 = x_2 + x_5, G_5 = x_6 + x_7, G_6 = x_6 + x_8$$

往上一级：

$$G_2 = G_4 \cdot G_5 = (x_4 + x_5) \cdot (x_6 + x_7)$$
$$G_3 = x_3 + G_6 = x_3 + x_6 + x_8$$

再往上一级：

$$G_1 = G_2 + G_3 = (x_4 + x_5)(x_6 + x_7) + x_3 + x_6 + x_8$$

利用集合运算法则简化上式为：

$$G_1 = G_2 + G_3 = x_4 x_7 + x_5 x_7 + x_3 + x_6 + x_8$$

最上一级：

$$T = x_1 + x_2 + G_1 = x_1 + x_2 + x_4 x_7 + x_5 x_7 + x_3 + x_6 + x_8$$

结果及结构函数与下行法相同，与下行法的区别是将布尔吸收放到每一步中进行。

5.2.4　故障树的定量评定

故障树的定量评定是计算故障树顶事件发生的概率，即不可修系统不可靠度的定量值。类似于网络分析方法中的最小路，故障树定性分析得到的最小割集之间也为相容事件，必须进行不交化处理才能求得系统的可靠性定量指标。以下是几种评定方法：

1. 容斥定理计算公式

由于最小割集之间为相容事件，必须进行不交化。类似于最小路不交化方法，可以采用容斥定理进行最小割集的不交化。

假定已求得故障树的所有最小割集为 $C_1, C_2, \cdots, C_l$，并且已知基本事件 $x_1, x_2, \cdots, x_n$ 发生的概率，求 T 发生的概率 $P(T)$。显然

$$P(T) = P\left\{ \bigcup_{j=1}^{l} C_j \right\} \tag{5.48}$$

因此，在假定基本事件 $x_1, x_2, \cdots, x_n$ 互相独立的条件下，可利用网络分析方法中容斥定理对最小割集进行不交化，求系统的故障概率。

容斥定理公式有 $2^l - 1$ 项，l 为最小割集数，l 不能太多，当 $l = 40$ 时，$2^{40} - 1 = 1 \times 10^{12}$，出现所谓"组合爆炸"的问题。由于复杂系统组成部件经常是成百上千个，因而最小割集的数目大于 40 的情况很多。因此本方法只能用于小型故障树。

由式 (5.48) 可以得到最小路集不交化后的可靠度表达式：

$$R_s = P(S) = P\left(\bigcup_{i=1}^{m} A_i \right) = \sum_{i=1}^{m} P(A_i) - \sum_{i<j=2}^{m} P(A_i A_j) + \sum_{i<j<k=3}^{m} P(A_i A_j A_k) + \cdots + (-1)^{m-1} P\left(\bigcup_{i=1}^{m} A_i \right)$$

而对于最小割集，同样可以得到不交化后的故障概率表达式：

$$F_s = P\left(\bigcup_{i=1}^{l} C_i\right) = \sum_{i=1}^{l} P(C_i) - \sum_{i<j=2}^{l} P(C_iC_j) + \sum_{i<j<k=3}^{l} P(C_iC_jC_k) + \cdots + (-1)^{l-1} P\left(\bigcap_{i=1}^{l} C_i\right) \quad (5.49)$$

在工程上，当基本事件的故障概率很小时(实际情况经常如此)，可以忽略高次项，采用近似公式求 $P(T)$ 。

$$F_s = P(T) = P\left(\bigcup_{i=1}^{m} C_i\right) \approx \sum_{i=1}^{l} P(C_i) \quad (5.50)$$

2. 不交和算法

网络分析法中介绍的布尔不交化算法和代数拓扑不交化算法均适合于故障树求故障概率，只需要把最小路集换成最小割集即可。由此可见，对单调关联系统而言，网络分析法与故障树分析法在数学处理上是等同的。故障树是从系统故障的角度建树，而网络分析法是从系统成功的角度建模，从数学描述来看都是单调关联系统。

5.2.5　动态故障树分析

对于一些具有重要动态行为(如故障恢复、时序相关的故障和冷贮备的应用等)的容错计算机控制系统，其故障的因果关系不能用传统的静态故障树、结构函数等来描述。马尔可夫(Markov)模型具有足够的灵活性，可以用来描述几乎所有的动态系统的状态转移过程，但应用马尔可夫模型，对即使是相对简单的系统，建模过程都是烦琐的，且容易出现错误。

动态故障树是在一般故障树分析方法的基础上，结合 Markov 状态转移链方法而发展起来的一种新的可靠性分析方法。利用动态逻辑门，在静态故障树模型中，利用这些新的符号表示底事件和顶事件间的动态、时序的逻辑关系，动态系统故障行为可以由动态故障树直接地表示出来。在进行系统的可靠性分析计算时，将动态故障树转换为相应的马尔可夫状态转移链，利用马尔可夫状态转移过程来表示系统中的动态和时序的过程，并利用马尔可夫状态转移过程分析计算系统的可靠性。这样既避免了建立马尔可夫状态转移链图过程中复杂且容易出错的困难，也应用了马尔可夫状态转移链的图解方法，取代了马尔可夫状态过程解析求解的计算机算法的烦琐工作。

1. 动态逻辑门及其向马尔可夫状态转移链的转换

为了能够用动态故障树对动态系统进行分析，必须建立系统的动态故障树模型。在系统的动态故障树模型中，对于一般故障树所不能描述的动态、时序过程，我们介绍几种新的动态逻辑门来处理，并给出其向马尔可夫状态转移链的转换。

1) 功能触发门(FDEP)

分析功能触发门的工作原理及触发事件和相关基本事件的关系，得到图 5.34 所示的包含两个基本事件的功能触发门及与之相对应的马尔可夫状态转移链。

2) 优先与门

优先与门有两个输入事件，它们必须按照特定的顺序发生，它的输出事件才发生。图 5.35

描述的是优先与门的组合，对于更多基本事件间发生的这种顺序关系，可以以此类推，也可以用下面介绍的顺序门来表示。

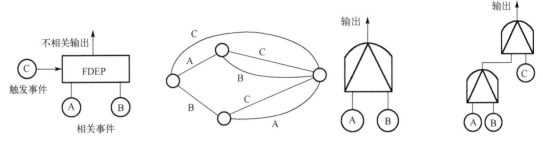

图 5.34　功能触发门及其马尔可夫状态转移链　　　　图 5.35　优先与门及优先与门的组合

3) 顺序门

顺序门下面的事件以从左到右的次序发生。顺序门和优先与门都可以表示系统事件的时序性，一个顺序门表示的时序关系，可以由几个优先与门的组合来表示，因此这两个门在马尔可夫状态转换时是相同的。如图 5.36 为顺序门的马尔可夫状态转移链。

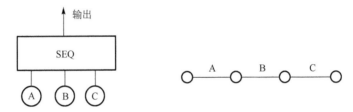

图 5.36　顺序门及其马尔可夫状态转移链

4) 冷贮备门

冷贮备门包括一个主输入事件和若干个贮备输入事件，在主输入事件工作时，贮备输入事件不通电，其马尔可夫状态转移链如图 5.37 所示。

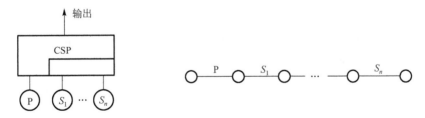

图 5.37　冷贮备门及其马尔可夫状态转移链

图 5.37 是有 n 个冷贮备时的状态转移过程，这个过程同优先与门和顺序门的状态转移过程十分相似，但是由于冷贮备门贮备故障率为 0，在马尔可夫状态转移链的每个节点上的自身转移概率是不同的。

5) 热贮备门

热贮备门包括一个主输入事件和若干个贮备输入事件，在主输入事件工作时，贮备输入事件通电，其马尔可夫状态转移链如图 5.38 所示。

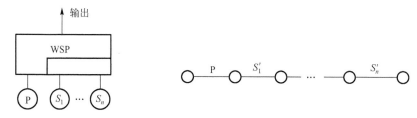

图 5.38　热贮备门及其马尔可夫状态转移链

图 5.38 是有 n 个热贮备部件的状态转移过程，这个过程中的状态 $S_i'(i=1,2,\cdots n)$ 由于热贮备部件在贮备过程中也可能故障，其转移概率为 $\alpha_i\lambda_{S_i'}\Delta t$，这里 $0\leqslant\alpha_i\leqslant1$。其马尔可夫状态转移链的每个节点上的自身转移概率不仅包括类似于冷贮备的自身转移概率还包括各热贮备部件贮备时的故障概率。

在以上各种动态逻辑门的马尔可夫状态转移链建立之后，就可以借助于有关状态转移链计算公式进行可靠性分析计算。

2. 动态故障树处理方法

对于复杂的系统，其动态故障树可能非常复杂，存在着故障树的 NP（即组合爆炸，计算量随着故障树的规模指数增长）问题，从而导致故障树综合分析花费很大。虽然马尔可夫过程理论可以对系统的静态和动态过程建模，能够将整个动态故障树转化为马尔可夫状态转移链来处理，但是系统的状态和对它处理所耗费的时间随系统部件个数呈指数增长。对于很大的故障树，其马尔可夫模型的规模将很大，对马尔可夫链的精确处理几乎不可能。

将一般故障树的处理方法和马尔可夫模型结合起来，提供一种更有效和强大的解决方法。只有当一个故障树含有一个或更多动态逻辑门时才考虑使用马尔可夫模型处理；当它只含有静态逻辑门时，就用一般故障树处理方法解决。

例 5.4　一般的计算机系统，经常采用软、硬件容错技术（其基本思想就是余度技术），以获得高可靠性。如图 5.39 所示的数字飞控计算机系统，就同时采用了硬件余度和软件容错技术，其中软件容错采用了恢复块技术。该系统主系统是由三通道数字计算机系统组成，每个通道由一套软件和硬件组成。并且在主系统的存储区中，为各个通道配备有驻留备份软件。系统具有模拟备份计算机系统——由三个模拟通道组成的旁路系统。主系统中各个通道中主软件故障后，将启动备份软件代替它。对于每一个通道，当硬件故障或主软件和备份软件都故障时，则宣布该通道故障。当主系统发生故障时，通过接口单元转换为由旁路模拟计算机系统控制。

每个通道的主软件具有从瞬态错误中恢复的能力，当发生错误后，对主程序连续执行 10 次（总的执行时间为控制系统所允许），以保证错误不再发生。如果程序块还存在故障，则由表决器将它切除。每个通道的备份软件是由各自的触发装置启动的，而触发装置的触发信号则由接口网络中的表决器提供。试对图 5.39 软硬件容错控制计算机用动态故障树分析方法计算其可靠性指标。

解：1）动态故障树建模

通过对图 5.39 所示的系统进行分析，可以得到以下四点：

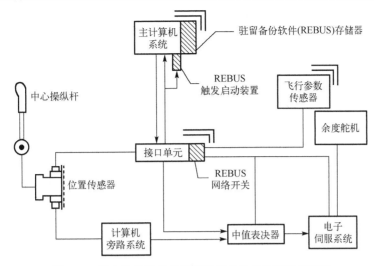

图 5.39　数字飞控计算机系统驻留备份软件实现示意图

(1) 如果主系统中的三个通道有两个发生故障，则宣布主系统故障。

(2) 主系统中主软件故障由中值表决器表决出，并启动驻留备份软件。

(3) 主系统发生故障后，通过接口单元转换为由旁路模拟计算机系统控制。

(4) 旁路系统中，只有当三个系统全部故障后，整个系统才宣布故障。

基于以上的分析，可以得到整个系统的动态故障树模型，如图 5.40 所示。

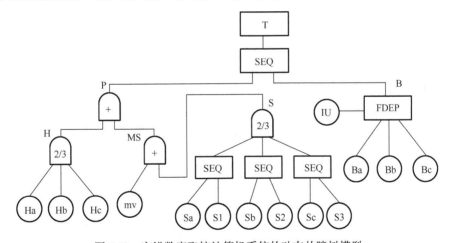

图 5.40　容错数字飞控计算机系统的动态故障树模型

图 5.40 中：T 为顶事件，代表整个系统故障；P 为主系统故障。H 代表主系统硬件故障，Ha、Hb 与 Hc 分别为三个通道的硬件故障。S 代表纯软件部分的故障，Sa、Sb、Sc 和 S1、S2、S3 分别为三个通道中的主软件和备份软件；mv 代表中值表决器，MS 代表由纯软件部分和中值表决器组成的部分故障。IU 为接口单元；Ba、Bb 和 Bc 为旁路系统三个通道。B 表示主系统故障后，不能转换到旁路系统的故障。在这个动态故障树中，应用了两种动态逻辑门：SEQ 表示顺序门，FDEP 表示功能触发门。

2) 分析及计算结果

在这个动态故障树中，软件的故障用一个 2/3 表决门和三个顺序门(分别表示三个通道的

软件故障)来表示。将表示各个通道软件故障的顺序门转换为马尔可夫状态转移链，如图 5.41
所示。

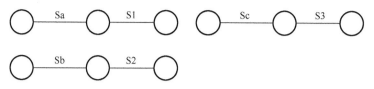

图 5.41　各个通道软件故障的马尔可夫状态转移链

在主系统故障后，不能转换到旁路系统的故障 B，用一个功能触发门来表示。接口故障
是功能触发门的触发事件，因为一旦接口故障后，旁路系统就无法利用。将这个动态故障树
转换为马尔可夫状态转移链，如图 5.42 所示。

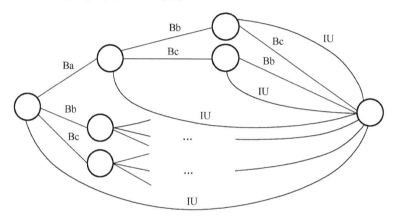

图 5.42　故障 B 的马尔可夫状态转移链

图 5.42 中，以 Bb 和 Bc 开始的状态转移链，同以 Ba 开始的状态转移链相似，可以由以
Ba 开始的状态转移链类推得到。

假设系统各个部件的故障率如表 5.3 所示，分别对上述的马尔可夫状态转移链和一般故
障树进行处理，可以得到系统各个部分及整个系统的故障概率(设系统工作时间为 1 小时)，
如表 5.4。

表 5.3　系统各个部分的故障率

部件代号	Ha	Hb	Hc	Sa	Sb	Sc	S1	S2	S3	Ba	Bb	Bc	IU	mv
故障率 $(10^{-5}/h)$	100	100	100	50	50	50	50	50	50	1	1	1	0.1	0.1

表 5.4　系统各个部分及整个系统的故障概率

故障代号	H	S	MS	P	B	T
故障概率	4.997002×10^{-6}	4.682815×10^{-14}	9.999995×10^{-7}	3.99700×10^{-6}	9.999995×10^{-7}	1.998502×10^{-12}

5.2.6　重要度

定义 5.3　一个部件或一个割集对顶事件发生的贡献称之为该部件或割集的重要度。重

要度在可靠性工程中是非常重要的概念，它不仅用于可靠性优化、可靠性分配，还可指导系统运行和维修。

部件可以有一种或多种故障模式，而故障树每一个基本事件对应于一种故障模式。部件的重要度应等于它所包含的基本事件重要度的和。当部件只有一种故障模式时，部件重要度即基本事件重要度。这里为简化起见，假设部件只含一种故障模式。

下面介绍几种重要度：

1. 结构重要度 $I_\phi(i)$

设系统由 n 个部件组成，部件与系统间的关系用结构函数 $\phi(\vec{X})$ 表示。设系统任意一个部件 i 从正常变到故障 $0_i \to 1_i$，若用 $(i, \vec{X})$ 表示系统该部件的情况，这里的 $\vec{X}$ 表示除了 i 部件之外的 $n-1$ 个部件的状态。假设某个 $(i, \vec{X})$ 有如下关系：

$$\phi(1_i, \vec{X}) - \phi(0_i, \vec{X}) = 1 \tag{5.51}$$

则表示 i 在 $(i, \vec{X})$ 这种情况下是一个关键部件，因为此时 (5.51) 式等价于：

$$\phi(0_i, \vec{X}) = 0 \qquad \phi(1_i, \vec{X}) = 1 \tag{5.52}$$

表明部件 i 正常时系统正常，部件 i 故障时系统故障，称 $(i, \vec{X})$ 为 i 的一个关键向量。记：

$$n_\phi(i) = \sum_{2^{n-1}} \{\phi(1_i, \vec{X}) - \phi(0_i, \vec{X})\} \tag{5.53}$$

为部件 i 的关键向量的总数。因为 i 从正常变到故障 $0_i \to 1_i$，其余 $n-1$ 个部件总共有 2^{n-1} 中可能的情形。因此定义：

$$I_\phi(i) = \frac{1}{2^{n-1}} n_\phi(i) \tag{5.54}$$

为部件 i 的结构重要度。它表明 i 的关键向量总数在所有 2^{n-1} 种可能情形中占的比例。因此，对于任意的结构函数 ϕ，部件可按其结构重要度排序。

这里隐含了一种假设，即认为所有部件或底事件的故障概率相同。因此部件或底事件的结构重要度从故障树的角度反映了各部件或底事件在故障树中的重要程度，任意 i 部件或底事件的重要度完全由故障树的结构所决定，与部件或底事件的故障概率大小无关。

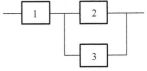

例 5.5 图 5.43 表示的是由三个部件组成的串并联系统。求各部件的结构重要度。

图 5.43　串并联系统框

解：设 $i=1$，列出 1 部件由 0 变到 1 使系统由好变到坏的所有情况：

x_1	x_2	x_3	S	x_1	x_2	x_3	S
0	0	0	0	1	0	0	1
0	0	1	0	1	0	1	1
0	1	0	0	1	1	0	1
0	1	1	1	1	1	1	1

由以上分析可以看出：

$$n_\phi(1) = 3, \qquad \text{则 } I_\phi(1) = \frac{3}{4}$$

设 $i = 2$，列出 2 部件由 0 变到 1 使系统由好变到坏的所有情况：

x_1	x_2	x_3	S	x_1	x_2	x_3	S
0	0	0	0	0	1	0	0
0	0	1	0	0	1	1	1
1	0	0	1	1	1	0	1
1	0	1	1	1	1	1	1

由以上分析可以看出：

$$n_\phi(2) = 1, \qquad \text{则 } I_\phi(2) = \frac{1}{4}$$

同理 $i = 3$ 与 $i = 2$ 情况类似，得到 $n_\phi(3) = 1$，则 $I_\phi(3) = \frac{1}{4}$。

由此可以看出，如果不考虑部件的故障概率或认为各部件故障概率相同，则 1 部件从结构角度看比 2、3 部件要重要。

2. 概率重要度 $I_i^P(t)$

从可靠性的角度来看，部件在系统中的重要性不仅依赖于其结构，而且还依赖于部件本身的可靠度。假设系统由 n 个部件组成，任意一个部件 i 的故障概率用 $F_i(t)$ 表示，系统与各部件间的结构关系用其可靠性模型 $F_s(t) = g\{F_i(t), i = 1, 2, \cdots, n\}$ 表示。则 i 部件的概率重要度为：

$$I_i^P(t) = \frac{\partial F_s(t)}{\partial F_i(t)} = g\{1_i, Q(t)\} - g\{0_i, Q(t)\} \tag{5.55}$$

式中，$Q(t)$ 为除 i 部件外各部件的故障概率。

定义 5.4： 由于第 i 个部件的变化使系统顶事件概率发生变化的变化率，即第 i 个部件状态取 1 值时顶事件概率值和第 i 个部件状态取 0 值时顶事件概率值之差，可称为概率重要度。

部件的概率重要度在系统分析中很有用，它可以确定哪些部件的改善会对系统的改善带来最大的好处。

例 5.6　试计算二部件串联、并联和三部件 2/3 (G) 系统的概率重要度。设部件故障相互独立为指数分布，其时间和故障率为：$t = 20\text{h}, \lambda_1 = 0.001/\text{h}, \lambda_2 = 0.002/\text{h}, \lambda_3 = 0.003/\text{h}$。

解： 根据题设，三部件的故障概率为：

$$F_1(20) = 1 - e^{-\lambda_1 t} = 1 - e^{-0.001 \times 20} = 1.98013 \times 10^{-2}$$

$$F_2(20) = 1 - e^{-\lambda_2 t} = 1 - e^{-0.002 \times 20} = 3.92106 \times 10^{-2}$$

$$F_3(20) = 1 - e^{-\lambda_3 t} = 1 - e^{-0.003 \times 20} = 5.82355 \times 10^{-2}$$

对于二部件串联，系统的故障概率为：

$$F_s(t) = F_1(t) + F_2(t) - F_1(t)F_2(t)$$

$$I_1^P = \frac{\partial F_s(t)}{\partial F_1(t)} = 1 - F_2(t) = 9.60789 \times 10^{-1}$$

$$I_2^P = \frac{\partial F_s(t)}{\partial F_2(t)} = 1 - F_1(t) = 9.80199 \times 10^{-1}$$

对于二部件并联，系统的故障概率为：

$$F_s(t) = F_1(t)F_2(t)$$

$$I_1^P = \frac{\partial F_s(t)}{\partial F_1(t)} = F_2(t) = 3.92106 \times 10^{-2}$$

$$I_2^P = \frac{\partial F_s(t)}{\partial F_2(t)} = F_1(t) = 1.98013 \times 10^{-2}$$

对于三部件三中取二表决系统，系统的故障概率为：

$$F_s(t) = F_1(t)F_2(t) + F_2(t)F_3(t) + F_1(t)F_3(t) - 2F_1(t)F_2(t)F_3(t)$$

$$I_1^P = \frac{\partial F_s(t)}{\partial F_1(t)} = F_2(t) + F_3(t) - 2F_2(t)F_3(t) = 9.28792 \times 10^{-2}$$

$$I_2^P = \frac{\partial F_s(t)}{\partial F_2(t)} = F_1(t) + F_3(t) - 2F_1(t)F_3(t) = 7.57305 \times 10^{-2}$$

$$I_3^P = \frac{\partial F_s(t)}{\partial F_3(t)} = F_1(t) + F_2(t) - 2F_1(t)F_2(t) = 5.74591 \times 10^{-2}$$

可以看出，同一部件在串联系统中的重要度高于并联系统的重要度。

3. 关键重要度 $I_i^{CR}(t)$

关键重要度是一个变化率的比，即第 i 个部件故障概率的变化率引起系统故障概率的变化率。因为它把改善一个较可靠的部件比改善一个尚不太可靠的部件难这一性质考虑进去，因此关键重要度比概率重要度更合理。概率重要度没有考虑各部件原有概率的不同以及它们变化一个单位的难易程度的不同。

关键重要度的表达式：

$$I_i^{CR}(t) = \lim_{\Delta F_i(t) \to 0} \frac{\dfrac{\Delta F_s(t)}{F_s(t)}}{\dfrac{\Delta F_i(t)}{F_i(t)}} = \frac{F_i(t)}{F_s(t)} I_i^P(t) \tag{5.56}$$

例 5.7 试计算例 5.4 中各系统的关键重要度。

解：对于二部件串联，系统的关键重要度为：

$$I_1^{CR} = \frac{F_1 \cdot I_1^P}{F_1 + F_2 - F_1 F_2} = 3.180381 \times 10^{-1}$$

$$I_2^{CR} = \frac{F_2 \cdot I_2^P}{F_1 + F_2 - F_1 F_2} = 6.4283778 \times 10^{-1}$$

对于二部件并联，系统的关键重要度为：

$$I_1^{CR} = \frac{F_1(t) \cdot I_1^P}{F_1 F_2} = 1$$

$$I_2^{CR} = \frac{F_2(t) \cdot I_2^P}{F_1 F_2} = 1$$

对于三中取二表决系统，系统的关键重要度为：

$$I_1^{CR} = \frac{F_1 \cdot I_1^P}{F_s(t)} = 4.4611383 \times 10^{-1}$$

$$I_2^{CR} = \frac{F_2 \cdot I_2^P}{F_s(t)} = 7.20286786 \times 10^{-1}$$

$$I_3^{CR} = \frac{F_3 \cdot I_3^P}{F_s(t)} = 8.11666764 \times 10^{-1}$$

因为 $F_3(t) > F_2(t) > F_1(t)$，预计应当 $I_3^{CR} > I_2^{CR} > I_1^{CR}$，计算结果基本相符。仅并联系统 $I_1^{CR} = I_2^{CR}$，要比概率重要度 $I_1^P > I_2^P$ 更合理。

由关键重要度的表达式可见，各部件的关键重要度由于其 $1/F_s(t)$ 相同，因此仅与 $F_i(t) \cdot I_i^P(t)$ 有关，$F_i(t) \cdot I_i^P(t)$ 越大表明由 i 部件发生故障的概率越大。所以，按关键重要度大小排序，可以列出系统部件诊断检查的顺序表，用来指导系统运行和维修。为保证快速排除故障，可首先检查重要度大的部件，这对一些紧急情况特别是临战情况很有价值。

线 上 习 题

[5.1]　通过 2～3 个复杂系统的可靠性分析总结出故障树分析方法和马尔可夫过程分析方法在系统可靠性分析中的异同。

[5.2]　采用基于成功的系统可靠性分析方法和采用基于失败的可靠性分析方法有何关系？

线 下 习 题

5.1　对于多发动机螺旋桨飞机，当发动机处于停车状态时，必须将该发动机的螺旋桨处于顺桨状态，这样该发动机的螺旋桨的迎角阻力最小，产生偏航力矩也最小，便于飞机保持单发飞行，防止灾难性事故发生。为了实现螺旋桨顺桨，发动机桨叶控制系统有四种状态：扭矩自动顺桨、负拉力自动顺桨、人工顺桨和应急顺桨(如习题图 5.1 所示)，请对发动机自动顺桨系统进行故障分析。

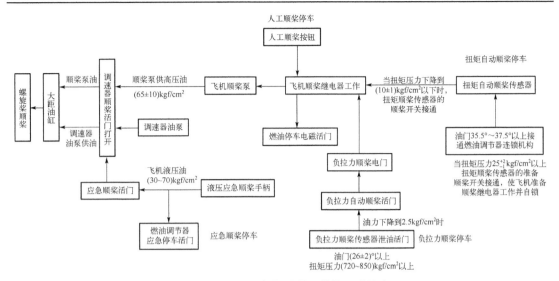

习题图 5.1　发动机螺旋桨顺桨的四种状态

发动机螺旋桨顺桨系统框图如习题图 5.2 所示。

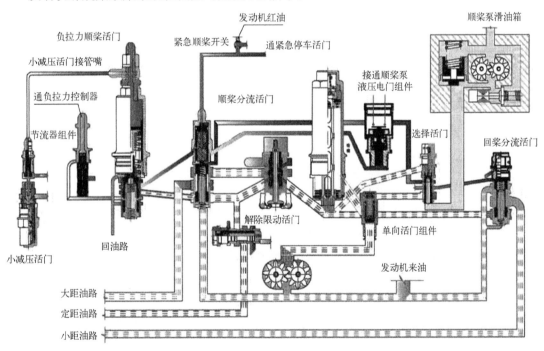

习题图 5.2　发动机螺旋桨顺桨系统

　　发动机在 0.7 额定状态以上工作时，若扭矩压力下降到 10kgf/cm²，螺旋桨自动顺桨，发动机停车。燃油调节器保证扭矩顺桨连锁开关在 0.7 额定以上接通。保证扭矩顺桨由扭矩压力传感器控制，当扭矩压力在 25kgf/cm² 以上时顺桨开关接通，使飞机电气系统中准备顺桨的继电器自锁；当扭矩测量传感器内的油压下降到 10kgf/cm² 以下时，顺桨开关接通，使螺旋桨顺桨(桨叶角达 92.5°)，发动机停止。

　　5.2　对习题图 5.3 飞机液压能源系统采用马尔可夫过程方法进行可靠性分析。

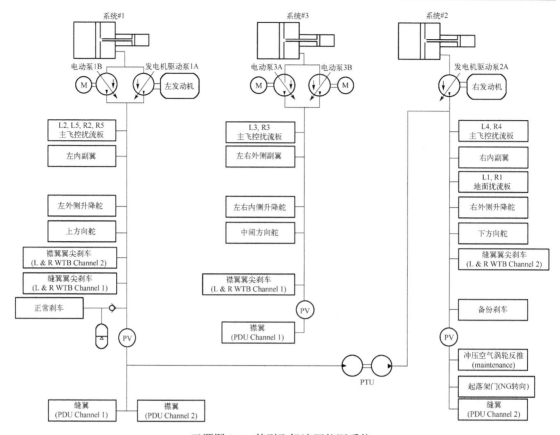

习题图 5.3　某型飞机液压能源系统

参 考 文 献

卜全民, 王涌涛, 汪德爟. 2007. 事故树分析法的应用研究[J]. 西南石油大学学报, 29(4): 141-144.

蒂尔曼 F A, 黄清莱, Kuo W, 等. 1988. 系统可靠性最优化[M]. 刘炳章译. 北京: 国防工业出版社.

梅启智, 廖炯生, 孙惠中. 1987. 系统可靠性工程基础[M]. 北京: 科学出版社.

疏松桂. 1992. 控制系统可靠性分析与综合[M]. 北京: 科学出版社.

魏选平, 王晓林. 2004. 故障树分析法及其应用[J]. 电子产品可靠性与环境试验, 20(6): 22-24.

朱大奇, 于盛林. 2002. 基于故障树最小割集的故障诊断方法研究[J]. 数据采集与处理, 17(3): 341-344.

朱继洲. 1989. 故障树原理和应用[M]. 西安: 西安交通大学出版社.

Cepin M, Mavko B. 2002. A dynamic fault tree[J]. Reliability Engineering & System Safety, 75: 83-91.

Kovalenko I. Kuznetsov N, Pegg P. 1997. Mathematical Theory of Reliability of Time Dependent Systems with Practical Application[M]. New York: Wiley.

Szeliski R, Zabih R, Scharstein D, et al. 2008. A comparative study of energy minimization methods for Markov random fields with smoothness-based priors.[J]. IEEE Transactions on Pattern Analysis and Machine Intelligence, 1-13.

Tanaka H, Fan L T, Lai F S, et al. 2009. Fault-tree analysis by fuzzy probability[J]. IEEE Transactions on Reliability, R-32(5):453-457.

 **拓展阅读**

故障树分析(Fault Tree Analysis，FTA)方法

1961~1962 年间，美国贝尔电话研究所的沃森(Watson)和默恩斯(Mears)在民兵导弹发射控制系统设计中首次使用故障树分析方法，对导弹发射的随机失效成功地给出了预测。1974 年麻省理工学院拉斯穆森(Resmussen)领导的安全小组用 FTA 对商用轻水堆核电站审核危险性评价，分析了核电站可能发生的全部事故，肯定了核电站的安全性，从而使核电进入实际应用阶段。

马尔可夫过程内涵和求解

1907 年，俄国数学家安德雷·安德耶维齐·马尔可夫(Andrei Andreevich Markov) 提出并研究了一种能用数学分析方法研究自然过程的一般图式——马尔可夫链，同时开创了对一种无后效性的随机过程——马尔可夫过程。主要用于描述已知所处状态的条件下，未来的演变不依赖于它以往演变特性的随机过程。荷花池中一只青蛙的跳跃是马尔可夫过程的一个形象化的例子。青蛙依照它瞬间而起的念头从一片荷叶上跳到另一片荷叶上，因为青蛙是没有记忆的，当所处的位置已知时，它下一步跳往何处和它以往走过的路径无关。液体中微粒所作的布朗运动、传染病受感染的人数、原子核中一自由电子在电子层中的跳跃、人口增长过程等都可视为马尔可夫过程。1931 年，A.H.柯尔莫哥洛夫将微分方程等分析方法用于这类过程，奠定了它的理论基础。1951 年前后，伊藤清在 P.莱维和 C.H.伯恩斯坦等人工作的基础上，建立了随机微分方程的理论，为研究马尔可夫过程开辟了新的道路。随后，泛函分析中的半群理论、流形理论被引入马尔可夫过程的研究中，拓展了马尔可夫过程的应用领域。

马尔可夫过程在机器翻译中的应用

所谓机器翻译是利用计算机将一种自然语言(源语言)转换为另一种自然语言(目标语言)的过程。假设源信息为 $S_1, S_2, S_3 \cdots$，观测到的语音信息为 $O_1, O_2, O_3 \cdots$，其中传输过程中有很多不确定性，如何根据计算机接收器收到的目标信息还原出说话者要表达的意思呢? 可求 $P(S_1, S_2, S_3 \cdots | O_1, O_2, O_3 \cdots)$ 概率最大的那个句子。由于上述概率不好求解，可以间接计算，利用贝叶斯公式把条件概率转换成 $P(O_1, O_2, O_3 \cdots | S_1, S_2, S_3 \cdots) \cdot P(S_1, S_2, S_3 \cdots)$，其中 $P(O_1, O_2, O_3 \cdots | S_1, S_2, S_3 \cdots)$ 表示某句话 $S_1, S_2, S_3 \cdots$ 被读成 $O_1, O_2, O_3 \cdots$ 的可能性，而 $P(S_1, S_2, S_3 \cdots)$ 表示字串 $S_1, S_2, S_3 \cdots$ 本身能够成为一个合乎情理句子的可能性，所以这个公式的意义是用发送信息为 $S_1, S_2, S_3 \cdots$ 这个数列的可能性乘以 $S_1, S_2, S_3 \cdots$ 本身可以作为一个句子的可能性，进而得到概率。由于 $S_1, S_2, S_3 \cdots$ 是一个马尔可夫链，即 S_i 由 S_{i-1} 决定; 第 i 个接收信号 O_i 只由发送信号 S_i 决定($P(O_1, O_2, O_3 \cdots | S_1, S_2, S_3 \cdots) = P(O_1 | S_1) \cdot P(O_2 | S_2) \cdots$)，很容易利用 Viterbi 算法找到上式的最大值，进而识别出句子 $S_1, S_2, S_3 \cdots$。

"两弹一星"中的系统可靠性

20 世纪 50 年代、60 年代是极不寻常的时期，当时面对严峻的国际形势，为抵制帝国主义的武力威胁和核讹诈，50 年代中期，以毛泽东同志为核心的党的第一代中央领导集体根据当时的国际形势，为了保卫国家安全、维护世界和平，高瞻远瞩，果断地做出了独立自主研

制"两弹一星"的战略决策。周恩来总理提出"严肃认真、周到细致、稳妥可靠、万无一失"的 16 字方针。大批优秀的科技工作者，包括许多在国外已经有杰出成就的科学家，以身许国，怀着对新中国的满腔热爱，响应党和国家的召唤，义无反顾地投身到这一神圣而伟大的事业中来。在整个系统可靠性设计上采取措施，保证了原子弹、导弹和人造卫星的发射成功，取得了举世瞩目的辉煌成就。

"两弹一星"功勋名单有：

(1)王淦昌(1907~1998)中国惯性约束核聚变研究的奠基者、中国核武器研制的主要科学技术领导人之一。

(2)赵九章(1907~1968)地球物理学家和气象学家，是中国地球物理和空间物理的开拓者，人造卫星事业的倡导者、组织者和奠基人之一。

(3)郭永怀(1909~1968)空气动力学家，他是中国大陆力学事业的奠基人之一，在力学、应用数学和航空事业方面有突出贡献。

(4)钱学森(1911~2009)，被誉为"中国导弹之父""中国火箭之父""导弹之王"。

(5)钱三强(1913~1992)原子核物理学家，中国原子能事业的主要奠基人和组织领导者之一，在研究铀核三裂变中取得了突破性成果。

(6)王大珩(1915~2011)光学专家，中国光学界的主要学术奠基人、开拓者和组织领导者。开拓和推动了中国国防光学工程事业。

(7)彭桓武(1915~2007)理论物理学家，在英国爱丁堡大学获博士学位。曾参与并领导了中国的原子弹、氢弹的研制计划。

(8)任新民(1915~2017)航天技术和火箭发动机专家，中国导弹与航天事业开创人之一，曾任卫星工程总设计师。

(9)陈芳允(1916~2000)无线电电子学家，提出方案并参与研制出原子弹爆炸测试仪器，并为人造卫星上天作出了贡献。

(10)黄纬禄(1916~2011)自动控制和导弹技术专家，中国导弹与航天技术的主要开拓者之一。曾任中国液体战略导弹控制系统的总设计师。

(11)屠守锷(1917~2012)火箭技术和结构强度专家。曾任地空导弹型号的副总设计师，远程洲际导弹和长征二号运载火箭的总设计师。

(12)吴自良(1917~2008)材料学家，获美国卡内基理工大学理学博士学位，在分离铀235同位素方面作出突出贡献。

(13)钱骥(1917~1983)地球物理与空间物理学家、气象学家、航天专家。是中国人造卫星事业的先驱和奠基人。

(14)程开甲(1918~2018)核武器技术专家，中国第一颗原子弹研制的开拓者之一、核武器试验事业的创始人之一，核试验总体技术的设计者。

(15)杨嘉墀(1919~2006)中国航天科技专家和自动控制专家、自动检测学的奠基者。领导和参加了卫星总体及自动控制系统研制。

(16)王希季(1921~)卫星和卫星返回技术专家，任航天工业部总工程师，返回式卫星总设计师。

(17)姚桐斌(1922~1968)导弹和航天材料与工艺技术专家，中国导弹与航天材料、工艺技术研究所的主要创建者、领导者。

(18)陈能宽(1923～2016)材料科学与工程专家,1960 年以后从事原子弹、氢弹及核武器的发展研制。

(19)邓稼先(1924～1986)理论物理学家,核物理学家。在原子弹、氢弹研究中,领导了爆轰物理、流体力学、状态方程、中子输运等基础理论研究。

(20)朱光亚(1924～2011)核物理学家,1957 年后从事核反应堆的研究工作。1994 年中国工程院成立,朱光亚出任工程院首任院长。

(21)于敏(1926～2019)核物理学家,中国科学院学部委员。1960 年底开始从事核武器理论研究,在氢弹原理突破中解决了热核武器物理中一系列关键问题。

(22)孙家栋(1929～)长期领导中国人造卫星事业,中国探月工程总设计师。20 世纪 60 年代,孙家栋受命为卫星计划技术总负责人,2017 年被评为感动中国年度人物。

(23)周光召(1929～)理论物理、粒子物理学家。20 世纪 60 年代初开始核武器的理论研究工作,曾任中国科学院院长。

可靠性——中国高端制造业腾飞的必由之路

自 1978 年改革开放以来,中国制造业从弱到强,尤其是"十三五"期间中国制造业实现产业结构优化升级,创新能力显著增强。但是同时也应该清楚地看到,中国要成为真正的制造业强国还有一定的差距,以下五大基础问题成为我国迈向制造强国的最大瓶颈:基础零部件/基础元器件、基础材料、基础工艺和装备、技术基础。目前,我国制造业水平仍处于世界主要制造业国家的第三阵列,质量效益在长时间内仍是我国制造业的最大弱项。树立质量观,有效推动产品可靠性提升,将可靠性理论成果与高端产品制造紧密结合,才能让中国的产品质量更好、可靠性更高,让中国品牌踏上腾飞之路!

第6章　元件可靠性设计方法

由于飞行控制系统的性能要求越来越高，因此产品的结构日益复杂，再加上高超声速飞机使用环境更加恶劣，因而对产品的可靠性要求越来越高。如果在设计、制造、使用中不贯穿可靠性思想，产品就会不满足其任务可靠性和安全可靠性要求，往往造成重大的经济损失和人身伤亡。几年前发生的美国"挑战者"号航天飞机在空中爆炸，苏联切尔诺贝利核电站放射性物质溢出事故，都是由于某个元部件的不可靠或使用操作中的某种不可靠因素造成的。因此，研究产品的可靠性设计具有重大的意义。

对于电子设备，由于采用了大量的电子元器件，这些电子元器件容差的积累会使电路、设备的输出超出规定值而产生故障；系统、设备处于电磁环境中会受电磁干扰的影响，其功能降低甚至完全丧失；有时虽然电子元器件的容差在允许范围之内，系统或设备也未受电磁干扰影响，但由于系统、设备工作后产生的热量的积累，使它们周围的环境温度急剧上升而导致元器件故障率的提高，从而降低它们的可靠性。而对于机械产品，其使用工况是影响其可靠性的重要因素，因此需要考虑机械产品所承受的应力和本身的材料特性。

一切设计的目的是保证所设计的系统或设备能够满足用户所规定的要求，其中包括可靠性要求。以往的工程设计人员仅仅凭经验或传统的设计原则进行，可靠性定量指标并没有统一的规定。随着可靠性学科的发展，人们已经认识到可靠性指标同其他性能指标一样在设计之初就应该按可靠性设计的要求确定下来。一般认为可靠性设计的目的是在最低费用的基础上，使设备或系统在设计上达到性能、可靠性和费用之间的综合平衡，并最大限度地达到和提高系统的固有可靠性。

由于不同的系统在设计方法和规则上完全不同，因此系统全面地讲述可靠性设计方法是非常困难的。一般来说，可靠性设计涉及如下内容：

(1)在设计阶段，对未来产品的可靠性进行估计称为可靠性预计。可靠性预计可以进行设计方案比较，发现设计中的薄弱环节，从而找出提高可靠性的途径。

(2)采用适合电子设备的可靠性设计技术，如针对元件选择与管理、降额设计、漂移设计、热设计、电磁兼容设计等进行电子设备有效的可靠性设计。

(3)维修设计与退化分析。简化和快速识别故障能力是维修设计的重要原则，采用自检、状态监控技术、维修策略研究和退化分析等，制定检查程序，使用插入单元，减少对专用工具的需要，降低维修费用等措施。

(4)可靠性指标分配与优化设计。可靠性分配是以给定可靠度指标为约束条件，以系统的费用最小为目标函数的数学规划问题。冗余设计也是要求满足费用、体积、重量等约束条件，而使系统的可靠性达到最大值的数学规划问题。

(5)概率工程设计是机械系统可靠性设计的重要部分，其主要的基本理论是干涉理论，它已成为评价机械系统和结构的重要手段。

(6)采用硬件余度和软件容错技术可以提高系统的可靠性，其主要思想是采用冗余的硬件通道和不同数据结构、不同的算法、不同的语言、不同的编程人员设计的软件来提高系统的容错能力。

由于系统性能和要求区别很大，可靠性设计也有较大的区别，但是总体可以归纳出以下原则：

(1)简化系统是提高可靠性的一般规律，最简单的设备往往是最可靠的。

(2)标准化、成熟技术是保证可靠性的重要手段。

(3)软件功能与硬件功能在设计中应综合考虑，充分发挥软件的功能与反馈数据处理作用，以达到尽可能简化硬件的目的。

(4)采用新技术要充分注意它的继承性。

(5)概率工程设计的应用，可以提高机械系统或设备设计的正确性和效率。

(6)重视人因失效带来的严重影响，以确保系统的安全性。

为了提升容错控制系统的可靠性，首先可以从元部件入手设计具有高可靠性的产品。鉴于电子产品对环境敏感，机械产品对承受的载荷谱敏感，因此这里按电子产品和机械产品分别介绍可靠性设计方法。

6.1　电子产品可靠性设计方法

6.1.1　电子产品的容差分析

由于产品所用元器件容差的积累会使电路、设备的输出超过规定值而无法使用，在这种情况下，用故障隔离方法无法指出某个元器件是否故障或输入是否正常。为了消除这种现象，应进行元器件和电路的容差分析，以便在设计阶段及早采取措施加以纠正。

系统性能不稳定或发生漂移、退化的原因有以下三种：一是组成系统的元器件参数通常是以标称值表示的，而实际却存在公差，如标称值为 1000Ω，精度为 10%的电阻，其实际阻值在 $990\sim1100\Omega$ 范围内，忽略公差，电路参数可能超出允许范围，发生参数偏差；二是环境条件，如温度的变化会使电子元器件参数发生漂移；三是退化效应，随着时间的积累，电子元器件的参数会发生变化。一般来说，第一个原因产生的参数偏差是固定的；第二个原因产生的偏差在许多情况下是可逆的，即随着条件的变化，参数可能恢复到原来的数值；第三个原因产生的偏差是不可逆的。

电子产品除了突发性故障外，在各种环境应力和电应力作用下元器件的参数随时间会发生缓慢的变化，如果参数变化到一定程度，超过功能允许限制，就会导致系统故障。

设电子元器件的设计参数为 $p_1, p_2, \cdots, p_n$，其性能特征值 V_i 可以用如下关系式表示：

$$V_i = f(p_1, p_2, \cdots, p_n) \quad (i=1,2,\cdots,m) \tag{6.1}$$

把式(6.1)在其名义值处按泰勒级数展开，取其第一项，略去高阶项可以得到性能特征值 V_i 的变化 ΔV_i 与设计参数 Δp_j 之间的线性表达式：

$$\Delta V_i = \sum_{j=1}^{n} \left.\frac{\partial V_i}{\partial p_j}\right|_0 \Delta p_j \tag{6.2}$$

式中，$\partial V_i / \partial p_j$ 为性能特征值 V_i 对设计参数 p_j 的偏导数；下标"0"表示名义值；Δp_j 为设计参数 p_j 的偏差。利用式(6.2)可以求出 ΔV_i 的正负极限值。

为了确定系统性能特征对各部件参数偏差的灵敏度 S_{ij} 的影响，引入如下关系式：

$$S_{ij} = \frac{\Delta V_i / V_{i_0}}{\Delta p_j / p_{j_0}} \tag{6.3}$$

从而得到灵敏度对应的性能特征值偏差 ΔV_i 为：

$$\Delta V_i / V_{i_0} = \sum_{j=1}^{n} S_{ij} \Delta p_j / p_{j_0} \tag{6.4}$$

例 6.1 由电感和电容组成的振荡电路设计方案：电感 L 为 50±10%微亨(μH)，电容 C 为 30±5%皮法(pF)，试对该电路进行容差分析，若最大允许频移为±200 千赫(kHz)，问该设计方案是否满足要求？若不能满足要求，如何改进？

解： 假设电感和电容的偏差之间存在统计独立性，则按下面步骤进行容差分析：

(1)写出元件的名义值及公差：

$$L_0 = 50\mu H, \quad \Delta L / L_0 = \pm 10\%, \quad C_0 = 30pF, \quad \Delta C / C_0 = \pm 5\%$$

(2)建立数学模型，即建立频率 f 与电感、电容之间的函数关系：

$$f = \frac{1}{2\pi(LC)^{\frac{1}{2}}}$$

$$\ln f = -\ln 2\pi - \frac{1}{2}\ln L - \frac{1}{2}\ln C$$

为了方便起见，把频率与电感、电容之间的关系转换为如上对数形式。

(3)写出灵敏度表达式：

$$S_L = \partial \ln f / \partial \ln L \big|_0 = -\frac{1}{2}, \qquad S_C = \partial \ln f / \partial \ln C \big|_0 = -\frac{1}{2}$$

(4)因为本例中各元件的公差正负对称，所以式(6.4)可写成：

$$\Delta V_i / V_{i_0} = \sum_{j=1}^{n} \left| S_{ij} \Delta p_j / p_{j_0} \right|$$

则：

$$\Delta f / f_0 = \left| -\frac{1}{2}\left(\frac{\Delta L}{L_0}\right) \right| + \left| -\frac{1}{2}\left(\frac{\Delta C}{C_0}\right) \right| = \frac{1}{2} \times 10\% + \frac{1}{2} \times 5\% = 7.5\%$$

其中频率的名义值为：

$$f_0 = \frac{1}{2\pi(50 \times 10^{-6} \times 30 \times 10^{-12})^{\frac{1}{2}}} = 4.11(\text{MHz})$$

(5) 计算允许的相对频移值：

因为允许频移值为 $\Delta f_{max} = 200\text{kHz}$ ，则允许相对频移值为：

$$\Delta f_{max} / f_0 = \frac{200 \times 10^3}{411 \times 10^6} = 4.9\% < 7.5\%$$

由此可以看出，实际频移值比允许的频移值大，故不能满足规定的设计要求。

(6) 改进措施：按照允许的要求分配给电感和电容，一般较多允许频移值分配给电感（这里取 2/3），其余分配给电容（这里取 1/3），即电感和电容的公差范围为：

$$(\Delta L / L_0)_{new} = \pm 6.5\%, \quad (\Delta C / C_0)_{new} = \pm 3.2\%$$

则得到新的实际频移为：

$$\left| (\Delta f / f_0)_{new} \right| = \left(\frac{1}{2} \times 6.5\% \right) + \left(\frac{1}{2} \times 3.2\% \right) = 4.9\%$$

所以新的设计方案可以满足最大允许频移为 ±200 千赫的要求。

由这个例子可以看出，采用容差分析方法不仅可以预计系统或电路的设计方案是否会产生漂移故障，而且可以提供改进方向。一般都是首先改进引起性能特征偏差最大的那个参数偏差（如上例中首先要改进电感），尽量缩小该参数公差的绝对值。以上容差分析方法也称为最坏情况分析法，它是一种较为保守的方法，用于高可靠性的系统或电路设计。

6.1.2 电磁兼容设计

电磁兼容是一门新的边缘学科，它与许多学科相互渗透结合，所涉及的内容非常广泛，它与飞机、导弹、卫星、军械等的设计密切相关。随着装备自动化、电子化水平不断提高，无线电电子设备的数量急剧增加，电磁干扰和电磁兼容的问题日益突出。在恶劣的电磁环境中工作，射频能量对人体、军械、燃油、电子设备等都有潜在的危害性，它可以使导弹飞行偏离弹道，可以增大距离误差造成脱靶，可以对制导信号产生干扰，可以使飞机操纵控制系统不稳定，可以使雷达扫描数据错误显示等，从而造成机毁人亡事故，也可使人体、电子设备、军械系统使用性能和安全性降低，从而使装备不能完成预期的任务。为此，对于那些处于电磁环境中工作的设备，在其设计工作的计划、管理和控制过程中要特别强调达到电磁兼容性的重要性，使设备按照在电磁环境中工作的要求进行兼容性设计。

所谓电磁兼容性是指系统、分系统、设备在共同的电磁环境中能协调地完成各自功能的共存状态。即设备、分系统、系统不会由于受到同一电磁环境中其他设备、分系统、系统的电磁辐射而导致性能降低或故障；也不会由于自身的电磁辐射使处于同一电磁环境中的其他设备、分系统、系统产生不允许的性能降低或故障。

干扰源产生的电磁干扰可以通过多种途径把干扰耦合到敏感设备上，如图 6.1 所示。干扰源 A 产生辐射干扰和传导干扰，敏感设备 B 直接接收 A 的辐射，敏感设备 C 通过构件 H 与 A 构成辐射耦合；敏感设备 E、D 通过公用电缆与 A 耦合，敏感设备 F 和 G 通过邻近的电感耦合；而 D、F 和 G 则通过导线间的电容耦合。

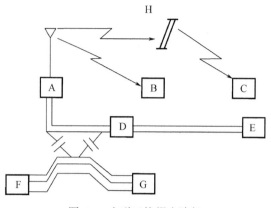

图 6.1　电磁干扰耦合途径

　　干扰传播途径一般分为传导和辐射两种。传导干扰是指通过导线传播的干扰，而传导干扰耦合的途径又分为共阻耦合、电容耦合、电感耦合和电磁耦合。辐射干扰是辐射源通过空间辐射电磁能量而形成的干扰，其耦合又分为感应场耦合和辐射场耦合。故干扰传播途径归纳为如图 6.2 所示的情况。

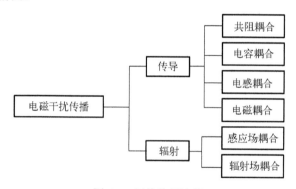

图 6.2　干扰传播途径

控制电磁干扰的主要措施有如下几种。

1. 屏蔽

　　屏蔽的形式是多种多样的。它可以是隔板、盒式封闭体，也可以是电缆或连接器式的屏蔽。屏蔽的效果与屏蔽材料、厚度、应用频率、辐射源到屏蔽层的距离及屏蔽层不连续的形状和数量有关。屏蔽可以通过屏蔽材料的表面对入射能量的反射、未被反射而进入屏蔽层的能量在穿越屏蔽层的能量衰减、进入屏蔽层并达到屏蔽层的另一表面遇到另一金属空气交界面一部分发射回屏蔽层内从而在屏蔽层内产生多次反射达到衰减电磁干扰的目的。

　　值得注意的是，屏蔽仅仅是减少设备和电缆干扰的一种方法，设计中必须与滤波、接地、连接等措施一起考虑。

2. 连接

　　"连接"是指在两金属表面之间建立低阻通路。它可以是系统底板上两点之间的通路，也可以是参考地与元件(电路)或结构件之间的通路。"连接"的目的是在结构上设法使射频电流的通路均匀，避免在金属件间产生电位造成干扰。

有两种"连接"方法：一是直接"连接"，即在"连接"件间形成金属-金属接触；二是间接"连接"，即通过导电的接线形成两金属的连接。无论以上哪一种连接，均要求裸面的金属-金属连接，连接片或直接连接点的载流量必须足够，以便通过要求的电流。在低频时宜使用一点连接，在高频时宜使用多点连接。

3. 接地

"接地"就是在两点之间建立导电通路，其中一点通常是系统的电气元件，另一点则是参考点。当涉及的系统元件为设备机壳或机架时，参考点有可能是飞机、导弹等结构件。当涉及的系统元件是地面支持设备内的电路时，则参考点可以是设备机壳或与机壳的接地板。

一个良好的接地板或参考点是可靠的抗干扰设备运行的基础。一个理想的接地板应是零电位、零阻抗的物体。一个接地系统的有效性取决于减少接地系统电位差和地电流的程度。一个不好的接地系统，往往使这些杂散寄生的电压、电流耦合到电路、分系统或设备中去，从而使屏蔽有效度下降，在一定程度上抵消了滤波器的作用并产生电磁干扰问题。

最简单、最直接的方法是合理安排电路元件，使接地回线保持最短最直，并尽可能不使这些线路相互交叉，以减少电流与线路之间的耦合。

4. 滤波

如果说屏蔽主要是解决辐射发射干扰的话，那么滤波主要是解决通过传导途径造成的干扰。当然，两者均涉及"连接"和"接地"技术。电磁干扰滤波器的有效性很大程度上受源阻抗和负载阻抗的影响。

在实际应用中，究竟选择什么形式的滤波电路，可以参考以下原则：如果滤波器准备接到两个方向均为低阻抗的线路中，则应选择包含更多串联部件的滤波电路(如 T 形滤波器)；反之，如果滤波器准备接到两个严重失配的阻抗之间，则可选择 L 形滤波电路，此时串联元件应面向系统的低阻抗一边。

在设计和选择滤波器时必须考虑滤波器输入与输出阻抗的匹配、滤波器要有足够的耐压强度、必须考虑滤波器的额定电流值及滤波器的高可靠性要求等。

6.1.3　热设计

制造电子器件时所使用的材料有一定的温度极限，当超过这个极限时，物理性能就会发生变化，器件就不能发挥它预期的作用。器件还可能在额定温度上由于持续工作的时间过长而发生故障，故障率的统计数据表明电子器件的故障与其工作温度有密切关系。由图 6.3 可以明显地看出温度对电子设备的可靠性起着重要的作用。

通常，在高温或负温条件下，电子产品的器件或电路容易发生故障。对温度最为敏感的器件是大量使用的半导体器件和电路。半导体器件故障率随温度的增加而指数上升，其性能参

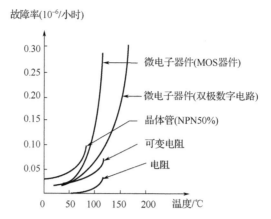

图 6.3　各种电子器件的温度与故障率的关系曲线

数，如耐压值、漏电流、放大倍数、允许功率等均是温度的函数。一般来说，其他器件的性能参数也都受温度的影响。

热设计主要考虑温度对产品的影响，通过器件的选择、电路设计及结构设计来减少温度变化对产品性能的影响，使产品能在较宽的温度范围内可靠地工作。一般散热的基本设计措施有如下几种。

1. 传导

在固体材料中认为热流是由分子之间相互作用产生的。传导散热的措施有选用导热系数大的材料制造传导零件；加大与导热零件的接触面积；尽量缩短热传导的路径，在传导路径中不应有绝热或隔热元件。

2. 对流

对流是固体表面与流体表面的热流动，有自然对流和强迫对流两种。在电子设备中流体通常指的是空气。对流散热的措施有加大温差，即降低周围对流介质的温度；加大流体与固体间的接触面积，如把散热器做成肋片等；加大周围介质的流动速度，使它带走更多的热量。

3. 辐射

热由物体沿直线向外射出去，这一过程称为辐射。辐射散热的措施有：在发热体表面涂上散热涂层；加大辐射体与周围环境的温度差，即周围温度越低越好；加大辐射体的表面面积。

在进行热设计时，可以根据电子产品或电子设备的使用情况计算发热量，如果自然散热不能保证电子产品在额定温度范围内工作，就需要选择合适的冷却方法。常用的冷却方法有自然冷却和强迫冷却两种。表 6.1 给出了普通冷却方法时每单位面积的最大热耗散量。

表 6.1　普通冷却方法时每单位面积的最大热耗散量

冷却方法	每单位传热面积的最大耗散量	
	瓦/平方米	瓦/平方英寸
周围空气的自由对流和向周围的辐射(自然冷却)	800	0.5
撞击(强迫空气冷却)	3000	2

续表

冷却方法	每单位传热面积的最大耗散量	
	瓦/平方米	瓦/平方英寸
空气冷板式冷却	16000	10
向液体的自由对流	500	0.3*
液压冷板式冷却	160000	1000
蒸发	5×10^7	30000

* 表面与液体之间每℃温差的最大耗散量

如果设计电路板，需要考虑元件的位置和布局。由于工作温度受设备内元器件安排的影响，因此从热设计考虑，为达到最高的可靠性，应按下述基本原则安排元器件的位置和布局。

(1)发热元器件的位置应安排尽可能分散，如不要使热敏感元器件靠近热点、不要使热敏感或高发热元器件相互靠近，对于自由对流冷却设备，不要将元器件正好放在高发热元器件的上方，而要在水平面上交错放置等。

(2)为尽量提高组件的可靠性，元器件在布局上应使温度敏感元器件处于温度最低的区域。

(3)对于冷壁冷却的电路插件，应使敏感元器件靠近插件边缘。

在元器件安装方面，热设计的目的是尽量减小外壳与散热器之间的热阻，具体原则有：

(1)为尽量减小传导热阻，应采用短通路。

(2)为尽量减小热阻，应加大安装面积。

(3)为尽量减小热阻，采用热导率高的材料。

(4)当利用接触界面时，尽可能增大接触面积，以减小接触热阻。

6.2　机械产品的可靠性设计方法

对于机械产品，其可靠性一般受环境的影响不大，而是与其工作条件、使用载荷有关。通常，机械产品所承受的载荷比较苛刻，应力因素多种多样，如过载、疲劳、磨损、变形、腐蚀、老化、冲击、振动、温度、潮湿、沙尘、盐雾都会造成诸如卡死、断裂、磨损、疲劳、蠕变、剥落、腐蚀、点蚀等破坏性故障和如性能不稳、性能下降、能量耗损过大、温度过高、泄漏过大、抖动、噪声过大等功能性故障。由此可见，无论系统是由什么样的产品组成的，越来越恶劣的工作环境，越来越小的规定体积和重量，越来越复杂的系统构成及越来越高的可靠性要求都迫切要求产品从设计一开始就要贯彻可靠性设计思想，以解决上述问题并满足系统的可靠性要求。

目前，常用传统的机械设计方法设计机械部件，这种传统设计方法是基于安全系数设计的，常规的设计方法认为只要在设计时选取安全系数大于 1 或考虑到所谓的安全贮备而选用高于某一个预想数值的安全系数就可以完全避免零件的故障。但事实上，由于材料性能的离散性和载荷应力的随机性，对于相同的安全系数，故障概率可以由低值变化到不许可的高值，因此传统的安全系数法并没有定量地从可靠性的角度去考虑和实施机械部件的设计。常规的安全系数法存在以下一些问题：

(1)常规设计方法没有真实体现强度和应力的变化。常规设计法忽视了强度和应力的随机性，把强度和应力看成是确定的量，这与真实情况不符。

(2)安全系数法并不一定安全。由于安全系数实质上是以材料强度均值比所受应力均值计算安全系数的，即$\eta = \mu_\delta / \mu_s$，所以当$\eta > 1$时并不能保证某零件材料的强度总是大于零件所受应力。如图6.4中的阴影部分即表示强度分布在该区内的值存在小于工作应力的可能性，此时将可能发生强度破坏。

(3)常规设计方法完全忽略了设计变量和参数的随机性这一重要的事实。

针对以上问题，一种以可靠性设计为主线的产品设计方法——概率设计方法应运而生。概率设计方法的基本思想就是充分考虑到设计变量和参数以及决定元件应力和强度的因素的随机性质，把零件的强度和应力看成随机变量的设计方法。就像一台液压泵的排量一样，可靠性也是元件或系统的一种固有属性，它标志着元件或系统在某一状态和时间内的工作能力。固有可靠性是指产品投入使用时所具有的可靠性水平，它是由设计、加工、安装、调试等工序可靠性水平综合构成的。生产可靠性水平往往取决于工业状况、生产技术、工艺水平、管理质量等诸多因素。因此很难在产品的设计中准确地定量评价，故常将设计可靠性视为固有可靠性。由于设计可靠性的指标决定了产品可能达到的最高可靠性水平，所以如何在设计阶段就能使产品达到较高的可靠度，或者如何在现在产品基础上改进设计，提高产品的固有可靠性尤为重要。

机械部件的寿命一般不完全服从指数分布。从试验数据分析，有些机械部件的寿命采用威布尔分布形式，这种分布主要描述的是机械零件的疲劳故障模式，如真空管失效和轴承失效等。机械部件的另一类常见的故障模式为磨损故障，如果磨损故障是影响机械零件或设备可靠性的主要因素时，部件的寿命分布常服从正态分布，如由于润滑不好、配对材料选择不佳、密封泄漏、高速或高温条件润滑情况恶化等原因引起的零件磨损故障模式。

可靠性设计是一种概率设计方法，它把机械部件材料的强度和部件所承受的应力随机化，认为机械产品的强度和应力具有自己的分布，而强度与应力之间的干涉关系用干涉理论来描述。因此，概率设计方法是一个全新的设计思路，它把固定量值的安全系数法发展为基于随机变量的统计方法，在设计时只采用所提供的材料强度的概率分布和针对某一工况的应力概率分布来计算的可靠度。研究机械部件可靠性常用的方法是基于概率设计的可靠性设计模型，该模型中认为部件的强度和所受应力均为一随机变量，它们之间的关系用干涉理论来解决。

如果考虑整个设计的可靠性程序，概率设计方法的步骤概括如下：

(1)确定设计对象及内容，并明确所包含的设计变量和参数；

(2)进行故障模式、影响和临界状况的分析；

(3)核实重要设计参数选择的正确性；

(4)阐述临界参数和决定故障的有关判据；

(5)确定导致故障的应力函数和应力分布；

(6)确定控制故障的强度函数和强度分布；

(7)对于每一种临界故障模式，计算控制这些故障分布的可靠度；

(8)根据要达到的可靠度目标重作设计；

(9)以成本和可靠度为综合目标进行可靠性优化设计。

可见，概率设计方法是一种符合实际情况的工程设计方法，它可以在零件设计阶段就给出定量的可靠性分析和评估。

6.2.1　静强度的可靠性设计

假设 δ 表示材料的强度，s 表示受到外界的应力，它们都是随机变量，密度函数分别为 $g(\delta), f(s)$。定义机械零件的可靠度为：

$$R = P(\delta > s) = P(\delta - s > 0) \tag{6.5}$$

即产品材料强度大于所受应力的概率。

假设应力随机变量的密度函数为 $f(s)$ 和强度随机变量的密度函数为 $g(\delta)$，图 6.4 是应力与强度之间的干涉关系示意图。

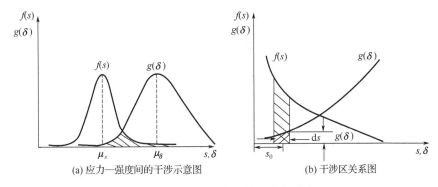

(a) 应力—强度间的干涉示意图　　　　　　　　　(b) 干涉区关系图

图 6.4　应力与强度间的干涉关系图

从图 6.4(a) 中可以看出，除了强度分布曲线下的阴影区域之外，强度 δ 的概率密度函数 $g(\delta)$ 下面的 δ 总是大于应力 s，这时零件不会发生破坏，或者说零件绝对可靠。而与故障相关的区域是阴影部分，它所表示的干涉分布区代表着故障概率，即在此区域内存在强度小于应力的可能性，它就是零件的不可靠度。

假设应力和强度随机变量不相关，把干涉分布区放大，应力值落于宽度为 $\mathrm{d}s$ 的小区间内的概率等于单元 $\mathrm{d}s$ 的面积，即：

$$P\left(s_0 - \frac{\mathrm{d}s}{2} \leqslant s \leqslant s_0 + \frac{\mathrm{d}s}{2}\right) = f(s_0)\mathrm{d}s \tag{6.6}$$

强度 δ 大于某一应力 s_0 的概率由下式给出：

$$P(\delta > s_0) = \int_{s_0}^{\infty} g(\delta)\mathrm{d}\delta \tag{6.7}$$

在应力和强度随机变量不相关的前提下，应力值位于小区间 $\mathrm{d}s$ 内，同时强度 δ 却超过在此小区间内所给出的应力。这一情况出现的概率为 $f(s_0)\mathrm{d}s\int_{s_0}^{\infty} g(\delta)\mathrm{d}\delta$，而对于应力 s 所有可能强度 δ 均大于应力 s 概率，所以零件可靠度是：

$$R = \int_{-\infty}^{\infty} f(s)\left[\int_{s_0}^{\infty} g(\delta)\mathrm{d}\delta\right]\mathrm{d}s \tag{6.8}$$

若反过来，接应力始终小于强度这一条件推导，可以得出另一等价形式：

$$R = \int_{-\infty}^{\infty} g(\delta)\left[\int_{-\infty}^{\delta} f(s)\mathrm{d}s\right]\mathrm{d}\delta \tag{6.9}$$

上述两式就是计算零件静态可靠度的一般公式，两式是完全等同的，可以互相变换。按不可靠度的定义，有如下计算式：

$$F = 1 - R = P(\delta \leqslant s)$$

分别将上式代入式(6.8)和式(6.9)，得到不可靠度相应的两个计算公式：

$$F = 1 - \int_{-\infty}^{\infty} f(s) \left[\int_{s_0}^{\infty} g(\delta) \mathrm{d}\delta \right] \mathrm{d}s = \int_{-\infty}^{\infty} G_\delta(s) f(s) \mathrm{d}s \tag{6.10}$$

和

$$F = 1 - \int_{-\infty}^{\infty} g(\delta) \left[\int_{-\infty}^{\delta} f(s) \mathrm{d}s \right] \mathrm{d}\delta = \int_{-\infty}^{\infty} [1 - F_s(\delta)] g(\delta) \mathrm{d}\delta \tag{6.11}$$

式中：

$$G_\delta(s) = \int_s^{\infty} g(\delta) \mathrm{d}\delta$$

$$F_s(\delta) = \int_{-\infty}^{\delta} f(s) \mathrm{d}s$$

以上计算式都需要事先根据试验及相应的理论分析，找出强度和应力的概率分布 $g(\delta)$ 及 $f(s)$，才能计算可靠度。当 $f(s)$ 或 $g(\delta)$ 为威布尔分布等较复杂分布形式时，所得的积分式难以用解析法求得结果，只有采用数值计算方法来求其近似解。

6.2.2 应力和强度分布及分布参数的确定

在可靠性设计中，只有已知零部件所用材料的强度概率分布和所受应力的概率分布，才可能计算出其设计零部件的可靠度，这是可靠性设计区别于传统设计方法的最基本点。试验表明，材料强度的概率分布一般符合正态分布规律，在一些文献和材料手册中还提供了这些分布的参数(均值 μ 和标准差 σ)。但是在多数情况下，我们不知道强度和应力的概率分布及其参数，这就给可靠性设计带来很大的困难。

在这种情况下，我们可以采用随机变量分布化处理方法来求取近似值。从概率论可知，若随机变量 X 具有数学期望 $E(X) = \mu$，方差 $\mathrm{Var}(X) = \sigma^2$。则对任意正数 a，不等式：

$$P\{|X - \mu| \geqslant a\} \leqslant \frac{\sigma^2}{a^2} \tag{6.12}$$

成立，这就是切比雪夫不等式。

切比雪夫不等式给出了随机变量 X 分布未知的情况下，事件 $|X - \mu| \geqslant a$ 的概率估计方法。如取 $a = 3\sigma$，则：

$$P\{|X - \mu| \geqslant 3\sigma\} \leqslant \frac{\sigma^2}{(3\sigma)^2} = \frac{1}{9} = 0.11 \tag{6.13}$$

说明任意分布规律的随机变量 X 的取值，落在 $\mu \pm 3\sigma$ 区间之外的概率上限不超过11%，这就是所谓的"3σ 原则"。

把"3σ 原则"应用到正态分布，可以发现随机变量落在 $\mu \pm 3\sigma$ 区间的概率达99.6%，即落在 $\mu \pm 3\sigma$ 区间之外的概率只有0.4%。因此，切比雪夫不等式及"3σ 原则"的概率估计值有一定的保守性。

根据这个原则，如果我们已知材料强度 δ（或应力和几何尺寸）的最大值和最小值，便可计算出材料强度的均值 μ_δ 和标准差 σ_δ：

$$\begin{cases} \mu_\delta = (\delta_{\max} + \delta_{\min})/2 \\ \sigma_\delta = (\delta_{\max} - \delta_{\min})/6 \end{cases} \tag{6.14}$$

通常在材料手册中只提供材料的抗拉强度极限 δ_B，而不知其均值和标准差，那么如何求系统的可靠性设计所需的均值和标准差呢？一般来说，材料的静强度符合正态分布规律，而手册中提供的强度极限 δ_B 是从一批试件中 90% 试件超过的强度值，其可靠度为 90%。但是，我们所要求的强度均值是对应于 50% 可靠度的，显然强度均值大于强度极限。如取 C 为标准差与均值之比 $C = \sigma_\delta / \mu_\delta$，则抗拉强度的均值 μ_{δ_B} 和标准差 σ_{δ_B} 可按下式计算：

$$\begin{cases} \mu_{\delta_B} = \delta_B/(1 - 1.282C) \\ \sigma_{\delta_B} = \mu_{\delta_B} C \end{cases} \tag{6.15}$$

式中的 C 被称为变异系数，可通过查表 6.2 给出，它是根据统计资料得到的。式中的 1.282 数值是可靠度 $R=0.90$ 时正态分布的分位点。

表 6.2　材料性能的变异系数 C

材料性质	变异系数 C
金属抗拉强度极限 δ_B	0.05～0.1
金属屈服强度 δ_s	0.05～0.1
钢材疲劳极限 δ_{-1}	0.05～0.1
焊接结构疲劳极限 δ_{-1}	0.05～0.15
钢的弹性模量 E	0.03
零件的疲劳强度极限 δ_{-1}	0.08～0.2

材料的疲劳强度均值 $\mu_{\delta_{-1}}$ 和标准差 $\sigma_{\delta_{-1}}$ 对机械零件中受交变载荷的部件可靠性设计是不可缺少的数据。以液压泵为例，当在材料手册中查不到液压泵的疲劳强度数据时，可根据材料的抗拉强度极限 δ_B，按下式来推算其疲劳强度均值 $\mu_{\delta_{-1}}$ 和标准差 $\sigma_{\delta_{-1}}$：

对碳素结构钢（$\delta_B < 650 \text{MPa}$）：

$$\mu_{\delta_{-1}} = 120 + 0.2\delta_B \tag{6.16}$$

对合金结构钢：

$$\mu_{\delta_{-1}} = 100 + 0.34\delta_B \tag{6.17}$$

而疲劳强度的标准差则为：

$$\sigma_{\delta_{-1}} = \mu_{\delta_{-1}} C_{\delta_{-1}} \tag{6.18}$$

例 6.2　国产某型轴向柱塞泵的关键零件材料 QAl9-4，20CrMnTi 和 38CrMoALA 的抗拉强度极限从手册上查得分别为 $\delta_B = 600 \sim 800 \text{MPa}$、1039MP 和 1000MPa，而查不到其他的数据。试求它们的抗拉强度均值和标准差，以及疲劳强度的均值和标准差。

解：对 20CrMnTi 和 38CrMoALA 两种合金钢材料，按式(6.15)、式(6.17)和式(6.18)，取变异系数 $C = 0.075$ 代入计算得到各值列于表 6.3。对于 QAl9-4，由于给出了 δ_B 的最大值和最小值，故按式(6.14)计算其抗拉强度的均值和标准差。又由于 QAl9-4 是青铜合金，不能利用式(6.16)来计算其疲劳强度均值及标准差，该数据可从材料手册中查得。

按从式(6.14)~式(6.18)计算和查手册得到疲劳强度均值和标准差的结果，均列于表6.3。

表6.3　某泵主体材料强度的均值和标准差 MPa

材料	抗拉强度的均值和标准差			疲劳强度的均值和标准差	
	δ_B	μ_{δ_B}	σ_{δ_B}	$\mu_{\delta_{-1}}$	$\sigma_{\delta_{-1}}$
QAl9-4	600~800	700	35.3	185	9.4
20CrMnTi	1039	1150	36.3	453	34
38CrMoALA	1000	1106	85.0	440	33

6.2.3　各类强度-应力分布的可靠度计算

机械元件的结构和工作环境是复杂多变的，其所受应力的概率分布也可能是多种多样的，下面介绍三种不同的强度-应力概率分布组合情况下可靠度的计算方法。

1. 强度均为正态分布

正态分布是经常出现的一种分布形式，机械元件大多服从这种分布形式。

应力 s 为正态分布时的概率密度函数为：

$$f(s) = \frac{1}{\sigma_s \sqrt{2\pi}} \exp\left[-\frac{1}{2}\left(\frac{s-\mu_s}{\sigma_s}\right)^2\right] \quad (-\infty < s < \infty) \tag{6.19}$$

强度 δ 为正态分布时的概率密度函数为：

$$g(\delta) = \frac{1}{\sigma_\delta \sqrt{2\pi}} \exp\left[-\frac{1}{2}\left(\frac{s-\mu_\delta}{\sigma_\delta}\right)^2\right] \quad (-\infty < \delta < \infty) \tag{6.20}$$

式中，μ_s, σ_s 分别为应力的均值和标准差；$\mu_\delta, \sigma_\delta$ 分别为强度的均值和标准差。

我们定义强度差：

$$y = \delta - s \tag{6.21}$$

显然 y 也是随机变量。按照概率论理论，两个服从正态分布的独立随机变量之差亦服从正态分布，且 y 的均值和方差为：

$$\begin{aligned} \mu_y &= \mu_\delta - \mu_s \\ \sigma_y &= \sqrt{\sigma_\delta^2 + \sigma_s^2} \end{aligned} \tag{6.22}$$

可靠度为：

$$R = P(y > 0) = \int_0^\infty \frac{1}{\sigma_y \sqrt{2\pi}} \exp\left[-\frac{1}{2}\left(\frac{y-\mu_y}{\sigma_y}\right)^2\right] \mathrm{d}y \tag{6.23}$$

做坐标变换，令 $z = (y - \mu_y)/\sigma_y$，则积分下限：

$$z = \frac{y - \mu_y}{\sigma_y} = -\frac{\mu_\delta - \mu_s}{\sqrt{\sigma_\delta^2 + \sigma_s^2}} \tag{6.24}$$

式 (6.23) 成为：

$$R = \frac{1}{2\pi} \int_{-z}^{\infty} \mathrm{e}^{-\frac{z^2}{2}} \mathrm{d}z = 1 - \phi(z) \tag{6.25}$$

显然随机变量 z 是标准正态变量，只需按式 (6.22) 计算出 z 值，然后查附录标准正态分布表即可求出不可靠度 $\phi(z)$ 值。

2. 应力和强度均为对数正态分布

应力和强度均为对数正态分布时，对数应力 $\ln s$ 和对数强度 $\ln \delta$ 以及其差值 $y = \ln(\delta / s) = \ln \delta - \ln s$ 都服从对数正态分布，按前面的推导方法可求出可靠度：

$$R = P(y > 0) = 1 - \phi \left[\frac{\mu_{\ln \delta} - \mu_{\ln s}}{\sqrt{\sigma_{\ln \delta}^2 + \sigma_{\ln s}^2}} \right] \tag{6.26}$$

其中，$\mu_{\ln s}, \mu_{\ln \delta}, \sigma_{\ln s}, \sigma_{\ln \delta}$ 分别为强度 δ 和应力 s 的对数平均值和对数标准差。根据对数分布的性质，有：

$$\begin{cases} \mu_{\ln \delta} = \ln \mu_{\delta} - \dfrac{1}{2} \sigma_{\ln \delta}^2 \\ \sigma_{\ln \delta} = \ln[(\sigma_{\delta} / \mu_{\delta})^2 + 1]^{1/2} \\ \mu_{\ln s} = \ln \mu_s - \dfrac{1}{2} \sigma_{\ln s}^2 \\ \sigma_{\ln s} = \ln[(\sigma_s / \mu_s)^2 + 1]^{1/2} \end{cases} \tag{6.27}$$

由式 (6.27) 计算出 $\mu_{\ln s}, \mu_{\ln \delta}, \sigma_{\ln s}, \sigma_{\ln \delta}$ 的值后，代入式 (6.24) 并查附录标准正态分布表即可求得应力和强度均为对数正态分布时的可靠度。

3. 应力和强度均为威布尔分布

威布尔分布也是经常呈现的一种分布形式，机械元件的疲劳强度一般都是威布尔分布。应力和强度为威布尔分布时的概率密度函数为：

$$f(s) = \frac{m_s}{\eta_s} \left(\frac{t - \gamma_s}{\eta_s} \right)^{m_s - 1} \exp \left[-\left(\frac{t - \gamma_s}{\eta_s} \right)^{m_s} \right] \quad (\gamma_s \leqslant s < \infty) \tag{6.28}$$

$$g(\delta) = \frac{m_{\delta}}{\eta_{\delta}} \left(\frac{t - \gamma_{\delta}}{\eta_{\delta}} \right)^{m_{\delta} - 1} \exp \left[-\left(\frac{t - \gamma_{\delta}}{\eta_{\delta}} \right)^{m_{\delta}} \right] \quad (\gamma_{\delta} \leqslant \delta < \infty) \tag{6.29}$$

式中，m_s, m_{δ} 分别为应力和强度分布的形状参数；η_s, η_{δ} 分别为应力和强度分布的尺度参数；$\gamma_s, \gamma_{\delta}$ 分别为应力和强度分布的位置参数。

将上述两概率密度函数代入可得不可靠度：

$$\begin{aligned} F &= \int_{-\infty}^{\infty} [1 - F_s(\delta)] g(\delta) \mathrm{d}\delta \\ &= \int_{\gamma_{\delta}}^{\infty} \exp \left[-\left(\frac{\delta - \gamma_s}{\eta_s} \right)^{m_s} \right] \frac{m_{\delta}}{\eta_{\delta}} \left(\frac{\delta - \gamma_{\delta}}{\eta_{\delta}} \right)^{m_{\delta} - 1} \exp \left[-\left(\frac{\delta - \gamma_{\delta}}{\eta_{\delta}} \right)^{m_{\delta}} \right] \mathrm{d}\delta \end{aligned} \tag{6.30}$$

作坐标变换 $y = \left[\dfrac{\delta - \gamma_\delta}{\eta_\delta}\right]^{m_\delta}$，上式成为：

$$F = \int_0^\infty \mathrm{e}^{-y} \exp\left\{-\left[\frac{\eta_\delta}{\eta_s} y^{\frac{1}{m_\delta}} + \left(\frac{\gamma_\delta - \gamma_s}{\eta_s}\right)\right]^{m_s}\right\}\mathrm{d}y$$

则可靠度为：

$$R = 1 - \int_0^\infty \mathrm{e}^{-y} \exp\left\{-\left[\frac{\eta_\delta}{\eta_s} y^{\frac{1}{m_\delta}} + \left(\frac{\gamma_\delta - \gamma_s}{\eta_s}\right)\right]^{m_s}\right\}\mathrm{d}y \tag{6.31}$$

上式中的积分式较复杂，只能借助计算机进行数值求解。

例 6.3　有一受拉杆件，载荷 P 的均值为 $\mu_P = 80000\mathrm{N}$，其标准差为 $\sigma_P = 6000\mathrm{N}$，杆件截面积 A 的均值为 $\mu_A = 4\mathrm{cm}^2$，其标准差为 $\sigma_A = 0.3\mathrm{cm}^2$，试求应力 s 的均值和标准差。

解：由于载荷 P 和截面积 A 均为正态分布，则其应力 $s = f(P,A) = P/A$ 也为正态分布，其均值为：

$$\mu_s = f(\mu_P, \mu_A) = \mu_P / \mu_A = 80000/4 = 20000\,\mathrm{N/cm}^2$$

标准差为：

$$\sigma_s = \sqrt{\sigma_P^2\left(\frac{\partial f(P,A)}{\partial P}\right)^2 + \sigma_A^2\left(\frac{\partial f(P,A)}{\partial A}\right)^2} = 1566\,\mathrm{N/cm}^2$$

6.2.4　与时间有关的应力-强度可靠性设计

前面讨论的都是静态应力-强度模型的可靠性设计，即把应力和强度都看作与时间无关的随机变量。但在老化、循环损伤和累积损伤的情况下，必须考虑应力的反复交变循环作用及强度随时间的变化，因为绝大多数机械产品是在变载荷下工作的，并且当材料受到交变载荷的作用时会使材料因疲劳而破坏。进行疲劳强度概率设计时，除了要找出零部件上最危险的部位，求出工作应力的分布，更重要的是要得到零部件的疲劳强度分布。通过疲劳试验，可以得到材料的应力水平与到达破坏的循环数之间的关系曲线，又称 S-N 曲线，如图 6.5 所示。例如，对液压泵来说，由于工况的改变，其柱塞、缸体等部件会产生不同的应力水平，而且在每一应力水平下，每转都会产生一次应力循环。对材料的强度来说，由于受到老化、循环损伤和累积损伤，其疲劳强度将随着时间而下降。这就必须把时间因素考虑进去，而不能简单地使用静态应力-强度模型来计算。考虑与时间变化有关的模型通常称为应力-强度-时间模型。

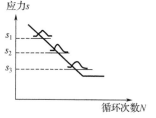

图 6.5　应力水平、循环次数与材料极限的关系

图 6.5 给出一个零件在不同的应力水平下，其应力循环次数与材料的疲劳极限的相互关系。图中标出的疲劳极限（疲劳寿命）是个正态随机变量，斜直线是其均值。由图可见，应力水平及循环次数所构成的循环累积损伤，降低了材料的疲劳强度极限。由于零部件的疲劳强

度不仅取决于材料特性，还与外载荷的情况密切相关，所以反映零部件疲劳强度的参数较多，使得疲劳强度的概率设计比静强度设计要复杂得多。要想按照应力-强度-时间模型来计算设计的可靠度，必须已知应力随时间(或循环次数)的变化规律和强度随时间的变化规律。

设某一零件的初始应力服从均值 μ_{s_0} 和标准差 σ_{s_0} 的正态分布，已经观察到应力随时间变化服从下列规律：

$$s_i = s_0 + ki \quad (i = 1, 2, \cdots) \tag{6.32}$$

式中，s_0 为初始应力；s_i 为第 i 次循环的应力；k 为比例系数。

零件材料的强度也是正态分布的随机变量。初始强度的均值为 μ_{δ_0}，标准差为 σ_{δ_0}，强度的退化规律为：

$$\delta_i = \delta_0 - k'i \quad (i = 1, 2, \cdots) \tag{6.33}$$

式中，δ_0 为初始强度；δ_i 为第 i 次循环的强度；k' 为比例系数。

零件在 n 次循环后，应力服从均值为 μ_{s_n}、标准差为 σ_{s_n} 的正态分布，强度服从均值为 μ_{δ_n}、标准差为 σ_{δ_n} 的正态分布，应用式(6.24)的耦合方程得：

$$z = -\frac{\mu_{\delta_n} - \mu_{s_n}}{\sqrt{\sigma_{\delta_n}^2 + \sigma_{s_n}^2}} \tag{6.34}$$

查附录正态分布表得不可靠度 $\phi(z)$，进而得到零件的可靠度 $R = 1 - \phi(z)$。

需要指出的是，应力和强度随时间变化的情况多种多样，可以根据具体情况加以分析和计算。这里使用的"应力"和"强度"是广义的，"应力"可以是导致零件故障的任何因素，"强度"则表示阻止零件故障发生的任何因素。

例 6.4　已知某零件所受的初始应力服从均值为 $\mu_{s_0} = 70\text{MPa}$ 和标准差为 $\sigma_{s_0} = 3\text{MPa}$ 的正态随机变量，已经观察到应力随时间变化服从式(6.32)的线性规律，其中 $k = 0.001\text{MPa}/$ 循环。零件材料的强度也是正态分布的随机变量，初始强度的均值为 $\mu_{\delta_0} = 95\text{MPa}$，标准差为 $\sigma_{\delta_0} = 4\text{MPa}$，强度的退化规律服从式(6.33)的线性规律，其中 $k' = 0.0001\text{MPa}/$ 循环，试求 10000 次循环后的可靠度。如果应力水平不随时间而增长，始终保持在 $\mu_{s_0} = 70\text{MPa}$，强度仍按上述呈线性下降，求 2×10^5 次循环后的可靠度。

解：把以上参数代入式(6.34)的耦合方程得：

$$z = -\frac{\mu_{\delta_n} - \mu_{s_n}}{\sqrt{\sigma_{\delta_n}^2 + \sigma_{s_n}^2}} = -\frac{(95 - 0.0001 \times 10000) - (70 + 0.001 \times 10000)}{\sqrt{3^2 + 4^2}} = -2.8$$

查标准正态分布表得到不可靠度 $F = \phi(z) = 0.00256$，故可靠度为 $R = 1 - F = 0.99744$。

如果应力水平不随时间而增长，强度仍按上述呈线性下降，则耦合方程为：

$$z = -\frac{\mu_{\delta_n} - \mu_{s_n}}{\sqrt{\sigma_{\delta_n}^2 + \sigma_{s_n}^2}} = -\frac{(95 - 0.0001 \times 2 \times 10^5) - 70}{\sqrt{3^2 + 4^2}} = -1.0$$

查标准正态分布表得到不可靠度 $F = \phi(z) = 0.1587$，故可靠度为 $R = 1 - F = 0.8413$。可见由于疲劳强度随着循环次数增多而下降，使零件的可靠度大为降低。

6.2.5　机械磨损量与其寿命的关系

在机械设计中，有许多机械零件如轴承、齿轮、密封圈、活塞环、离合器以及过盈连接等，它们构成不同形式的摩擦副，在外力作用下，有的还受热力、化学和环境变化的影响，经过一定时间的磨损而故障。目前对磨损的机理尚不成熟，但可以肯定的是磨损量 w 是随着时间的增加而增大的，并且材料的磨损量和一定磨损量下的耐磨寿命服从随机的统计分布。试验和统计资料表明机械产品的磨损量和耐磨寿命服从正态分布、对数正态分布以及威布尔分布。设磨损量的概率密度函数为 $f_t(w)$，耐磨寿命密度函数为 $f_w(t)$，各函数的下角标分别表示给定的寿命或给定的磨损量。

假设磨损量的变化具有稳定性磨损过程，即磨损量与时间呈线性关系：

$$w = w_0 t \tag{6.35}$$

其中，w_0 为单位时间的磨损量。

磨损量的单位可以是磨损尺寸或磨损体积，当零件的累积工作时间达到 t 的可靠度为：

$$R(t) = P[t(w) > t] = \int_t^\infty f_w(t) \mathrm{d}t \tag{6.36}$$

其中，$t(w)$ 为零件磨损量为 w 条件下的耐磨寿命。

假设 $f_w(t)$ 服从正态分布，即：

$$f_w(t) = \frac{1}{\sqrt{2\pi}\sigma_t} \mathrm{e}^{-\frac{1}{2}\left[\frac{t-\mu_t}{\sigma_t}\right]^2} \tag{6.37}$$

用 $z = \dfrac{t - \mu_t}{\sigma_t}$ 置换成标准正态分布：

$$R(t) = \int_z^\infty \frac{1}{\sqrt{2\pi}} \mathrm{e}^{-\frac{u^2}{2}} \mathrm{d}u = 1 - \phi(z) \tag{6.38}$$

其中，μ_t, σ_t 分别为平均耐磨寿命和耐磨寿命标准差。

同样，如果给定规定时间 t，按照磨损量分布密度预计零件的可靠度，那么在规定允许磨损量 w 时：

$$R(t) = P[w(t) < w^*] \tag{6.39}$$

其中，$w(t)$ 是到达 t 使零件的累积磨损量；w^* 是磨损失效阈值。

假设给定时间 t 的磨损量密度函数 $f_t(w)$ 服从正态分布，即：

$$f_t(w) = \frac{1}{\sqrt{2\pi}\sigma_w} \mathrm{e}^{-\frac{1}{2}\left[\frac{w-\mu_w}{\sigma_w}\right]^2} \tag{6.40}$$

用 $z = \dfrac{w - \mu_w}{\sigma_w}$ 置换成标准正态分布：

$$R(t) = \int_0^z \frac{1}{\sqrt{2\pi}} \mathrm{e}^{-\frac{u^2}{2}} \mathrm{d}u = \phi(z) \tag{6.41}$$

其中，μ_w, σ_w 分别为平均磨损量和磨损量标准差。

以上分析为理想情况，通常零件磨损量按照要求给定时间有一个允许的磨损分布 $f_t(w^*)$，然而在实际的试验结果中，这种实测到 t 时间的磨损分布是服从另外参数的正态分布 $f_t(w)$。

这两种正态分布的均值和标准差分别为 μ_{w^*}, σ_{w^*} 和 μ_w, σ_w，要求在任何情况下在 t 时间内满足 $w(t) < w^*(t)$，这种情况类似于强度可靠性的干涉情况，随机变量 $y = w - w^* > 0$ 的概率，即可靠度在 t 时间为：

$$R(t) = P(w - w^* > 0) = 1 - \phi(z) \tag{6.42}$$

其中，$z = -\dfrac{\mu_{w^*} - \mu_w}{\sqrt{\sigma_{w^*}^2 + \sigma_w^2}}$。

例 6.5　由试验数据统计知道，浮动花键轴在工作到 $t = 60\,\text{h}$ 时，磨损量的平均值为 $\mu_w = 552.88\,\mu\text{m}$，标准差为 $\sigma_w = 14.57\,\mu\text{m}$，设计上允许零件的磨损量为 $w^* = 600 \pm 60\,\mu\text{m}$，试计算工作到 60h 时的零件可靠度。

解：首先计算出：

$$z = -\frac{600 - 552.88}{\sqrt{14.57^2 + 20^2}} = -1.9043$$

查标准正态分布表得到：

$$\phi(-1.9043) = 0.0284$$

故耐磨可靠度为：

$$R(t) = 1 - \phi(-1.9043) = 0.9716$$

6.2.6　机械产品老化过程的可靠度

研究机械产品随使用时间的变化，估计零件损伤过程随时间的发展速度，对解决机械产品的可靠性设计问题十分重要。老化是不可逆过程，老化包括脆性、韧性破坏、变形、材料性能变化、腐蚀、黏附、表面性能变化(如硬度、粗糙度等)和磨损等，老化的过程就是机器出故障前的物理化学过程。为了描述老化零件的可靠性，首先必须研究由老化而产生的机械损伤，记 $U(t)$ 为零件的损伤值，它一般是时间的函数，如果用 $\gamma(t)$ 表示零件的损伤速度，它与损伤值的关系为：

$$U(t) = \int_0^t \gamma(u)\mathrm{d}u \tag{6.43}$$

当损伤值超过允许范围时，零件则发生故障，由于零件故障的原因各有差别，所以以 $U(t)$ 也是十分复杂的，有线性损伤过程或非线性损伤过程。这里假设磨损是线性增长的，则：

$$U(t) = kt \tag{6.44}$$

其中，$\gamma(t) = k$ 为过程进行速度，一般应看作服从正态分布，即：

$$f(\gamma) = \frac{1}{\sqrt{2\pi}\sigma_\gamma} \mathrm{e}^{-\frac{1}{2}\left(\frac{\gamma - \mu_\gamma}{\sigma_\gamma}\right)^2} \tag{6.45}$$

如果磨损允许的最大值为 $U_{\max}$ 是根据产品正确工作条件来规定的，当 $U(t) = U_{\max}$ 就达到了极限状态，对应于使用周期 T 是随机变量 γ 的函数，即：

$$T = \varphi(\gamma) = U_{\max} / \gamma \tag{6.46}$$

则产品的平均使用寿命为:

$$\mu_T = \frac{U_{max}}{\mu_\gamma} \tag{6.47}$$

从概率论知道已知随机变量 γ 的密度函数后,可以计算随机变量 T 的密度函数,即:

$$f(T) = f[\varphi(T)]|\psi'(T)| \tag{6.48}$$

式中, $\psi(T)$ 是 $\varphi(\gamma)$ 的反函数; $\psi'(T) = \mathrm{d}\psi/\mathrm{d}T$,代入求得产品使用寿命的密度函数为:

$$f(T) = \frac{\mu_T}{\sqrt{2\pi}C} \cdot \frac{1}{T^2} \mathrm{e}^{-\frac{1}{2}\left(\frac{T-\mu_T}{TC}\right)^2} \tag{6.49}$$

式中, $C = \sigma_\gamma/\mu_\gamma$ 为变异系数; σ_γ 为损伤过程的标准差。于是很容易得到产品能工作到时间 T 的可靠度:

$$R(T) = 1 - F(T) = 1 - \int_0^T f(T)\mathrm{d}T$$

为了计算方便,引入无量纲量 $\tau = \frac{T}{\mu_T}, z = \frac{1-\tau}{C\tau}$,代入上式得:

$$R(T) = 1 - \int_\infty^{\frac{1-\tau}{C\tau}} \sqrt{2\pi}\,\mathrm{e}^{-\frac{z^2}{2}}\mathrm{d}z = \phi\left(\frac{1-\tau}{C\tau}\right) \tag{6.50}$$

或得到:

$$R(T) = \phi\left(\frac{U_{max} - \mu_\gamma T}{T\sigma_\gamma}\right) \tag{6.51}$$

此结果与磨损故障情况式(6.40)一致,描述了产品渐发性故障的形成过程及分布情况,如图 6.6 所示。

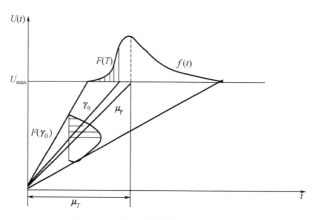

图 6.6　给定产品渐发性故障的形成

由图 6.6 可知, γ 值超过 $\gamma_0 = U_{max}/T$ 的概率为 $F(\gamma_0)$,与故障概率 $F(T)$ 存在直接关系。如果考虑老化过程速度 γ 服从正态分布,则:

$$F(\gamma_0) = \phi\left(\frac{1-\tau}{C\tau}\right) - 1 = F(T) \tag{6.52}$$

6.3　液压泵的可靠性设计示例

至此我们可以来探讨一个完整的液压元件的可靠性设计问题。它既包括了零部件的可靠性设计与整机可靠度的关系问题,也包括了强度-应力模型和强度-应力-时间模型的可靠性设计方法问题。这里以液压元件中结构比较复杂的轴向柱塞泵作为示例。

某斜盘式轴向柱塞泵,排量 $q = 40\text{ml/r}$,额定转速 $n = 2500\text{r/min}$,额定工作压力为 $p = 21\text{MPa}$ 。其主体部件所选用的材料是:缸体与滑靴为 QAl9-4,柱塞与配流盘为 20CrMnTi,斜盘为 38CrMoAlA。该泵在某一批次产品的出厂试验中,发现有少数出现缸体-配流盘摩擦副或滑靴-斜盘摩擦副的"粘铜"早期故障。合格产品在使用中或在台架试验中,其磨损量也较大,但从未发生过部件的疲劳失效。

现要求对该泵的主体部件和整机的原设计进行可靠度复核(或称作设计的可靠度预测),如复核发现原设计可靠度不满足要求,试按目标可靠度 $R^* = 0.99$ 来改进原泵的设计。

这概括了可靠性设计的两种类型:

(1)已知设计参数和结构尺寸,对设计的固有可靠度进行预测。

(2)给定目标可靠度和设计参数,设计出满足这一可靠度要求的结构尺寸。

构成轴向柱塞泵的零部件很多,没有必要对每一个零部件都进行可靠度设计或预测,例如受力很小从不会发生故障的部件(壳体等)以及外购的标准件(轴承、弹簧、密封件等)。我们要进行的是泵的主体部件,尤其是易故障的薄弱环节的关键零部件的可靠性设计。由于液压泵的主要失效模式是疲劳失效和磨损失效,下文将分部件计算。

6.3.1　缸体疲劳可靠度

1.　缸体危险断面上的应力分布

通过对柱塞泵的缸体采用有限元计算的结果表明,缸体的最大应力点在高低压柱塞缸孔间最小截面(即两缸孔中心连线上的高压孔侧),并认为采用厚壁圆筒简化模型法计算的结果接近于有限元应力分析结果,具有较高的精度。下面采用厚壁圆筒简化模型法计算缸体危险断面上的应力分布。

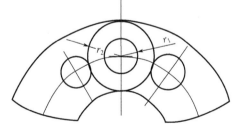

图 6.7　厚壁圆筒简化模型

如图 6.7 所示,按弹性理论并考虑各缸孔之间的干涉,经整理得缸孔内壁的最大应力。图中 r_1, r_2 分别为厚壁圆筒的内、外半径; p 为工作压力; $n = r_2 / r_1$,对于该泵 $n = 1.358$; $1/m$ 为泊松比,QAl9-4 青铜 $1/m = 0.35$,则:

$$s_{\max} = p\sqrt{\frac{4(n^2+1)^2}{(n^2-1)} - 2\left(1 + \frac{1}{m}\right)\frac{n^2+3}{n^2-1}} \tag{6.53}$$

对于该泵上式可简化为:

$$s_{\max} = 5.47p \tag{6.54}$$

柱塞泵正常工作时，缸体所受交变应力为脉动循环应力，即循环特性 $r = s_{\min} / s_{\max} = 0$。因不是对称循环 $(r = -1)$，所以需要计算出工作应力均值和标准差。

该泵额定压力为 $p = 21\text{MPa}$，如设计中允许泵在额定工况工作时，因各种因素影响压力产生 $\pm 10\%$ 的偏差，即允许该泵额定工况工作时压力在 $p = 21 \pm 2.1\text{MPa}$ 内变动。由式 (6.54) 及 "3σ" 原则得到缸体所受最大拉应力 $s_{\max}$ 及标准偏差 $\sigma_{s_{\max}}$ 为：

$$(s_{\max}, \sigma_{s_{\max}}) = (5.47p, 5.47p \times 0.1 / 3) = (114.87, 3.829)\text{MPa}$$

平均应力均值及应力幅均值为：

$$\mu_{s_m} = \frac{(s_{\max} + s_{\min})}{2} = \frac{1}{2} s_{\max} \tag{6.55}$$

$$\mu_{s_a} = s_{\max} - \mu_{s_m} = \frac{1}{2} s_{\max} \tag{6.56}$$

取变异系数 $C_{s_m} = C_{s_a} = C_{s_{\max}} = \sigma_{s_{\max}} / s_{\max}$，则有：

$$\begin{cases} \sigma_{s_m} = \mu_{s_m} C_{s_m} = \sigma_{s_{\max}} / 2 \\ \sigma_{s_a} = \mu_{s_a} C_{s_a} = \sigma_{s_{\max}} / 2 \end{cases} \tag{6.57}$$

工作应力均值为：

$$\mu_s = \sqrt{\mu_{s_m}^2 + \mu_{s_a}^2} = \frac{\sqrt{2}}{2} s_{\max} \tag{6.58}$$

工作应力标准差：

$$\sigma_s = \sqrt{\frac{\mu_{s_m}^2 \sigma_{s_m}^2 + \mu_{s_a}^2 \sigma_{s_a}^2}{\mu_{s_m}^2 + \mu_{s_a}^2}} = \frac{1}{2} \sigma_{s_{\max}} \tag{6.59}$$

即工作应力的均值及标准偏差为：

$$(\mu_s, \sigma_s) = (81.225, 1.915)\text{MPa}$$

2. 缸体疲劳强度分布

该泵关键零部件的材料主要为 QAl9-4、20CrMnTi 和 38CrMoAlA，在机械材料手册中查得上述材料的抗拉强度 δ_B，并由经验公式计算出均值和标准差。但其中的 QAl9-4 为青铜合金，不能按经验公式计算 $\mu_{\delta_{-1}}$，由手册直接查得 $\mu_{\delta_{-1}} = 185\text{MPa}$，其对应的循环次数 $N = (4 \sim 5) \times 10^7$，即已考虑到随着时间 (循环次数) 的增加，疲劳强度的下降。缸体 (材料为 QAl9-4)，其疲劳强度极限及标准差为：

$$\begin{cases} \mu_{\delta_{\lim}} = \sqrt{\mu_{\delta_m}^2 + \mu_{\delta_a}^2} \\ \sigma_{\delta_{\lim}} = \frac{\mu_{\delta_{\lim}} - \delta_{\lim}}{3} \end{cases} \tag{6.60}$$

式中，$\mu_{\delta_m} = \dfrac{-\text{tg}\theta \cdot b + \sqrt{(\text{tg}\theta \cdot b)^2 + 4\mu_{\delta_B}^2}}{2}$；$\mu_{\delta_a} = \mu_{\delta_m} \text{tg}\theta$；$\delta_a = \delta_m \text{tg}\theta$；$\delta_{\lim} = \sqrt{\delta_m^2 + \delta_a^2}$；

$\delta_m = \dfrac{-\text{tg}\theta \cdot b + \sqrt{(\text{tg}\theta \cdot b)^2 + 4(\mu_{\delta_B} - 3\sigma_{\delta_B})^2}}{2}$；$b = \dfrac{\mu_{\delta_B}^2}{\mu_{\delta_{-1}}}$；$b_1 = \dfrac{(\mu_{\delta_B} - 3\sigma_{\delta_B})^2}{\mu_{\delta_{-1}} - 3\sigma_{\delta_{-1}}}$；$\text{tg}\theta = \dfrac{1-r}{1+r}$。把有关

数据代入以上表达式得：

$$(\mu_{\delta_{\lim}}, \sigma_{\delta_{\lim}}) = (245.54, 12.26)\text{MPa}$$

　　计算强度时还应考虑应力集中、绝对尺寸及表面质量对疲劳强度的影响。大量实验发现，如果柱塞泵缸体发生疲劳失效，则疲劳裂纹源将产生于缸体孔底的尖角过渡处(如图 6.8)，缸体配油表面可明显见到裂纹(A 点)，分析认为主要原因就在于缸体孔底的尖角过渡处造成严重应力集中。因此，对于该缸体也必须考虑应力集中的影响，但对应于图 6.8 结构的应力集中系数在手册上没有给出，不过青铜强度 δ_B 较低，可减缓应力集中效应，参照有关资料设计时取应力集中系数 $K_\delta = 2.5$。该泵缸孔内径为 19mm、光洁度较高，对于内径较小、光洁度较高的孔，计算可忽略尺寸系数 ε_δ 及表面质量系数 β 的影响(即 $\varepsilon_\delta = \beta = 1$)。因此得考虑应力集中缸体的疲劳极限及标准差为：

$$(\mu_{\delta_{\lim k}}, \sigma_{\delta_{\lim k}}) = \left(\frac{\mu_{\delta_{\lim}} \sigma_\delta \beta}{K_\delta}, \frac{\varepsilon_{\delta_{\lim}} \varepsilon_\delta \beta}{K_\delta} \right) = (98.216, 5.904)\text{MPa}$$

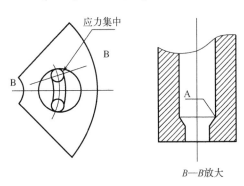

图 6.8　缸体疲劳裂纹源

3. 缸体疲劳可靠度

由上述求得的强度和应力分布参数可求出正态随机变量：

$$z = \frac{\mu_{\delta_{\lim k}} - \mu_s}{\sqrt{\sigma_{\delta_{\lim k}}^2 + \sigma_s^2}} = \frac{98.216 - 81.225}{\sqrt{4.904^2 + 1.915^2}} = -3.23 \tag{6.61}$$

由 z 查标准正态分布表，可求得不可靠度：

$$F = P(t < z) = 0.0006$$

所以，缸体疲劳可靠度完全达到要求，其值为：

$$R_1 = 1 - F = 0.9994 \tag{6.62}$$

6.3.2　柱塞疲劳可靠度

1. 柱塞疲劳的应力分布

柱塞疲劳断裂往往发生在薄弱部位——柱塞颈部，如图 6.9 所示的是柱塞 A-A 横截面。

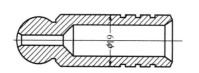

图 6.9　柱塞危险横截面

斜盘反作用力 F 在柱塞球头中心产生轴向分力 F_p 和径向分力 F_r。

轴向分力 F_p 在 $A\text{-}A$ 横截面产生的压应力 s_1 及其标准差 σ_{s_1} 为：

$$(s_1,\sigma_{s_1}) = \left(\frac{1.06pA}{A'},\frac{1.06p\times10\%\times A}{A'\times3}\right) = \left(\frac{1.06\times21\times19^2}{10^2},\frac{1.06\times2.1\times19^2}{10^2\times3}\right) = (80.36,2.68)\text{MPa}$$

式中，A,A' 分别为柱塞横截面面积和柱塞颈横截面面积；p 为工作压力。径向分力 F_r 在柱塞颈 $A\text{-}A$ 横截面产生的最大弯曲应力（压应力）$s_{\max}$ 及其标准差 $\sigma_{s_{\max}}$ 为：

$$(s_{\max},\sigma_{s_{\max}}) = \left(\frac{F_r\mathrm{tg}\beta\cdot D/2}{0.1d'^3},\frac{F_r\cdot10\%\cdot\mathrm{tg}\beta\cdot D/2}{0.1d'^3\times3}\right) = (163.72,5.46)\text{MPa}$$

式中，$F_p=1.06pA$，$F_r=F_p\mathrm{tg}\beta$（β 为斜盘最大倾角）。

对于基本函数 $Y=X_1+X_2$，其均值为 $\mu_Y=\mu_{X_1}+\mu_{X_2}$，标准差 $\sigma_Y=\sqrt{\sigma_{X_1}^2+\sigma_{X_2}^2}$。则柱塞颈 $A\text{-}A$ 横截面上的最大压力 $s_{\max}$ 及其标准差 $\sigma_{s_{\max}}$ 为：

$$(\mu_{s_{\max}},\sigma_{s_{\max}}) = \left(s_1+s_{\max},\sqrt{\sigma_{s_1}^2+\sigma_{s_{\max}}^2}\right) = (245.59,6.10)\text{MPa}$$

参照缸体应力分布求法可得柱塞颈 $A\text{-}A$ 横截面的工作应力均值及标准差为：

$$(\mu_s,\sigma_s) = \left(\frac{\sqrt{2}}{2}s_{\max},\frac{1}{2}\sigma_{s_{\max}}\right) = (173.66,3.05)\text{MPa}$$

2. 柱塞的强度分布

参照有关资料，得柱塞颈 $A\text{-}A$ 横截面的 $K_\delta=2.2$，$\varepsilon_\delta=0.99$，$\beta=0.88$。按缸体疲劳强度求法，并考虑 $K_\delta,\varepsilon_\delta,\beta$ 的影响，计算柱塞颈的疲劳极限均值及其标准差为（对应于 $N=10^7$ 循环疲劳强度）：

$$(\mu_{\delta_{\lim}},\sigma_{\delta_{\lim}}) = (223.23,17.84)\text{MPa} \tag{6.63}$$

所以可求得 $z=-2.74$，查附录标准正态分布表得 $F=0.0031$，即柱塞疲劳可靠度为：

$$R_2=0.9969 \tag{6.64}$$

也满足可靠性设计要求。

6.3.3　滑靴耐磨可靠性设计

1. 原设计滑靴的耐磨可靠度复核

这里采用广义的 (pv) 表示"应力"，[pv] 表示强度。

1）"应力"（pv）的设计

原设计该泵滑靴与柱塞的几何结构尺寸如图 6.10 所示。为了计算"应力"（pv）函数值，需要对摩擦副进行接触应力和线速度分布分析。滑靴的负载由液压压紧力 F_p、弹簧力、惯性力、摩擦力和液压反推力 F_w 五部分组成。按经验公式滑靴和斜盘间的剩余压紧力可近似取：

$$N = 1.06F_p - F_w \tag{6.65}$$

则滑靴底面的接触应力为：

$$p = \frac{N}{A} = p\left[1.06 \times \frac{\pi d^2}{4\cos\beta} - \frac{\pi}{2}\frac{r_1^2 - r_2^2}{\ln(r_1/r_2)}\right] / [\pi(r_1^2 - r_2^2)] = \left[\frac{1.06d^2}{4\cos\beta(r_1^2 - r_2^2)} - \frac{1}{2\ln(r_1/r_2)}\right]p$$

又通过滑靴的运动学分析，求得滑靴的滑动线速度为：

$$V_{\max} = \omega(r + r_1\cos\beta - l\sin\beta)/\cos\beta$$
$$V_{\min} = \omega(r - r_1\cos\beta + l\sin\beta)/\cos\beta$$

所以，应力函数成为：

$$(pv)_{\max} = \frac{\omega \cdot p}{\cos\beta}\left[\frac{1.06d^2}{4\cos\beta(r_1^2 - r_2^2)} - \frac{1}{2\ln(r_1/r_2)}\right] \times (r + r_1\cos\beta - l\sin\beta)$$

$$(pv)_{\min} = \frac{\omega \cdot p}{\cos\beta}\left[\frac{1.06d^2}{4\cos\beta(r_1^2 - r_2^2)} - \frac{1}{2\ln(r_1/r_2)}\right] \times (r - r_1\cos\beta + l\sin\beta) \tag{6.66}$$

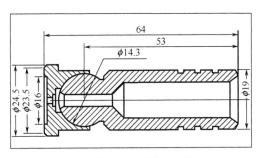

图 6.10　泵的柱塞-滑靴几何结构尺寸

柱塞半径 $d = 19\text{mm}$，斜盘最大倾角 $\beta = 19.5°$，滑靴密封带外圆半径 $r_1 = 11.75\text{mm}$，滑靴密封带内圆半径 $r_2 = 8\text{mm}$，滑靴球窝中心到斜盘的距离 $l = 64 - 53 = 11\text{mm}$，缸体分布圆半径 $r = 28.5\text{mm}$。把这些数据代入式（6.66）简化为：

$$(pv)_{\max} = 2.651 \times 10^{-3} p\omega$$
$$(pv)_{\min} = 1.468 \times 10^{-3} p\omega$$

则应力（pv）分布均值为：

$$\mu_{(pv)} = [(pv)_{\max} + (pv)_{\min}]/2 = 2.06 \times 10^{-3} \mu_p\mu_\omega \tag{6.67}$$

令 $K = 2.06 \times 10^{-3}$，则 $\mu_{(pv)} = K\mu_p\mu_\omega$。

设计时允许该泵额定工况工作时压力在 $21\pm2.1\text{MPa}$、旋转角速度在 $261.8\pm26.18\text{rad/s}$ 内变动，则有 $\mu_p = 21\text{MPa}$，$\sigma_p = 2.1/3 = 0.7\text{MPa}$，$\mu_\omega = 261.8\text{rad/s}$，$\sigma_\omega = 26.18/3 = 8.727\text{rad/s}$。

则应力 (pv) 均值及标准差为：

$$\mu_{(pv)} = K\mu_p\mu_\omega = 11.322\,\mathrm{MPa}\cdot\mathrm{m/s}$$

$$\sigma_{(pv)} = K\sqrt{\mu_p^2 s_\omega^2 + \mu_\omega^2 s_p^2 + s_p^2 s_\omega^2} = 0.535\,\mathrm{MPa}\cdot\mathrm{m/s}$$

2)"强度"[pv]的设计

允许(强度)[pv]值对于配对材料 QAl9-4 与 20CrMnTi，QAl9-4 与 38CrMoAlA 组成的摩擦副，可如表 6.4 所示。

表 6.4　[pv]的均值和标准差　　　　　　　　（单位：MPa·m/s）

配对材料	均值 $\mu_{[pv]}$	标准差 $\sigma_{[pv]}$
QAl9-4 与 20CrMnTi	12.81	0.87
QAl9-4 与 38CrMoAlA	9.15	0.62

滑靴-斜盘配对材料为 QAl9-4 与 38CrMoAlA，由此可得：

$$z = -\frac{\overline{[pv]} - \overline{(pv)}}{\sqrt{\sigma_{[pv]}^2 + \sigma_{(pv)}^2}} = -\frac{12.81 - 11.322}{\sqrt{0.87^2 + 0.535^2}} = -1.457 \tag{6.68}$$

由 z 查标准正态分布表，可求得不可靠度 $z = F = P(t < z) = 0.073$，所以，滑靴耐磨可靠度为 $R_3 = 1 - F = 0.927$。显然，这个可靠度是不能令人满意的，需要对滑靴进行重新设计。

2. 滑靴耐磨可靠度设计

由于此例的应力的分布律是不可改变的，所以只有降低 (pv) 值以提高可靠度。在一定的工况及泵总体结构尺寸不变的情况下，(pv) 值只是滑靴底密封面内、外沿半径 r_1、r_2 的函数，增大 r_1 或减小 r_2 都会降低 (pv) 值。但是，结构尺寸的改变往往还受到一些因素的制约，如 r_1 的增大使滑靴尺寸增大，这往往受到总体结构的限制而且还带来用料增加、成本增高的问题；而 r_2 减小较大，对液压泵这种高压流体机械来说也是不适宜的，因为这会造成密封带过宽，密封面下压力场分布不充分，容易引起滑靴的"塌边"，再仔细分析式(6.66)，其中一项是 r_1/r_2 的单调减函数，这说明增大半径比 r_1/r_2 并不能十分有效地降低 (pv) 值。

通过上述分析，迫使我们寻求更加有效的降低 (pv) 值的方法，这要求我们在不改变 r_1, r_2 的条件下增大支撑面积以降低 p 值，所以我们设计了在滑靴密封带内增加内辅助支撑的方案，如图 6.11 所示。

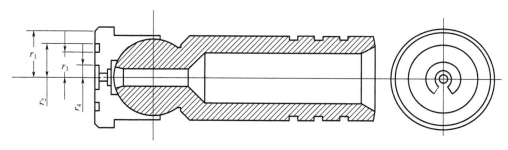

图 6.11　滑靴新结构

在这个设计下，由于除增加 r_3, r_4 外其他参数均不改变，则类似式(6.66)的推导方法，可求出此时的"应力"函数的表达式为：

$$\mu_{(pv)}^* = \frac{0.1524}{74 + r_3^2 - r_4^2} \mu_p \mu_\omega = \frac{837.86}{74 + r_3^2 + r_4^2} = \mu$$

$$\sigma_{(pv)}^* = K \sqrt{\mu_p^2 \sigma_\omega^2 + \mu_\omega^2 \sigma_p^2 + \sigma_p^2 \sigma_\omega^2} = \frac{39.55}{74 + r_3^2 - r_4^2} = 0.0472\mu \tag{6.69}$$

对于部件斜盘与滑靴，这对摩擦副设计时分配给它的可靠度 $R_3' = 0.999$ 是必要的。则查正态分布表当 $F_3' = 1 - R_3' = 0.001$ 时，可得 $z = -3.1$。即：

$$-3.1 = -\frac{12.81 - \mu}{\sqrt{0.87^2 + (0.472\mu)^2}}$$

解得 $\mu_1 = 9.759, \mu_2 = 16.423$。显然，由于 $\mu_2 > \mu_{(pv)}$ 是不合适的解，所以 $\mu = \mu_1 = 9.759$ 代入式 (6.69)，得方程：

$$r_3^2 - r_4^2 - 11.855 = 0 \tag{6.70}$$

从表面上看，这个方程是不可解的，事实上根据滑靴这个特殊的问题，为了使其密封带的压力场容易建立，r_3 应比 r_2 小 1～2mm，我们取 $r_3 = 7\text{mm}$，则由式(6.70)可解得 $r_4 = 6.1\text{mm}$。

考虑到内辅助支撑面应有一定的宽度，另外辅助支撑面上还有一通油口(见图 6.11)，因此取 $r_4 = 4\text{mm}$。

3. 柱塞-缸孔耐磨可靠度计算(复核)

分析柱塞-缸孔受力可知，最大 (pv) 值应出现在缸孔外边缘上。参照滑靴原结构耐磨可靠度计算的步骤，求得均值 $\mu_{(pv)} = 7.22\text{MPa·m/s}$，标准差 $\sigma_{(pv)} = 0.314\text{MPa·m/s}$。缸孔-柱塞配对材料为 QAl9-4 与 20CrMnTi，由表 6.4 知，$\mu_{[pv]} = 9.15\text{MPa·m/s}, \sigma_{[pv]} = 0.62\text{MPa·m/s}$，得 $z = -2.728$。查标准正态分布表柱塞-缸孔耐磨可靠度为 $R_4 = 0.9968$，满足要求。

6.3.4　缸体-配流盘耐磨可靠性设计

1. 缸体-配流盘原设计的耐磨可靠度

原设计的缸体-配流盘摩擦副，是采用剩余压紧力法设计的，通过受力分析，求得缸体端面外边缘任-固定点的 (pv) 应力均值为：

$$\mu_{(pv)} = 12.62 \times 10^{-3} \mu_p \mu_\omega = 14.4\text{MPa·m/s}$$

缸体-配流盘配对材料为 QAl9-4 与 20 CrMnTi，由表 6.4 可以得知，$\mu_{[pv]} = 9.15\text{MPa·m/s}$。由此可见，应力均值 $\mu_{(pv)} > \mu_{[pv]}$ (极限强度均值)，由应力-强度干涉模型理论可知，这对摩擦副已不符合可靠性要求，结构设计是失效的，因此必须对这对摩擦副重新设计。

2. 缸体-配流盘耐磨可靠性设计

为了提高该缸体-配流盘摩擦副的耐磨可靠度，对这对摩擦副进行了优化设计，设计成全周槽多油腔间歇供油配流摩擦副，其结构如图 6.12 所示。在新结构的优化设计中，为了保证支承系统的稳定性和抗磨粒磨损能力，规定了第一约束条件 $h_{\min}=h_m-\Delta h/2\geqslant[h_{\min}]$。也就是摩擦副运转过程中形成的最小油膜厚度 $h_{\min}$ 大于允许最低油膜厚度 $[h_{\min}]$，而设计时取 $[h_{\min}]=10\mu m$。

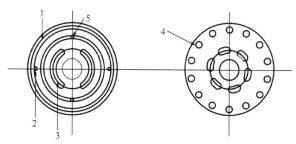

图 6.12　全周槽多油腔间歇供油配流摩擦副
1-三角阻尼槽　2-通油孔　3-排油腔　4-开关盲孔兼平衡油腔　5-卸荷孔

由此可见，新结构的缸体-配流盘摩擦副理论上不存在直接的金属接触，因此接触应力 $P=0$，即 (pv) 应力为零。所以从应力-强度干涉理论出发，理论上认为这对摩擦副不存在金属直接磨损问题，也就是说新结构的缸体-配流盘摩擦副的理论耐磨可靠度为 $R_5'=1$。

6.3.5　可靠性设计前后泵的可靠度计算

轴向柱塞泵是由缸体、柱塞、滑靴、配流盘等关键部件组成的系统，只要有一个故障，该泵就丧失规定功能而故障，因此把轴向柱塞泵看作是一个串联系统。

前面已经计算出该泵原设计各关键零部件、摩擦副的可靠度。可以看到，缸体-配流盘这对摩擦副是该泵最薄弱的环节，由于这一环节(结构设计上)处于失效状态，故从串联系统可靠度模型可知，该系统也处于失效状态，已不存在可靠度数量概念。所以，从可靠度角度出发，认为该泵在设计上是不及格的。

采用可靠性设计的该泵，缸体、柱塞的疲劳可靠度预测值分别为 $R_1=0.9994,R_2=0.9969$，滑靴-斜盘、柱塞-缸孔、缸体-配流盘这三对摩擦副的耐磨可靠度分别为 $R_3'=0.999$，$R_4=0.9968,R_5'=1$，则由串联可靠度模型得采用可靠性设计的该泵的可靠度预测值 R_s 为：

$$R_s=R_1\cdot R_2\cdot R_3'\cdot R_4\cdot R_5'=0.992 \tag{6.71}$$

由于目标可靠度 $R^*=0.99$，可见改进设计后的轴向柱塞泵的可靠度预测值 $R_s>R^*$，因此满足可靠性设计要求。

线 上 习 题

[6.1]　检索国内外相关资料，简要说明飞机飞控系统主要组成部分可靠性设计的思路和相关方法。

[6.2]　面向疲劳、磨损和老化失效机理，如何对飞机液压泵开展可靠性设计和安全性评价？

线 下 习 题

6.1　某钢制拉杆，承受的工作应力 $x_1=\sigma\sim N(400,40^2)\,\mathrm{N/mm^2}$，屈服强度 $x_s=\sigma_s\sim$

$N(510,36^2)\,\text{N/mm}^2$，求不发生屈服失效的可靠度。

6.2　某静定梁受最大弯矩 M 服从指数分布，最大弯矩均值 $\bar{M}=800\,\text{N·m}$；临界极限弯矩 M_F 服从正态分布，均值 $\bar{M}_F=20000\,\text{N·m}$，标准差 $s_{MF}=2000\,\text{N·m}$，求梁不失效的可靠度。

6.3　某构件承受的应力服从正态分布，$\bar{x}_1=100\,\text{N/mm}^2$，$s_1=10\,\text{N/mm}^2$；强度服从威布尔分布，$m=3,\ t_0=50\,\text{N/mm}^2$，$\gamma=200\,\text{N/mm}^2$，求可靠度。

6.4　已知应力的变异系数 $V_{x_1}=0.08$，强度的变异系数 $V_{x_s}=0.05$，要求可靠度 $R=0.99$，分别按应力和强度都服从正态分布，都服从对数正态分布，以及安全系数服从正态分布三种情况分别求所需的可靠安全系数 n_R。

参 考 文 献

高镇同，傅惠民. 1985. 疲劳强度的频率分布和疲劳强度特征函数[J]. 机械强度，(2):29-36.

高镇同，熊峻江. 2000. 疲劳可靠性[M]. 北京: 北京航空航天大学出版社.

李玉华. 1989. 应力和强度均为二维正布分布时的可靠性模型及可靠度计算[D]. 上海: 上海工业大学.

凌树森. 1981. 可靠性理论及其在机械工程中的应用[J]. 力学季刊，(2): 60-61.

盛骤. 2001. 概率论与数理统计. 第三版[M]. 北京: 高等教育出版社.

王超. 1992. 机械可靠性工程[M]. 北京: 冶金工业出版社.

徐灏. 1979. 疲劳强度的可靠性设计[J]. 东北工学院学报，(2): 85-94.

徐灏. 1981. 疲劳强度设计[M]. 北京: 机械工业出版社.

徐灏. 1994. 概率疲劳[M]. 沈阳: 东北大学出版社.

张翔伦，李哲. 2007. 基于适航标准的飞控系统设计要求分析[C]//中国国航空学会 2007 年学术会议，深圳.

Ang H S, Tang W H . 1975. Probability Concepts in Engineering Planning and Design[M]. New York: Wiley.

Freudenthal A M, Garrelts J M, Shinozuka M. 2015. The Analysis of Structural Safety[C]// Selected Papers by Alfred M Freudenthal.

Freudenthal A M . 1974. The safety of structures[J]. Transactions on ASCE, 112:125-180.

Haugen E B . 1968. Probabilistic Approaches to Design[M]. New York: Wiley.

Kapur K C, Lamberson L R. 1984. 工程设计中的可靠性[M]. 北京: 机械工业出版社.

Robson J D . 1984. Probabilistic methods in the theory of structures[J]. Journal of Sound and Vibration, 92(4): 612-613.

Sheikh A K, Younas M, Ahmad M. 1986. A comparative study of reliability models in fatigue life prediction[J]. Research in the Mathematical Sciences, 19(3): 189-218.

 **拓展阅读**

飞机结构的疲劳试验

飞机结构疲劳试验是模拟飞行中所受的空气动力等真实载荷情况、在地面进行的全尺寸结构疲劳试验，揭示结构在实际使用条件下的本质问题。飞机结构疲劳试验是一种实物试验，通过遍布机体的加载点对结构物理地施加变化的载荷，测量结构的性能，从而对飞机结构的承载能力、疲劳寿命等做出正确的评估，为飞机的设计定型和改进提供可靠的依据。

飞机结构疲劳试验

全机结构试验是飞行器首飞前的必经之路，是伴随飞行器正常服役全过程的守护神。"全机结构试验系统"，一直受到航空航天强国的高度重视和大量投入，更是飞行器地面试验领域的皇冠。国外经过长期积累，技术基础和试验能力都非常强，A380 的全机疲劳试验仅用了26 个月，而我国新舟 600 全机疲劳试验估计需用 6 年才能完成，国内关键结构试验仪器设备全部依赖进口，长期被国外垄断，而且核心技术对我国限制使用，急需在关键核心技术与集成创新上取得突破。

基于适航标准的飞控系统设计

美国联邦适航条例(Federal Aviation Regulations, FAR)中第 25 部分(PART 25)是针对货运飞机和大型客机的适航标准。25.143 条对飞行操纵系统要求：在飞机起飞、爬升、巡航到下降、着陆的全部飞行过程必须可以安全地操纵并可以安全地进行机动；在飞行状态改变或发动机故障情况下应能平稳过渡。因此，飞行控制系统应在全飞行包线内保证飞机安全，并对故障或控制模态转变造成的飞机瞬态应设置满足瞬态要求的瞬态控制，使飞机具有平稳的过渡过程。

适航条例分别对飞机全包线的操纵性和机动性、自动飞行控制功能和可靠性提出了相关要求。在安全性要求中，对容错功能提出的要求是：①系统至少配备三余度电源和液压源；②采用必要的防卡阻措施，即在操纵面卡阻时设计故障监测与隔离算法以及控制律重构策略；③电传飞控系统可以安全返场，电气故障下可以采用机械备份操纵装置及控制逻辑转换机构使飞机安全着陆;④系统应具有余度管理,故障监测、隔离和重构功能(FDIR)以及自检测(BIT)功能，实现系统的故障监测和隔离、故障处理和自动重构。

ARJ21 飞机

ARJ21(Advanced Regional Jet for 21st Century)支线客机是中国按照国际标准研制的具有自主知识产权的飞机，座级78座至90座,航程2225公里至3700公里,主要满足从中心城市向周边中小城市辐射型航线使用。2002 年 4 月 ARJ21项目经中国国务院批准立项，2005 年 5 月 ARJ21 项目可行性研究报告获中国国务院批复，2006 年 5 月 ARJ21 项目由详

细设计阶段转入全面试制阶段。2007 年 12 月 21 日，ARJ21-700 型飞机 101 架机在上海大场机场总装下线，2008 年 11 月 28 日 ARJ21-700 型飞机 101 架机在上海大场机场成功首飞。2010 年 1 月 14 日，ARJ21-700 型飞机第一项验证项目——高寒地面试验和高寒飞行试验成功。2011 年 4 月 9 日，ARJ21-700 型飞机 101 架机取证前静力试验任务完成，8 月 3 日，ARJ21-700 型飞机颤振试飞任务完成,通过了中国民用航空局和美国联邦航空局的联合审查。2012 年 2 月 14 日，ARJ21-700 型飞机获中国民用航空局颁发型号检查核准书，标志着 ARJ21项目正式进入型号合格审定试飞阶段。2014 年 12 月 30 日，ARJ21-700 型飞机获中国民用航空局型号合格证。2016 年 6 月 28 日，ARJ21-700 飞机首架交付机正式投入商业运行，12 月 7 日，ARJ21-700 飞机获得首个国外适航当局(刚果共和国)颁发的型号接受证。2020 年 7 月 20 日，国产飞机 ARJ21-700 运送旅客突破 100 万人次。

第7章 飞行控制系统可靠性设计方法

7.1 容错飞行控制系统安全性要求

根据飞机操纵系统的发展可见，电传操纵系统的可靠性是一个重要的问题，在飞机顶层设计时必须考虑。如何用由不太可靠的电子元部件构成高可靠高安全的电传操纵系统是飞机设计规范中对飞机操纵系统设计的主要要求。根据美国空军有人驾驶飞机飞行品质规范MIL-F-8785C，飞机操纵系统的性能分为5级（如图7.1所示），即正常工作状态、有限工作状态、最低安全性工作状态、可操纵至应急着陆状态和可操纵救生飞行状态。通过这5级状态，我们可以将飞行操纵系统性能和安全可靠性要求联系起来。

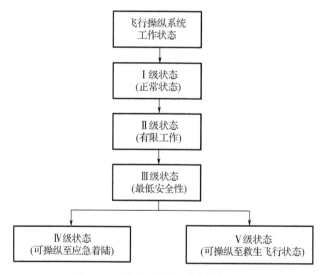

图 7.1 五级飞行操纵系统性能状态

根据飞行操纵系统的安全性设计规范 MIL-F-9490D，要求飞机操纵系统的安全性如表7.1所示。

表 7.1 飞机操纵系统飞行安全性要求

飞机类型	由于飞机操纵系统故障造成可接受的每次飞行飞机最大损失率
MIL-F-8785 中的Ⅲ型飞机	$Q_{S(FCS)} < 0.5 \times 10^{-6}$
所有旋翼飞机	$Q_{S(FCS)} < 2.5 \times 10^{-6}$
MIL-F-8785 中的Ⅰ，Ⅱ，Ⅳ型飞机	$Q_{S(FCS)} < 10 \times 10^{-6}$

目前，世界各国对电传操纵系统安全可靠性提出的指标一般是，军用飞机为 1.0×10^{-7}/飞行小时，民用飞机为 $(1.0 \times 10^{-9} \sim 1.0 \times 10^{-10})$/飞行小时，对于这样高的安全可靠性指标，要想

依靠单套含电气电子部件的控制系统来实现是不可能的。目前，单套电气控制系统的安全可靠性，仅能达到 $(1\sim2)\times10^{-3}$/飞行小时，与机械操纵系统相比要差上万倍。因此，提高电传操纵系统的可靠性以达到和超过机械操纵系统的可靠性指标是研制和开发电传操纵系统必须要首先解决的关键问题。

同理，根据飞机设计规范也可以给出其他机载系统的安全性要求如表 7.2 所示。

表 7.2　飞机其他机载系统的安全性要求

飞机机载系统	每次飞行最大飞机损失率
液压系统	$Q_{S(\text{Hydraulic Power})} < 0.546\times10^{-5}$
起落架系统	$Q_{S(\text{Landing gear})} < 0.78\times10^{-6}$
燃油系统	$Q_{S(\text{Fuel system})} < 0.273\times10^{-5}$
电源系统	$Q_{S(\text{Electrical system})} < 0.117\times10^{-5}$
飞行控制系统	$Q_{S(\text{FCS})} < 0.546\times10^{-5}$
刹车系统	$Q_{S(\text{Brake})} < 0.78\times10^{-6}$
仪器仪表	$Q_{S(\text{Instument})} < 0.39\times10^{-6}$
气动系统	$Q_{S(\text{Pneumatic})} < 0.39\times10^{-6}$
发动机系统	$Q_{S(\text{Enging})} < 0.624\times10^{-5}$

为了提高电传操纵系统的可靠性，最直观的解决方法是提高电传操纵系统各部件的可靠性，但通过这种方法提升的效果是有限的。据统计，电传操纵系统当部件可靠性达到一定程度后，想要提升可靠性一个数量级需要淘汰掉 95%的元部件，这是无法接受的。

为了提高系统的可靠性，在系统设计中可以采用以下两个办法：一个办法是尽可能选用高可靠性的单元组成系统，这是最节省资源的办法，也是常用的办法。但是这种办法一方面受到技术水平的限制，有时要达到高可靠性要求的单元需要花费大量的资源，例如，对于某集成电路，为了降低其故障率，使其达到 $\lambda = 5\times10^{-7}$/小时，就要淘汰 50%的组件；要达到 $\lambda = 2\times10^{-7}$/小时，就要淘汰 75%的组件；而要达到 $\lambda = 1\times10^{-7}$/小时，就要淘汰 90%的组件。这样一来，在元器件方面的费用就要成若干倍地增加，从而使系统的造价也大幅度提高，但故障率的降低并不明显。另一方面，对于由同样可靠性程度的单元组成的系统，系统越复杂，系统的可靠性越低。使这种复杂的系统达到高可靠性仅靠提高单元的可靠性是很难满足系统要求的，因此必须从系统的构成考虑，即采用第二个办法。第二个办法是增加一定数量的相同单元组成系统或采用多套相同的系统，即所谓冗余的方法，这种办法可以有效地提高系统的可靠性。目前这种冗余技术已在机载系统上，特别是在航空、航天飞机的机载系统中大量应用。例如航天飞机中的飞行计算机共采用四台同时工作，一台贮备的冗余，四台计算机中若发生一次故障，能自动将故障的一台脱开；如果发生二次故障，则可将贮备的计算机接上进行工作。又如飞机上的俯仰速率陀螺仪有四个，实际工作只需要一个，而其余三个作为冗余用。

当元件的可靠性提升到达极限后，如果想要提升飞机控制系统的可靠性，可以采用系统可靠性设计方法。主要包括余度技术、监控技术、故障诊断技术和容错控制技术等。由于飞行控制系统既包括硬件，也包括软件，本章仅介绍软硬件的余度技术和监控技术，故障诊断和容错控制技术在后续章节介绍。

7.2　余度技术

7.2.1　余度的定义

余度是需要出现两个或两个以上的独立故障，而不是一个单独故障，才会引起既定的不希望的工作状态的一种设计方法。余度可采用的方式：

(1)采用两个或两个以上的部件、分系统或通道，每个都能执行给定的功能；

(2)采用监控装置，它能检测故障，完成指示，自动切除或自动转换；

(3)采用上述两种方式的组合。

以上是美国军用标准 MIL-F-9490D 对余度的定义，由此定义可知，余度系统是指利用多余的资源来完成同一功能，当系统中的某一部分(或整机)出现故障时，可以由冗余的部分(或整机)顶替故障的部分(或整机)工作，以保证系统在规定的时间内正常地完成规定的功能，余度技术允许两个以上的故障。

7.2.2　余度设计的基本任务

余度设计的基本任务是确定出容错能力准则、选定部件的余度类型和等级、确定系统的余度配置方案和余度管理方法。

在进行余度设计之前，应先确定出容错能力准则，而容错能力准则是以满足任务可靠性和安全可靠性定量指标为目标，以最少的余度和复杂性为约束条件来确定的。过高的容错能力将降低基本可靠性，使维修任务和全寿命周期费用增加。

容错能力准则又可定义为余度等级，即允许系统或部件存在多少故障尚能维持系统或部件工作、安全的能力。如允许余度系统或部件有双故障-工作的能力，则容错能力准则表示为：故障-工作/故障-工作，简称 FO/FO。以此类推，功能不同、重要性不同的部件容错能力准则不同。表 7.3 所列为典型飞机的关键飞行控制系统的容错能力准则。

表 7.3　典型飞机飞行控制系统的容错能力

飞机机型	容错能力
FA-17	故障-工作/故障-工作 (FO/FO)
AFTI/F-16	故障-工作/故障-工作 (95%置信度) (FO/FO)
"美洲虎"	故障-工作/故障-工作 (FO/FO)
"狮"	故障-工作/故障-工作/故障-安全 (FO/FO/FS)
X-29A	故障-工作/故障-安全 (FO/FS)
F-15E	故障-工作/故障-安全 (FO/FS)

在容错能力准则确定后，余度设计的任务就是确定系统及部件的余度等级和型式、余度配置方案及余度管理方式。

7.2.3　余度技术的分类

1. 从余度的型式分类

余度的典型形式有：

1) 无表决无转换的余度结构

无表决无转换的余度系统是指当结构中任一部件故障时，不需要外部部件来完成故障的检测、判断和转换功能的系统，如串、并联系统。

2) 有表决无转换的余度结构

这种余度结构是指当结构中的一个部件或通道故障时，需要一个外部元件检测和作出判断(即表决)，但不常要完成转换功能的系统。如多数表决逻辑系统、多重线网络系统及编码余度系统等。

3) 有表决有转换的余度结构

这种结构是指当结构中的一个部件或通道故障时，需要一个外部元件检测、判断和转换到另一个部件或通道，以代替故障部件或通道的系统。如备份式余度、控制和双重余度等系统。

2. 从余度运行方式分类

从余度系统运行方式分，可以分为整机余度和分机余度，如图 7.2 所示。

1) 整机余度：各通道(分系统)中的部件为串联(无余度)，n 个单通道(分系统)并列运行(有余度)，最后一级设表决/监控面，按余度数、故障-工作等级进行表决输出所需信号。

2) 分机余度：表决/监控面不仅设在最后一级，前面的传感器及中间的计算机亦设有表决/监控面。n 个部件分段进行并列运行及表决，整个系统为串联运行形式，计算证明分机余度型式可靠性高于整机余度型式。

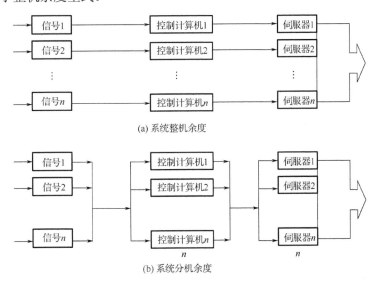

(a) 系统整机余度

(b) 系统分机余度

图 7.2　主动并列运行余度型式

3. 从余度结构分类

从余度的结构变化可划分为两类：静态余度技术和动态余度技术。

1) 静态余度技术

静态余度技术又称故障掩盖(Fault-masking)技术。它主要由三种技术组成：四重传输、

错误校正码和 $2N+1$ 多模余度技术，N 表示任意正整数，$2N+1$ 表示并联余度模块数，最常用的是三模余度表决系统。

静态余度技术的优点：当故障出现时，系统没有改错的行动，也不需对故障进行诊断和隔离，因为故障已被系统的结构所"掩盖"；从无余度系统转变为静态余度系统相对比较简单。

静态余度技术的缺点：需对所有余度模块提供能源；由于静态余度假定模块故障是相互独立的，因此没有故障隔离，这样当余度模块中任一模块出现灾难性故障时，会影响到其余模块；需供能源模块的增加，会造成系统输入和输出的负载问题；在 $2N+1$ 重表决系统中的表决器对故障较敏感，而且它的故障将导致系统的故障。

2）动态余度技术

动态余度技术与静态余度技术采用的硬件可以相同。但动态余度技术需要对故障进行检测、隔离、诊断和改正。故障检测可通过错误检测码、专门的测试程序或非法状态检测来完成。错误检测码类似于静态余度中的错误校正码。

动态余度一种是备用余度系统。当主模块故障时，通过故障检测装置检测出来并发出隔离信号至切换装置，将备用模块接入系统中替换故障模块。

动态余度系统的优点：仅需提供一个模块能源。故障模块被替换下来，可防止灾难性故障破坏整个系统工作；所有备份均可使用，备份的设计可修改，数量按任务可靠性来要求而不需改变系统设计。

动态余度的缺点：切换装置及故障检测装置中的任一故障，均会造成系统故障；在故障模块被替换前，通过故障模块传输的数据信息可能丢失；瞬时故障可能造成好的模块失去作用。

余度形式中的无表决无转换系统及有表决无转换系统应属于静态余度系统的范畴，有表决有转换的余度结构应属于动态余度系统。对于动态余度系统，在计算系统可靠度时，需考虑故障监控覆盖率。

7.2.4　余度系统设计

余度技术的采用是在提高系统可靠性的其他方法已用尽，或当元部件的改进成本高于使用余度技术时才唯一有用的方法。当采用余度技术来提高系统可靠性时，对所设计的余度系统一般应考虑以下几个问题：

（1）选择怎样的余度形式才能满足系统可靠性的要求。

（2）在一定的约束条件下（如成本、体积、重量、功耗等），如何设置最优的余度数以保证系统可靠性的要求。

（3）在组成余度系统的余度单元数量已确定的情况下，如何配置余度单元才能使系统的可靠性最优。

根据不同余度形式对系统可靠度的影响，来选择系统的余度型式。下面，我们通过几种典型的余度结构来说明余度技术与可靠性指标之间的关系。

1. 简单并联余度系统

对于简单并联余度系统，当附加余度单元超过一定数量时，可靠性的提高速度将会明显减慢，如图 7.3 所示。如果余度单元数量增加，则可靠性及平均无故障工作时间（MTBF）提高的速度减慢。如图 7.4 所示，增加一个余度单元所获得的可靠性最高，它等于系统的平均无故障工作时间增加 50%。因此，不是并联系统的单元越多越好，一般选用三至五个。

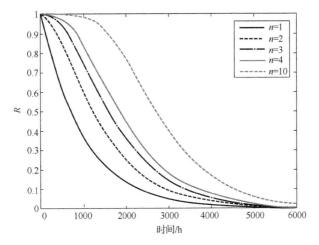

图 7.3　并联余度对系统可靠度的影响

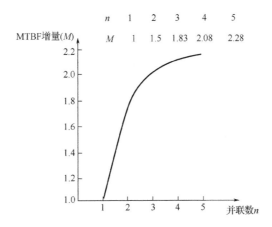

图 7.4　并联系统对 MTBF 的影响

2. 三模余度表决系统

三模余度表决系统(Triple Modularly Redundant System，TMR)，它是按三中取二表决结果输出的，当最多只有一个故障模块时，它能够可靠地工作。假设单模块的可靠度服从指数分布 $R = \mathrm{e}^{-\lambda t}$ 时，其可靠度表达式为：

$$R_{\mathrm{TMR}} = R^3 + 3R^2(1-R) = 3R^2 - 2R^3 = 3\mathrm{e}^{-2\lambda t} - 2\mathrm{e}^{-3\lambda t} \tag{7.1}$$

单模块和 TMR 系统的可靠度曲线如图 7.5 所示。由于可靠度曲线下的面积为系统的故障前平均工作 MTTF，代入平均寿命公式可以得到：

单模块的故障前平均工作时间：

$$\mathrm{MTTF} = \int_0^\infty \mathrm{e}^{-\lambda t}\mathrm{d}t = \frac{1}{\lambda} \tag{7.2}$$

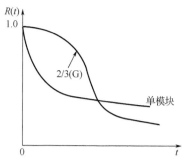

图 7.5　三模余度可靠度曲线

TMR 系统的故障前平均工作时间：

$$\text{MTTF} = \int_0^\infty (3e^{-2\lambda t} - 2e^{-3\lambda t})\mathrm{d}t = \frac{5}{6\lambda} \tag{7.3}$$

这一结果表明，三模余度表决系统采用了三倍多的资源，所得到的故障前平均工作时间反而比单模小。所以，从故障前平均工作时间来看，用三模余度好像不合算。然而由图 7.5 可以看出，采用了三模余度系统其可靠度已不再是简单的指数分布，它可以大大提高系统在任务时间内的可靠度（$R \approx 1$），由于产品对有多少时间处于极低的可靠度（$R \approx 0$）不感兴趣，因此故障前平均工作时间对应的可靠度很小已无参考价值。

因此，采用余度技术的目的是提高任务期间的可靠度，至于任务期后的时间的可靠度是无关紧要的。

当考虑表决器本身的可靠度 R_V 时，TMR 的可靠度表达式为：

$$R_{\text{TMR}} = (3R^2 - 2R^3)R_V \tag{7.4}$$

3. 三重（TDS）余度系统

对于高或超高可靠性要求的系统，如飞控系统要求达到 $10^{-7} \sim 10^{-9}$ / 小时 的故障率水平。一般的三模余度（TMR）或三模-单模（TSR）余度系统均难达到上述指标要求，因它们仅能实现单故障-工作的余度等级。因此，为了达到高可靠性要求，需采用较高等级的余度系统，如能实现双故障工作的三重（TDS）余度系统或四重余度系统（双故障工作、三故障安全）。

TDS 系统在三模块同时正常工作时，输出中值；一次故障后剩余两通道输出均值或按主-备式工作方式；二次故障后剩单通道仍可正常工作，此系统需有故障检测、隔离和重构、自监控等功能。

由图 7.6 可知，具有双故障-工作能力的三重数字飞控系统相当于三重余度系统。如不计检测转换等装置的可靠性时，取其仅在最后一级表决的数学模型，相当于并联系统，即 1/3（G）逻辑功能。三重余度系统可将系统可靠度提高、故障率降低数个数量级。

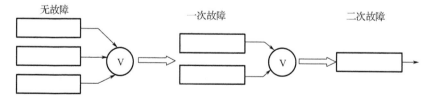

图 7.6　三重余度系统工作过程

例 7.1　三余度数字式电传飞行控制系统的传感器故障率 $\lambda_s = 70 \times 10^{-6}$ / 小时，计算机故障率 $\lambda_c = 570 \times 10^{-6}$ / 小时，伺服器故障率 $\lambda_A = 160 \times 10^{-6}$ / 小时，试计算该余度系统的安全可靠性及基本可靠性（MTBF）。

解：单通道故障率为 $\lambda = \lambda_s + \lambda_c + \lambda_A = 800 \times 10^{-6}$ / 小时

1）安全可靠度

设飞行任务时间 $t = 1\text{h}$，单通道可靠度为 $R(t) = e^{-\lambda t}$。若不计检测部件可靠度，仅在 E 点表决，实现双故障-工作，相当于整机余度三中取一系统，其数学模型：

$$R_s(t=1) = R^3 + 3R^2(1-R) + 3R(1-R)^2 = 3\mathrm{e}^{-\lambda t} - 3\mathrm{e}^{-2\lambda t} + \mathrm{e}^{-3\lambda t} \approx 1$$

$$\lambda_s(t=1) = -\frac{R_s'(t)}{R_s(t)} = \frac{3\lambda\mathrm{e}^{-\lambda t} - 6\lambda\mathrm{e}^{-2\lambda t} + 3\lambda\mathrm{e}^{-3\lambda t}}{3\mathrm{e}^{-\lambda t} - 3\mathrm{e}^{-2\lambda t} + \mathrm{e}^{-3\lambda t}} = 2.0 \times 10^{-9} / \mathrm{h}$$

$$\mathrm{MTTF} = \int_0^\infty R_s(t)\mathrm{d}t = \frac{3}{\lambda} - \frac{3}{2\lambda} + \frac{1}{3\lambda} = 2292\mathrm{h}$$

而单通道的安全可靠度和平均寿命为：

$$R(t=1) = \mathrm{e}^{-\lambda t} = 0.9992$$

$$\mathrm{MTTF} = \int_0^\infty R(t)\mathrm{d}t = \frac{1}{\lambda} = 1250\mathrm{h}$$

由此可见，采用三重余度可以大大提高系统的安全可靠度。如考虑检测部件的可靠度，系统可靠度将下降，故障率增加。

2) 基本可靠性（MTBF）

由基本可靠性计算公式得：

$$\mathrm{MTBF} = \frac{1}{\displaystyle\sum_{i=1}^m n_i\lambda_i} = \frac{1}{n(\lambda_s + \lambda_c + \lambda_A)} = \frac{1}{3\lambda} = 417\mathrm{h}$$

如考虑加电源、液压源等，数字飞控系统基本可靠性约为 200 余小时。

由以上计算结果可见，随着余度数的增加，基本可靠性 MTBF 将下降。因此，在提高系统任务或安全可靠性的同时，需要权衡基本可靠性指标和成本要求，采用最佳的余度数。

任务可靠性是从产品任务剖面期提出的指标要求，以便为产品的使用有效性分析提供依据；基本可靠性是从产品的寿命剖面期提出的指标要求，以便为寿命周期费用和后勤保障分析提供依据，它描述了产品维护水平的要求。由此可知，两者之间的数学模型是不同的，任务可靠性是根据实际系统有余度的情况按可靠性数学理论建模；基本可靠性是采用简单串联模型计算的。

4. 整机余度和分机余度

整机余度即以整个系统作为余度数，分机余度则以组成系统中的单元作为余度数。以双工系统为例，它们的可靠性框图如 7.7 所示。

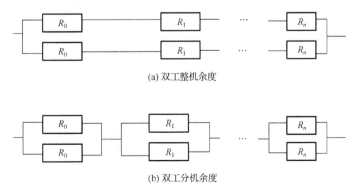

(a) 双工整机余度

(b) 双工分机余度

图 7.7 双工系统余度形式

设双工系统由 n 个相同的单元组成，单元的可靠度为 $R_i = R, i = 1, 2, \cdots, n$。当系统采用整机余度型式时，系统的可靠度为：

$$R_s^a(t) = R^n(2 - R^n) \tag{7.5}$$

当系统采用分机余度形式时，系统可靠度为：

$$R_s^b(t) = [1 - (1 - R)^3]^n \tag{7.6}$$

将式 (7.5) 和式 (7.6) 相比：

$$\frac{R_s^b(t)}{R_s^a(t)} = \frac{(2 - R)^n}{2 - R^n} > 1 \tag{7.7}$$

可见分机余度系统的可靠度大于整机系统的可靠度。由上式还可以看出，当余度数增加时，分机余度系统可靠度增长比整机余度系统快。另外，再从系统结构图可以看出对于分机余度系统只要存在从始端到终端的一条通路，系统就可靠；而对于整机余度，仅存在两条通路，这两条通路中任一单元同时故障，系统就故障。因此，分机余度形式比整机余度形式增加了生存通道，从而提高了系统的可靠性。

例 7.2 "土星五"（Saturn—Ⅴ）计算机采用 TMR 多级方案设计。Saturn—Ⅴ 计算机分成七段，每一段由三个相同的模块组成。为了使表决器不成为系统的薄弱环节，将每段的表决器(除最后一段外)亦重复三份，每段的表决器可看成该段的组成部分。试分析这种结构的优越性。

解： 假设整机的每一段(如图 7.8 所示)中的每个模块均服从以 λ' 为参数的指数分布，现用近似公式计算每一段的可靠度：

$$R_{\mathrm{TMR}} \approx 1 - (\lambda' t)^2 \tag{7.8}$$

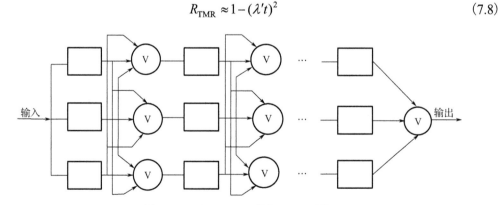

图 7.8 "土星五"计算机 TMR 结构

如果假设大致分成相等的七段，而全机的故障率为 λ。则每段的故障率应为全机故障率的 $1/7$，即 $\lambda/7$，每一段的可靠度为：

$$R_{\mathrm{TMR,每段}} \approx 1 - \left(\frac{\lambda t}{7}\right)^2 = 1 - \frac{3}{49}(\lambda t)^2$$

整机的可靠度为七段可靠度的乘积，即：

$$R_{\mathrm{TMR,7段}} \approx \left[1 - \frac{3}{49}(\lambda t)^2\right]^7 \approx 1 - \frac{3}{7}(\lambda t)^2$$

以上讨论忽略了表决器本身的故障率。由于表决器所需部件可能占全机的 10%，为此将 λ 乘以 1.1 倍代替全机的故障率。考虑到这种追加的故障率，上式变为：

$$R_{\text{TMR,7段}} \approx 1 - \frac{3.63}{7}(\lambda t)^2 = 1 - 0.52(\lambda t)^2 \tag{7.9}$$

这与不分段的式 (7.8) 相比，可靠度的提高量是相当大的。足见分机余度可靠度高于整机余度。

例 7.3　正常工作的惯性导航系统，通常需要三个加速度计沿机体三个主轴相互垂直安装，以便测量飞机沿三个主轴的加速度。为提高加速度计部分的可靠性，常用的余度技术有两种：①将三个加速度计作为一个敏感元件的"组件"（可看作分系统），采用两个"组件"同时工作，当其中一个组件出故障（即一个组件中有一个加速度计出故障或有两个加速度计出故障）时，该系统仍能正常工作，这种就是整机余度。②采用单元级余度，也就是采用三个以上的加速度计同时工作，当其中一个加速度计出故障时，系统仍能正常工作，这种即分机余度。试比较两种余度设计方案。

解：设单个加速度的可靠度为 $R_a(t)$，且单个加速度计的寿命按指数分布，其故障率为 λ_a，则单个加速度计的可靠度及平均寿命分别为：

$$R_{a0}(t) = e^{-\lambda_a t}$$
$$\text{MTBF}_0 = \frac{1}{\lambda_a} \tag{7.10}$$

仅三个加速度计工作时，只要其中一个加速度计出故障，系统就不能正常工作，这三个加速度计组成的分系统的可靠度及平均寿命分别可以用下式表示：

$$R_{a1}(t) = e^{-3\lambda_a t}$$
$$\text{MTBF}_1 = \frac{1}{3\lambda_a} \tag{7.11}$$

当把三个加速度计作为一个分系统时，该分系统的可靠度及平均寿命分别由式 (7.11) 表示。当采用"分系统"级冗余时，例如采用两个加速度计"组件"组成余度数为 1 的分系统，这时分系统的可靠度及平均寿命可按并联可靠性逻辑关系计算，即只要其中一个分系统正常工作，系统就能正常工作。其可靠度与平均寿命可按下式计算：

$$R_{a2}(t) = 2R_{a1}(t) + R_{a1}^2(t) = 2e^{-3\lambda_a t} - e^{-6\lambda_a t}$$
$$\text{MTBF}_2 = \frac{1}{2\lambda_a} \tag{7.12}$$

可见采用分系统余度可以提高系统的可靠度，并使采用六个加速度计组成具有一个余度分系统的加速度计分系统的平均寿命为原来的 1.5 倍。

单元级余度是采用比三个加速度计多的加速度计组成系统，只要其中三个加速度计正常工作时，系统就能正常工作。这种单元级余度的分系统从可靠性逻辑关系来考虑属于 $3/n(\text{G})$ 系统，即 n 个加速度计中只要三个加速度计是好的，分系统就正常。例如取 $n=4$，即四个加速度计组成分系统，则其可靠度计算式为：

$$R_{a3}(t) = 4e^{-3\lambda_a t} - 3e^{-4\lambda_a t}$$
$$\text{MTBF}_3 = \frac{7}{12\lambda_a} \tag{7.13}$$

由式(7.12)和式(7.13)的比较可见,采用四个加速度计的元件余度比采用六个加速度计的分系统级余度的可靠性提高的效果更显著,而且前者所采用的元件数量少,经济性好。

5. 非相似余度技术

在采用多通道方法构成余度系统时,如果各通道均采用相同的硬件和软件则容易发生共点(共因或共模)故障。非相似余度(Dissimilar Redundancy)技术就是采用完全不同的硬件和软件来组成余度通道,产生和监控飞行控制信号,从而可以避免多通道余度系统的共点故障,达到高的可靠性。例如,现代先进民用飞机要求电传操纵系统的失效故障概率达到 10^{-10}/飞行小时~10^{-9}/飞行小时,故常采用非相似余度技术。

例如 B777 飞机的主飞行控制计算机是三余度的,是由三个完全相同的数字主飞行操纵计算机构成的。每个主飞行计算机从三余度的 ARINC629 总线上接收信息,并完成控制律及余度管理的计算,但每条通道计算机的计算机指令仅送给三条总线不同的一条总线上,以防止共点故障。此外,每套主飞行计算机通道又包含三个数字计算机处理器,这些处理器均采用了非相似余度技术。三个处理器的硬件分别采用 AMD29050,Motorola 68040,Intel 80486。飞行软件是用 Ada 高级语言编写的,但是由三组不同的人员按非相似余度原则来编码。

A320 飞机的电子飞行控制系统也是非相似余度结构。该系统的计算机由两个独立系统组成:两台副翼/升降舵计算机,三台扰流片/升降舵计算机,五台计算机中的任一台均可控制飞机安全飞行。这两种计算机系统的硬件是不同的,前者是 Motorola 公司的 68000处理器,后者是 Intel 公司的 8000 处理器,这两套系统相互独立,相互间不传输信号。每台计算机又分为两个通道:一个通道产生控制指令并传递给舵机;而另一条通道,监控其结果。当两者计算结果不一致时,该台计算机被切除。每个通道采用不同的软件结构,控制指令用 Pascal 高级语言编程,监控通道则用汇编语言编程,并且每个通道均由不同人员独立开发。

7.3 余 度 管 理

余度设计的基本任务是确定合适的余度等级、余度配置方案及余度管理方式。余度技术的采用会使系统体积、重量、复杂性和设计时间增加,同时对性能也有影响。因此在满足飞行安全性和任务可靠性的基础上,对性能、维修性等其他要求应权衡考虑。

余度管理设计的目的是最大限度地提高完成任务的可靠性和飞行安全性,使系统在正常工作时高效率地运行;产生故障后,系统性能降低最少,并对故障瞬态提供保护。

余度管理设计的原则是:

(1)余度管理系统直接担负着保证飞机飞行安全的关键功能,因此,余度管理系统的硬件和软件必须经过充分的分析、试验验证和确认。

(2)余度管理是一个过程或方法,应是完全自动进行的,不需空勤人员重置或重新启动。

(3)监控器应最少,以减少复杂性和虚假性故障的概率,并且通过故障模式影响分析(FMEA)或故障模式影响试验(FMET)表明有必要时才设置。

(4)为了最大限度地利用工作资源,应尽可能地恢复已故障的部件。当通道故障时,应进行空中重新启动,如果成功,其他通道应允许其重新接通,但最终必须能将断续故障永久切除。

(5) 系统的最后重构应贯彻"永不放弃"的原则。"永不放弃"定义为：①无论什么时候，只要知道还存在有效的资源，就要让系统继续保持运行；②防止将有效的资源错误地否决；③能够从瞬态故障或错误中恢复。

(6) 余度管理系统应提供满足任务可靠性和飞行安全性定量要求的足够空中监控覆盖率。

(7) 应具有低的虚假故障率如低于 0.01。

余度管理应包括以下任务和内容：信号的选择(表决)和均衡；故障检测和隔离；系统重构；资源的恢复；跨通道数据传输；同步计算机的跨通道同步；输入输出信号的管理；作动器的管理；故障记录、处理和显示。

余度管理方式的优劣对余度系统的可靠性、重量、体积、复杂性、费用等起着决定性的作用，它是余度系统设计的核心。

7.3.1　余度等级

对电传飞行控制系统来说，余度是容易获得的，并且一般用来实现单故障和双故障-工作系统。按美国军标 MIL-F-9490D 规定，控制系统的最低余度等级如表 7.4 所示。

表 7.4　非机械操纵的最低余度等级

飞行控制系统重要性类别	最低余度等级
重要的	故障-工作
飞行阶段重要的	故障-消极保护
不重要的	故障-安全

实际上，由于特定实施过程中可靠性、飞行安全性或其他考虑，对于重要的和飞行阶段重要的控制系统来说，这些余度等级通常要提高一级。

(1) 对关键的飞控功能的余度等级如表 7.5 所示。

表 7.5　关键飞控功能的余度等级

	一般要求	最低要求
电气和电子部件	故障-工作/故障-工作	故障-工作/故障-安全
液压机械部件	故障-工作/故障-安全	故障-安全
机械部件	按损伤限要求	按损伤容限要求

(2) 对非关键飞控功能的余度等级如表 7.6 所示。

表 7.6　非关键飞控功能的余度等级

	一般要求	最低要求
电气和电子部件	故障-安全	

7.3.2　余度配置

余度系统设计的目的，除了提高安全可靠性和任务可靠性、实现特定的余度等级等考虑外，同时要兼顾基本可靠性。因此，为了满足上述要求而达到较高的故障覆盖率及降低技术水平，将是余度配置要解决的问题。主要考虑以下三个问题。

1. 余度数

目前余度数(部件级或整机级的)大多采用双余度、三余度及四余度，少数也有采取五余度或双-三余度。余度数的多少，主要从可靠性、重量、体积、费用及余度管理水平等权衡考虑。余度系统中各级部件的余度数不一定相同，可以对余度数进行最优设置。

通常，余度数不是越多系统的可靠性就越高。余度数增多，相应的检测、判断隔离和转换装置必然会增多。由于它们的串联可靠性影响，将使系统可靠性降低。因此，应注意保证可靠性的增加不被余度布局所需的这些装置所增加的故障率相抵消。另外，前面已分析过，余度数超过一定数量时，可靠性的提高速度大为减慢。

相同的余度数采用不同的余度管理方式，可获得大不相同的可靠性。先进的余度管理技术的采用，还可使达到同样可靠性指标及余度等级所需的余度数减小。如先进的综合飞行技术战斗机 AFTI/F-16 飞机，采用具有自检测、可重构的余度技术等，用三余度数字式系统即可完成与 F-16 飞机四余度模拟式系统同样的双故障-工作的余度等级，使余度数减少。典型飞机余度数见表 7.7 所示。

表 7.7　典型飞控系统的余度数

飞机型号(使用年代)	国别	系统类型	余度数	余度等级	备份系统
"协和"客机(1969)	英、法	模拟	4	双故障-工作	机械式
"猎人"飞机(1972)	英	模拟	4	双故障-工作	机械式
F-8(1972)	美	数字	1	故障-安全	模拟式
F-4SFCS(1974)	美	模拟	4	双故障-工作	直接连接
"狂风"(1974)	英、意、西德	模拟	4	双故障-工作	机械式
CCV YF-16(1974)	美	模拟	4	双故障-工作	无
CCV F-4(1976)	美	模拟	4	双故障-工作	直接电气连接
F-8V(1976)	美	数字	3	单故障-工作	模拟式

2. 表决/监控面的设置

余度系统往往是采用多级多重余度部件组成的。余度配置任务之一就是确定在哪一级采用表决监控面较为合适。如图 7.9，可在 A、B、C、D、E 处设表决/监控面，但实际系统却是有选择地设置。

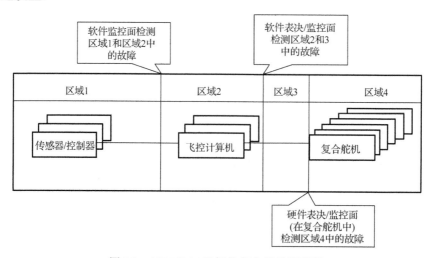

图 7.9　AFTI/F-16 飞机的表决/监控面配置

设置表决/监控面的原则：

1）满足系统可靠性指标要求

一般分机余度可靠性高于整机余度，表决监控面的设置正是将余度系统分为若干级使生存通路增多，可靠性提高。但要受到检测转换部件故障率的限制。因此，不是表决/监控面越多越好，特别是模拟式，如果增加表决/监控面将会成倍地增加硬件。

2）满足部件级（可更换故障单元级）故障-工作的容错能力的要求

有的余度系统，特别是数字式系统，要求部件也具有双故障-工作的容错能力并需要进行部件级间的信号选择（表决）和故障监控。数字式系统采用软件表决、监控，实现起来较模拟式容易而经济。如 F-16 只有两个表决/监控面；而 AFTI/F-16 却有三个表决/监控面，两个由软件实现，一个由硬件实现，如图 7.9 所示。

3）满足信号的一致性要求

例如输入至力综合式余度舵机的信号，如果信号之间的差值很大，将会造成舵机的力纷争，因此需要一级表决/监控面，进行信号选择。

4）满足控制律重构要求

通过表决/监控面的设置，可以确切鉴别出哪一种传感器故障，从而可采取控制律重构，使飞机稳定或得到控制。另外，对传感器分别进行信号选择，对多模态控制的实现也是必要的。

3. 信号的传递方式

余度配置中，信号传递是靠部件间及通道间的信息交换与传输来进行的。这与表决/监控面的设置密切相关。

一般信号传递方式有以下几种。

1）直接传递式

例如四余度系统便使用四个独立的信号通道 A、B、C、D，每个信号源（驾驶杆、惯性传感器等）组成一个单独通道。对四条通道的信号分别进行单独处理后，再送到各通道的信号选择器中进行表决，如 F-16 飞机的模拟式电传飞控系统的第一级表决、第二级表决在伺服机构中。

直接传递式的各个通道中，如果有任一传感器或电子线路故障，该通道即宣告故障。因此各通道中的所有传感器为串联模式，从可靠性观点来看是不利的。模拟式飞控系统为了减少表决面常用此法。

2）交叉传递式

各通道传感器数据交叉传输至各台计算机，进行通道表决和均衡。这样，当所在通道传感器故障时，可用表决后的信号计算伺服指令和控制瞬态。计算机的计算结果通过传输总线以直接传输方式传到舵机，进行控制。这样，不会因一个传感器故障而损失整个通道。

交叉增强是提高系统可靠性的有力手段。完备的交叉增强可使安全可靠性提高 5 至 10 倍，并可使故障监控覆盖率达到 100% 的水平。图 7.10 为交叉增强与表决配置图，两者共同起作用。

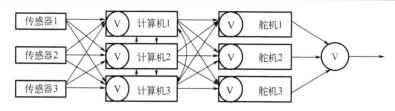

图 7.10　交叉增强传输

交叉通道传输的实现，可以通过硬线联结的方式，这会增加体积重量和复杂性，但是可靠性较高。另一种是传感器信号直接传递给计算机，计算机之间内部传输后表决，亦即交叉传输软件表决。这种方式较硬线传输简单，采用的地方较多，但某通道计算机故障则该通道传感器的所有信号即宣告丢失。

3) 输入输出接口传输式

随着控制系统任务的增多，输入输出(I/O)信息量急剧增加。此外，为了加强 I/O 处理能力及减轻中央处理机的管理任务，先进的数字式飞控系统采用 I/O 接口传输信息方式。这种传输方式当某台中央处理机故障时，相应的信号也不会丢失。更重要的是这种传输方式将繁重的余度管理计算任务交给 I/O 处理机来完成，这就大大减轻了中央处理机的计算负担。余度管理计算占总计算量的 60%以上。

例如 AFTI/F-16 飞机的飞控计算机含有 I/O 控制器来控制模拟和数字信号的输入输出及模数转换与数模转换、离散信号的输入输出控制及协调通道间的数据链传输。当一个中央处理机故障时，输入输出控制器获得模拟输入和离散输入，并送至其他未故障的飞控计算机中，使输入的余度得到保持。在此基础上发展成 F-16C/D 数字飞控系统。又如 X-29A(先进的前掠机翼验证机)三余度数字飞控系统，采用双处理机/主控制律处理机和输入输出处理机(IOP)。控制律处理机进行控制律计算，给输入输出处理机指令，使其进行余度管理。两个处理机用同一时钟，通过共享存储器来传递和交换信息。但每个处理机均有它自己的独立程序存储器，如图 7.11 所示。输入输出处理机可采用与主中央处理机同样的处理机，也可采用不同型号。

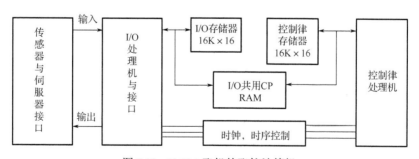

图 7.11　X-29A 飞机的飞控计算机

设计余度飞行控制系统的余度配置方案时，必须对接口的系统，如液压系统、电源系统和大气数据系统等的余度配置一起考虑，还应对操纵面的余度配置作相应考虑。总体布置应最有效地设置操纵面，合理地分配和组合操纵面的功用，使之不仅满足功能和性能要求，而且利用操纵面提供的余度，在作动器或操纵面的一部分发生故障的情况下，重构剩余的完好的作动器或操纵面，实现操纵力矩和力的重构，从而提高系统的飞行安全性、不易损性和生存力。

4. 信号选择

信号选择(表决)是用两个或两个以上的输入信号，经选择(表决)输出共同的信号。信号选择器在余度系统中的位置如图 7.12 所示。选择的作用是提高可靠性，降低故障效应和故障瞬态，改进下游装置故障检测及减少虚警，改善信号精度，可作为正常信号或监控信号的基准，用作余度通道的均衡及减少监控门限值等。信号均衡的作用是减少通道输出的差异，减少力纷争和积分器的发散等。

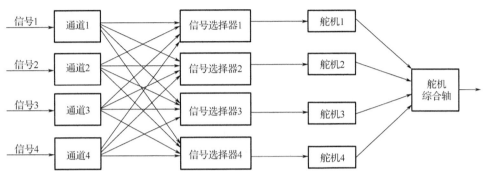

图 7.12　信号选择器在余度系统中的位置

7.4　监　控　技　术

不管系统采用几余度，任何多余度方案都需要采取一定的故障监控措施。系统中感受各通道工作状况，从而检测并隔离故障的方法称为监控或检测技术。完成这一功能的装置称为监控器或检测器。

监控主要分为两类：比较监控和自监控。但是，不管模拟式系统还是数字式系统，大多数采用比较监控。因为比较监控直观、简单、故障覆盖率高，缺点是非得有两个以上相似通道才能进行比较，剩下一个通道就无法进行故障诊断了。相对应的，自监控比较复杂、故障覆盖率较低，且许多自监控也是基于比较监控技术的，但是它可以在只剩单通道时进行故障诊断和定位。

7.4.1　比较监控

1. 交叉通道比较监控(输入-输入比较)

如图 7.13 所示，把所有通道的输入都进行两两比较，取其差值输入到触发电路。当其差值超过规定的监控门限值时，即有信号送入与门电路。例如，当 A 通道出故障时，会造成比较器 A-C，A-B 和 A-D 都有输出，与门才会给出 A 通道的故障信号，用以隔离 A 通道，并给出故障指示。这种跨通道交叉监控已在四余度力综合式舵机中得到应用。

2. 跨表决器比较监控(输入-输出比较)

跨表决器比较监控原理如图 7.14 所示。输入信号 A、B、C 和 D 经信号表决器后选择一个正确的信号 O 输出。然后将信号输入分别都与输出 O 进行比较。当某一通道出故障与正确的输出信号不一致，并达到或超过规定的门限值时，相应的触发线路就会给出该通道的故障隔离信号，并给出故障指示。在模拟式四余度电传飞行控制系统中，信号选择器的监控采用了跨表决器比较监控。

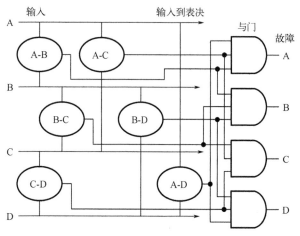

图 7.13　交叉通道比较监控原理图

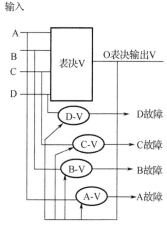

图 7.14　跨表决器比较监控

对于四余度系统，跨表决器比较监控所用的元件比交叉通道监控用的元件少些，前者用了四个比较器，后者用了六个比较器，而且还附加了四个与门逻辑线路。前者任一比较器的故障都只影响本通道的故障指示和隔离；而后者任一比较器的故障都会影响两个通道的故障指示和隔离。例如比较器 A-C 发生故障，当 A 通道或 C 通道发生故障时，A-C 比较器都不能给出故障信号，逻辑与门 A 和 C 都不能给出故障指示和隔离信号。

但是，跨表决器比较监控必须建立在信号表决器的传递函数非常简单，甚至是纯放大环节的基础上。这样，输入和输出之间没有动态误差，才不至于出现误切。而四余度模拟式电传系统中所采用的运算放大器式信号选择器的传递系数为 1，所以采用了跨表决器比较监控。但是，对于舵回路，输入与输出之间存在一个复杂的传递函数，用简单的输入输出进行比较已不合适，于是采用交叉通道比较监控。但不是采用输入信号交叉通道比较监控，而是采用输出压差交叉两两比较监控。

跨信号表决器比较监控的另一个缺点是监控雪崩，如图 7.15 所示。当四个通道都处于完好状态，尽管通道 A 的信号值和其他三个通道的信号值差得比较多，但由于信号表决器选择通道 B 的信号输出，任何一个通道的信号和信号选择的输出相比都没有超过故障门限，也都不会导致切换隔离。但是，当通道 B 出现硬故障后，在延时时间内，信号表决器会选择通道 A 的信号输出。这时，通道 C 和 D 的输入信号和输出信号相比，超过了故障门限，从而导致了通道 C 和 D 的隔离，进而再隔离故障通道 B，导致整个系统故障。而交叉通道监控就不存在这一问题，因而在数字系统中常选择交叉比较监控。通常，比较监控可以使得故障监控覆盖率达 95%以上。

3. 模型比较监控

数学模型构成的余度又称为"解析余度"，即根据运动学方程或控制系统状态观测器得到的解析关系作为与"硬件"一样的余度，参与的监控称为模型比较监控，如图 7.16 所示。

特别是在双通道系统中，为了省一个通道的舵机硬件，而又尽量不降低余度等级，往往采用模型监控。

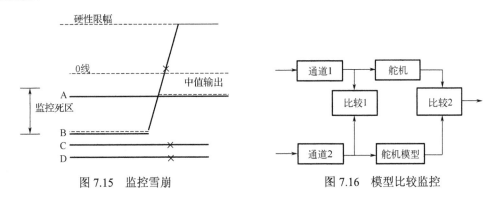

图 7.15　监控雪崩　　　　　　　　　　　图 7.16　模型比较监控

　　在增稳、控制增稳、平尾差动以及其他控制系统中，由于电子线路价格便宜、体积空间好安排，往往采用双通道进行比较监控；而舵机由于昂贵的硬件具有较大的体积和重量，再加上空间不好安排，于是常用电子模型来代替舵机进行比较监控。图 7.17 所示是舵机模型比较监控实例。

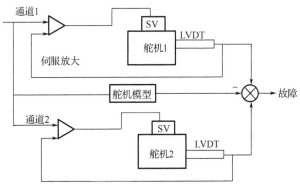

图 7.17　模型比较监控实例

　　图 7.17 中，常用的方法是在伺服阀的滑阀端加装一个微小的位移传感器。把它的位移信号取出来和一个电子模型进行比较而决定伺服阀和伺服放大器是否出现了故障，舵机中最容易出故障的就是这两部分。另一方法是将舵机输出位移信号与电子模型进行比较。第三种方法是将舵机活塞两腔的压差取出来与设置的电子模型进行比较。总之，监控方法可以多种多样，取决于可靠性、监控覆盖率要求和舵机结构。

　　但是，模型监控有一最大缺点即电子模型往往和实物有差距。通常对系统建模时往往认为系统的模型是固定的，如常用一阶惯性环节作为舵机模型，但实际上舵机在大信号或小信号输入时传递函数是不一样的，这种简单的监控模型往往引起误切。监控覆盖率要求高，且漏检系数要求比较小的监控模型最好是变参数或非线性的。当然，模型不能太复杂，否则就失去了求简的意义。

7.4.2　自监控

　　顾名思义，自监控相对比较监控来说，它不需要以外部相似数据作基准，而是在被监控对象本身建立基准，完全依靠自身的手段来监控自身故障。在自监控中，有几种提法不容易严格区分，如自监控、自检测和在线监控。

自检测：被检测的对象无需设置专门的试验或监控装置（硬件），仅利用一些现成的手段（包括软件）来检测自身的故障。例如，计算机的机内自测试就属于此类。

自监控：被监控的对象通常要借助在自身内部专门设置的故障检测装置来检测故障。例如速率陀螺内部的马达转速监控器、力矩器等属此类。

在线监控：被监控对象在工作过程中，利用现成手段实时对自身故障进行监控。属于此类的有 LVDT 差动线圈在线监控，伺服作动器在线监控等。

总的来说，这些自监控技术目前还没有完全发展成熟，即自监控的监控覆盖率尚不能满足高标准要求（目前一般只能达到 0.9 以下，而比较监控能够很容易地达到 0.95 以上），因此有些对象或部位还难以实现自监控。如果这些问题能够满意地解决，那么飞控系统最多采用三余度结构就可满足二次故障工作和三次故障安全的高可靠性要求。但这并不是说自监控技术在目前没有什么用处，相反，它仍然是当前工程应用的主要手段之一，它主要用来与比较监控相结合，完善整个系统的故障监控。

1. 自测试技术

随着半导体集成电路及数字技术的迅速发展，20 世纪 70 年代初，在余度系统设计中更加强调故障监控和故障诊断能力。特别在电子系统方面，广泛采用机内自测试设备。例如美国 F-18 战斗机上 98% 的航空电子设备都具有机内自测试能力，其中 90% 可自动进行测试，从而使飞机的维修性得到很大改善，缩短了维修停机时间，提高了飞机的战备完好率。

所谓自测试（Built-In Test，BIT），是指利用设备内部具有自检能力的硬件和软件来完成对设备的检测的一种方法。这些硬件和软件是系统的一个组成部分，叫作机内自测试设备（BITE）。电子系统可以利用 BIT 技术测试系统的性能和检测故障，并把故障隔离到可更换模块或功能实体上。由于采用了 BIT 技术，有可能引起系统的性能损失，因此进行 BIT 设计时，应注意与整个系统的电路相协调，使系统的性能损失减到最低。

系统的复杂性在不断增长，但目前机内自测试设备的技术能力还不能与之相适应，主要表现在：

(1) 故障检测能力差。如美国 F-16 飞机的多路传输总线的故障自检能力只有 49%。

(2) 虚警率高。如 F-16 火控雷达的虚警率高达 34%～60%。

(3) 缺乏检测及隔离断续故障的能力。

飞机系统的 BIT 按照不同的工作机理，可分为：

1) 周期 BIT

周期 BIT（Periodic BIT，PBIT）是当设备电源通电，BIT 就自动地开始工作直到电源断开为止。它按一定的时间间隔独立地进行测试，不需要外界干预，也不影响设备的性能。周期 BIT 是主要的 BIT 工作类型，它可以提供最大的使用可用度。

2) 启动 BIT

启动 BIT（Initiated BIT，IBIT）需由操作人员启动，并需要引入激励信号才能开始工作，测试时有可能中断系统正常的工作状态，并利用被测系统的硬件和软件进行检测，当中断测试，则又恢复系统的原有正常工作状态。

2. 计算机自检测

计算机的机内自检测包含两大部分，即飞行中自检测和地面自检测。飞行中自检测只检测计算机本身的故障，而地面自检测除了计算机本身的自检测外，还要附加对整个飞控系统的检测。这一节主要叙述飞行中的自检测。

计算机自检测的基本目的是检测各个功能组成部分的工作正确性和完整性。数字飞行控制计算机的功能组成部分主要有处理机、存储器、输入输出接口和通信总线等。自检测必须对每个功能部分一一进行。由于数字计算机结构的复杂性，这些检测要占用相当长的实时机时，而且在实现手段上，一般是硬件与软件相结合。过分依赖硬件监控器，会使计算机结构复杂化，使系统故障率变高，另一方面，单纯依靠软件进行自检测，难以检测大规模集成电路的全部故障模式，软件本身的共模故障问题也还没根本解决，所以，最可取的办法是把两种手段结合起来使用，在最重要的部位(如电源、时钟、定时器等)采用高度可靠的硬件监控，而其他部位采用软件监控。

1) 定时器监控器自检测

定时器监控器主要用于监控计算机服务周期的正确性(定时性)，并且通过服务周期的检测，还可间接地检测处理机、电源、时钟等重要部件发生的严重故障。监控方案的构造原理如图 7.18 所示(以三余度为例)。

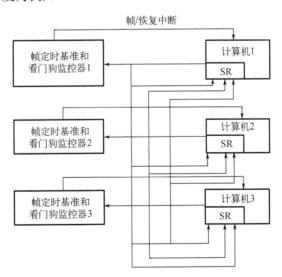

图 7.18 "看门狗"监控器配置方案(三余度)

这是与常用的"暂停-恢复"式计算机同步功能结合起来实现的定时器监控方案。目前在结构上已标准化，它习惯上也称作"看门狗"监控器。定时器通过帧/恢复中断来控制计算机每个计算周期(帧)的启动和停机，每台计算机在每个计算周期结束时，通过状态寄存器(SR)向"看门狗"监控器发送同步离散信号，如果一台计算机的计算周期超长，即被判为故障。与此同时，同步离散信号还被传送到其他两台计算机的状态寄存器

（交叉通告）。当每个状态寄存器都接收到三个同步离散信号时，定时器即同时恢复三台计算机开始新的计算周期（同步运行）。如果一台计算机故障，同步离散信号不能按时到达"看门狗"监控器和各个状态寄存器，那么经"看门狗"用监控器识别故障后，其余两台计算机将由定时中断控制它们，不必等待故障计算机的同步离散信号，并且二余度状态下恢复一周期的计算。

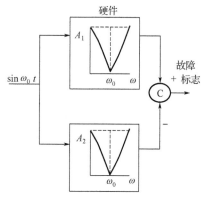

图 7.19　硬件时钟监控器方案

2) 时钟监控器自检测

时钟是计算机最根本也是最重要的部件。数字式飞控系统控制律的计算直接依赖于采样频率的精确性。如果时钟有差错，会造成由于采样频率而影响控制律计算的结果。因此有必要采用高度可靠的硬件监控器对时钟进行监控。典型的实现方案如图 7.19 所示。如果用标准的正弦输入信号（$\sin\omega_0 t$）同时传送给两个陷波器，一个是模拟式硬件陷波器，另一个是数字式软件陷波器（算法）。标准信号的频率（ω_0）是设计时选定的，并且等于陷波器陷口频率。因为数字陷波器的输出与采样频率有关，如果时钟出现差错或故障，那么数字陷波器输出的幅值会有显著的变化，从而 $A_1 \neq A_2$，通过比较器（C）就能识别出这个差异，并发出故障标志。

3) 存贮器奇偶性校验

飞控计算机的存贮器（这里不包括随机存取存贮器）要存贮指令、常数等信息多达数千字，每字一般又有 16 位，当任一地址位的存贮功能有差错或故障时，都可能造成计算错误，因此存贮器的监控也是很重要的。只读存贮器（ROM）的自检测方案常用的有两种：一种是由软件实现的存贮总和试验；另一种是具有附加硬件（奇偶生成）的奇偶性校验。

这里首先介绍奇偶性校验。对于大规模集成的存贮芯片，需要检测多位的存贮故障（差错），因此需将存贮器分块地进行奇偶性检测。典型的实现方案如图 7.20 所示。对于 16 位存贮器，如果分为 4 块，就要设置 4 位奇偶标志（$P_1 \sim P_4$），这些奇偶标志又要占一个存贮块。为了说明校验原理，设被校验的字为 1，被校验的位是 2，6，10，14（如图 7.20 所示）。假定

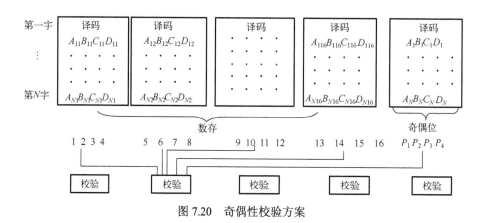

图 7.20　奇偶性校验方案

这 4 位地址的存数为"1011"，其总和为"3"即为奇数，对应奇偶位 P_2 就设置成"1"（设"1"代表奇，"0"代表偶）。当需要检奇偶性时，首先计算出第 1 字的实际奇偶位 B_1，然后将它与预先设置的正确奇偶位 P_2 相比较，如二者相同即属正常；如果二者不同，判为存贮字的奇偶性差错，依次对每一字的每一组奇偶性校验。

4）电源监控器自检测

电源的重要性是不言而喻的，硬件电源监控器也容易实现，它主要是按电源电压是否在给定的公差范围内的原则来检测故障的。电源监控器的设计主要是一个电路学的问题。这里就不赘述了。

除了以上硬件外，软件也设计了机内自检测，利用软件来检测计算机自身的故障又称自诊断。目前常用的软件自检测技术主要有下面几种。

1）处理机自检测

处理机自检测实际上就是指令系统的自检测，它从头至尾地校验计算机的每一条指令功能是否正确无误，也即检查处理机内各种基本逻辑功能是否正确无误。这个检测的覆盖率可达 97%以上，具体方法是采用所谓"倒金字塔"式的检测程序，即首先选择一条只需最少的逻辑功能就可以完成的指令，并对它进行一种选定的演算，演算结果再与预期的正确结果（已存入计算机）相比较，证明其无误后，再用这一条指令作基础，去检验较高（较复杂）一级逻辑功能的指令；以此类推，直到所有指令被检测完毕为止。

这个检测程序对于不同的处理机来说，是各不相同的，换句话说，是一种专机专用的自检测程序。因各种不同的处理机而伴随具有相同的指令试验所需要的时间也比较长，一般在 10ms 量级。

2）存贮器自检测

用得最广泛的存贮器自检测是存贮总和校验，即把存贮器所有地址上的存贮量（1 和 0）全部相加求和，它应该是一个常数（对于常数和指令存贮器）结果总和值不是这个已知的常数，说明存贮器有故障或差错。

把存贮器总和校验与奇偶性校验结合起来使用，则监控效果更好，可以发现更多类型的故障，即检测覆盖率更高。当然这要看处理机时间是否允许。通常在飞行中至少采用两种方法的一种，而在地面机内自检测时必须同时使用两种方法。

对于随机存取存贮器来说，无论奇偶校验或总和校验都是不适用的。因为随机存取存贮的总和不是一个常数，奇偶数也不是固定不变的。

3）计算机交叉通道自检测

在余度系统中，各计算机之间设置有供彼此通信用的交叉传输通路（总线），使用最广泛的是广播式传送方式。这种交叉传输通路的自检测方法是每个计算机同时送出一个相同的数据字，通过发送器加到其他各种计算机的接收器，然后每个计算机将送出的数据与接收到的数据相比较，比较器的结果如果超差，说明该通路有问题。以此类推，可确定其他通路的故障。

7.4.3　监控覆盖率和故障门限的确定

1. 监控覆盖率

覆盖率的定义为：给定一个故障，系统继续完成所需功能的条件概率。也即，故障出现时，故障被检测、隔离、系统重构后继续正常工作的条件概率，用 X 表示：

$$X = 1 - \alpha \tag{7.14}$$

式中，α 为漏检率。

设系统中发生的故障事件为 F，故障后发出告警的事件为 A，其逆事件为 $\bar{A}$，则：

$$\alpha = P(\bar{A}/F) = P(\bar{A}F)/P(F) \tag{7.15}$$

式中，$P(\bar{A}/F)$ 为系统发生某故障的条件下，检测(或监控)器没有给出相应告警的条件概率；$P(\bar{A}F)$ 为系统发生某故障 F，且漏检(即 $\bar{A}$)同时发生的概率；$P(F)$ 为故障 F 发生的概率。

α 是故障鉴别能力的度量。当 $\alpha = 0$ 时，$X = 1$，即 100%的故障能被检测出来并被隔离，系统照常工作。并不是所有的告警信号或切换事件都是因为系统出了故障，有时监控器也会发出错误的告警。

在给出告警信号事件 A 的条件下，系统中无故障的条件概率称为虚警率或误切比，用 β 表示：

$$\beta = P(\bar{F}/A) = P(\bar{F}A)/P(A) \tag{7.16}$$

式中，$P(\bar{F}/A)$ 表示监控器发出告警信号而系统并没有发生故障的条件概率；$P(\bar{F}A)$ 表示监控器发出告警，系统无故障两事件同时发生的概率；β 表示误切警告对总的警告次数的百分比。

α 和 β 是余度设计中两个最重要的参数，α 影响系统的安全可靠性，β 影响系统的任务完成可靠性。

2. 影响覆盖率的因素

检测覆盖率受如下因素影响：

1) 检测点是否覆盖所有的元部件

从覆盖率角度来看，检测点越多，覆盖的元部件越多，覆盖率越高。但是，多一个检测点，会带来一系列监控接口线路，接口部件也会带来一些不可靠因素。究竟设置多少检测点，故障隔离到什么程度，始终是一个争论中的问题。以往的设计往往要求隔离到外场可更换部件。但是，随着电子元件的集成度越高，价格越便宜，趋势是只要隔离到通道就行了。那么没有隔离到的元部件出故障时就是漏检因素。

2) 故障模式

在模拟式系统中，一般采用通道之间进行比较监控或者输入与输出之间进行比较监控，或者实物与模型进行比较监控。比较监控总得设置故障门限值(阈值)。如果系统中发生故障，其故障信号达不到故障门限值，故障通道就不会被切换，这也是一种漏检的形式。如系统在小信号下工作，故障模式是零输出，最容易出现漏检。长期试验表明，这是一种最主要的漏检故障模式。数字系统中，凡需要设置故障门限值或比较基准的都存在这种漏检现象。

3）检测器本身的可靠度

如果检测器本身发生故障，如比较器、切换线路或自检测软件发生故障，故障不能被发现或是不能进行正确切换，这也是一种漏检因素。

检测器（或监控器）的故障会导致系统发生故障后不切换，但也有可能导致系统无故障而监控器发出了警告。

影响虚警率（误切比）β 的另一因素是在比较监控的条件下，由于故障门限值过低，触发切换延时时间过短，各通道之间的不一致性较大时，偶然的瞬时干扰可能会造成误切。

错误的告警信号主要是由于后一原因引起的；解决这一问题的方法是提高各通道之间的一致性，合理选择故障门限值和延时时间。另一方法是采取措施给予被误切的通道重新工作的机会。例如，模拟式电传飞行控制系统的驾驶舱控制显示装置中设置了一系列"复位"按钮，其目的就是纠正误切动作，使出现假故障的通道重新参与工作。

3. 覆盖率对可靠性的影响

余度系统设计优劣的一个重要评价指标是故障覆盖率（Coverage）。根据美国军用标准MIL-F-9490D3.1.7 飞行安全中规定："飞行安全性分析及完成任务可靠性分析，都必须考虑监控和自监控分系统的故障形式。不管这种故障形式影响飞行安全性和完成任务可靠性的程度如何，还应考虑潜在的各种故障形式，即使使用了监控和检测系统，它们也可能没有被检测出来，因而没有被纠正。"

为了满足高可靠性的指标要求，余度系统设计中需考虑以下几方面问题：

（1）故障监控方案（在线监控还是交叉比较监控）；

（2）部件的故障率；

（3）期望的故障-工作能力；

（4）达到希望的可靠度的总置信度。

由监控覆盖率的定义可见，余度系统的设计，在部件故障率已定的条件下，要提高系统的可靠度，实现既定的故障-工作余度等级，仅增加余度数是不够的，关键是如何设计更好的故障监控方案，以提高对故障的鉴别能力，提高故障监控覆盖率。

显然，覆盖率只对动态余度系统有意义。现举三重系统（TDS）为例，来说明覆盖率对可靠性的影响。其可靠度表达式如下：

$$R_{\mathrm{TDS}} = \underbrace{3(1-R)^2 \cdot R \cdot X_2}_{\text{二次故障}} + \underbrace{3R^2(1-R) \cdot X_1}_{\text{一次故障}} + R^3 \tag{7.17}$$

式中，R_{TDS} 为三重余度系统可靠度；R 为单模块可靠度；X_1 为一次故障覆盖率；X_2 为二次故障覆盖率。

由图 7.21 可见一次故障覆盖率的重要性。当一次故障覆盖率 X_1 稍微从 1 减少一点，系统故障率就增加很快。如故障率 $\lambda < 7 \times 10^{-7}$ /h，则 X_1 必须大于 0.9998，这意味着应用交叉监控的方案必须十分完善。

图 7.22 显示的是二次故障覆盖率对三重余度系统故障率的影响。当单通道故障率已定时，设计者可以设法增加二次故障覆盖率来达到提高系统可靠性的目的。如同时采用比较监控和自监控等方法。

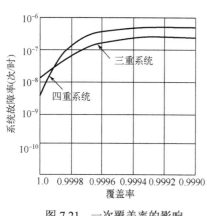

图 7.21　一次覆盖率的影响

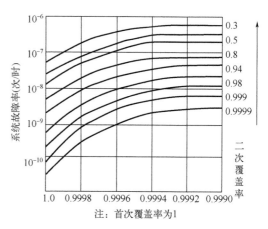

图 7.22　二次覆盖率的影响

一般来说，余度系统中不同部件所能达到的二次故障覆盖率是不同的。对于三余度飞控系统，如需要考虑各部件覆盖率及故障率时，系统的二次覆盖率为：

$$X_2 = \frac{X_s \lambda_s + X_c \lambda_c + X_A \lambda_A}{\lambda} \tag{7.18}$$

式中，X_s, λ_s 为传感器故障覆盖率及故障率；X_c, λ_c 为计算机故障覆盖率及故障率；X_A, λ_A 为伺服器故障覆盖率及故障率；$\lambda = \lambda_s + \lambda_c + \lambda_A$ 为系统故障率。

由式 (7.18) 可知，影响 X_2 的因素除各部件的覆盖率外还有其故障率，即使 $X_c = 0.95$ 较大，如果它的 $\lambda_c = 570 \times 10^{-6} / h$ 较大，则对 X_2 的影响也较大；而传感器陀螺仪，虽然它的覆盖率 $X_s = 0.77$ 小，但其故障率 $\lambda_s = 70 \times 10^{-6} / h$ 也小，因此对 X_2 的影响也较小。

由图 7.22 可查得，三重余度系统要达到系统总任务故障率 $10^{-7} / h$ 水平，二次故障覆盖率至少为 0.944，单通道故障率不得超过 $800 \times 10^{-6} / h$。在交叉通道比较监控中，一次故障覆盖率基本等于 1，因此，二次故障覆盖率就显得格外重要。

4. 故障门限的确定方法

故障门限值是影响故障覆盖率和误切比的最主要参数。门限值太低，容易引起误切，影响飞行任务的完成。门限值选得太高，容易漏检，降低了故障监控覆盖率，影响飞行安全。通常故障门限的选择须根据如下因素考虑。

1) 故障切换引起的飞机瞬态要求

根据美国军用规范 MIL-F-8785C 要求，四余度系统在一次、二次故障后，系统应不导致降低飞行品质，"飞机运动不应超出失速攻角和结构限制，驾驶员位置上法向与侧向加速度增量 ±0.5g 和每秒 10° 的滚转速率。另外，对 A 种阶段，垂直的或横向的偏移是 5 英尺，倾斜角 ±2°"。这一规范要求已成为某纵向电传飞行控制系统的技术协议要求，即电传飞行控制系统故障引起的飞机瞬态响应，在第一、二次故障时驾驶员座位处造成的法向过载不大于 0.5g，第三次故障时不大于 $2g$。

信号表决器的设计原则是当在小信号下工作时，信号表决器的输出是输入信号的平均值。当在大信号下工作时，信号表决器的输出为四输入信号绝对值中次小值；三输入信号的中值；二输入信号绝对值中的小值。

故障引起输出信号的跳跃的幅值取决于输入信号之间的差值。大的门限值允许大的差值，也就会造成大的跳跃。输出信号最大的跳跃可能等于门限值。若干故障瞬态引起的是脉冲干扰，其脉冲宽度等于故障切换延时时间。

根据飞机故障瞬态要求确定故障门限值的方法是用时域仿真程序使舵机的输出端有阶跃信号，看多大的阶跃干扰才引起飞机过载瞬态达到 $0.5g$，该阶跃值折算到舵机的输入即为舵机的故障门限值。同样，在信号表决器的输出端加阶跃信号，看多大的阶跃干扰才引起飞机瞬态达到 $0.5g$，该阶跃值折算到信号表决器的输入即为信号表决器的故障门限值。

图 7.23 为四余度电传飞行控制系统框图。如果传感器一级还有信号表决器综合，按同样方法，也可确定速率陀螺、加速度计等的故障门限值。

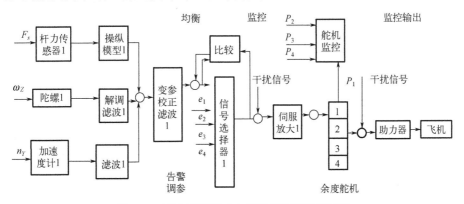

图 7.23　四余度模拟式电传飞行控制系统框图

例如某电传飞行控制系统在零高度，M 数为 0.8 时舵面效应最大，为保证飞机一、二次故障瞬态不超过 $0.5g$，计算出信号表决器的故障门限值不超过 5%。

2) 根据信号表决器输入信号的不一致性确定故障门限值

输入信号的不一致性是由于构成输入的元部件的精度和特性引起的。如元件的非线性、滞环、零偏、漂移和放大系数的不一致等都会影响信号表决器输入信号不一致。

在进行设计时，系统设计者应当对具有余度的部件提出一致性要求。例如电传飞行控制系统对如下四余度部件的一致性要求如下。

四余度杆位移传感器：$E_s < 1.2\%$。

四余度速率陀螺：$E_g < 0.7\%$。

四余度加速度计：$E_a < 0.6\%$。

失速告警计算机：$E_w < 1.0\%$。

以上四部件到信号表决器的放大系数均为 $K_1 = 7.5$。

调参计算机：$E_{ad} < 1.0\%$。

主控计算机：$E_c < 5.0\%$。

以上两部件到信号表决器的放大系数为 $K_2 = 1.0$。

如果考虑到极端情况，所有这些不一致向一边偏，而且达到最大的不一致，则累计到信号表决器的输入端时，各通道之间的不一致可达：

$$K_\Sigma = K_1(E_s + E_g + E_a + E_w) + K_2(E_{ad} + E_c) = 32.25\%$$

事实上，上述极端情况是罕见的，出现的概率极小。一般来说，通道的误差都服从均值为零的正态分布，其标准差为：

$$K_N = \sqrt{K_1^2(E_s^2 + E_g^2 + E_a^2 + E_w^2) + K_2^2(E_{ad}^2 + E_c^2)} = 14.5\%$$

如果选择 15.5% 为故障门限值，查附录标准正态分布表，可能会有 16% 的切换次数为误切，即 $\beta = 16\%$。如果选择 20% 为故障门限值，可能会有 8% 的切换次数为误切，即 $\beta = 8\%$。相比之下，按输入信号不一致的标准差选择故障门限值比较合理。

根据飞机故障瞬态要求和信号表决器输入信号之间的不一致性确定故障门限值往往会有矛盾。根据飞机瞬态要求确定的故障门限值往往较低，而根据不一致性确定的门限值往往很高。有两种方法解决这一矛盾：一种方法是设置多级信号表决器；另一种办法是采用均衡线路，这两种办法都是提高输入信号之间的一致性和降低飞机故障瞬态的行之有效的措施。

3）根据试验确定故障门限值

以上的计算往往不准，但仍是提出设计指标的依据。系统加工出来后，实际的情况往往和要求有差别，实验室测出来的参数往往和实际工作的参数不一样。因此，应当在系统试验和试飞中对故障门限值进行调整，要调整到其门限值既不常引起误切，也不造成太多的漏检和太大的故障切换瞬态。有些飞控系统试飞证明，试飞中产生的误切比试验中产生的误切多得多。

5. 切换延时时间的确定

监控器发现故障（或不一致）后，并不一定马上进行切换，一般还需要延长一段时间（以判断是瞬态故障还是永久性故障），然后进行隔离。切换时间和故障门限值一样，也是影响监控覆盖率和误切比的重要因素。延时时间太长，可能会漏掉某些故障，降低监控覆盖率；延时时间太短，由于噪声干扰等原因，会经常引起误切。

通过飞机故障瞬态要求也可以估算故障切换延时时间。其基本方法和计算故障门限值一样。例如，给舵面一个硬故障信号，飞机就会产生过载响应。要使故障瞬态不超过某一值，大致可以确定延时时间不超过多少，如图 7.24 所示。

用试验确定延时时间需要考虑如下因素：

（1）要减小监控器的误切比，延时时间要长一些。

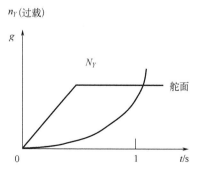

图 7.24　发生一个硬故障后的飞机过载

(2) 要提高监控覆盖率, 特别是防止在第一个故障发生后, 切换延时时间内发生第二个故障而导致系统漏检故障, 甚至监控雪崩, 延时时间要短一些。

(3) 通道之间的一致性较差时, 延时时间较长会导致大的瞬态干扰。一致性较好时, 延时时间长一点也不至于引起大的故障瞬态。

(4) 信号表决器前的回路动态响应高, 延时时间应取短些。

(5) 被监控对象的故障率高时, 延时时间也应取短些。

7.5　故障隔离与切换

故障的隔离与切换涉及系统状态的改变, 因此在隔离与切换的同时, 还必须确定系统状态, 并及时通告飞行员, 即发出故障通告或警告。这一套余度管理功能不仅从部件级而且要从系统级的水平来设计, 从而包含复杂的逻辑设计内容。

7.5.1　故障隔离与切换方式

在模拟式系统中都采用硬件切换, 而在数字式系统中, 主要采用软件隔离, 也可采用硬件切换。

1. 软件隔离

在软件余度管理算法中把故障通道的信息置之不理, 即把它完全排除在算法之外, 这种方法通常是结合表决算法而同时实现的。例如三余度中值表决器在识别第一次故障后, 舍去故障的信号, 转换为其余两个好信号的平均值表决。

2. 硬件切换

借助于专用的硬件式切换装置, 使系统或部件的一个通道从功能上退出工作或者实现通道的换接。按其切换的具体手段, 有能源切换(电源、液压源), 输出切换(电气通道、机械通道)。常用的切换装置有电子开关、继电器、液压切断阀、机械隔离机构等。

在模拟式电传飞行控制系统中, 当监控器检测到电子通道有故障时, 通过电子线路, 使该通道的输出悬浮形成开路, 不再参与信号表决。当发现余度舵机通道有故障时, 就由该舵机的电磁开关切断液压源, 旁通活门在弹簧力的作用下, 使活塞两腔沟通, 同时给驾驶员以故障指示, 并给予电信号, 使该通道以后不再参与比较, 保证剩下的三个通道正常检测。

不管是数字电传系统还是模拟式电传系统, 当电传系统故障后, 需要从电传系统转换到机械备份系统。这种机电转换装置相当复杂, 为了保证这种转换具有高可靠性, 该装置具有多重余度。

无论是软件隔离或硬件切换, 它们所造成的瞬变运动必须由设计保证降到最低限度, 以满足有关规范的要求。

7.5.2　系统(故障)状态的确定

在实际的余度管理中, 不仅要选择工作信号(表决), 检测与识别各次故障, 以及完成对故障通道的隔离与切换，而且还要把当时系统的状态向飞行员报告。这就是说在实现故障隔离的同时，必须确定系统所处的状态。

1. 系统状态的定义

根据某些军用规范，对于各种飞机系统按其故障的严重程度，可将系统状态定义为下列四种：

(1)状态 D：系统出现一次故障，飞机仍能正常工作，并且再出现任一次故障后，飞机性能也不降级。

(2)状态 C：系统出现一次故障，飞机仍能正常工作，但若再出现任一次故障后，飞机性能要降级。

(3)状态 B：系统故障造成飞机降级工作，但至少有Ⅲ级飞行品质；或飞机仍能完成工作，但若再发生任何一次故障，就会造成飞机损失。

(4)状态 A：飞机已处于不可控的故障状态。

上列四种状态应按有区别的和最适宜的方式向飞行员报告。作为例子，采用有色灯光警告，绿、黄、橙、红四色分别表示状态 D、C、B 和 A。

2. 系统状态的确定

为了确定上述系统状态，需要按各种状态的定义设置"故障逻辑"。它必须根据系统的具体余度结构和余度管理策略与方式，对各次各种故障进行仔细分析，才能建立这种逻辑关系，并最终绘出逻辑线路图，选择实现这些故障逻辑的手段。目前普遍采用硬件实现法，即选用各种门电路元件(与门、或门等)构成符合上述逻辑的物理装置。它的输入是各种部件的故障信息，而输出是代表系统状态的离散驱动信号，并由它驱动状态显示装置(例如信号灯)。由于状态显示的重要意义，要求故障逻辑装置本身应具有足够高的可靠性，因此故障逻辑装置本身应该是多重设置的。

7.5.3　特殊故障的监控与处理

在以上各节中考虑的余度管理，都是以逐次出现的通常故障为基础的。而在实际情况中，有时会出现一些特殊故障。例如瞬时故障（故障后又变好），多重故障（两个以上的通道在同一时间出故障）等。对于这些故障的监控和处置，有的已有满意的解决方法(瞬时故障)，有的还存在重大困难(多重故降)，这里将就这些问题做一个概略介绍。

1. 瞬时故障的恢复

在实际飞行中，由于电磁干扰，电源瞬变或其他一些环境因素的影响，容易发生瞬时性故障，即瞬时超过故障门限值。过了一段时间后，随着这些因素的消失，故障也自然消失。如果我们把这种故障当作永久性故障加以隔离或切换，那就造成虚假的故障率(即误切比)增大，使其任务完成的可靠性降低。因此，在余度飞控系统中，对瞬时性故障大都要求具有恢复能力。即在瞬时性故障消失后，能自动使故障的通道重新投入工作，具体实现的算法流程如图 7.25 所示。

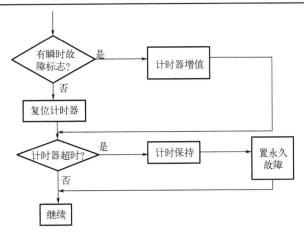

图 7.25　瞬时故障恢复流程

在预先规定的时限内，可将瞬时性故障恢复，如超过延时时间后故障仍存在，即判为永久性故障并加以永久隔离。延时时间长短的确定在上一节中已作了介绍。目前采用的延时范围为几帧到几秒。

2. 多重故障的监控与处理

当我们把监控范围扩大到多重故障时，问题的复杂性将是不可想象的。为了说明这个问题，我们来考虑四余度系统的几种故障，其中：
- 本通道一次故障，这个并不是多重故障，主要用作对比；
- 本通道一次特殊故障，本通道信号 L 出故障后输出为一恒值；
- L、A 通道双重故障，形成"二对二"的偶数分离；
- A、B 双重故障，形成"一对一"的分离；
- 三重故障，该故障模式会导致将好的通道进行切换，使整个系统故障。

当采用交叉通道比较监控算法时，监控结果如表 7.8 所列。

表 7.8　多重特殊故障监控通道比较监控结果

监控特征	故障类型	L 单次故障到零	L 单次故障到恒值	偶数分离	异向分离	三重故障
超差标志	L A	×	×		×	×
	L B	×	×	×	×	×
	L C			×		×

线 上 习 题

[7.1]　参考图 1.7，试分析 B777 电传操纵系统的余度配置与余度管理策略。

[7.2]　习题图 7.1 是美国 F-16A 模拟式电传操纵系统纵向通道余度配置的原理结构图。F-16A 采用无备份的纯电传模拟式四余度的电传操纵系统，具有双故障-工作的余度等级，故障概率(安全可靠性指标)为 10^{-7}/飞行小时，基本可靠性指标(MTBF)的目标值为 216 小时。请分析该系统的余度配置和余度管理策略。

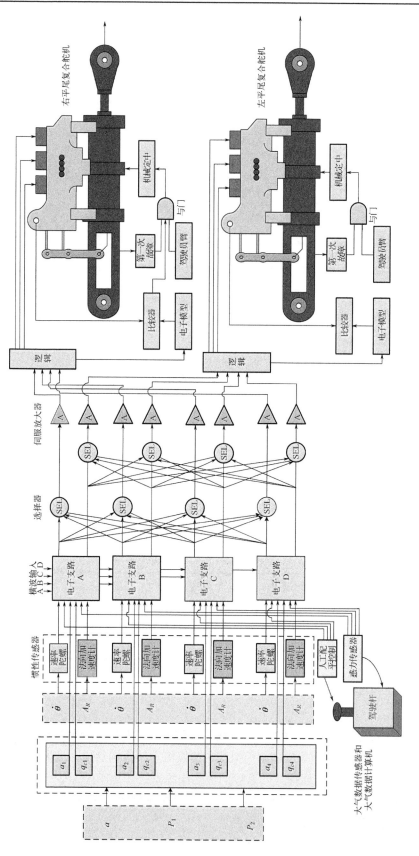

习题图 7.1 F-16A 电传操纵系统纵向通道余度配置的原理结构图

线 下 习 题

7.1　试计算习题图 7.2 的系统可靠度和监控覆盖率影响关系。其中传感器、计算机、舵机的故障率为 10^{-3} /h，一次监控覆盖率为 98.8%，二次监控覆盖率为 95%。

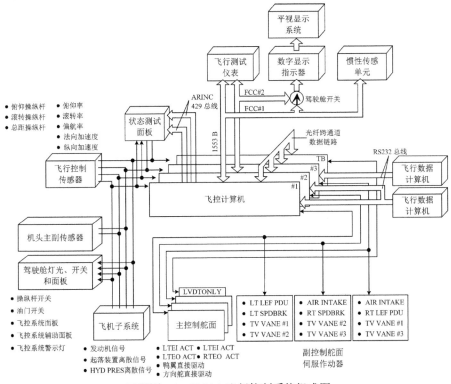

习题图 7.2　X-31A 飞行控制系统组成图

7.2　试分析习题图 7.3 中 A320 飞机飞行控制系统的可靠性，并分析非相似余度对提升系统可靠性的影响。

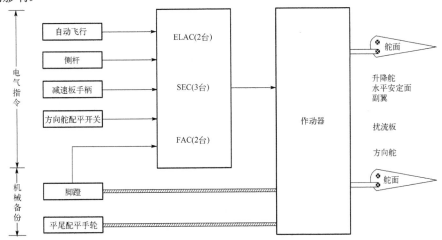

习题图 7.3　A320 飞行控制系统计算机的非相似余度组成图

图中：升降舵副翼计算机（ELAC），控制副翼、升降舵和水平安定面作动器；扰流板和升降舵计算机（SEC）控制着所有扰流板作动器，同时也作为升降舵和水平安定面控制的备份；飞行增稳计算机（FAC），提供了偏航阻尼、配平和行程限制功能。

7.3 试分析习题图7.4所示电液动力余度系统的监控系统设计和对系统可靠性的影响关系。

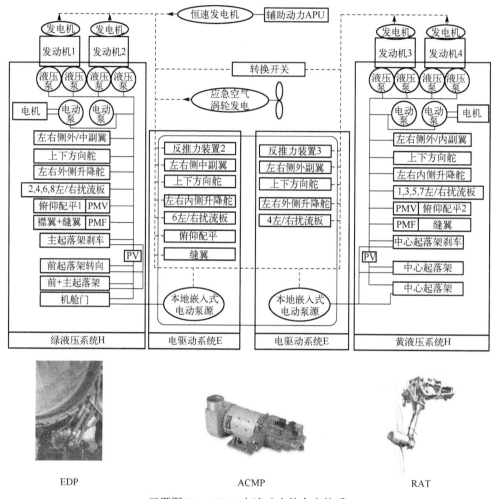

习题图7.4 A380电液动力的余度体系

参 考 文 献

蒂尔曼 F A, 黄清莱, 郭威. 1998. 系统可靠性最优化[M]. 刘炳章译. 北京: 国防工业出版社.

段长宝. 1990. 液压元件的寿命试验[M]. 北京: 国防工业出版社.

高立新. 2015. 机器状态监测与故障诊断[M]. 北京: 科学出版社.

蒋平, 邢云燕, 程文科, 等. 2015. 可靠性工程概论[M]. 北京: 国防工业出版社.

石存. 2014. 飞行四冗余作动系统同步控制系统策略研究[D]. 北京: 中国农业大学.

史纪定, 稽光国. 1990. 液压系统故障诊断与维修技术[M]. 北京: 机械工业出版社.

吴波, 丁毓峰, 黎明发. 2007. 机械系统可靠性维修与决策模型[M]. 北京: 化学工业出版社.

吴今培, 肖健华. 1997. 智能故障诊断与专家系统[M]. 北京: 科学出版社.

于永利. 2007. 系统维修性建模理论与方法[M]. 北京: 国防工业出版社.

湛从昌. 1994. 液压系统故障的模糊诊断方法[J]. 液压与气动, (6):3-7.

钟秉林, 黄仁. 1997. 机械故障诊断学[M]. 第二版. 北京: 机械工业出版社.

Dong M, Li G, Liu C. 2004. Hydraulic component fault diagnosis research based on mathematical model[C]// Fifthe World Congress on Intelligent Control & Automation, Hangzhou : 1803-1806.

Kang R, Jiao Z, Wang S, et al. 2009. Design and simulation of electro-hydrostatic actuator with a built-in power regulator[J]. Chinese Journal of Aeronautics, 22 (6) : 700-706.

Navarro R. 1997. Performance of an electro-hydrostatic actuator on the F-18 systems research aircraft[M]. NASA/TM-97-206224.

Shi C, Wang X, Wang S, et al. 2015. Adaptive decoupling synchronous control of dissimilar redundant actuation system for large civil aircraft[J]. Aerospace Science and Technology, 47: 114-124.

Song R, Sepehri N. 2002. Fault detection and isolation in fluid power systems using a parametric estimation method[C]// IEEE Canadian Conference on Electrical and Computer Engineering, Canada: 144-149.

Tan H, Sepehri N. 2002. Parametric fault diagnosis for electrohydraulic cylinder drive units[J]. IEEE Transactions on Industrial Electronics, 49 (1) : 96-106.

Zhou R,　Lin T,　Han J, et al. 2002. Fault diagnosis of airplane hydraulic pump[C]// IEEE 4th World Congress on Intelligent Control and Automation, Shanghai, China: 3150-3152.

拓展阅读

余度舵机（Redundant Actuator）

舵机是飞机飞行控制系统的执行机构，是飞机飞控系统的重要组成部分，其可靠性直接影响飞机的飞行品质，因此需要采用余度设计。由于电子产品的可靠性较低，通常在余度舵机设计时对电子部分采用高余度设计，而可靠性较高的机械部分采用低余度设计。附图 7.1 为飞机操纵系统普遍采用的三或四余度液压舵机（hydraulic actuator, HA）。以波音 747 飞机为例，其作动器采用了三到四余度的液压伺服控制，通过多数故障表决来完成故障处理，实现舵机的高可靠性。

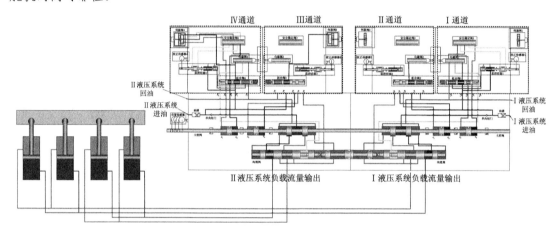

附图 7.1　余度舵机

余度舵机的性能要求包括：

1）输出特性

余度舵机的伺服阀将电气控制信号转换为机械运动信号，对其机械输出的基本要求为：

· 负载能力，最大输出力（力矩）。

· 输出范围，机械运动范围（线位移/角位移、线速度/角适度）。

· 舵机刚度，舵机输出位移与负载的关系。

2）余度舵机闭环性能

· 闭环稳定性能（稳定储备）。

· 闭环静态特性。静态传动比（电气指令转换为机械运动的传动增益）；静态输出特性（零位、精度、重复性、非线性）。

· 闭环动态特性。对伺服系统跟踪指令能力的度量；可从时域和频域两个方面测定：时域响应特性（时间响应历程及相关参数）；频域特性（闭环系统阶数、频带宽度）。

3）多余度伺服作动系统的余度管理性能

· 故障检测方案与算法。

· 故障检测覆盖率。

- 故障隔离方式及其瞬态。
- 故障/工作等级，故障–性能降级水平。
- 故障/安全措施(预先指定：作动器松浮或停留在某一定位置)及其响应能力。

4)可靠性与维护性

- 控制失效率。
- 平均故障间隔时间(MTBF)。
- BIT 功能。
- 平均修复时间(MTTR)。

如附图 7.2 所示为四余度舵机示意图。

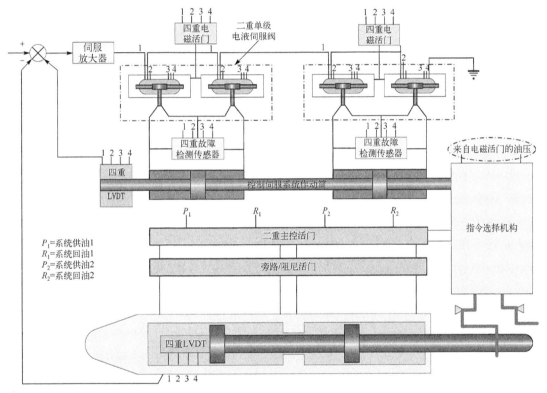

附图 7.2　四余度舵机

余度舵机的力纷争

所谓余度舵机的力纷争是指由于余度系统通道之间工艺手段、加工方法以及装配调试、传感器以及相应伺服放大器中各种差异造成的同样控制指令不同余度通道输出不同在舵面上造成力的纷争现象。附图 7.3 给出了三余度舵机输出力的不平衡而形成的力纷争(图中 1，2，3 分别代表三个通道的压差)。

该图表明，力纷争现象通常比较严重，纷争力可以高达通道的最大输出力，而且通道间差别越大，纷争现象越明显，甚至会导致综合输出轴疲劳断裂，给飞行带来严重事故。

对于非相似余度舵机系统(如附图 7.4 所示)，由于液压舵机(HA)和电静液舵机(EHA)

结构差异也会造成力纷争问题，因此余度系统设计时必须考虑力纷争解耦和补偿措施，以避免力纷争对舵面的影响。

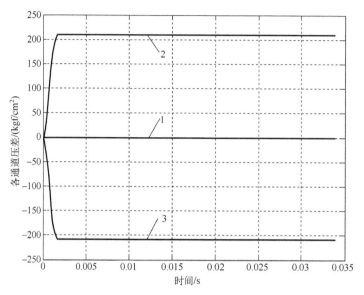

附图 7.3　三余度舵机的输出力曲线

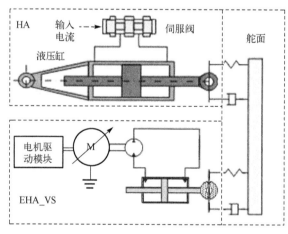

附图 7.4　基于 HA/EHA 非相似余度舵机系统

电静液作动器（Electro-Hydrostatic Actuator，EHA）

随着多电飞机的发展，A320 率先研发了新型分布式电静液作动系统，它主要采用的是发动机转换出的电源作为二次能源，然后驱动电机、液压泵和作动器实现飞机舵面的操纵。电静液作动器由电机、泵和作动缸高度集成而成，它不再依赖飞机的中央液压系统，取消了复杂的液压管路，具有体积小、重量轻和效率高等特点，适用于大负载、大功率和高精度的应用场合。由于 EHA 不需要中央液压能源，只需要本地的小油箱供给液压泵高压液压能量，因此散热是个问题，于是出现了负载敏感的电静液作动器（如附图 7.5 所示）。

负载敏感型 EHA 增加了压力随动伺服阀。当动态过程中负载突然增大，负载压力随之

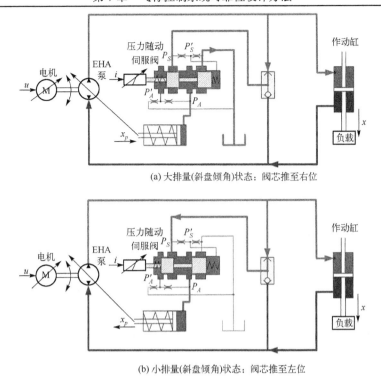

(a) 大排量(斜盘倾角)状态: 阀芯推至右位

(b) 小排量(斜盘倾角)状态: 阀芯推至左位

附图 7.5 负载敏感电静液作动器工作原理示意图

升高，进而 P_S 压力也随之增大，此时为改善动态特性，给压力随动伺服阀的比例电磁铁设定一个较大的推力，使压力随动伺服阀的 $P_S - P_A$ 为一个较大的值，即阀的出口压力 P_A 接近于 0，保持液压泵的大斜盘倾角，同时调节电机转速，使 EHA 快速到达预定位置。当稳态时，EHA 位置处于相对稳定的位置，给压力随动伺服阀的比例电磁铁设定一个较小的推力，使压力随动伺服阀的 $P_S - P_A$ 为一个较小的值，即阀的出口压力 P_A 接近 P_S，P_A 作用于单作用缸上，减小泵的斜盘倾角，同时增大电机转速，维持系统所需流量，提高电机效率，进而减少电机发热。附图 7.6 给出了负载敏感 EHA 阶跃响应的铜损曲线，可见负载敏感 EHA 的发热最小，仅为传统 EHA 的 34.5%。

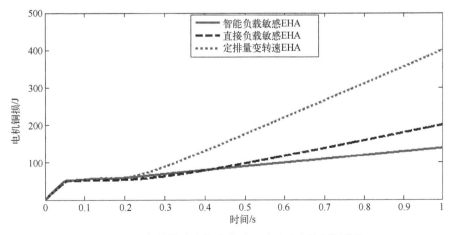

附图 7.6 负载敏感电静液作动器阶跃响应的铜损曲线

第8章 容错控制系统故障诊断技术

8.1 故障检测与诊断技术概述

动态系统的故障检测与诊断是利用现代控制理论、信息处理技术、冗余资源以及计算机技术相结合的方法进行的，具体有以下几种。①参数估计法：当故障可由参数的不期望显著变化来表示时，各种参数估计的方法都可用来实现故障的检测与诊断，如极大似然法、参数预估法、最小二乘法、卡尔曼滤波法等。②统计分析法：其基本原理是通过设置残差发生器来强化故障的外部效应，然后对残差序列进行适当的统计分析，以实现故障的检测与诊断。③表决法：利用硬件余度及解析余度进行表决来检测与诊断故障。④基于新息序列处理的故障检测与诊断方法：利用在系统正常条件下所建立的卡尔曼滤波器新息序列的统计特性由于系统故障而发生的变化来检测与诊断故障。⑤状态估计法：设计一个状态估计器，根据解耦原理选取其增益矩阵的结构和大小，使所要检测与诊断的故障在该滤波器残差序列中得到强化，从而可以加快故障检测与诊断速度。⑥特征值法：根据系统的特征值相对于故障的灵敏度进行检测故障。此外还有多重假设高故障检测法、投影算子法、广义奇偶空间法等。

8.1.1 动态过程的故障描述及其诊断

对于如图 8.1 所示开环运行过程 P 或产品，$U(t)$ 和 $Y(t)$ 分别是可测量的输入和输出信号。由于外部或内部原因，动态过程或产品可能会出现故障。故障的外部原因包括环境影响，如温度、湿度、灰尘、化学品、电磁辐射等；内部原因如缺少润滑（导致更严重的摩擦或磨损）、过热、泄漏和短路等。这些故障 $F(t)$ 首先影响过程的内部参数 $\boldsymbol{\Theta}$（如电阻、电容或刚度，改变量为 $\Delta\boldsymbol{\Theta}$）和/或内部状态变量 $X(t)$（如质量流量、电流或温度，改变量为 $\Delta X(t)$），这些内部参数和/或内部状态的变化通常是不可测量的。根据动态过程的工作机理，故障影响可测量输出 $Y(t)$（改变量为 $\Delta Y(t)$），同时还必须考虑到过程干扰和噪声 $N(t)$ 以及控制变量 $U(t)$ 的变化对 $Y(t)$ 的影响。

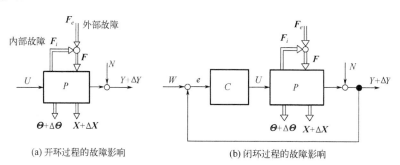

(a) 开环过程的故障影响　　　　　(b) 闭环过程的故障影响

图 8.1　故障 F 对动态过程的影响

对于开环动态过程（如图 8.1(a) 所示），无论是内部故障 F_i、外部故障 F_e 还是干扰 N 都会造成的故障输出永久偏移量 $\Delta Y(t)$。而在闭环过程中（如图 8.1(b) 所示），故障的影响行为有所不同。如果参数变化 $\Delta\boldsymbol{\Theta}$ 或状态变量变化 $\Delta X(t)$ 不大，在一定范围内，由于控制器具有积分行为(例如 PI 控制器),则输出偏差 $\Delta Y(t)$ 最终消失,只不过消失的时间更短或更长(如图 8.2(b)所示)。这时控制变量的永久偏移量 $\Delta U(t)$ 会成比例地作用于过程中,如果仅监控输出 $Y(t)$,则由于偏差小且短,且受噪声污染,可能无法检测到故障。其主要原因是闭环过程不仅能够补偿扰动 $N(t)$,而且能够补偿与控制变量 $Y(t)$ 有关的参数变化 $\Delta \Theta$ 和状态变化 $\Delta X(t)$。这意味着一定范围内的故障 $F(t)$ 可以通过闭环进行补偿。只有当故障规模增大并导致控制变量达到限制值(饱和)时,才可能出现永久性偏差 ΔY。因此,对于闭环过程,$U(t)$ 和 $Y(t)$ 都需要被监测。大多数情况下,只对 $Y(t)$ 和控制偏差 $e(t)$ 进行监控。

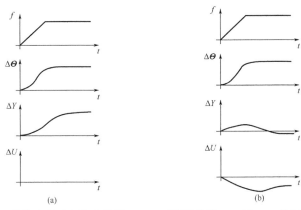

图 8.2 故障出现后参数变化量 $\Delta \Theta$、可测量信号 $Y(t)$ 及 $U(t)$ 的时序行为

通常,对动态过程的故障诊断是通过对一些可测量的输出变量 $Y(t)$(如压力、力、液位、温度、速度、振荡)进行极限检测或阈值检测实现。基于故障阈值的故障诊断与处理方法如图 8.3 所示,包括:

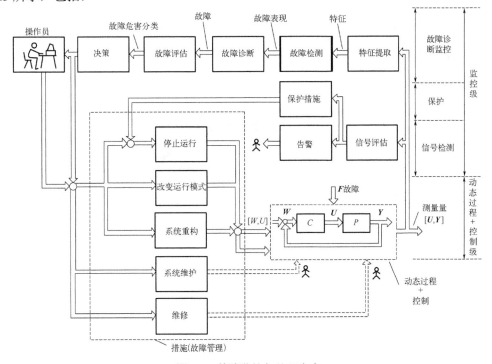

图 8.3 故障监控与处理方案

（1）监测输入 $U(t)$、输出 $Y(t)$ 和可估计的状态信息 $X(t)$，当以上信息偏移在一定范围内，可通过闭环效应实现偏移补偿。

（2）检测一切测量的传感器信息，并进行信号处理。如可以采用信号特征进行故障诊断，在确认故障的情况下可以通过故障处理（停止运行、改变运行模式和系统重构等）让系统在故障发生时正常工作；当信号处理不能表征故障，就在全域全尺度提取故障特征，采用时域、频域、时频域或多信息融合等方法进行故障诊断，继而进行故障决策（系统维护或维修等）。

8.1.2 控制系统常用的故障诊断方法

飞行控制系统的典型结构如图 8.4 所示，主要由控制计算机、伺服作动器（又称舵机）和传感器等组成。

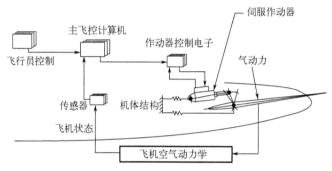

图 8.4 主飞行控制系统的结构

鉴于容错飞行控制系统在飞控计算机、传感器以及舵机都采用了余度设计技术，因此需要研究其故障检测与诊断技术。为了保证飞行控制系统的安全性和可靠性，飞行控制系统的安全性要求做到"永不放弃"，即：①无论什么时候，只要还存在有效的资源，就要让系统继续保持运行，且防止将有效的资源错误地否决；②能够准确进行故障检测、诊断和隔离。目前电传飞行控制系统故障诊断方法有以下几种：

1. 基于信号的故障检测与诊断

基于信号模型的故障诊断方法是最常用的故障检测和诊断形式，如图 8.5 所示。

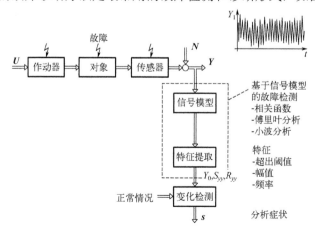

图 8.5 基于信号的故障检测与诊断

　　基于信号模型的故障诊断的基本原理是通过传感器检测动态系统的信号(输入、输出等),对信号的时域、频域或时频域进行信号处理(相关性分析、傅里叶变换、小波分析等),得到故障特征,通过与系统正常运行过程的信号特征进行对比,检测系统是否发生故障,并对故障发生部位与故障类型进行诊断。例如针对飞控系统中的水平安定面机电作动器(Electromechanical Actuator,EMA),通过对 EMA 振动信号的检测,对检测信号进行快速傅里叶变换,发现异于正常频谱的峰值点,进而实现滚珠丝杠疲劳剥落故障检测,如图 8.6 所示。

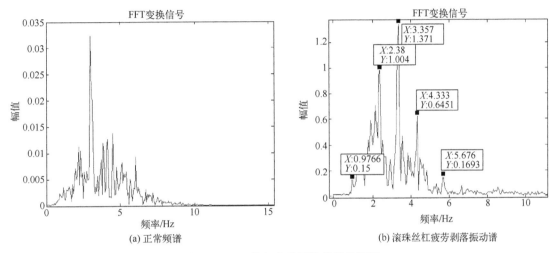

图 8.6　EMA 丝杠疲劳剥落故障的检测

　　在实际应用中,单一的信息源都是不确定的、模糊的,仅仅采用单一信息对对象进行健康状态的判断都是不完整的。飞行控制系统结构复杂,且传感器检测的不确定性以及系统运行过程中的噪声都会导致使用单一传感器进行故障诊断存在诊断准确率低、虚警率高等问题。一般需要多个传感器信号进行信息融合才能实现多故障的检测与诊断,从而提高系统故障定位能力。

2. 基于模型的故障检测与诊断

　　基于模型的故障检测与诊断方法将飞行控制系统(或作动子系统)描述为一组基于动力学过程的线性或非线性数学模型。在给定同样指令条件下,通过飞行控制系统(或作动子系统)实际行为与模型的预期行为的差异分析与比较,检测飞控系统是否发生故障,并对故障发生部位、故障类型以及严重程度进行诊断,如图 8.7 所示。这种基于模型的飞控系统故障诊断方案具有不需要另外增加其他物理检测设备的优点,在理论研究和工程应用方面都具有很强的吸引力。

　　基于模型的故障诊断方法又可分为参数估计方法、状态估计方法和等价空间方法。图 8.7 中,构造可以准确描述动态系统的模型,通过参数估计、状态观测等分析方法得到模型参数,通过实际系统输出与模型输出的差值来进行故障的诊断和决策。状态估计方法的基本思想是:首先通过状态观测器或滤波器重构被控过程的状态,通过与可测变量比较构成残差序列,从残差序列中把故障检测出来。参数估计方法不需要计算残差序列,而是根据参数变化的统计特性来检测故障的发生。

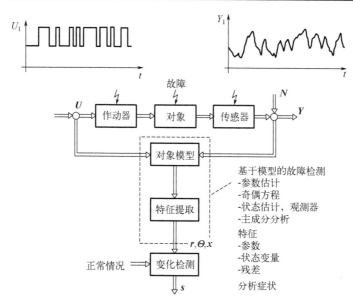

图 8.7　基于模型的故障检测与诊断

例如，为了检测 A380 上的振荡故障（Oscillation Fault Counting, OFC），空客设计了图 8.8 所示的检测及诊断模型，该模型包括残差生成和残差评估两部分。模型的输入为飞行控制律解算的舵面伺服控制指令。通过比较舵面实际位置（由传感器获得）和由作动器模型产生的估计位置来产生残差。将残差分解成几个谱段，在每个谱段中对滤波残差的振荡进行计数实现 OFC 检测。该模型目前在 A380 上使用，在鲁棒性和检测方面效果良好。

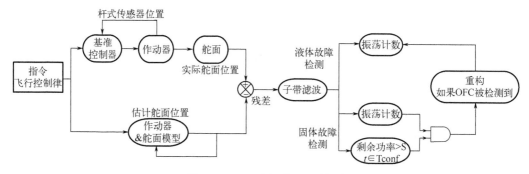

图 8.8　A380 飞机的 OFC 检测

同理，基于模型的故障检测与诊断也可以推广应用到监控表决系统。例如，空客公司针对飞控计算机的 COM/MON（Command/Monitoring）体系结构构建了监控表决诊断模型，如图 8.9 所示。在该模型中，飞控计算机 COM/MON 体系结构由两个不同的通道组成：COM 频道（命令）和 MON 频道（监控）。借助专用传感器，在每个通道中分别计算飞行控制律。每个通道接收专用的舵面（或作动器）位置，并以不同的算法计算每个信道中的信号。在 COM 通道中计算的信号通过内部专用总线发送到 MON 通道，并应用基于阈值的监控来检测潜在的故障。

3. 基于知识的故障检测与诊断

如果动态系统的故障检测与诊断积累了大量的知识和判断规则，就可以构建知识库、规

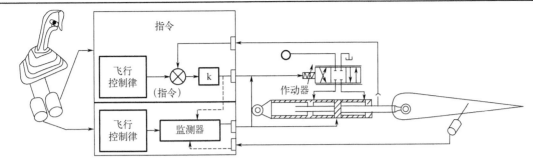

图 8.9 空中客车飞行控制计算机 COM/MON 体系结构

则库和推理机,利用知识推理实现故障检测和诊断。基于专家系统的故障诊断方法是将专家系统应用到故障诊断中去,从而利用领域知识和专家经验提高故障诊断的效率。一般来说,基于知识的故障检测与诊断系统可以对测量变量进行解析表达,采用启发式知识进行故障的推理和分类决策,继而实现故障检测和诊断,如图 8.10 所示。

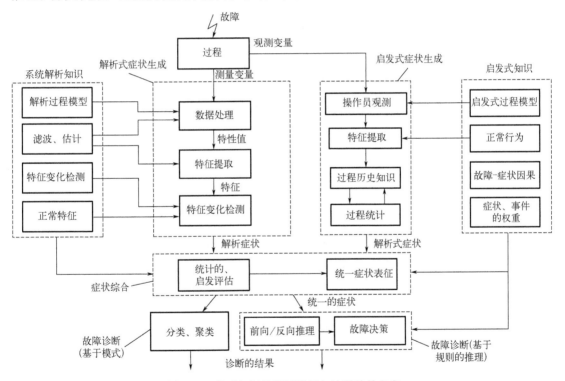

图 8.10 基于知识的故障检测与诊断总体方案

由于基于知识的方法不需要精确模型,基于神经网络、模糊逻辑等也成为基于知识故障诊断方法的热点。

8.1.3 故障检测与诊断的定量指标

系统进行故障检测与诊断时会出现两类错误:一类是系统中出现故障而没有被检测和诊断出来;另一类错误是系统中没有故障而被误诊断为故障。为了定量描述系统故障检测和隔离能力,常用以下三个主要指标度量。

1. 故障检测率

故障检测率是指在规定的时间内,检测到的系统故障总数与可能发生的故障总数(根据 FMEA 和可靠性分析结果确定)之比,用百分数表示。即:

$$P_{\mathrm{D}} = \frac{N_{\mathrm{D}}}{N} = \frac{\sum\limits_{i=1}^{m} \lambda_i}{\sum\limits_{i=1}^{n} \lambda_i} \tag{8.1}$$

式中,P_{D} 为故障检测率;N_{D} 为检测到的系统故障总数;N 为系统可能发生的故障总数;λ_i 为第 i 个故障模式的故障率;m 为检测到的故障模式数;n 为被测系统的故障模式总数。

故障发生了但未被诊断出来的概率称为漏检率,用 α 表示,它是一个条件概率。漏检率与故障检测率的关系为:

$$\alpha = 1 - P_{\mathrm{D}} \tag{8.2}$$

2. 故障隔离率

故障隔离率是指在规定的时间内,已检测出的并被隔离到规定等级(一个外场可更换部件或两个外场可更换部件)的故障总数与在同一时间内被检测出的故障总数之比,用百分数表示。即:

$$P_{\mathrm{I}} = \frac{N_{\mathrm{I}}}{N_{\mathrm{D}}} = \frac{\sum\limits_{i=1}^{k} \lambda_i}{\sum\limits_{i=1}^{m} \lambda_i} \tag{8.3}$$

式中,P_{I} 为故障隔离率;N_{I} 为检测并隔离到对顶等级的故障总数;λ_i 为第 i 个故障模式的故障率;k 为检测到并隔离到规定等级的故障模式数。

3. 虚警率

虚警率是指在系统规定的工作时间内,给出故障诊断而系统中无故障的总数与同一时间内被检测出的故障总数之比,用百分数表示。即:

$$P_{\mathrm{FA}} = \frac{N_{\mathrm{FA}}}{N_{\mathrm{D}}} \tag{8.4}$$

式中,N_{FA} 为检测到故障而系统无故障的故障总数。

8.2　基于模型的飞控系统故障检测与诊断方法

8.2.1　基于通用模型的故障表征

图 8.11 显示了基于模型的故障检测与诊断的一般过程,其中输入信号 U 和输出信号 Y 之

间的关系由一个数学过程模型表示。故障检测方法是提取特定的特征，如系统输出 $y(t)$ 与模型输出 $\hat{y}(t)$ 的偏差 $r = y(t) - \hat{y}(t)$，通过比较这些观测到的特征与其标称值，应用信号异常检测的方法，就可以得到诊断结果。

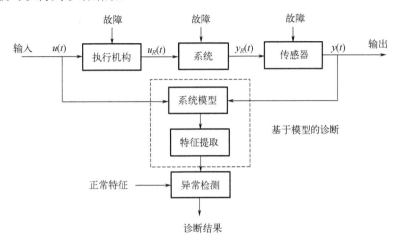

图 8.11　基于模型的故障检测方案

基于模型故障检测与诊断方法的第一步是建立动态系统的数学模型。对于飞机飞行控制系统的通用模型如图 8.12 所示，其内部系统动力学模型可以通过状态空间方程描述为：

$$\begin{cases} \dot{x}(t) = Ax(t) + Bu_R(t) \\ y_R(t) = Cx(t) + Du_R(t) \end{cases} \tag{8.5}$$

其中，$x \in \Re^n$ 是状态向量，$u_R \in \Re^r$ 是系统物理过程的输入向量，$y_R \in \Re^m$ 是实际的系统输出向量；A，B，C 和 D 是具有适当维数的已知系统矩阵。

当控制系统执行机构件发生故障 $f_c(t)$ 时，系统的动态模型可以描述为：

$$\dot{x}(t) = Ax(t) + Bu_R(t) + f_c(t) \tag{8.6}$$

式 (8.6) 表示系统中某些条件发生变化 (如执行器故障) 使动态关系失效的情况。在某些情况下，故障也可以表示为系统参数的变化，例如矩阵 A 的第 i 行和第 j 列元素的变化，此时，系统的动态方程则可以描述为：

$$\dot{x}(t) = Ax(t) + Bu_R(t) + I_i \Delta a_{ij} x_j(t) \tag{8.7}$$

其中，$x_j(t)$ 是向量 $x(t)$ 的第 j 个元素，I_i 是一个 n 维向量，除了第 i 个元素为 1 之外，其余元素均为零。

一般而言，系统的实际输出是通过飞控系统的位移传感器测量获得的，如图 8.12 所示。当传感器出现故障时，系统的输出可以在数学上描述为 (当忽略传感器动态特性时)：

$$y(t) = y_R(t) + f_S(t) \tag{8.8}$$

其中，$f_S \in \Re^m$ 是传感器故障向量。通过正确选择矢量 f_S，可以描述所有传感器故障情况。

当传感器"卡在特定值"(比如零位) 时，测量矢量 $y(t) = 0$，故障矢量 $f_S(t) = -y_R(t)$。当传感器标量因子发生变化时 (乘法故障)，测量结果变为 $y(t) = (1 + \Delta) y_R(t)$，故障向量可以写成 $f_S(t) = \Delta y_R(t)$。

　　同样，系统的实际输入 $\boldsymbol{u}_R(t)$ 通常不能直接取得。对于受控系统，$\boldsymbol{u}_R(t)$ 是控制器对执行机构指令 $u(t)$ 的响应，如图 8.13 所示，当忽略执行机构动态特性时，可以描述为：

$$\boldsymbol{u}_R(t) = \boldsymbol{u}(t) + \boldsymbol{f}_a(t) \tag{8.9}$$

其中，$\boldsymbol{f}_a \in \mathfrak{R}^r$ 是作动器故障向量；$\boldsymbol{u}(t)$ 是已知的控制命令。

图 8.12　传感器输出和测量输出　　　　　图 8.13　执行机构输入和驱动输出

　　与传感器故障情况类似，所有不同类型的执行机构故障情况都可以通过适当的故障函数 $\boldsymbol{f}_a(t)$ 来表示。

　　如果系统输入未知(例如在不受控的系统中)，可以使用输入传感器测量作动器的输入，如图 8.14 所示，可以用如下模型表示：

$$\boldsymbol{u}(t) = \boldsymbol{u}_R(t) + \boldsymbol{f}_{is}(t) \tag{8.10}$$

或者：

$$\boldsymbol{u}_R(t) = \boldsymbol{u}(t) + [-\boldsymbol{f}_{is}(t)] \tag{8.11}$$

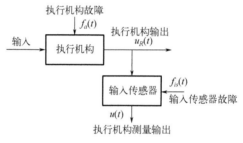

图 8.14　输入传感器驱动和测量执行机构

　　当系统存在传感器和执行机构同时故障的可能性时，系统模型描述为：

$$\begin{cases} \dot{\boldsymbol{x}}(t) = \boldsymbol{A}\boldsymbol{x}(t) + \boldsymbol{B}\boldsymbol{u}(t) + \boldsymbol{B}\boldsymbol{f}_a(t) \\ \boldsymbol{y}(t) = \boldsymbol{C}\boldsymbol{x}(t) + \boldsymbol{D}\boldsymbol{u}(t) + \boldsymbol{D}\boldsymbol{f}_a(t) + \boldsymbol{f}_s(t) \end{cases} \tag{8.12}$$

　　考虑到一般情况，状态空间模型可以将具有所有可能的系统故障描述为：

$$\begin{cases} \dot{\boldsymbol{x}}(t) = \boldsymbol{A}\boldsymbol{x}(t) + \boldsymbol{B}\boldsymbol{u}(t) + \boldsymbol{R}_1\boldsymbol{f}(t) \\ \boldsymbol{y}(t) = \boldsymbol{C}\boldsymbol{x}(t) + \boldsymbol{D}\boldsymbol{u}(t) + \boldsymbol{R}_2\boldsymbol{f}(t) \end{cases} \tag{8.13}$$

其中，$\boldsymbol{f}(t) \in \mathfrak{R}^g$ 是故障向量，每个元素 $f_i(t)$（$i = 1, 2, \cdots, g$）对应于特定故障。从实际角度来看，对故障特征做出假设限定是不合理的，但可以将其视为未知的时间函数。矩阵 $\boldsymbol{R}_1$ 和 $\boldsymbol{R}_2$ 称为故障输入矩阵，表示故障对系统的影响。矢量 $\boldsymbol{u}(t)$ 是执行机构的输入或测量到的执行信号，矢量 $\boldsymbol{y}(t)$ 是测量到的输出。

　　对式(8.13)进行拉氏变化，得到具有潜在故障的系统的输入输出传递矩阵表示：

$$\boldsymbol{Y}(s) = \boldsymbol{G}_u(s)\boldsymbol{U}(s) + \boldsymbol{G}_f(s)\boldsymbol{F}(s) \tag{8.14}$$

其中：

$$\begin{cases} G_u(s) = C(sI - A)^{-1}B + D \\ G_f(s) = C(sI - A)^{-1}R_1 + R_2 \end{cases} \tag{8.15}$$

式 (8.13) 用于描述在时域上的系统模型，式 (8.14)、式 (8.15) 用于描述在频域中的故障系统模型。这两种模型描述形式已在故障诊断中得到了广泛的应用。

8.2.2　基于观测器的故障检测与诊断模型的方法

在数字控制系统中，一般利用传感器观测系统的状态向量的估计值构成故障检测滤波器，以便达到对系统的故障进行检测与诊断的目的。其原理如图 8.15 所示。通常系统在确定的情况下，状态向量的估计采用广义龙贝格 (Luenberger) 观测器构成故障检测滤波器；而当系统存在随机干扰时，采用卡尔曼 (Kalman) 滤波器作为故障检测滤波器。

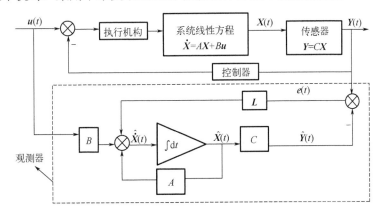

图 8.15　控制系统与故障检测滤波器

设控制系统的动态方程为：

$$\begin{cases} \dot{X} = AX + Bu \\ Y = CX \end{cases} \tag{8.16}$$

式 (8.16) 中上式称为动态系统的状态方程，下式称为观测方程。式中 X 为系统的 $n \times 1$ 维状态向量；Y 为系统的 $m \times 1$ 维输出；u 为系统的 $r \times 1$ 维输入；A 为 $n \times n$ 维状态矩阵；B 为 $n \times r$ 维输入矩阵；C 为 $m \times n$ 维输出矩阵。如果系统完全可观测，那么理论上状态向量 X 可由输出向量 Y、输入向量 u 和这些变量导数的线性组合表示，因而可以构造观测器。

最简单的观测器是建立参数等于原系统参数的模型，见式 (8.16)。这样观测器模型的动态方程可写成：

$$\begin{cases} \dot{\hat{X}} = A\hat{X} + Bu \\ \hat{Y} = C\hat{X} \end{cases} \tag{8.17}$$

其中希望的观测器的状态向量 $\hat{X}$ 与真实系统的状态向量 X 相同，利用系统输出与观测器模型输出之间的差值信号经增益阵 L 反馈到模型输入。这里，矩阵 $(A - LC)$ 的极点决定着误差是否衰减以及如何衰减，对于已知矩阵 A, C 由系统决定，因此增益阵 L 成为系统是否稳定的关键。这一问题变换为极点配置问题，若能使 $(A - LC)$ 具有负实部，则系统稳定。故障检测滤波器是一种线性滤波器，它与全状态观测器的构置相同，但设计要求却是不同的。设计全状态观测器时，通过选择增益阵 $\boldsymbol{L}$，使矩阵 $(\boldsymbol{A}-\boldsymbol{LC})$ 的特征值具有负实部，这样可以保证设计的观测器是稳定的。而设计故障检测滤波器时，不仅要保证滤波器的稳定性，而且要求差值信号能识别系统发生的故障，并具有强的鲁棒性。

若滤波器是稳定的，则正常条件下，滤波器任何初始误差均会逐渐消除，滤波器将跟踪系统的响应，输出误差 $e(t)$ 将保持为零，除非考虑噪声、干扰或系统建模部分的效应。当系统中某一部件发生故障时，滤波器的模型将不能正确反映发生故障后的系统特性，输出误差将不为零。根据故障检测滤波器的设计限制，输出误差应具有方向性，某个部件的故障对应于一定方向的输入误差。

图 8.15 所示的系统中的控制器实现增益反馈控制，即 $\boldsymbol{u}=-\boldsymbol{KY}$，则式 (8.16) 的状态方程变为：

$$\dot{\boldsymbol{X}}=\boldsymbol{AX}-\boldsymbol{BKCX}=(\boldsymbol{A}-\boldsymbol{BKC})\boldsymbol{X} \tag{8.18}$$

说明增益反馈的效应可包含在 $\boldsymbol{A}$ 内，而将式 (8.16) 中的控制输入 $\boldsymbol{u}$ 看作是独立输入。这样故障检测滤波器方程为：

$$\begin{cases} \dot{\hat{\boldsymbol{X}}}=\boldsymbol{A}\hat{\boldsymbol{X}}+\boldsymbol{Bu}+\boldsymbol{L}[\boldsymbol{Y}(t)-\hat{\boldsymbol{Y}}(t)] \\ \hat{\boldsymbol{Y}}=\boldsymbol{C}\hat{\boldsymbol{X}} \end{cases} \tag{8.19}$$

定义状态误差为 $e(t)=\boldsymbol{X}(t)-\hat{\boldsymbol{X}}(t)$，测量误差为 $\boldsymbol{E}(t)=\boldsymbol{Y}(t)-\hat{\boldsymbol{Y}}(t)$，则状态误差方程为：

$$\begin{aligned} \dot{e}(t)=\dot{\boldsymbol{X}}(t)-\dot{\hat{\boldsymbol{X}}}(t)&=\boldsymbol{AX}(t)+\boldsymbol{Bu}(t)-\boldsymbol{A}\hat{\boldsymbol{X}}(t)-\boldsymbol{Bu}(t)-\boldsymbol{L}[\boldsymbol{Y}(t)-\hat{\boldsymbol{Y}}(t)] \\ &=(\boldsymbol{A}-\boldsymbol{LC})e(t) \end{aligned} \tag{8.20}$$

输出误差方程为：

$$\boldsymbol{E}(t)=\boldsymbol{Y}(t)-\hat{\boldsymbol{Y}}(t)=\boldsymbol{C}e(t) \tag{8.21}$$

对于动态控制系统，常见的故障类型有执行机构故障、传感器故障和对象参数变化等。

1. 执行机构故障

假设第 j 个执行机构发生故障，则故障数学模型可表示为：

$$\boldsymbol{u}(t)=\boldsymbol{u}_d(t)+\boldsymbol{e}_{rj}n(t) \tag{8.22}$$

式中，$\boldsymbol{u}_d(t)$ 为正常状态下期望的控制输入；$n(t)$ 为任意的标量时间函数；$\boldsymbol{e}_{rj}$ 为在第 j 个坐标方向上的单位 r 维向量，即：

$$\boldsymbol{e}_{rj}=\begin{bmatrix} 0 \\ \vdots \\ 0 \\ 1 \\ 0 \\ \vdots \\ 0 \end{bmatrix} \leftarrow 第j个元素$$

此时状态方程为：

$$\dot{X}(t) = AX(t) + Bu(t) = AX(t) + B[u_d(t) + e_{rj}n(t)]$$
$$= AX(t) + Bu_d(t) + b_j n(t) \tag{8.23}$$

式中，b_j 为 B 阵的第 j 列向量。

此时状态误差方程和输出误差方程分别为：

$$\begin{cases} \dot{e}(t) = (A - DC)e(t) + b_j n(t) \\ E(t) = Ce(t) \end{cases} \tag{8.24}$$

2. 传感器故障

假设第 j 个传感器发生故障，则其故障数学模型可表示为：

$$Y(t) = CX(t) + e_{mj}n(t) \tag{8.25}$$

式中，e_{mj} 为在第 j 个坐标方向上的单位 $m \times 1$ 维向量；$n(t)$ 为任意的标量时间函数，对应于第 j 个传感器故障，即：

$$e_{mj} = \begin{bmatrix} 0 \\ \vdots \\ 0 \\ 1 \\ 0 \\ \vdots \\ 0 \end{bmatrix} \leftarrow 第 j 个元素$$

此时状态误差方程和输出误差方程为：

$$\begin{cases} \dot{e}(t) = \dot{X}(t) - \dot{\hat{X}}(t) = AX(t) + Bu(t) - \{A\hat{X}(t) + Bu(t) + L[Y(t) - \hat{Y}(t)]\} \\ \qquad = (A - LC)e(t) - l_j n(t) \\ E(t) = Y(t) - \hat{Y}(t) = Ce(t) + e_{mj}n(t) \end{cases} \tag{8.26}$$

式中，l_j 为 L 阵的第 j 列向量。

3. 对象参数的变化

一般情况下，假设系统特性 A, B 发生变化为 $\Delta A, \Delta B$，则系统状态方程为：

$$\dot{X}(t) = (A + \Delta A)X(t) + (B + \Delta B)u(t) \tag{8.27}$$

则状态误差方程为：

$$\dot{e}(t) = \dot{X}(t) - \dot{\hat{X}}(t) = (A + \Delta A)X(t) + (B + \Delta B)u(t) - \{A\hat{X}(t) + Bu(t) + L[Y(t) - \hat{Y}(t)]\}$$
$$= (A - LC)e(t) + \Delta AX(t) + \Delta Bu(t) \tag{8.28}$$

输出误差方程为：

$$E(t) = Ce(t) \tag{8.29}$$

下面考虑简单的特殊情况，设 A 阵中某元素 a_{ij} 发生变化 Δa_{ij}，则：

$$\dot{X}(t) = AX(t) + Bu(t) + \Delta a_{ij} X_j(t) e_{ni} \tag{8.30}$$

式中，$e_{ni} = [0 \cdots 0 \ 1 \ 0 \cdots 0]^{\mathsf{T}}$

此时状态误差方程和输出误差方程为：

$$\begin{cases} \dot{e}(t) = (A - DC)e(t) + \Delta a_{ij} X_j(t) e_{ni} \\ E(t) = Y(t) - \hat{Y}(t) = Ce(t) \end{cases} \tag{8.31}$$

综合上述三种情况的状态误差方程和输出误差方程可以划分为以下两类：

1）输入型故障模型

输入型模型包括执行机构故障和对象参数变化，它们的状态误差方程和输出误差方程分别为：

$$\begin{cases} \dot{e}(t) = (A - LC)e(t) + f \cdot n(t) \\ E(t) = Ce(t) \end{cases} \tag{8.32}$$

式中，f 为事件向量（或故障向量）。解式（8.32）得到：

$$e(t) = \mathrm{e}^{(A-LC)t} e(0) + \int_0^t \mathrm{e}^{(A-LC)(t-\tau)} f \cdot n(\tau)\,\mathrm{d}\tau$$
$$E(t) = C\mathrm{e}^{(A-LC)t} e(0) + \int_0^t C\mathrm{e}^{(A-LC)(t-\tau)} f \cdot n(\tau)\,\mathrm{d}\tau \tag{8.33}$$

式中第一项为瞬态解，第二项为稳态解。若系统稳定，则稳态解为

$$e_s(t) = \lim_{t \to \infty} \int_0^t \mathrm{e}^{(A-LC)(t-\tau)} f \cdot n(\tau)\,\mathrm{d}\tau$$
$$E_s(t) = \lim_{t \to \infty} \int_0^t C\mathrm{e}^{(A-LC)(t-\tau)} f \cdot n(\tau)\,\mathrm{d}\tau \tag{8.34}$$

故障检测滤波器的设计，通过选择增益阵 L 使稳态输出误差矢量方向保持与 Cf 的方向一致。

2）输出型故障模型

输出型故障模型即传感器故障模型，其状态误差方程和输出误差方程为：

$$\dot{e}(t) = (A - LC)e(t) - l_j \cdot n(t)$$
$$E(t) = Ce(t) + e_{mj} \cdot n(t) \tag{8.35}$$

解式（8.35）得到：

$$e(t) = \mathrm{e}^{(A-LC)t} e(0) - \int_0^t \mathrm{e}^{(A-LC)(t-\tau)} l_j n(\tau)\,\mathrm{d}\tau$$
$$E(t) = C\mathrm{e}^{(A-LC)t} e(0) - \int_0^t C\mathrm{e}^{(A-LC)(t-\tau)} l_j n(\tau)\,\mathrm{d}\tau + e_{mj} n(t) \tag{8.36}$$

其稳态误差和稳态输出误差分别为：

$$e_s(t) = \lim_{t \to \infty} \int_0^t \mathrm{e}^{(A-LC)(t-\tau)} l_j n(\tau)\,\mathrm{d}\tau$$
$$E_s(t) = \lim_{t \to \infty} \left[\int_0^t C\mathrm{e}^{(A-LC)(t-\tau)} l_j n(\tau)\,\mathrm{d}\tau + e_{mj} n(t) \right] \tag{8.37}$$

显然，传感器故障的稳态输出误差方向处在 $(\boldsymbol{Cd}_j, \boldsymbol{e}_{mj})$ 构成的二维平面上，而不是某个固定方向上。

4. 检测滤波器的设计

采用故障向量 $\boldsymbol{f}$ 分析状态误差方程，无论是输入型故障还是输出型故障，都具有相同的形式：

$$\dot{\boldsymbol{e}}(t) = (\boldsymbol{A} - \boldsymbol{LC})\boldsymbol{e}(t) + \boldsymbol{f} \cdot n(t) \tag{8.38}$$

式中，$\boldsymbol{f} = \boldsymbol{b}_j$ 为执行机构故障；$\boldsymbol{f} = -\boldsymbol{l}_j$ 为传感器故障；$\boldsymbol{f} = \boldsymbol{e}_{ni}$ 为对象参数变化 Δa_{ij}。故障向量的维数为 $n \times 1$。上述状态误差方程包含故障向量 $\boldsymbol{f}$，故障是可检测的。

定义 8.1： 只要存在故障检测滤波器增益阵 $\boldsymbol{L}$ 满足以下两个条件，则故障向量 $\boldsymbol{f}$ 是可检测的。

(1) $\boldsymbol{Ce}_s(t)$ 在输出空间保持固定方向。

(2) $(\boldsymbol{A} - \boldsymbol{LC})$ 的所有特征值能够任意配置。

若 $\boldsymbol{f}$ 是可测的，则可通过检查输出误差的方向来确定发生故障的部件。对于传感器故障的可检测条件 (1) 对应为输出误差处于固定的两维平面。

当配置 $(\boldsymbol{A} - \boldsymbol{LC})$ 的所有特征值都处于 S 平面的左平面内，式 (8.38) 表示的系统是稳定的。当时间 $t \to \infty$ 时，式 (8.38) 的初始条件瞬态解将趋于零。$(\boldsymbol{A} - \boldsymbol{LC})$ 的配置应使误差达到稳态值的时间和动态过程得到控制。

例 8.1 以完全可测系统为例讨论故障检测滤波器的设计。

完全可测系统是指在任意时间 t，系统状态向量 $\boldsymbol{X}(t)$ 可由测量向量 $\boldsymbol{Y}(t)$ 唯一地确定。

$$\boldsymbol{Y}(t) = \boldsymbol{CX}(t)$$

当给定 $\boldsymbol{Y}(t)$ 时，使 $\boldsymbol{X}(t)$ 有唯一解的充要条件是 $\operatorname{rank}\boldsymbol{C} = n$。为满足可检测条件 (2) 选择 $(\boldsymbol{A} - \boldsymbol{LC}) = -\sigma\boldsymbol{I}$，其中 σ 为正的标量常值，$\boldsymbol{I}$ 为单位阵。

若 m 代表传感器的数目，或 $\boldsymbol{C}$ 阵的行数。假设 $m = n$，则 $\boldsymbol{C}$ 为 $n \times n$ 的方阵，若 $\operatorname{rank}\boldsymbol{C} = n$，则 $\boldsymbol{C}^{-1}$ 存在，则 $\boldsymbol{L}$ 阵的唯一解为：

$$\boldsymbol{L} = (\boldsymbol{A} + \sigma\boldsymbol{I})\boldsymbol{C}^{-1} \tag{8.39}$$

若 $m > n$ 且 $\operatorname{rank}\boldsymbol{C} = n$，则 $\boldsymbol{L}$ 阵的解为：

$$\boldsymbol{L} = (\boldsymbol{A} + \sigma\boldsymbol{I})(\boldsymbol{C}^{\top}\boldsymbol{C})^{-1}\boldsymbol{C}^{\top} \tag{8.40}$$

1) 对于执行机构故障

$\boldsymbol{f} = \boldsymbol{b}_j$，方程 (8.38) 的解为：

$$\boldsymbol{e}(t) = \mathrm{e}^{-\sigma(t-t_0)}\boldsymbol{e}(t_0) + \boldsymbol{b}_j\int_{t_0}^{t}\mathrm{e}^{-\sigma(t-\tau)}n(\tau)\mathrm{d}\tau \tag{8.41}$$

由于 $\sigma > 0$，所以初始条件 $\boldsymbol{e}(t_0)$ 引起的瞬态解趋近于零，故：

$$\boldsymbol{e}_s(t) \approx \boldsymbol{b}_j\int_{t_0}^{t}\mathrm{e}^{-\sigma(t-\tau)}n(\tau)\mathrm{d}\tau \qquad (t-t_0) >> \frac{1}{\sigma} \tag{8.42}$$

其中，$\int_{t_0}^{t}\mathrm{e}^{-\sigma(t-\tau)}n(\tau)\mathrm{d}\tau$ 是标量时间函数，因此当时间 t 足够大时，$\boldsymbol{e}(t)$ 保持在状态空间的固

定方向称为 b_j 方向，这说明状态误差信号保持在状态空间某个固定方向（对应于 b_j）表示是第 j 个执行机构故障。

严格来说，由于状态变量 $X(t)$ 不能直接获取，所以 $e(t)$ 也不是直接可取的信号，而输出误差信号 $E(t) = Y(t) - \hat{Y}(t)$ 可以直接获取。从这个意义上说，宜采用 $E(t)$ 来检测故障。

$$E(t) = Ce(t) = Ce^{-\sigma(t-t_0)}e(t_0) + Cb_j\int_{t_0}^{t}e^{-\sigma(t-\tau)}n(\tau)\mathrm{d}\tau$$

$$E_s(t) = Cb_j\int_{t_0}^{t}e^{-\sigma(t-\tau)}n(\tau)\mathrm{d}\tau \qquad (t-t_0) \gg \frac{1}{\sigma} \tag{8.43}$$

所以，$E_s(t)$ 在 m 维的输出空间中保持一个固定方向 Cb_j。

2）传感器故障

$f = -d_j$，方程（8.41）的解为：

$$e(t) = e^{-\sigma(t-t_0)}e(t_0) - l_j\int_{t_0}^{t}e^{-\sigma(t-\tau)}n(\tau)\mathrm{d}\tau \tag{8.44}$$

稳态状态误差为：

$$e_s(t) = -l_j\int_{t_0}^{t}e^{-\sigma(t-\tau)}n(\tau)\mathrm{d}\tau \qquad (t-t_0) \gg \frac{1}{\sigma} \tag{8.45}$$

同样，状态误差信号 $e(t)$ 不能直接获取，宜采用 $E(t)$ 来检测故障：

$$E(t) = Ce^{-\sigma(t-t_0)}e(t_0) - Cl_j\int_{t_0}^{t}e^{-\sigma(t-\tau)}n(\tau)\mathrm{d}\tau + e_{mj}n(t)$$

$$E_s(t) = -Cd_j\int_{t_0}^{t}e^{-\sigma(t-\tau)}n(\tau)\mathrm{d}\tau + e_{mj}n(t) \qquad (t-t_0) \gg \frac{1}{\sigma} \tag{8.46}$$

式中 $\int_{t_0}^{t}e^{-\sigma(t-\tau)}n(\tau)\mathrm{d}\tau$ 和 $n(t)$ 均是标量，所以输出误差 $E_s(t)$ 处于输出空间中由两个 m 维向量 Cd_j 和 e_{mj} 构成的平面内。换句话说，若输出误差 $E_s(t)$ 处于 Cl_j 和 e_{mj} 构成的平面内，说明系统的第 j 个传感器发生故障。

在以下特殊条件下，输出误差 $E_s(t)$ 具有固定的方向，即：

$$Cl_j = \alpha e_{mj} \tag{8.47}$$

或：

$$CDl_j = \alpha e_{mj} \tag{8.48}$$

式中，α 为任意标量常数。

8.2.3 基于 Luenberger 观测器的故障检测与诊断模型的方法

使用具有式（8.14）结构的函数估计系统 $Lx(t)$ 的状态：

$$\begin{cases} \dot{z}(t) = Fz(t) + Ky(t) + Ju(t) \\ w(t) = Gz(t) + Ry(t) + Su(t) \end{cases} \tag{8.49}$$

其中，$z(t) \in \Re^q$ 为观测器的状态向量，F、K、J、R、G 和 S 分别是具有适当维数的矩阵，观测器的输出 $w(t)$ 可以认为是系统 $Lx(t)$ 的一个估计。对于式(8.14)中描述的系统，在系统不存在故障时，该观测器输出的渐近估计为 $\lim\limits_{t\to\infty}[w(t)-Lx(t)]=0$。广义 Luenberger 观测器示意图如图 8.16 所示。

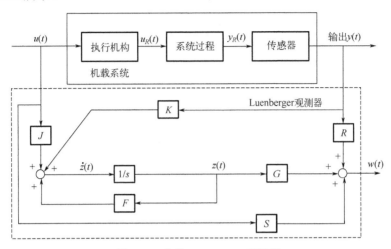

图 8.16　广义 Luenberger 观测器

引入变换矩阵 T，当且仅当满足以下条件时，式(8.14)中的观测器将生成对 $Lx(t)$ 的渐进估计：

$$
\begin{cases}
F\text{具有负的特征值} \\
TA-FT=KC \\
J=TB-KD \\
RC+GT=L \\
S+RD=0
\end{cases}
\tag{8.50}
$$

对于控制系统，由式(8.50)给出的观测器存在的充分必要条件是系统 (C,A) 可观。为了生成残差，给定：

$$
L=C \tag{8.51}
$$

则输出估计如下：

$$
\hat{y}(t)=w(t)+Du(t) \tag{8.52}
$$

残差向量 $r(t)$ 定义为：

$$
r(t)=Q[y(t)-\hat{y}(t)]=L_1z(t)+L_2y(t)+L_3u(t) \tag{8.53}
$$

其中：

$$
\begin{cases}
L_1=-QG \\
L_2=Q-QR \\
L_3=-Q(S+D)
\end{cases}
\tag{8.54}
$$

由此得到基于广义 Luenberger 的残差生成器为：

$$
\begin{cases}
\dot{z}(t)=Fz(t)+ky(t)+Ju(t) \\
r(t)=L_1z(t)+L_2y(t)+L_3u(t)
\end{cases}
\tag{8.55}
$$

并且该方程中的矩阵应满足以下条件：

$$
\begin{cases}
\boldsymbol{F}\text{具有负的特征值} \\
\boldsymbol{TA} - \boldsymbol{FT} = \boldsymbol{KC} \\
\boldsymbol{J} = \boldsymbol{TB} - \boldsymbol{KD} \\
\boldsymbol{L}_1\boldsymbol{T} + \boldsymbol{L}_2\boldsymbol{C} = 0 \\
\boldsymbol{L}_3 + \boldsymbol{L}_2\boldsymbol{D} = 0
\end{cases}
\tag{8.56}
$$

因此，可得残差的拉普拉斯变换为：

$$
\boldsymbol{r}(s) = [\boldsymbol{L}_1(s\boldsymbol{I} - \boldsymbol{F})^{-1}\boldsymbol{K} + \boldsymbol{L}_2]\boldsymbol{y}(s) + [\boldsymbol{L}_1(s\boldsymbol{I} - \boldsymbol{F})^{-1}\boldsymbol{J} + \boldsymbol{L}_3]\boldsymbol{u}(s)
\tag{8.57}
$$

基于广义 Luenberger 观测器的残差生成器如图 8.17 所示。可以看出，引入了反馈结构可用于改善残差的动态特性。

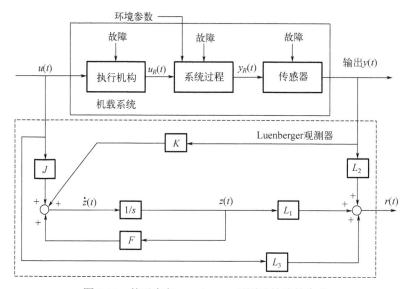

图 8.17　基于广义 Luenberger 观测器的残差生成

将残差生成器应用于系统，得到残差为：

$$
\begin{cases}
\dot{\boldsymbol{\varepsilon}}(t) = \boldsymbol{Fe}(t) - \boldsymbol{TR}_1\boldsymbol{f}(t) + \boldsymbol{KR}_2\boldsymbol{f}(t) \\
\boldsymbol{r}(t) = \boldsymbol{L}_1\boldsymbol{e}(t) + \boldsymbol{L}_2\boldsymbol{R}_2\boldsymbol{f}(t)
\end{cases}
\tag{8.58}
$$

其中，$\boldsymbol{e}(t) = \boldsymbol{z}(t) - \boldsymbol{Tx}(t)$。可以看出，残差完全取决于故障。

基于观测器的残差生成中最简单的方法是使用全阶观测器，在这种情况下观测器维数 $q = n$，且有：

$$
\begin{cases}
\boldsymbol{T} = \boldsymbol{I} \\
\boldsymbol{F} = \boldsymbol{A} - \boldsymbol{KC} \\
\boldsymbol{J} = \boldsymbol{B} - \boldsymbol{KD}
\end{cases}
\qquad
\begin{cases}
\boldsymbol{L}_1 = \boldsymbol{QC} \\
\boldsymbol{L}_2 = -\boldsymbol{Q} \\
\boldsymbol{L}_3 = \boldsymbol{QD}
\end{cases}
\tag{8.59}
$$

因此，基于全阶观测器的残差发生器的传递函数矩阵由下式给出：

$$
\begin{cases}
\boldsymbol{H}_y(s) = \boldsymbol{Q}\{\boldsymbol{C}[s\boldsymbol{I} - (\boldsymbol{A} - \boldsymbol{KC})]^{-1}\boldsymbol{K} - \boldsymbol{I}\} \\
\boldsymbol{H}_u(s) = \boldsymbol{Q}\{\boldsymbol{C}[s\boldsymbol{I} - (\boldsymbol{A} - \boldsymbol{KC})]^{-1}(\boldsymbol{B} - \boldsymbol{KD}) + \boldsymbol{D}\}
\end{cases}
\tag{8.60}
$$

为了改善残差的频率响应，可以将残差加权矩阵改为动态加权 $Q(s)$。

对于任何动态系统，基于观测器的残差发生器总是存在的。这是因为任何输入输出传递函数矩阵都具有可观的实现，也就是说输出估计器总是存在，尽管不一定能获得合适的状态观测器。

为了隔离故障，基于观测器的方法可用于设计结构化残差集或固定残差向量。对于传感器故障，结构化残差集的设计非常简单。如果要求残差对除某一个传感器外的所有传感器的故障均敏感，则用于产生此残差的观测器应由不包括单个传感器测量的输出驱动。更具体地说，如果用输出向量 $(y_1,\cdots,y_{i-1},y_{i+1},\cdots,y_m)$ 替换 $y=(y_1,\cdots,y_m)$，残差将对第 i 个传感器的故障不敏感。

8.2.4　基于奇偶空间的故障检测与诊断模型的方法

奇偶校验方法的基本思想是提供对被检测系统测量的奇偶校验（一致性）检查。考虑系统的测量方程为：

$$y(k)=Cx(k)+f(k)+\xi(k) \tag{8.61}$$

其中，$y(k)$ 是测量矢量；$x(k)\in\Re^n$ 是状态向量；$f(k)$ 是传感器故障的矢量；$\xi(k)$ 是噪声矢量；C 为 $m\times n$ 的测量矩阵。

对于硬件冗余，存在多于最小数量的传感器（例如，对于标量状态变量为两个或更多个，对于三维状态变量为四个或更多个）。在这种情况下，可以使用冗余测量直接确定状态向量。$y(k)$ 维数大于 $x(k)$ 维数，即 $m>n$ 且 $\mathrm{rank}(C)=n$。

对于这样的系统，测得的数量大于需要测量的变量的数量。然后，测量数据中的不一致性最初可以用于检测故障，并在随后用于故障隔离的度量。该技术已成功应用于惯性导航的故障诊断方案，其中陀螺仪读数和/或加速度计组件之间的关系提供解析形式的冗余。

出于故障检测和诊断的目的，$y(k)$ 矢量可以组合成一组线性独立的奇偶校验方程，以生成奇偶校验矢量（残差）：

$$r(k)=Vy(k) \tag{8.62}$$

为了使 $r(k)$ 满足残差的一般要求（无故障时零值），矩阵 V 必须满足条件：

$$V\cdot C=0 \tag{8.63}$$

当此条件成立时，残差（奇偶校验向量）仅包含有关故障和噪声的信息：

$$r(k)=v_1[f_1(k)+\xi_1(k)]+\cdots+v_m[f_m(k)+\xi_m(k)] \tag{8.64}$$

其中，v_i 是 V 的第 i 列；$f_i(k)$ 是 $f(k)$ 的第 i 个元素，表示第 i 个传感器的故障。

式 (8.64) 揭示奇偶校验向量仅包含由于故障和噪声（不确定性）引起的信息，并且与未测量状态 $x(k)$ 无关。式 (8.64) 还表明奇偶校验空间（或残差空间）由 V 的列向量张成，即 V 的列向量构成该空间的基底。此外，还可以利用以下的性质：第 i 个传感器的故障意味着残差 $r(k)$ 在该方向 v_i 上的增长。这确保了第 i 个传感器的故障将导致方向 v_i 上 $r(k)$ 的范数的扩大。空间集 $\{V\}$ 称为"奇偶校验空间"。术语"奇偶校验"最先是与数字逻辑系统和计算机软件可靠性结合使用，用于执行"奇偶校验"以进行错误检查。在故障诊断领域中，它在为系统组件中存在故障（或错误）提供指示符的语境中具有类似含义。

故障检测决策函数定义为：

$$\mathrm{DFD}(k) = r(k)^{\top} r(k) \tag{8.65}$$

如果传感器中发生故障，$\mathrm{DFD}(k)$ 将大于预定阈值。故障隔离决策函数是：

$$\mathrm{DFI}_i(k) = v_i^{\top} r(k) \tag{8.66}$$

对于给定的 $r(k)$，通过计算 $\mathrm{DFI}_i(k)$ 的 m 值来识别故障传感器。如果 $\mathrm{DFI}_i(k)$ 是这些值中最大的一个，则对应于 $\mathrm{DFI}_i(k)$ 的传感器最有可能是发生故障的传感器。

在奇偶校验空间的观点中，V 的列定义了 m 个不同的故障特征方向（v_i，$i = 1,2,\cdots,m$）。在发现故障之后，可以通过将奇偶校验矢量的方向与每个故障特征方向进行比较来隔离它。实际上，故障隔离函数 $\mathrm{DFI}_i(k)$ 是残差矢量与故障特征方向的相关性的度量。为了可靠地隔离故障，故障特征方向之间的广义角度应该"尽可能大"，即使 $v_i^{\top} v_j$（$i \neq j$）"尽可能小"。因此，当 V 由下式确定时，将实现最佳的故障隔离性能：

$$\begin{cases} \min\{v_i^{\top} v_j\}, & i \neq j, \ i,j \in \{1,2,\cdots,m\} \\ \max\{v_i^{\top} v_i\}, & i \in \{1,2,\cdots,m\} \end{cases} \tag{8.67}$$

矩阵 V 的传统次优解满足：

$$VV^{\top} = I_{m-n} \tag{8.68}$$

式（8.63）和式（8.68）的进一步结果是：

$$V^{\top} V = I_m - C(C^{\top} C)^{-1} C^{\top}$$

式（8.68）存在解的条件是 $\mathrm{rank}(C) = n < m$。这意味着 C 的行向量是线性相关的，即传感器的输出通过一种静态关系相关。对于 $\mathrm{rank}(C) = n < m$ 的情况，直接冗余关系不存在，但是我们可以通过在一个时间间隔（数据窗口）上收集传感器输出来构造冗余关系。这称为"时间冗余"或"串行冗余"。在这种情况下，系统的动态模型必须已知，因为冗余与时间有关。在这里认为系统的线性离散状态空间方程给出如下：

$$\begin{cases} x(k+1) = Ax(k) + Bu(k) + R_1 f(k) \\ y(k) = Cx(k) + Du(k) + R_2 f(k) \end{cases} \tag{8.69}$$

其中，$x \in \mathfrak{R}^n$ 是状态；$y \in \mathfrak{R}^m$ 为输出；$u \in \mathfrak{R}^r$ 为输入；$f \in \mathfrak{R}^g$ 为故障；A、B、C、D、R_1 和 R_2 是相应维度的实矩阵。

指定冗余关系的数学表达式如下。组合从 $k-s$ 时刻到 k 时刻的方程（8.69），产生以下冗余关系：

$$\underbrace{\begin{bmatrix} y(k-s) \\ y(k-s+1) \\ \dots \\ y(k) \end{bmatrix}}_{Y(k)} - H \underbrace{\begin{bmatrix} u(k-s) \\ u(k-s+1) \\ \dots \\ u(k) \end{bmatrix}}_{U(k)} = Wx(k-s) + M \underbrace{\begin{bmatrix} f(k-s) \\ f(k-s+1) \\ \dots \\ f(k) \end{bmatrix}}_{F(k)} \tag{8.70}$$

其中：

$$H = \begin{bmatrix} D & 0 & \dots & 0 \\ CB & D & \dots & 0 \\ \dots & \dots & \dots & \dots \\ CA^{s-1}B & CA^{s-2}B & \dots & D \end{bmatrix} \in \mathfrak{R}^{(s+1)m \times (s+1)r} \quad W = \begin{bmatrix} C \\ CA \\ \dots \\ CA^s \end{bmatrix} \in \mathfrak{R}^{(s+1)m \times n}$$

通过用矩阵 $\boldsymbol{H}$ 中的 $\{\boldsymbol{R}_2, \boldsymbol{R}_1\}$ 替换 $\{\boldsymbol{D}, \boldsymbol{B}\}$ 来构造矩阵 $\boldsymbol{M}$。

为了简化表示，式 (8.70) 可以改写为：

$$\boldsymbol{Y}(k) - \boldsymbol{HU}(k) = \boldsymbol{Wx}(k-s) + \boldsymbol{MF}(k) \tag{8.71}$$

残差信号可以定义为：

$$\boldsymbol{r}(k) = \boldsymbol{V}[\boldsymbol{Y}(k) - \boldsymbol{HU}(k)] \tag{8.72}$$

其中，$\boldsymbol{V} \in \Re^{p \times (s+1)m}$；$p$ 是残差向量维数。式 (8.72) 为第 s 阶奇偶方程或奇偶校验关系。它是残差生成器的计算形式，它将残差信号表示为被监测系统的测量输入和输出的函数。将式 (8.71) 代入式 (8.72) 得到：

$$\boldsymbol{r}(k) = \boldsymbol{VWx}(k-s) + \boldsymbol{VMF}(k) \tag{8.73}$$

一旦得到矩阵 $\boldsymbol{V}$，就可以使用式 (8.73) 生成残差信号。残差生成器设计取决于方程的解。对于适当的 s（例如 $s=n$），由 Cayley-Hamilton 定理可得，式 (8.73) 的解 $\boldsymbol{V}$ 始终存在。这意味着始终存在用于故障检测的基于奇偶校验关系的残差发生器。动态系统残差生成的奇偶校验关系方法如图 8.18 所示。

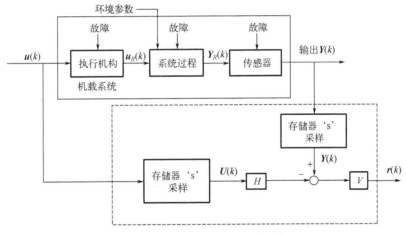

图 8.18　通过时间冗余生成残差

8.2.5　基于卡尔曼滤波器的故障检测与诊断模型的方法

卡尔曼滤波器适用于有高斯白噪声扰动的线性系统的最优状态估计器。这些系统被称为随机动态系统，其离散线性形式如下：

$$\boldsymbol{X}_k = \boldsymbol{AX}_{k-1} + \boldsymbol{BU}_{k-1} + \boldsymbol{GW}_{k-1} \tag{8.74}$$

$$\boldsymbol{Y}_k = \boldsymbol{CX}_k + \boldsymbol{DU}_k + \boldsymbol{V}_k \tag{8.75}$$

其中，k 是时间指标；$\boldsymbol{X}_k = \boldsymbol{X}(t_k) = \boldsymbol{X}(t_0 + k \cdot T_s)$；$t_0$ 表示时间的原点；T_s 是采样时间间隔。式 (8.74) 称为状态转移方程，该方程决定了状态向量的每个元素如何随时间演变。在离散线性情况下，时间 $k+1$ 处的状态向量的每个元素被表示为时间 k 处的状态向量的所有元素的线性组合加上输入向量 $\boldsymbol{U}_k$ 的元素的线性组合。矩阵 $\boldsymbol{A}$ 称为状态转移矩阵，矩阵 $\boldsymbol{B}$ 称为输入矩阵。因为一般来说，状态变量本身不能被直接测量，式 (8.75) 表明了测量结果如何与系统状态相关联。更确切地说，该等式表示测量矢量 $\boldsymbol{Y}$ 的每个元素作为状态矢量元素加上一些输入的函数。这是一个静态方程。矩阵 $\boldsymbol{C}$ 称为测量（或输出）矩阵，矩阵 $\boldsymbol{D}$ 称为前馈矩阵。附加的随机输入 $\boldsymbol{W}_k$ 和 $\boldsymbol{V}_k$ 分别称为过程噪声和测量噪声。过程噪声 $\boldsymbol{W}_k$ 是零均值独立同分布的随机变量的向量，$\boldsymbol{G}$ 是随机输入矩阵，$E\{\boldsymbol{W}_j\boldsymbol{W}_k^\top\}$ 是随机扰动过程的协方差矩阵，由此得到：

$$E\{\boldsymbol{W}_j\boldsymbol{W}_k^\top\} = \begin{cases} \boldsymbol{Q}_W, & j = k \\ 0, & j \neq k \end{cases} \tag{8.76}$$

其中，$E\{\cdot\}$ 是期望算子，$\boldsymbol{Q}_W$ 是半正定矩阵。$\boldsymbol{V}_k$ 中的元素是高斯随机变量，表示测量被噪声干扰。我们指定 $\boldsymbol{R} = E\{\boldsymbol{V}_j\boldsymbol{V}_k^\top\}$ 为它的协方差矩阵。注意，多维随机变量 Z 的（自动）协方差表示为 $\mathrm{Cov}(Z) = E\{(Z - E\{Z\})(Z - E\{Z\})^\top\}$，但在零均值变量的情况下，它简化为 $\mathrm{Cov}(Z) = E\{Z_j Z_k^\top\}$。因此，卡尔曼滤波器旨在提供：

（1）$\hat{X}_k = E\{X_k \mid X_{1:k}\}$，给定所有先前测量值 Y_i，$i = 1, 2, \cdots, k$，任意时间 $t_k > t_0$ 的真实状态估计值。

（2）$\mathrm{Cov}(X_k - \hat{X}_k)$，给定所有先前测量的状态误差协方差的估计。

在后一个估计值中，$X_k - \hat{X}_k$ 即估计量误差，可以看作是估计精度的度量。若随机过程 $\boldsymbol{W}_k$ 和 $\boldsymbol{V}_k$ 服从高斯分布，则条件状态分布 $p(X_k \mid Y_{1:k})$ 也服从高斯分布：

$$p(X_k \mid Y_{1:k}) \sim N(E\{X_k \mid Y_{1:k}\}, \quad \mathrm{Cov}(X_k - \hat{X}_k)) \tag{8.77}$$

递归估计线性系统的状态均值和误差协方差的算法称为卡尔曼算法，概括如下：

（1）初始化 $\boldsymbol{X}_0^+$ 和 $\boldsymbol{P}_0^+$。

（2）对于 $k = 1, 2, \cdots$，计算先验状态：

$$\hat{X}_k^- = A\hat{X}_{k-1}^+ + BU_{k-1}, \quad \boldsymbol{P}_k^- = A\boldsymbol{P}_{k-1}^+ A^\top + \boldsymbol{Q}, \quad \boldsymbol{K}_k = \boldsymbol{P}_k^- \boldsymbol{C}^\top (\boldsymbol{C}\boldsymbol{P}_k^- \boldsymbol{C}^\top + \boldsymbol{R})^{-1}$$

其中，$\boldsymbol{Q} = \boldsymbol{G}\boldsymbol{Q}_W\boldsymbol{G}^\top$ 是过程噪声协方差矩阵，$\boldsymbol{Q}_W$ 由式（8.76）定义，满足 $E\{\boldsymbol{W}_k\} = 0 \ \forall k > 0$；$\boldsymbol{R} = E\{\boldsymbol{V}_j\boldsymbol{V}_k^\top\}$ 是测量噪声协方差矩阵，有 $E\{\boldsymbol{V}_k\} = 0$；$\boldsymbol{K}$ 为卡尔曼增益；$\hat{X}_k^- = E\{X_k \mid Y_{1:k-1}\}$ 为先验状态估计，$\boldsymbol{P}_k^- = \mathrm{Cov}(X_k - \hat{X}_k^-)$ 为先验估计协方差。

（3）对于 $k = 1, 2, \cdots$，计算更新方程：

$$\hat{X}_k^+ = \hat{X}_k^- + \boldsymbol{K}_k(\boldsymbol{Y}_k - \boldsymbol{C}\hat{X}_k^-), \quad \boldsymbol{P}_k^+ = (\boldsymbol{I} - \boldsymbol{K}_k\boldsymbol{C})\boldsymbol{P}_k^-$$

其中，$\hat{X}_k^+ = E\{X_k \mid Y_{1:k-1}\}$ 为后验状态估计；$\boldsymbol{P}_k^+ = \mathrm{Cov}(X_k - \hat{X}_k^+)$ 为后验估计协方差。

因此，卡尔曼滤波器使用两个信息源：①表示系统随时间演变方式的动态模型；②传感数据（测量）。融合来自这些来源的信息，可在每个时间点上推断出最佳状态估计。

8.2.6　基于粒子滤波的故障检测与诊断模型的方法

粒子滤波算法使用一堆粒子的状态来表示后验概率，并用样本均值而不是积分运算得到系统状态最小方差估计。非线性系统离散时间状态方程和观测方程，可定义如下：

$$\begin{cases} \boldsymbol{x}_i = f(\boldsymbol{x}_{i-1}, \boldsymbol{z}_i) \\ \boldsymbol{y}_i = h(\boldsymbol{x}_i, \boldsymbol{u}_i) \end{cases} \tag{8.78}$$

该方程描述了系统状态 $\boldsymbol{x}_{i-1}$ 转换为 $\boldsymbol{x}_i$ 的过程，并且还表示由输入变化引起的状态改变。这里 $\boldsymbol{x}_i$ 表示系统状态向量，z 是系统噪声。该方程描述了状态和输入变化引起输出改变的观测系统。y_i 表示系统观测向量第 i 阶矩，$\boldsymbol{u}$ 表示观测噪声。

观测值 y_i 的概率可以基于 $\boldsymbol{x}_i$ 来推测，即 $p(y_i|\boldsymbol{x}_i)$。引用贝叶斯定理的统计来表示隐藏状态 $\boldsymbol{x}_i$。假设 $\boldsymbol{x}_i$ 和 y_i 条件独立，并分别定义状态 $\boldsymbol{x}_{0:i}=\{\boldsymbol{x}_0\cdots\boldsymbol{x}_i\}$ 和观测 $\boldsymbol{y}_{1:i}=\{\boldsymbol{y}_1\cdots\boldsymbol{y}_i\}$。$\boldsymbol{x}_i$ 的后验分布可写为：

$$p(\boldsymbol{x}_{0:i}|\boldsymbol{y}_{1:i})=p(\boldsymbol{x}_{0:i-1}|\boldsymbol{y}_{1:i-1})\frac{p(y_i|\boldsymbol{x}_i)p(\boldsymbol{x}_i|\boldsymbol{x}_{i-1})}{p(y_i|\boldsymbol{y}_{1:i-1})} \tag{8.79}$$

因为 $p(y_i|\boldsymbol{y}_{1:i-1})$ 是一个归一化常数，所以可以简化为：

$$p(\boldsymbol{x}_{0:i}|\boldsymbol{y}_{1:i})\propto p(\boldsymbol{x}_{0:i-1}|\boldsymbol{y}_{1:i-1})p(y_i|\boldsymbol{x}_i)p(\boldsymbol{x}_i|\boldsymbol{x}_{i-1}) \tag{8.80}$$

其中 $\propto$ 表示正比于。

对于非线性系统，难以获得后验分布 $p(\boldsymbol{x}_{0:i}|\boldsymbol{y}_{1:i})$，粒子滤波算法使用大量粒子来表示后验分布。引入一个重要的概率密度函数来解决建模问题。假设 $\boldsymbol{x}$ 可以分解为 $\boldsymbol{x}=(\boldsymbol{x}_1,\boldsymbol{x}_2,\cdots,\boldsymbol{x}_k)$，那么其分布可以构造为：

$$q(\boldsymbol{x}_{0:i}|\boldsymbol{y}_{1:i})=q(\boldsymbol{x}_{0:i-1}|\boldsymbol{y}_{1:i-1})q(\boldsymbol{x}_i|\boldsymbol{x}_{0:i-1},\boldsymbol{y}_{1:i}) \tag{8.81}$$

权重可以由每个粒子以递归方式表达：

$$\omega_i^k=\frac{p(\boldsymbol{y}_{0:i}|\boldsymbol{y}_{1:i})}{q(\boldsymbol{x}_{0:i}|\boldsymbol{y}_{1:i})}\propto\omega_{i-1}^k\frac{p(y_i|\boldsymbol{x}_i^k)p(\boldsymbol{x}_i^k|\boldsymbol{x}_{i-1}^k)}{q(\boldsymbol{x}_i^k|\boldsymbol{x}_{0:i}^k,\boldsymbol{y}_{1:i})} \tag{8.82}$$

ω_i^k 是重要性权重：

$$\tilde{\omega}_i^k=\frac{\omega_i^k}{\sum_{i=1}^N\omega_i^k}p(\boldsymbol{x}_{0:i}|\boldsymbol{y}_{1:i}) \tag{8.83}$$

后验分布可表示为：

$$p(\boldsymbol{x}_i|\boldsymbol{y}_i)\approx\sum_{i=1}^N\tilde{\omega}_i^k\delta(\boldsymbol{x}_{0:i}-\boldsymbol{x}_{0:i}^k) \tag{8.84}$$

其中 $\delta(\cdot)$ 是狄拉克 δ 函数（Dirac delta function）。

如果分布满足：

$$q(\boldsymbol{x}_i|\boldsymbol{x}_{0:i-1},\boldsymbol{y}_{1:i})=q(\boldsymbol{x}_i|\boldsymbol{x}_{i-1},\boldsymbol{y}_{1:i}) \tag{8.85}$$

则有：

$$\omega_i^k\propto\omega_{i-1}^k\frac{p(y_i|\boldsymbol{x}_i^k)p(\boldsymbol{x}_i^k|\boldsymbol{x}_{i-1}^k)}{q(\boldsymbol{x}_i^k|\boldsymbol{x}_{i-1}^k,\boldsymbol{y}_i)} \tag{8.86}$$

在几次迭代之后，大多数粒子的权重将接近于零。这种现象称为粒子退化。Geweke 提出了一个基于相对效率概念的重要抽样量表。通常，此比例不能指定精确的数值，通常通过以下方式估算：

$$N_{\text{eff}}=\frac{1}{\sum_{i=1}^N(\tilde{\omega}_i^k)^2} \tag{8.87}$$

例8.2　利用奇偶空间的机电作动器故障诊断。

机电作动器（EMA）的主要组成部件包括作动器控制电子单元、功率驱动单元、无刷直流电机、减速器及滚珠丝杠等机械传动部件、各种传感器、飞控舵面。机电作动器的结构及工作原理如图 8.19 所示。

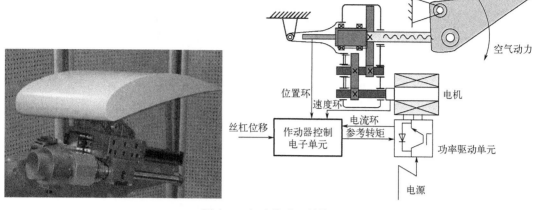

图 8.19　机电作动器结构图

作动器控制电子单元主要是用来接受飞控计算机发送的飞机舵面位置控制指令和位置传感器反馈的舵面位置指令,实现位置伺服控制;功率驱动单元主要是把电源转化成永磁同步电机所需要的电压信号;永磁同步电机作为机电作动器的执行机构,把电压信号转化成机械旋转信号;机械传动部件主要是通过减速器和滚珠丝杠的减速比来减速从而增大驱动力,从而能以更大的力矩来驱动舵面;传感器包括丝杠位置传感器,电机编码器,电流传感器;飞控舵面主要通过杠杆原理将丝杠轴的直线位移转化成舵面的旋转,舵面承受空气动力。

建立机电作动器的数学模型,取电机电流 i、电机转速 w_r、电机转角 θ_r、丝杠速度 v_{ema}、丝杠位移 x_{ema} 作为系统状态量,电机电流 i、电机转速 w_r,丝杠位移 x_{ema} 为系统观测量,建立机电作动器的动态方程如下所示:

1)状态方程为:

$$
\begin{bmatrix} \dot{i} \\ \dot{w}_r \\ \dot{\theta}_r \\ \dot{v}_{\text{ema}} \\ \dot{x}_{\text{ema}} \end{bmatrix} =
\begin{bmatrix}
-\dfrac{R}{L} & -\dfrac{k_e}{L} & 0 & 0 & 0 \\[2mm]
\dfrac{k_m}{J} & -\left(\dfrac{B}{J}+\dfrac{l^2 d_{bs} i_{tr}^2}{4\pi^2 J}\right) & \dfrac{-c_{bs}l^2 i_{tr}^2}{4\pi^2 J} & \dfrac{lc_{bs}i_{tr}}{2\pi J} & \dfrac{ld_{bs}i_{tr}}{2\pi J} \\[2mm]
0 & 1 & 0 & 0 & 0 \\[2mm]
0 & \dfrac{d_{bs}li_{tr}}{2\pi M_{cs}} & \dfrac{lc_{bs}i_{tr}}{2\pi M_{cs}} & -\dfrac{d_{bs}}{M_{cs}} & -\dfrac{c_{bs}}{M_{cs}} \\[2mm]
0 & 0 & 0 & 1 & 0
\end{bmatrix}
\begin{bmatrix} i \\ w_r \\ \theta_r \\ v_{\text{ema}} \\ x_{\text{ema}} \end{bmatrix}
+\begin{bmatrix} \dfrac{1}{L} \\ 0 \\ 0 \\ 0 \\ 0 \end{bmatrix}[u]
$$

$$
+\begin{bmatrix}
0 & 0 & 0 & 0 \\[2mm]
\dfrac{lc_{bs}i_{tr}}{4\pi J} & \dfrac{l^2 c_{bs}i_{tr}^2}{8\pi^2 J} & -\dfrac{i_{tr}}{J} & -\dfrac{1}{J} \\[2mm]
0 & 0 & 0 & 0 \\[2mm]
-\dfrac{c_{bs}}{2M_{cs}} & -\dfrac{li_{tr}c_{bs}}{4\pi M_{cs}} & 0 & 0 \\[2mm]
0 & 0 & 0 & 0
\end{bmatrix}
\begin{bmatrix} \varepsilon_1 \\ \varepsilon_2 \\ T_{f2} \\ T_{f1} \end{bmatrix}
+\begin{bmatrix} 0 \\ 0 \\ 0 \\ \dfrac{1}{M_{cs}} \\ 0 \end{bmatrix} F_{\text{air}}+\boldsymbol{L}f_L(t)
$$

(8.88)

2) 观测方程为:

$$\begin{bmatrix} i \\ w_r \\ x_{\text{ema}} \end{bmatrix} = \begin{bmatrix} 1 & 0 & 0 & 0 & 0 \\ 0 & 1 & 0 & 0 & 0 \\ 0 & 0 & 0 & 0 & 1 \end{bmatrix} \begin{bmatrix} i \\ w_r \\ \theta_r \\ v_{\text{ema}} \\ x_{\text{ema}} \end{bmatrix} + \begin{bmatrix} 0 \\ 0 \\ 0 \end{bmatrix}[u] + \boldsymbol{N}\boldsymbol{n}(t) + \boldsymbol{M}\boldsymbol{f}_M(t) \tag{8.89}$$

给定机电作动器的物理参数如表 8.1 所示。

表 8.1　机电作动器的物理参数表

参数	符号	参数值
电阻	R	1.77
电感	L	0.00678
电机黏滞系数	B	0.0001
反电动势系数	k_e	1.65
转矩系数	k_m	1.65
丝杠和螺母之间的等效轴向刚度	c_{bs}	1e8
丝杠和螺母之间的等效轴向黏滞系数	d_{bs}	0.001
齿轮箱减速比	i_{tr}	0.5
舵面质量	M_{cs}	60
电机转动惯量	J	0.00171
丝杠导程	l	0.005
齿轮间隙	ε_1	0.0001
滚珠丝杠和螺母之间的间隙	ε_2	0.0005
滚珠丝杠和螺母之间的等效摩擦力矩	T_{f2}	1
齿轮电机转子受到的摩擦力矩	T_{f1}	1

将物理参数代入 EMA 离散化后得到:

$$\boldsymbol{x}(k+1) = \begin{bmatrix} 0.9445 & -3.6677\text{E}-04 & 0 & 0 & 0 \\ 1.6364 & 0.9991 & -143.9 & 3.617\text{E}+05 & 3.62\text{E}-05 \\ 0 & \text{E}-04 & 1 & 0 & 0 \\ 0 & 3.979\text{E}-11 & 0.3979 & 1 & -1000 \\ 0 & 0 & 0 & \text{E}-04 & 1 \end{bmatrix} \boldsymbol{x}(k) + \begin{bmatrix} 0.0313 \\ 0 \\ 0 \\ 0 \\ 0 \end{bmatrix} u(k)$$

$$+ \begin{bmatrix} 0 & 0 & 0 & 0 \\ 1.809\text{E}+05 & 71.96 & -4.5 & -9.09 \\ 0 & 0 & 0 & 0 \\ -500 & 0.1989 & 0 & 0 \\ 0 & 0 & 0 & 0 \end{bmatrix} \begin{bmatrix} \varepsilon_1 \\ \varepsilon_2 \\ T_{f2} \\ T_{f1} \end{bmatrix} + \begin{bmatrix} 0 \\ 0 \\ 0 \\ \text{E}-05 \\ 0 \end{bmatrix} F_{\text{air}} + \boldsymbol{L}\boldsymbol{f}_L(k) \tag{8.90}$$

$$\boldsymbol{y}(k) = \begin{bmatrix} 1 & 0 & 0 & 0 & 0 \\ 0 & 1 & 0 & 0 & 0 \\ 0 & 0 & 0 & 0 & 1 \end{bmatrix} \boldsymbol{x}(k) + \begin{bmatrix} 0 \\ 0 \\ 0 \end{bmatrix}[u] + \boldsymbol{N}\boldsymbol{n}(t) + \boldsymbol{M}\boldsymbol{f}_M(k)$$

其中，令：

$$V_1 = \begin{bmatrix} 0 & 0 & 0 & 0 \\ 1.809E+5 & 71.96 & -4.5 & -9.09 \\ 0 & 0 & 0 & 0 \\ -500 & 0.1989 & 0 & 0 \\ 0 & 0 & 0 & 0 \end{bmatrix} \quad V_2 = \begin{bmatrix} 0 \\ 0 \\ 0 \\ E-5 \\ 0 \end{bmatrix}$$

未知输入：

$$v_1(k) = \begin{bmatrix} \varepsilon_1 \\ \varepsilon_2 \\ T_{f2} \\ T_{f1} \end{bmatrix} = \begin{bmatrix} 0.0001 \\ 0.0005 \\ 1 \\ 1 \end{bmatrix}$$

令残差对系统状态和未知输入 F_{air} 解耦，则奇偶残差矢量：

$$\begin{aligned} r(k) &= W^\top Q_{V_1} V1(k) + W^\top Q_N N(k) + W^\top Q_{F_L} F_L(k) + W^\top Q_{F_M} F_M(k) \\ &= K(W^{*\top} Q_{V_1} V1(k) + W^{*\top} Q_N N(k) + W^{*\top} Q_{F_L} F_L(k) + W^{*\top} Q_{F_M} F_M(k)) \end{aligned} \tag{8.91}$$

其中，$W = KW^*$。$[T \quad Q_{V_2}]x = 0$ 有非零解的充分条件：

$$n + p_v q < m(q+1) \tag{8.92}$$

由 $n=5$，$p_v=1$，$m=3$，得 $q>1$。

取 $q=2$，因此，$[T \quad Q_V]x=0$ 的基础解系的个数为 4，即奇偶空间的基向量的个数为 4，通过 MATLAB 计算得到：

$$W^{*\top} = \begin{bmatrix} 0.9445 & 3.6677E-4 & 0 & 1 & 0 & 0 & 0 & 0 & 0 \\ 4.5239E-10 & 2.7621E-3 & -1 & 0 & -2.7646E-2 & 1 & 0 & 0 & 0 \\ 0.8921 & 3.4642E-4 & -1.6544E-3 & 0 & 3.6677E-4 & 0 & 1 & 0 & 0 \\ 8.7963E-10 & 2.7150E-2 & -1.0002 & 0 & 8.54E-4 & 0 & 0 & -2.77E-3 & 1 \end{bmatrix}$$

假设残差 $r_1(k)$ 对位置传感器偏置故障不敏感，$r_2(k)$ 对编码器偏置故障不敏感，$r_3(k)$ 对电流传感器偏置故障不敏感，因此，可以得到不同传感器偏置故障与结构化残差的映射关系如表 8.2 所示，基于表格中设定的结构化残差来计算矩阵 K，从而得到奇偶矩阵 W。

表 8.2　传感器偏置故障与结构化残差

残差	位置传感器偏置故障	编码器偏置故障	电流传感器偏置故障
$r_1^*(k)$	0	1	1
$r_2^*(k)$	1	0	1
$r_3^*(k)$	1	1	0

下面针对位移传感器偏置故障、编码器偏置故障、电流传感器偏置故障，就结构化残差集的详细设计过程给出具体分析。

1）电流传感器偏置故障

假设电流传感器偏置故障偏置量为 $\Delta f_{M3}(k)$，此时故障矢量：

$$f_L(k) = \mathbf{0} \qquad f_M(k) = \begin{bmatrix} \Delta f_{M1}(k) \\ 0 \\ 0 \end{bmatrix} = \begin{bmatrix} 1 \\ 0 \\ 0 \end{bmatrix} \triangle f_{M1}(k) = l_1 \triangle f_{M1}(k)$$

故障分布矩阵：$\boldsymbol{M} = \begin{bmatrix} 1 & 0 & 0 \\ 0 & 0 & 0 \\ 0 & 0 & 0 \end{bmatrix}$

奇偶残差矢量：

$$\boldsymbol{r}(k) = \boldsymbol{W}^{\top}\boldsymbol{Q}_{V1}V1(k) + \boldsymbol{W}^{\top}\boldsymbol{Q}_{F_M}\boldsymbol{F}_M(k) = \boldsymbol{K}(\boldsymbol{W}^{*\top}\boldsymbol{Q}_{V1}V1(k) + \boldsymbol{W}^{*\top}\boldsymbol{Q}_N\boldsymbol{N}(k) + \boldsymbol{W}^{*\top}\boldsymbol{Q}_{F_M}\boldsymbol{F}_M(k))$$

将 $\boldsymbol{r}(k)$ 和矩阵 $\boldsymbol{K}$ 按行展开得：

$$\begin{bmatrix} r_1(k) \\ r_2(k) \\ \vdots \\ r_t(k) \end{bmatrix} = \begin{bmatrix} \boldsymbol{k}_1 \\ \boldsymbol{k}_2 \\ \vdots \\ \boldsymbol{k}_t \end{bmatrix}(\boldsymbol{W}^{*\top}\boldsymbol{Q}_{V1}V1(k) + \boldsymbol{W}^{*\top}\boldsymbol{Q}_N\boldsymbol{N}(k) + \boldsymbol{W}^{*\top}\boldsymbol{Q}_{F_M}\boldsymbol{F}_M(k)) \tag{8.93}$$

其中：

$$\boldsymbol{Q}_{V_1} = \begin{bmatrix} 0 & 0 & 0 \\ \boldsymbol{CV}_1 & 0 & 0 \\ \boldsymbol{CV}_1 & \boldsymbol{CV}_1 & 0 \end{bmatrix} \qquad \boldsymbol{Q}_{F_M} = \begin{bmatrix} \boldsymbol{M} & 0 & 0 \\ 0 & \boldsymbol{M} & 0 \\ 0 & 0 & \boldsymbol{M} \end{bmatrix}$$

$$\boldsymbol{F}_M(k) = \begin{bmatrix} f_M(k-2) \\ f_M(k-1) \\ f_M(k) \end{bmatrix} = \boldsymbol{L}_1 \triangle f_{M3}(k) \qquad \boldsymbol{V}_1(k) = \begin{bmatrix} v_1(k-2) \\ v_1(k-1) \\ v_1(k) \end{bmatrix}$$

假设仅 $r_1(k)$ 对电流传感器故障不敏感，$r_2(k), r_3(k), \cdots, r_t(k)$ 对电流传感器故障敏感，设计 $\boldsymbol{k}_1$ 使得 $\boldsymbol{k}_1\boldsymbol{W}^{*\top}\boldsymbol{Q}_{F_M}\boldsymbol{L}_1 = 0$

根据以上方法设计得到的一组 $\boldsymbol{k}_1$ 为：$\boldsymbol{k}_1 = [-6.9526 \quad -264.48 \quad 4.0581 \quad 140]$

2) 编码器偏置故障

假设编码器偏置故障偏置量为 $\triangle f_{M_2}(k)$，此时，故障矢量：

$$f_L(k) = \mathbf{0} \quad f_M(k) = \begin{bmatrix} 0 \\ \triangle f_{M_2}(k) \\ 0 \end{bmatrix} = \begin{bmatrix} 0 \\ 1 \\ 0 \end{bmatrix} \triangle f_{M_2}(k) = l_2 \triangle f_{M_2}(k)$$

故障分布矩阵：$\boldsymbol{M} = \begin{bmatrix} 0 & 0 & 0 \\ 0 & 1 & 0 \\ 0 & 0 & 0 \end{bmatrix}$

假设 $r_2(k)$ 对编码器故障不敏感，$r_1(k), r_3(k), \cdots, r_t(k)$ 对编码器故障敏感，因此，设计 $\boldsymbol{k}_2$ 使得 $\boldsymbol{k}_2\boldsymbol{W}^{*\top}\boldsymbol{Q}_{F_M}\boldsymbol{L}_2 = 0$。且要求 $\boldsymbol{k}_2\boldsymbol{W}^{*\top}$ 与 $\boldsymbol{k}_1\boldsymbol{W}^{*\top}$ 线性无关。

设计得到一组 $\boldsymbol{k}_2$ 为：$\boldsymbol{k}_2 = [120.3 \quad -3.5448 \quad 305.81 \quad -6.9526]$

3) 位置传感器偏置故障

假设位置传感器偏置故障偏置量为 $\triangle f_{M_3}(k)$，此时，故障矢量：

$$f_L(k)=0 \quad f_M(k)=\begin{bmatrix} 0 \\ 0 \\ \triangle f_{M_3}(k) \end{bmatrix}=\begin{bmatrix} 0 \\ 0 \\ 1 \end{bmatrix}\triangle f_{M_3}(k)=l_3\triangle f_{M_3}(k)$$

故障分布矩阵：$\boldsymbol{M}=\begin{bmatrix} 0 & 0 & 0 \\ 0 & 0 & 0 \\ 0 & 0 & 1 \end{bmatrix}$

假设 $r_3(k)$ 对位置传感器故障不敏感，$r_1(k),r_2(k),\cdots,r_i(k)$ 对位置传感器故障敏感，设计 k_3 使得 $k_3 W^{*\top} Q_{F_M} L_3=0$。且要求 $k_3 W^{*\top}$ 与 $k_1 W^{*\top}$ 线性无关，与 $k_3 W^{*\top} k_2 W^{*\top}$ 线性无关。

设计得到一组 k_3 为：$k_3 =[243 \quad -6.5448 \quad 40.981 \quad 2.8526]$

因此得到矩阵：

$$K=\begin{bmatrix} k_1 \\ k_2 \\ k_3 \end{bmatrix}=\begin{bmatrix} -6.9526 & -264.48 & 4.0581 & 140 \\ 120.3 & -3.5448 & 305.81 & -6.9526 \\ 243 & -6.5448 & 40.981 & 2.8526 \end{bmatrix}$$

设置阈值 $r_{\text{thi}} = k_i W^{*\top} Q_{V_1} V_1(k)$，令：

$$r_i^*(k)=\begin{cases} 0, & |r_i(k)|<r_{\text{thi}} \\ 1, & |r_i(k)|>r_{\text{thi}} \end{cases} \tag{8.94}$$

基于 Matlab/Simulink 开发的机电作动器全数字仿真模型，在第 0.4s 分别注入位置传感器故障、编码器故障、电流传感器故障，并将仿真数据传送给基于奇偶空间的机电作动器故障诊断系统，在注入不同故障时，诊断系统的残差向量的仿真结果如下：位置传感器故障的仿真结果如图 8.20 所示；编码器偏置故障的仿真结果图 8.21 所示；电流传感器偏置故障的仿真结果图 8.22 所示。

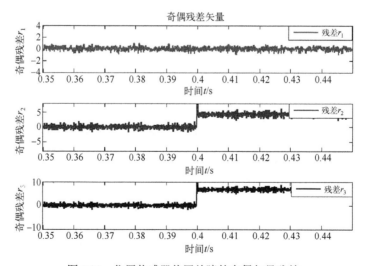

图 8.20　位置传感器偏置故障的奇偶矢量残差

根据仿真结果可以看出，仿真结果完全符合表 8.2 中给出的传感器故障与结构化残差之间的映射关系。

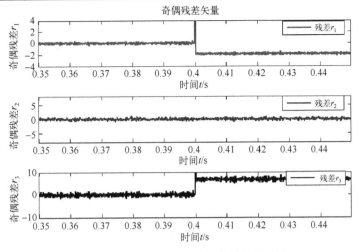

图 8.21 编码器偏置故障的奇偶矢量残差

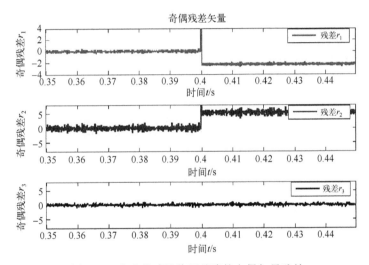

图 8.22 电流传感器偏置故障的奇偶矢量残差

8.3 故障决策方法

系统的决策目的在于针对故障的部位、类型和大小采取相应的容错处理。在检测与诊断出系统的故障后立即决策出处理故障的方案并付诸实现，例如在故障存在的情况下采用降低系统性能、保证系统可靠性在所允许的一定范围之内，或隔离故障部分并重新组织系统的结构，使之能完成系统的功能。这种结构的重组有可能简单到从已计算出的表中读出一组新的信息，也有可能复杂到再设计一个新的系统。这两种处理方案在技术上都有一定的难度，但在计算机技术发展的今天是有望实现的。目前广泛采用的处理方案多是通过冗余资源来置换故障的单元，使系统继续正常工作而不降低系统性能。

故障检测与识别（Fault Detection and Isolation, FDI）包括两部分内容：余差的产生（Residual Generation）和决策（Decision Making）。利用各传感器的输出比较及故障检测滤波器可以得到动态系统的余差信号，在提取余差信号时要设法增强故障对余差的效应。余差产生基于对系统正常状态下性能的认识，余差产生的方法复杂性差异很大，设计 FDI 时首先应考虑检测过程的性能，这包括检测故障的及时性和正确性，具有最小的时间延迟和最小的虚警率，检测性能对模型误差和不确定部分的敏感度最小即检测具有强的鲁棒性等。因此，上述设计问题往往导致复杂的数学问题在实际中难以解决。

决策过程包括决策函数的计算和决策规则。决策过程可以是简单的对余差瞬时值或移动平均值的门限测试，也可以根据统计决策理论进行。

对于要求高可靠性和安全性的系统，如航空系统、航天系统、核电站以及过程控制系统等，监控检测已经作为整个控制系统的一个组成部分，比较监控已大量应用于这些控制系统中，自监控的进一步发展也为控制系统的故障检测、诊断决策、故障隔离与重构提供更为宽广的途径。

决策的实质是借助于可测量的输入、输出变量 $u(t), Y(t)$ 来确定过程的数学模型：

$$Y(t) = f(u, \theta, \gamma, X) \tag{8.95}$$

式中，γ 为非测量干扰信号；θ 为非测量过程参数；X 为状态变量。由于 $u(t), Y(t)$ 信号可测量，因此可以直接监控它们的变化进行决策。下文介绍常用的几种决策方式。

8.3.1 极限检验与趋势检验

极限检测或阈值检验一般包括：

1. 绝对值极限检验

当检测量用于判定故障且存在最大值 $Y_{\max}$ 和最小值 $Y_{\min}$ 容限时，可用以下阈值判定（如图 8.23（a）所示）：

$$\begin{cases} Y_{\min} < Y < Y_{\max}, & 正常 \\ 其他, & 故障 \end{cases} \tag{8.96}$$

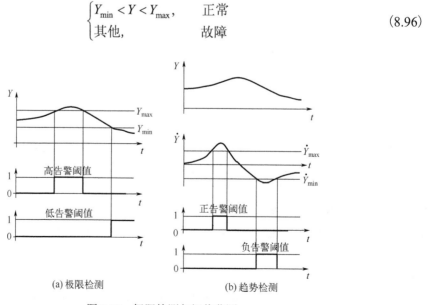

(a) 极限检测　　　　　(b) 趋势检测

图 8.23　极限检测与阈值监测

2. 趋势检验

当检测量的变化用于判定故障，可用以下阈值进行故障判定(如图 8.23(b)所示)：

$$\begin{cases} \dot{Y}_{\min} < \dot{Y} < \dot{Y}_{\max}, & \text{正常} \\ \text{其他}, & \text{故障} \end{cases} \tag{8.97}$$

8.3.2　二元假设决策

假设在决策系统故障时有两种可能性：一种是虚警，另一种是漏检。一般情况下，观测值的概率密度函数为：

$$P_{\mathrm{FA}} = P\{Z \in Z_1 | H_0\} = \int_{Z_1}^{\infty} P(Z | H_0) \mathrm{d}Z \tag{8.98}$$

$$P_M = P\{Z \in Z_0 | H_1\} = \int_{Z_0}^{\infty} P(Z | H_1) \mathrm{d}Z = 1 - P_D \tag{8.99}$$

式中，P_{FA} 为虚警率；P_M 为漏检率；P_D 为故障检测率；H_0 为系统无故障假设；H_1 为系统有故障假设；Z_0 为观测值落入 H_0 空间的区域；Z_1 为观测值落入 H_1 空间的区域。

显然，二元假设测试决策算法的目的是达到非常小的误差概率，即同时达到高的故障检测率 P_D 和低的虚警率 P_{FA}。但要同时达到以上目的是相互矛盾的。例如，若取 $Z = Z_1$，意味着 P_D 最大可以达到 1，所有发生的故障都可检测出来；但 P_{FA} 也要达到最大值 $P_{\mathrm{FA}}=1$，即所有正常情况都误报为有故障。因此，必须折中选择 P_D 和 P_{FA}，下面介绍几种确定决策函数的方法。

1. 错误概率最小的测试(Minimize Probability of Error P_e)

设 P_0，P_1 是 H_0，H_1 分别为真的概率，对于二元测试 $P_0+P_1=1$，所以不正确决策的概率为：

$$P_\mathrm{e} = P_{\mathrm{FA}} P(H_0) + P_M P(H_1) = P_{\mathrm{FA}} P_0 + P_M P_1 \tag{8.100}$$

使 P_e 最小化的测试称为错误概率最小的测试。若 $P(Z | H_0)$ 和 $P(Z | H_1)$ 已知，则：

$$P_\mathrm{e} = P_0 \int_{Z_1} P(Z | H_0) \mathrm{d}Z + P_1 \int_{Z_0} P(Z | H_1) \mathrm{d}Z \tag{8.101}$$

由式(8.100)可得：

$$P_\mathrm{e} = P_1 + \int_{Z_1} [P_0 P(Z | H_0) - P_1 P(Z | H_1)] \mathrm{d}Z \tag{8.102}$$

在决策区域 Z_1 内，应满足 $P_1 P(Z | H_1) > P_0 P(Z | H_0)$；而在决策区域 Z_0 内，应使 $P_1 P(Z | H_1) < P_0 P(Z | H_0)$，即：

$$\begin{cases} P_0 P(Z | H_0) - P_1 P(Z | H_1) > 0 & \in H_0 \\ P_0 P(Z | H_0) - P_1 P(Z | H_1) < 0 & \in H_1 \end{cases}$$

或：

$$\begin{cases} \dfrac{P(Z | H_1)}{P(Z | H_0)} > \dfrac{P_0}{P_1} & \in H_1 \\[3mm] \dfrac{P(Z | H_1)}{P(Z | H_0)} < \dfrac{P_0}{P_1} & \in H_0 \end{cases} \tag{8.103}$$

式中，令 $T = \dfrac{P(Z|H_1)}{P(Z|H_0)}$ 称为决策函数；式 (8.103) 称为决策规则；T 为决策门限。

2. 最小费用测试

在实际应用中，不同类型的错误决策造成的惩罚是不同的，设两种错误的代价系数为：

C_0 为当 H_1 为真时被判为 H_0 的代价，即漏检的代价系数；

C_1 为当 H_0 为真时被判为 H_1 的代价，即虚警的代价系数。

正确的决策将不受惩罚，定义 Bayes 风险系数如下：

$$
\begin{aligned}
R &= C_0 P_1 \int_{Z_0} P(Z|H_1)\,\mathrm{d}Z + C_1 P_0 \int_{Z_1} P(Z|H_0)\,\mathrm{d}Z \\
&= C_0 P_1 + \int_{Z_1} [C_1 P_0 P(Z|H_0) - C_0 P_1 P(Z|H_1)]\,\mathrm{d}Z
\end{aligned}
\tag{8.104}
$$

使 Bayes 风险系数 R 最小可得下面的决策规则：

$$
\begin{cases}
\dfrac{P(Z|H_1)}{P(Z|H_0)} > \dfrac{P_0 C_1}{P_1 C_0} & \in H_1 \\[3mm]
\dfrac{P(Z|H_1)}{P(Z|H_0)} < \dfrac{P_0 C_1}{P_1 C_0} & \in H_0
\end{cases}
\tag{8.105}
$$

这种方法与错误概率最小的测试方法的差别是门限值的不同。当虚警代价系数 C_1 较大时，门限大，从而使 P_{FA} 较小；当漏检的代价系数 C_0 较大时，门限值小，从而使 P_M 小。

3. Neyman-Person 准则

有时 P_0，P_1，C_0 和 C_1 不能确切知道，给定 P_{FA} 后，寻找一种测试方法使 P_M 最小。假设可以接受的虚警率 $P_{FA} = \alpha$，则可以得到如下决策规则：

$$
\begin{cases}
\dfrac{P(Z|H_1)}{P(Z|H_0)} > T & \in H_1 \\[3mm]
\dfrac{P(Z|H_1)}{P(Z|H_0)} < T & \in H_0
\end{cases}
\tag{8.106}
$$

式中门限值 T 由下式确定：

$$
\int_T^\infty P_{LR|H_0}(\lambda|H_0)\,\mathrm{d}\lambda = P_{FA} = \alpha
\tag{8.107}
$$

式中，$P_{LR|H_0}(\lambda|H_0)$ 为 H_0 为真的条件下，似然比 $\lambda(Z) = \dfrac{P(Z|H_1)}{P(Z|H_0)}$ 的概率密度函数。

8.3.3 多元假设测试

在许多情况下，事物的状态不可能仅有两种可能性来表征。假设有 m（$m>2$）个可能性，即事物状态 $H_0, H_1, \cdots, H_m$ 中每一种状态的概率为 $P_1, P_2, \cdots, P_m$ 是先验已知的，并且 $\sum\limits_{i=1}^{m} P_i = 1$。

根据 Bayes 规则，可求出给定观测值时 $H_i(i=0,1,\cdots,m)$ 为真的条件概率为：

$$P(H_i|Z) = \frac{P(Z|H_i)P_i}{\sum_{j=1}^{m} P(Z|H_j)P_j} \tag{8.108}$$

若 Z 是连续分布，给定 H_i 为真的先验条件概率密度为 $P(Z|H_i)$，则式(8.108)为 H_i 为真的后验概率。多元假设的逻辑规则是使 H_i 为真的后验概率最大，即：

$$P_iP(Z|H_i) \geqslant P_jP(Z|H_j) \qquad j = 1, 2, \cdots, i-1, i+1, \cdots, m \tag{8.109}$$

由式(8.109)类似于二元假设决策的错误概率最小的测试，可以得到相应决策规则。

例8.3　设 $m = 3$，其中 H_0 为无故障状态假设；H_1 为第一故障状态假设；H_2 为第二故障状态假设，求决策规则。

解：令 $f_i = P(Z|H_i) \cdot P_i \qquad i = 0, 1, 2$

则有

$$H_1 \text{ or } H_0, f_1 > f_2; H_2 \text{ or } H_0, f_1 < f_2$$
$$H_1 \text{ or } H_2, f_1 > f_0; H_0 \text{ or } H_2, f_1 < f_0$$
$$H_2 \text{ or } H_1, f_2 > f_0; H_0 \text{ or } H_1, f_2 < f_0$$

即

$$H_1 \text{ or } H_0, \lambda_1(Z)P_1 > \lambda_2(Z)P_2; H_2 \text{ or } H_0, \lambda_1(Z)P_1 < \lambda_2(Z)P_2$$
$$H_1 \text{ or } H_2, \lambda_1(Z)P_1 > P_0; H_0 \text{ or } H_2, \lambda_1(Z)P_1 < P_0$$
$$H_2 \text{ or } H_1, \lambda_2(Z)P_2 > P_0; H_0 \text{ or } H_1, \lambda_2(Z)P_2 < P_0$$

判断故障状态的区域如图 8.24 所示。

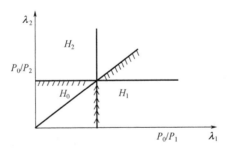

图 8.24　故障状态的判断

8.3.4　序贯概率比测试

对余差 e 进行序贯观测，设 t_k 时刻的余差称为 e_k。假设在以下两种假设间选择：H_0, H_1。对第 k 次采样值的对数似然函数为：

$$\lambda_k(e_k) = \ln \frac{P(e_k|H_1)}{P(e_k|H_0)} \tag{8.110}$$

对 n 次独立采样值的对数似然法为：

$$\lambda_n = \ln \frac{P(e_1, e_2, \cdots, e_n|H_1)}{P(e_1, e_2, \cdots, e_n|H_0)} = \sum_{k=1}^{n} \lambda_k(e_k) \tag{8.111}$$

将 λ_n 与两个边界值 $A < 0, B > 0$ 进行比较，即判断 λ_n 是否处于以下范围内：

$$A < \lambda_n < B \tag{8.112}$$

式中，$A = \ln \dfrac{P_M}{1 - P_{FA}}$；$B = \ln \dfrac{1 - P_M}{P_{FA}}$。则其决策规则为：$\lambda_n \leq A$，则确定为 H_0；$A < \lambda_n < B$，继续进行测试，并增加新的余差采样值；$\lambda_n \geq B$，则确定为 H_1。

若余差 e_k 为独立的正态分布，有故障时的平均值为 a（如图 8.25 所示），则：

$$\lambda_k(e_k) = \frac{a}{\sigma^2}\left(e_k - \frac{a}{2}\right) \tag{8.113}$$

$$\lambda_n = \frac{a}{\sigma^2}\sum_{k=1}^{n}\left(e_k - \frac{a}{2}\right) \tag{8.114}$$

图 8.25　故障密度函数分布

由图 8.25 可以看出，$a/2$ 值是分界线，在 $a/2$ 线之右的区域表示更大可能工作在 H_1 状态而不是 H_0 状态，此时每次观测值 e_k 都会给 λ_n 一个正的增量。即使在这种情况下也可能会出现由于干扰使 e_k 落在 $a/2$ 线的左边区域。反之亦然。因此为了正确决策 λ_n 必须获得足够的信息，其代价是需要观测时间。

线 上 习 题

[8.1] 习题图 8.1 给出一个带串联齿轮的电驱动车辆转向系统的简化传递函数。

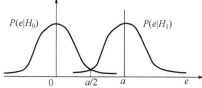

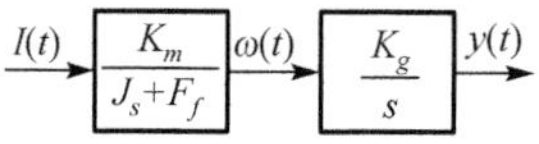

习题图 8.1　串联齿轮的电驱动车辆转向系统的简化传递函数

其中，直流电流 $I(t)$、速度 $\omega(t)$ 和齿条的位置 $y(t)$ 均可测量得到。试对所有三个信号的传感器故障以及直流电动机的轴承和绕组的故障进行检测。

(1)推导出结构化残差的表达式。

(2)在没有发生过程故障的情况下，在故障-现象表中表示出传感器漂移故障的影响。

(3)传感器的故障是强隔离还是弱隔离？

(4)过程的残差是如何表现出来的，例如 F_f 和 K_g 的变化？补充故障-现象表。哪些故障可以被诊断出来？

(5)位置传感器的缓慢漂移故障是否可检测？

线 下 习 题

8.1　试比较基于状态观测器的检测方法与奇偶校验向量方法在单输入-单输出、双输入-双输出系统故障检测过程中设计工作量、计算工作量、噪声敏感性、加性和乘性故障的检测差异。

8.2　在故障检测方面，状态观测器和卡尔曼滤波器有什么区别？

8.3　与状态观测器和奇偶方程相比，输出观测器有什么优点？

8.4　请阐述习题图 8.2NASA 的 F-8 飞机电传操纵系统双余度传感器故障检测和识别方法。

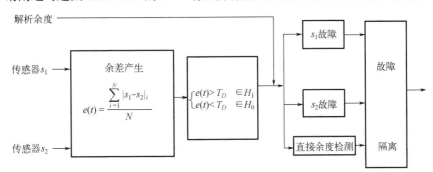

习题图 8.2　F-8 飞机数字式电传操纵系统传感器 FDI 方案

参 考 文 献

孙来雪. 2019. 飞机机电作动系统的故障诊断与预测方法研究[D]. 北京: 北京航空航天大学.

张优优. 2021. 基于信息融合的矢量喷管控制系统故障诊断方法研究[D]. 北京: 北京航空航天大学.

周东华, 叶银忠. 2000. 现代故障诊断与容错控制[M]. 北京: 清华大学出版社.

Balaban E, Saxena A, Bansal P, et al. 2009. A diagnostic approach for electro-mechanical actuators in aerospace systems[C]//2009 IEEE Conference on Aerospace: 1-13.

DePold H, Rajamani R, Morrison W, et al. 2006. A unified metric for fault detection and isolation in engines[C]//ASME Conference on International Gas Turbine Institute, Barcelona, Spain: 8-11.

DePold H, Siegel J, Hull J. 2004. Metrics for evaluating the accuracy of diagnostic fault detection systems[C]// ASME Conference on International Gas Turbine Institute, Vienna, Austria: 14-17.

Goupil P. 2009. Airbus state of the art and practices on FDI and FTC in flight control system[C]//Proceedings of the 7th IFAC Symposium on Fault Detection, Supervision and Safety of Technical Processes Barcelona, Spain: 564-572.

Goupil P. 2010. Oscillatory failure case detection in the A380 electrical flight control system by analytical redundancy[J]. Control Engineering Practice, 18(9): 1110-1119.

Imre J, Charles C. 1991. Multiple-voting fault detection system for flight critical actuation control systems[P]. US Patent 5274554.

Isermann R. 2006. Fault-diagnosis Systems: An Introduction from Fault Detection to Fault Tolerance[M]. Berlin: Springer.

Katipamula S, Brambley M R. 2005. Methods for fault detection, diagnostics, and prognostics for building systems-A Review, Part I[J]. Hvac & R Research, 11: 3-25.

Kurien J, Moreno R. 2008. Costs and benefits of model-based diagnosis[C]// 2008 IEEE Aerospace Conference Proceedings, 14.

Marzat J, Lahanier H, Damongeot F, et al. 2011. Model-based fault diagnosis for aerospace systems: A survey[C]//Proc. IMechE Part G: J. Aerospace Engineering, 226: 1329-1360.

Mauricio A, Qi J, Zhou L, et al. 2020. Perspectives on health and usage monitoring systems (HUMS) of helicopters[C]// International Cross-Industry Safety Conference, Amsterdam: 314: 02008 (9).

Orsagh R, Christopher J, McClintic K. 2002. Development of performance and effectiveness metrics for mechanical diagnostic technologies[C]//IEEE Aerospace Conference Proceedings, 6: 2825-2834.

RabenoroT, Lacaille J, Cottrell M, et al.2014. A methodology for the diagnostic of aircraft engine based on indicators aggregation[C]// Proceedings of the 14th Industrial Conference on Advances in Data Mining. Applications and Theoretical Aspects: 1-15.

Zolghadri A, Cieslak J, Efimov D, et al. 2015. Signal and model-based fault detection for aircraft system[J]. IFAC-PapersOnLine, 48 (21): 1096-1101.

拓展阅读

鲁道夫·卡尔曼（Rudolf Emil Kalman）

　　鲁道夫·卡尔曼，匈牙利裔美国数学家，不仅是现代系统与控制理论的创造者，也是信号处理、数学、信息科学等领域的杰出人物。卡尔曼在攻读博士期间就聚焦非线性控制系统非稳定性物理与数学机理及动态系统的噪声问题，发表了多篇具有影响力的论文。1958 年至 1964年，卡尔曼作为美国马里兰州巴尔的摩高级研究所数学研究专家做出了一系列重大研究成果。他与 Bertram 首次将李雅普诺夫稳定性理论引入了控制理论，对动态系统的稳定性研究产生了深远的影响。1960 年，卡尔曼在莫斯科举办的 IFAC（国际自动控制联合会）第一次会议上，提出了可控性（Controllability）和可观性（Observability）等概念。同时，卡尔曼做出一生中最卓越的贡献——卡尔曼滤波器。他提出了状态空间方法，通过递归滤波方法革命地改变了估计领域。卡尔曼滤波器在应用数学、通信、导航、控制等领域都有着极其深远的影响，美国的阿波罗登月计划也依赖于此。可以说卡尔曼滤波器以及其后来对非线性问题的拓展，是现代控制理论中应用最广泛的方法。自动驾驶、地震数据处理、过程控制、天气预报、计量经济、健康监测、计算机视觉、电机控制、定位与导航……在无数的领域卡尔曼滤波都发挥着重大作用。

四余度舵机系统

　　为了提高飞机的可靠性，飞机自动驾驶仪通常采用容错设计，如垂直陀螺和速率陀螺大多采用四余度、余度舵机大多采用三余度或四余度设计，通过比较监控实现系统故障工作的能力。附图 8.1 为飞机四余度俯仰角控制系统，其主要功用是稳定和控制飞机俯仰姿态角 θ，为此系统中引入了反馈量 θ；为了改善系统阻尼比，提高系统的稳定性引入反馈量俯仰角速率 ω_z。通常采用垂直陀螺、速率陀螺来测量飞机的姿态角 θ 和俯仰角速率 ω_z。

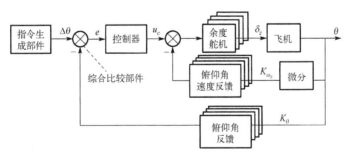

附图 8.1　飞机俯仰角控制方框图

　　余度舵机是由伺服阀和作动器构成的，其结构复杂，是故障率较高的部分，其性能直接影响到飞行控制系统的性能。下面建立单通道舵机系统数学模型。

1）流量控制方程

$$Q_f(s) = \frac{K_v}{T_v s + 1} U_c(s) - K_c P_f(s) \qquad (\text{附 8.1})$$

其中，Q_f 为负载流量($\mathrm{m^3/s}$)；P_f 为负载压力($\mathrm{kg/m^2}$)；K_c 为伺服阀流量压力系数($\mathrm{m^5/kg \cdot s}$)；K_v 为伺服阀增益；T_v 为伺服阀时间常数。

2)流量连续方程

$$Q_f(s) = A_t S X_t(s) + C_{sl} P_f + \frac{V_t}{4E_y} s P_f(s) \qquad (\text{附 } 8.2)$$

其中，A_t 为作动筒活塞面积($\mathrm{m^2}$)；E_y 为油液的等效体积弹性模量($\mathrm{kg/m^2}$)；V_t 为液压缸的总容积($\mathrm{m^3}$)；X_t 为液压缸位移(m)。

3)力平衡方程

$$A_t P_f(s) = M s^2 X_t(s) + B_t s X_t(s) + F(s) \qquad (\text{附 } 8.3)$$

$$F(s) = [X_t(s) - X_p(s)]K_s \qquad (\text{附 } 8.4)$$

$$[X_t(s) - X_p(s)]K_s R = J_t s^2 \sigma_t(s) + B_t' s \sigma_t(s) + K_{tf}\sigma_t(s) \qquad (\text{附 } 8.5)$$

$$X_t(s) = R\sigma_t(s) \qquad (\text{附 } 8.6)$$

其中，M 为活塞质量(kg)；B_t 为活塞阻尼系数($\mathrm{kg \cdot s/m}$)；$F(s)$ 为负载力(N)；K_s 为输出杆刚度($\mathrm{kg/m}$)；X_p 为负载输出位移(m)；R 为力臂(m)；J_t 为负载转动惯量($\mathrm{kg \cdot m^2}$)；B_t' 为负载阻尼系数；K_{tf} 为负载弹性系数($\mathrm{N/m}$)；σ_t 为负载角位移(deg)。

这里采用四余度力综合式余度舵机，即 $F = \sum\limits_{i=1}^{4} F_i$，得到余度舵机的方框图，如附图 8.2 所示。

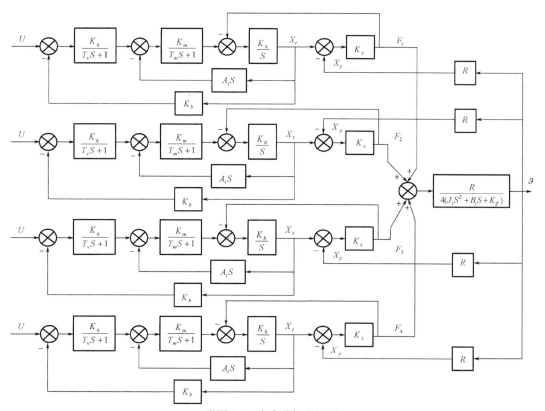

附图 8.2　余度舵机方框图

采用如下 PID 控制器：

$$\frac{u_c}{e} = K_p + K_I / s + K_d s = \frac{K_p s + K_I + K_d s^2}{s} \tag{附 8.7}$$

其中，K_p 为比例系数；K_I 积分时间常数；K_d 微分时间常数。

将传感器传递函数视为比例环节，则角度陀螺增益为 K_θ，角速率陀螺增益为 K_{W_c}。

余度舵机采用力综合方式时，由于受到各个通道间机械部件的加工误差、电子部件的性能差异等不一致性的影响，通道间会产生很大的力纷争现象。力纷争现象的存在，给电液伺服系统的性能带来很坏的影响，严重时甚至会损坏余度伺服机构，如曾发生过由于力纷争问题使力综合杆折断的事故。因此，采用余度伺服机构方案时必须重视力纷争问题的解决。可以采用均值均衡的方式来减小力纷争，这里采用比例加积分环节作均衡回路时，可以实现快速有效地减小通道间的力纷争。其结构如附图 8.3 所示。其中，a_0, a_1 分别为均衡回路的比例、积分系数。

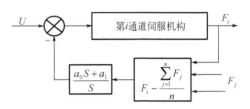

附图 8.3　力综合式余度舵机的力均衡方式

通过余度舵机部分的仿真，可以清楚地看到比例加积分环节作均衡回路时消除力纷争的效果。附图 8.4 所示为采用比例加积分方式消除力纷争时的通道间的纷争力曲线，曲线 1 为比例系数 $a_0 = 0.015$、积分系数 $a_1 = 0.2$ 的纷争力；曲线 2 为 $a_0 = 0.015, a_1 = 2$ 的纷争力；曲线 3 为 $a_0 = 0.15, a_1 = 2$ 的纷争力。对比曲线 2 和 3 可知，增大比例系数可以减小通道间纷争力的最大值；对比曲线 1，2 可知，增大积分系数可以使通道间使纷争力快速震荡衰减。

当不加入压差均衡装置时，可以得到相应工况下的系统响应曲线，如附图 8.5 所示对比曲线 1 和 2 可知，当比例系数一定时，增大积分系数使得系统的稳态误差加大。这是由于增大积分系数使通道间纷争力快速下降的同时增大了震荡性，使得故障后系统性能下降更大。对比曲线 2 和 3 可知，当积分系数一定，增大比例系数时，系统输出的静差加大。

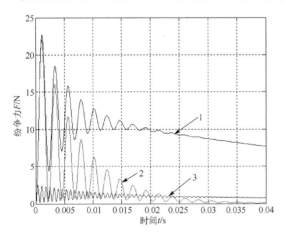

附图 8.4　不同均衡系数下的纷争力

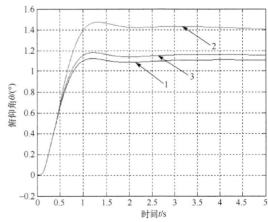

附图 8.5　不同均衡系数下系统响应

第9章 飞行控制系统容错控制

9.1 非相似冗余飞行控制系统余度资源分析

飞机控制系统是实现飞机姿态与轨迹控制的关键,其可靠性直接影响飞行安全。为满足飞机高可靠性和高安全性要求,避免同构系统因共因或共模故障而导致系统崩溃的潜在风险,国外先进飞机(如 A380 和 A350)均采用了非相似余度控制系统,如图 9.1 所示,即非相似动力源(液压源、电源)、非相似作动系统(液压作动器(HA)、电静液作动器(EHA)、机电作动器(EMA))和非相似控制(舵面控制和发动机差动推力控制)。

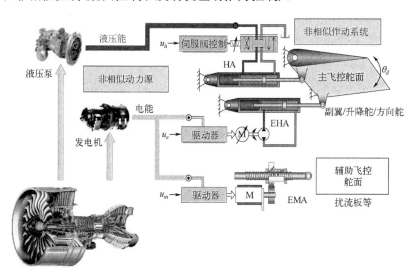

图 9.1 飞机动力/作动/飞控的非相似余度系统

非相似余度控制系统具有更丰富的余度资源,从非相似余度作动系统到分立式控制舵面,待开发的容错潜力更强。A380 的控制舵面采用分立式余度舵面布局,如图 9.2 所示。

图 9.2 中,A380 飞行控制系统通过由两片方向舵、四片升降舵、六片副翼、十六片扰流板、左右水平安定面、襟翼和缝翼构成的多余度操纵面共同完成滚转、俯仰和偏航三轴功能,大大增加了可用舵面的余度资源,降低了单个或某些舵面对于飞机整体操纵性能的影响,并且提供了更多余度组合方式,具备更加强大的容错潜力。在舵面相关的作动系统设计上,A380 采用了不同于以往的新思路,构建 2H/2E 的非相似冗余电液动力与作动系统体系,如图 9.3 所示,其具体的作动系统余度资源分析如下:黄绿两套液压源和两套电源,每套作动系统既可以独立进行作动,也可以搭配进行作动,由于作动器采用了非相似异构的搭配模式,可以避免共模故障。对类似 A380 的大型客机,其不同级别的作动与飞控层面均具有丰富的余度资源可用于容错设计,通过逐层容错控制思想,全面开发具有非相似余度作动系统的大型客机的容错能力,可极大地提高飞机的生存能力。

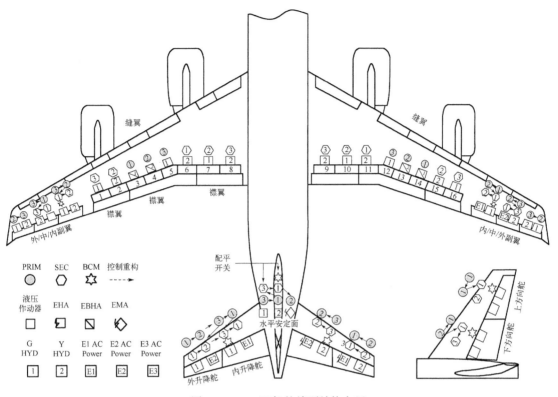

图 9.2　A380 飞机的舵面结构布局

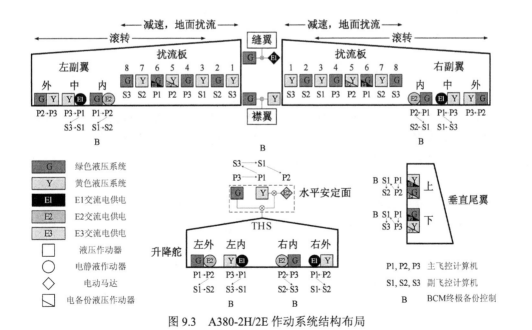

图 9.3　A380-2H/2E 作动系统结构布局

9.2　非相似余度飞行控制系统逐层容错策略

在分析非相似余度系统体系结构和容错能力的基础上，可针对不同层级的容错资源，开展多种基于飞行安全等级规范的飞控容错研究，如表 9.1 所示，形成高安全逐层容错控制策略。

表 9.1　高安全逐层容错控制策略：不同级别的容错资源组合

故障层级	故障等级	分层容错策略
作动器层故障	作动器缓变故障	基于凸面体优化的可靠镇定容错设计，保障作动器在缓变故障下的控制性能
	作动器突变故障	基于性能降级参考模型的主动容错控制，进行非相似余度作动器之间的平稳切换
操纵面层故障	操纵面损伤液压系统完好	进行操纵面功能重构，采用模型跟踪自适应容错重建飞控操纵力矩
	操纵面损伤液压系统失压	采用 EHA 和发动机推力调节，构建飞控/作动/发动机推力一体化的容错控制
飞控层故障	纵向控制系统故障	分析纵向控制系统故障对飞控模型的影响，采用直接/间接自适应控制方法实现纵向稳定容错控制
	横侧向控制系统故障	分析横侧向控制系统故障对飞控模型的影响，采用模型参考自适应控制方法实现横侧向稳定容错控制

第一层：在作动系统层，根据非相似异构作动器(HA 和 EHA)性能退化表征，介绍两种不同故障等级下的容错控制方法：针对作动器缓变故障的基于凸面体优化的可靠镇定容错方法，保障作动器在缓变故障下的控制性能；针对作动器突变故障的基于性能降级参考模型的主动容错控制，确保非相似余度之间的切换平稳性。

第二层：在操纵面层，针对多电飞机的结构损伤和液压系统失压故障，介绍两种针对不同故障的容错控制方法：针对极端工况下结构损伤精确估计下的智能模型匹配算法，通过多操纵面实现协同容错控制；针对同时存在结构损伤和液压系统失压故障下，通过 EHA 和发动机推力调节补偿飞机操纵力矩的不足，形成非相似余度系统不同故障等级下的飞控/作动/发动机推力一体化的容错控制。

第三层：在飞控层，针对纵向控制系统故障，分析纵向控制系统故障对飞控模型的影响，采用直接自适应控制方法实现纵向稳定容错控制；针对横侧向控制系统故障，分析横侧向控制系统故障对飞控模型的影响，采用模型参考自适应控制方法实现横侧向稳定容错控制。

基于"永不放弃"的容错原则，通过对作动系统/操纵面/飞控三层容错资源的综合调用及容错策略的快速决策，可形成高效的逐层容错控制体系，确保极端工况下飞机的安全性和可操纵性。

9.3　非相似余度作动系统的被动容错控制方法

非相似余度作动系统(HA/EHA)可能发生的故障可分为缓变故障和突变故障两类，突变故障能够对系统性能造成较为明显的影响，而系统的缓变故障，诸如泄漏、流量增益变化等，难以被实时检测到，但在一定程度上影响系统性能，可将其看作是系统的鲁棒性问题。针对非相似余度作动系统的难以检测的缓变故障，故障建模时可将其建模为系统的不确定性模块，设计时不变的具有特定结构的鲁棒容错控制器即可达到系统性能要求。基于凸面体优化的被动容错控制方法，根据缓变故障的特点将其在系统的状态空间模型中进行选取和建模，在无匹配条件的前提下，选取系统不确定性模块，设定系统容错的范数上界，形成原系统的四个临界子系统，并基于临界子系统形成凸面体优化条件，最终，系统的容错控制增益可基于凸面体优化条件利用线性矩阵不等式(Linear Matrix Inequalities，LMI)进行确定。

9.3.1　非相似余度作动系统模型描述与故障建模

在 HA 主动 EHA 被动的工作模式下，正常系统建模过程如下：选取状态变量 $\boldsymbol{x}=[x_h,\dot{x}_h,P_h,x_v]^{\mathrm{T}}$，其中 x_h 和 $\dot{x}_h$ 为柱塞运动的速度和加速度，P_h 为作动筒压力，x_v 为伺服阀位移，则系统的状态空间模型可表达为：

$$\begin{cases} \dot{\boldsymbol{x}}(t) = \boldsymbol{A}\boldsymbol{x}(t) + \boldsymbol{B}\boldsymbol{u}(t) + \boldsymbol{G}\boldsymbol{w}(t) \\ \boldsymbol{y}(t) = \boldsymbol{C}\boldsymbol{x}(t) \end{cases} \tag{9.1}$$

其中，$\boldsymbol{u}(t)$ 为系统输入；$\boldsymbol{y}(t)$ 为系统输出；$\boldsymbol{w}(t)=F_L$ 为未知干扰；输出矩阵 $\boldsymbol{C}$ 为单位阵。系统状态矩阵 $\boldsymbol{A}$、输入矩阵 $\boldsymbol{B}$ 和干扰矩阵 $\boldsymbol{G}$ 如下：

$$\boldsymbol{A} = \begin{bmatrix} 0 & 1 & 0 & 0 \\ 0 & -\dfrac{B_h+B_e+B_d}{m_h+m_e+m_d} & \dfrac{A_h}{m_h+m_e+m_d} & 0 \\ 0 & -\dfrac{4E_hA_h}{V_h} & -\dfrac{4E_hK_{ce}}{V_h} & \dfrac{4E_hK_q}{V_h} \\ 0 & 0 & 0 & -\dfrac{1}{\tau_v} \end{bmatrix}, \boldsymbol{B} = \begin{bmatrix} 0 \\ 0 \\ 0 \\ \dfrac{K_v}{\tau_v} \end{bmatrix}, \boldsymbol{G} = \begin{bmatrix} 0 \\ -\dfrac{1}{m_h+m_e+m_d} \\ 0 \\ 0 \end{bmatrix}$$

其中，A_h 为 HA 作动筒的横截面积；V_h 为 HA 作动筒的总容积；E_h 为液压油的体积弹性模量；B_h，B_e 和 B_d 分别为 HA 和 EHA 作动筒及控制舵面的阻尼系数；m_h，m_e 和 m_d 分别为 HA 和 EHA 作动筒活塞及控制舵面的质量；$K_{ce}=(K_c+C_{hl})$；K_c 为流量压力系数；C_{hl} 为 HA 作动筒的泄漏系数；K_q 为流量增益系数；K_v 为伺服阀比例系数；τ_v 为伺服阀的时间常数。

缓变类故障可能导致参数漂移，如：①伺服阀卡滞引起伺服阀常数 τ_v 的变化；②伺服阀泄漏引起的伺服阀增益 K_v 的变化；③油液中由于气泡产生引起的体积弹性模量 E_h 发生变化；④由于阻尼增大引起的阻尼系数 B_h 的变化；⑤由于作动筒泄漏引起的泄漏系数 C_{hl} 的变化。缓变类故障难以实时检测但能引起系统性能降级，采用不确定性模块矩阵描述缓变故障引起的参数不确定性，并假定系统不发生传感器故障，则缓变故障工况下的系统模型可描述为如下的形式：

$$\begin{cases} \dot{\boldsymbol{x}}(t) = (\boldsymbol{A}+\Delta\boldsymbol{A})\boldsymbol{x}(t) + (\boldsymbol{B}+\Delta\boldsymbol{B})\boldsymbol{u}(t) + \boldsymbol{G}\boldsymbol{w}(t) \\ \boldsymbol{y}(t) = \boldsymbol{C}\boldsymbol{x}(t) \end{cases} \tag{9.2}$$

其中，$\Delta\boldsymbol{A}$ 和 $\Delta\boldsymbol{B}$ 为由于缓变故障引起的初始状态和输入矩阵的偏差增量，系统矩阵和增量偏差矩阵可记为如下的形式：

$$\begin{cases} \boldsymbol{A} = \begin{bmatrix} 0 & 1 & 0 & 0 \\ 0 & a_{22} & a_{23} & 0 \\ 0 & a_{32} & a_{33} & a_{34} \\ 0 & 0 & 0 & a_{44} \end{bmatrix}, \Delta\boldsymbol{A} = \begin{bmatrix} 0 & 1 & 0 & 0 \\ 0 & \Delta a_{22} & 0 & 0 \\ 0 & \Delta a_{32} & \Delta a_{33} & \Delta a_{34} \\ 0 & 0 & 0 & \Delta a_{44} \end{bmatrix} \\ \boldsymbol{B} = \begin{bmatrix} 0 & 0 & 0 & b_4 \end{bmatrix}^{\top}, \Delta\boldsymbol{B} = \begin{bmatrix} 0 & 0 & 0 & \Delta b_4 \end{bmatrix}^{\top} \end{cases} \tag{9.3}$$

其中，$\Delta a_{22} = -\Delta B_h / (m_h + m_e + m_d)$ 为阻尼故障因子，$\Delta a_{32} = -4\Delta E_h A_h / V_h$ 为弹性模量故障因子，$\Delta a_{33} = -[4\Delta E_h (K_c + \Delta C_{hl})]/V_h$ 用于表征弹性模量和泄漏系数故障因子，$\Delta a_{34} = 4\Delta E_h K_q / V_h$ 也为弹性模量故障因子，$\Delta a_{44} = -1/\Delta \tau_v$ 为伺服阀常数故障因子，Δb_4 为伺服阀卡滞和泄漏故障因子。定义 $\boldsymbol{A}_F = \boldsymbol{A} + \Delta\boldsymbol{A}$ 和 $\boldsymbol{B}_F = \boldsymbol{B} + \Delta\boldsymbol{B}$，则非相似冗余作动系统在缓变故障存在的工况下的不确定性系统模型可简化为：

$$\begin{cases} \dot{\boldsymbol{x}}(t) = \boldsymbol{A}_F \boldsymbol{x}(t) + \boldsymbol{B}_F \boldsymbol{u}(t) + \boldsymbol{G}\boldsymbol{w}(t) \\ \boldsymbol{y}(t) = \boldsymbol{C}\boldsymbol{x}(t) \end{cases} \tag{9.4}$$

9.3.2　基于凸优化的故障模型控制增益稳定域分析

仅考虑一定程度内的缓变故障，分别定义不确定性矩阵模块 $\Delta\boldsymbol{A}$ 和 $\Delta\boldsymbol{B}$ 的范数上界为 $|\Delta\boldsymbol{A}|_{\text{bound}}$ 和 $|\Delta\boldsymbol{B}|_{\text{bound}}$。为了描述参数不确定性的变化，引入两个独立系数 $\boldsymbol{\rho}_A$ 和 $\boldsymbol{\rho}_B$，其取值为 $[-1, \ +1]$ 的随机变量。则缓变故障下的系统模型可写为：

$$\begin{cases} \dot{\boldsymbol{x}}(t) = (\boldsymbol{A} + \boldsymbol{\rho}_A |\Delta\boldsymbol{A}|_{\text{bound}})\boldsymbol{x}(t) + (\boldsymbol{B} + \boldsymbol{\rho}_B |\Delta\boldsymbol{B}|_{\text{bound}})\boldsymbol{u}(t) + \boldsymbol{G}\boldsymbol{w}(t) \\ \boldsymbol{y}(t) = \boldsymbol{C}\boldsymbol{x}(t) \end{cases} \tag{9.5}$$

其中，$|\Delta\boldsymbol{A}|_{\text{bound}} = \begin{bmatrix} 0 & 1 & 0 & 0 \\ 0 & |\Delta a_{22}|_{\text{bound}} & |\Delta a_{23}|_{\text{bound}} & 0 \\ 0 & |\Delta a_{32}|_{\text{bound}} & |\Delta a_{33}|_{\text{bound}} & |\Delta a_{34}|_{\text{bound}} \\ 0 & 0 & 0 & |\Delta a_{44}|_{\text{bound}} \end{bmatrix}, |\Delta\boldsymbol{B}|_{\text{bound}} = \begin{bmatrix} 0 \\ 0 \\ 0 \\ |\Delta b_{41}|_{\text{bound}} \end{bmatrix}$。

为形成闭环系统，选取状态反馈部分 $\boldsymbol{K}_x \boldsymbol{x}(t)$ 作为系统输入 $\boldsymbol{u}(t)$，$\boldsymbol{K}_x$ 为状态反馈增益，并作如下假设：缓变故障的严重程度在一定范围以内，即该类故障对系统影响有限，若表现为对闭环系统特征值的影响，则故障闭环系统特征值的实部相比于正常闭环系统特征值的实部，满足如下的不等式：

$$\begin{cases} \left| \text{Re}\lambda(|\Delta\boldsymbol{A}|_{\text{bound}}) \right| \ll \left| \text{Re}\lambda(\boldsymbol{A}) \right| \\ \left| \text{Re}\lambda(|\Delta\boldsymbol{B}|_{\text{bound}} \boldsymbol{K}_x) \right| \ll \left| \text{Re}\lambda(\boldsymbol{B}\boldsymbol{K}_x) \right| \end{cases} \tag{9.6}$$

其中，$\text{Re}\lambda(*)$ 表示矩阵特征值的实部，$\ll$ 表示远远小于。

为了确定容错控制器增益，基于不确定性矩阵模块的上界，需确定参数定常系统，并基于参数定常系统求解控制增益，考虑独立系数 $\boldsymbol{\rho}_A$ 和 $\boldsymbol{\rho}_B$ 的变化范围，可得到原系统的四个临界子系统：

$$\begin{cases} \dot{\boldsymbol{x}}(t) = (\boldsymbol{A} \pm |\Delta\boldsymbol{A}|_{\text{bound}})\boldsymbol{x}(t) + (\boldsymbol{B} \pm |\Delta\boldsymbol{B}|_{\text{bound}})\boldsymbol{u}(t) + \boldsymbol{G}\boldsymbol{w}(t) \\ \boldsymbol{y}(t) = \boldsymbol{C}\boldsymbol{x}(t) \end{cases} \tag{9.7}$$

　　由于原不确定性系统具有不确定性矩阵模块，且不易确定用于求解控制增益的匹配条件，选取原不确定性系统的临界子系统替换原不确定性系统推导容错控制增益的优化求解条件，而后基于临界子系统确定的优化条件采用 LMI 技术确定容错控制增益：原模型在故障情形下的最优增益可被限制在四个临界系统形成的凸面体内，通过实现对临界子系统的控制，用 LMI 技术确定同时满足四个临界系统的最优增益，将能够保证原系统在缓变故障条件下的最优性能。在某一反馈下形成闭环的临界子系统，其四个稳定域如图 9.4 所示，通过凸面体优化，优化后的稳定域会落在四个稳定域的交集区域。

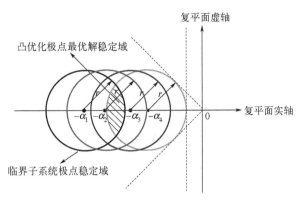

图 9.4　基于凸面体方法的被动容错设计

9.3.3　被动容错控制器设计

　　非相似余度作动系统的被动容错控制器具有特定的结构，并实现以下目标：

　　(1) 系统的输出 $\boldsymbol{S}_{\text{out}}\boldsymbol{y}(t)$ 能够无静差地跟踪给定的参考指令 $\boldsymbol{r}(t)$，即 $\lim\limits_{t\to\infty}\boldsymbol{e}(t)=0$，其中 $\boldsymbol{e}(t)=\boldsymbol{r}(t)-\boldsymbol{S}_{\text{out}}\boldsymbol{y}(t)$，输出矩阵 $\boldsymbol{S}_{\text{out}}=[1\ \ 0\ \ 0\ \ 0]$。

　　(2) 式 (9.7) 中定义的优化性能可通过所设计的控制器得到实现。相应的闭环增广系统可描述为如下的形式：

$$\begin{cases}\dot{\boldsymbol{x}}_{\text{aug}}(t)=\boldsymbol{A}_{\text{aug}}\boldsymbol{x}_{\text{aug}}(t)+\boldsymbol{B}_{\text{aug}}\boldsymbol{u}(t)+\boldsymbol{G}_{\text{aug}}\boldsymbol{w}_{\text{aug}}(t)\\ \boldsymbol{y}_{\text{aug}}(t)=\boldsymbol{C}_{\text{aug}}\boldsymbol{x}_{\text{aug}}(t)\end{cases} \tag{9.8}$$

其中，$\boldsymbol{x}_{\text{aug}}(t)=\left[\displaystyle\int\boldsymbol{e}(t)\mathrm{d}t\quad \boldsymbol{x}(t)\right]^{\top}$ 为增广状态向量，$\boldsymbol{y}_{\text{aug}}(t)=\left[\displaystyle\int\boldsymbol{e}(t)\mathrm{d}t\quad \boldsymbol{y}(t)\right]^{\top}$ 为增广输出向量，$\boldsymbol{w}_{\text{aug}}(t)=[\boldsymbol{r}(t)\quad \boldsymbol{w}(t)]^{\top}$ 为增广干扰向量，相应的增广系统矩阵为 $\boldsymbol{A}_{\text{aug}}=\begin{bmatrix}\boldsymbol{0}&-\boldsymbol{S}_{\text{out}}\boldsymbol{C}\\ \boldsymbol{0}&\boldsymbol{A}+\Delta\boldsymbol{A}\end{bmatrix}$，$\boldsymbol{B}_{\text{aug}}=\begin{bmatrix}\boldsymbol{0}\\ \boldsymbol{B}+\Delta\boldsymbol{B}\end{bmatrix}$，$\boldsymbol{C}_{\text{aug}}=\begin{bmatrix}\boldsymbol{I}&\boldsymbol{0}\\ \boldsymbol{0}&\boldsymbol{C}\end{bmatrix}$，$\boldsymbol{G}_{\text{aug}}=\begin{bmatrix}\boldsymbol{I}&\boldsymbol{0}\\ \boldsymbol{0}&\boldsymbol{G}\end{bmatrix}$。增广系统的可控性可通过如下的可控性矩阵得到验证。

$$\boldsymbol{C}_{\text{con}}=[\boldsymbol{B}_{\text{aug}},\boldsymbol{A}_{\text{aug}}\boldsymbol{B}_{\text{aug}},\boldsymbol{A}_{\text{aug}}^{2}\boldsymbol{B}_{\text{aug}},\boldsymbol{A}_{\text{aug}}^{3}\boldsymbol{B}_{\text{aug}},\boldsymbol{A}_{\text{aug}}^{4}\boldsymbol{B}_{\text{aug}},\boldsymbol{A}_{\text{aug}}^{5}\boldsymbol{B}_{\text{aug}}] \tag{9.9}$$

　　采用状态和误差积分反馈的形式，控制律形式设计如式 (9.10) 所示：

$$\boldsymbol{u}(t)=\boldsymbol{K}\boldsymbol{x}_{\text{aug}}(t)=\boldsymbol{K}_{\text{e}}\int_{0}^{t}\boldsymbol{e}(\tau)\mathrm{d}\tau+\boldsymbol{K}_{x}\boldsymbol{x}(t) \tag{9.10}$$

其中，$K = [K_e \quad K_x]$ 为控制增益矩阵，上述控制律需保证整个闭环系统极点具有负实部，从而保证闭环系统稳定性。

定义线性二次型优化性能指标如下：

$$J = \int_0^t (x_{\text{aug}}^{\top}(\tau)Q x_{\text{aug}}(\tau) + u(\tau)^{\top} R u(\tau))\mathrm{d}t \tag{9.11}$$

其中，Q 和 R 分别为半正定和正定对称的权衡矩阵。采用状态和误差积分反馈的形式，考虑式(9.8)所示的含不确定性的闭环增广系统，给定干扰抑制水平阵 $\gamma > 0$，对于所有的非零干扰输入阵 $w(t) \in L_2[0,\infty)$，选定二次型性能指标的权衡矩阵 Q 和 R，定义正定对称矩阵 $P = X^{-1}$ 及其他相应维数的矩阵 V，N 和 G，如果这些矩阵可以使式(9.12)所示的 LMI 形式成立：

$$\begin{bmatrix} -(V+V^{\top}) & X+V^{\top}A_L^{\top}+N^{\top}B_L^{\top} & V^{\top} & M^{\top}G_{\text{ang}}^{\top} & V^{\top} & N^{\top} \\ * & -X & 0 & 0 & 0 & 0 \\ * & * & -X & 0 & 0 & 0 \\ * & * & * & -\gamma^2 I & 0 & 0 \\ * & * & * & * & -Q^{-1} & 0 \\ * & * & * & * & * & -R^{-1} \end{bmatrix} < 0 \tag{9.12}$$

则式(9.8)所示含不确定性的闭环增广系统性能指标函数具有如下的上界形式：

$$J < x_{\text{aug}}^{\top}(0)P x_{\text{aug}}(0) + \gamma^2 \int_0^t w_{\text{aug}}^{\top}(\tau)w_{\text{aug}}(\tau)\mathrm{d}\tau \tag{9.13}$$

同时闭环系统的容错控制增益可确定为 $K = N_{\text{optimal}}V_{\text{optimal}}^{-1}$，其中 N_{optimal} 和 V_{optimal} 为式(9.12)的 LMI 形式的共同最优解矩阵。被动容错控制器的结构如图 9.5 所示。

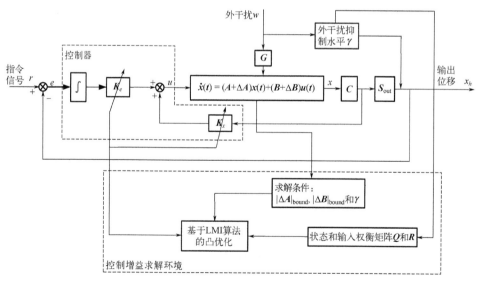

图 9.5　基于凸集理论的初始控制器结构

9.3.4　仿真分析

给定系统轻度故障和中度故障的系统参数，如表 9.2 所示，基于 MATLAB/Simulink 仿真以说明缓变故障对系统性能的影响。

表 9.2 HA/EHA 的不同故障上界设定

故障等级	系统状态	系统矩阵参数变化上界	控制矩阵变化上界
等级 1	正常状态	$A=\begin{bmatrix} 0 & 1 & 0 & 0 \\ 0 & -31.408 & 2.0704\times10^{-6} & 0 \\ 0 & -3.20\times10^{10} & -5.9864\times10^{2} & 5.8776\times10^{13} \\ 0 & 0 & 0 & -1.0\times10^{2} \end{bmatrix}$	$B=\begin{bmatrix} 0 \\ 0 \\ 0 \\ 0.304 \end{bmatrix}$
等级 2	轻度故障	$\left\|\Delta A\right\|_{\mathrm{bound}}^{1}=\begin{bmatrix} 0 & 0 & 0 & 0 \\ 0 & 28.169 & 0 & 0 \\ 0 & 2.56\times10^{10} & 435.37 & 4.702\times10^{13} \\ 0 & 0 & 0 & 50 \end{bmatrix}$	$\left\|\Delta B\right\|_{\mathrm{bound}}^{1}=\begin{bmatrix} 0 \\ 0 \\ 0 \\ 0.1976 \end{bmatrix}$
等级 3	中度故障	$\left\|\Delta A\right\|_{\mathrm{bound}}^{2}=\begin{bmatrix} 0 & 0 & 0 & 0 \\ 0 & 70.423 & 0 & 0 \\ 0 & 2.88\times10^{10} & 473.47 & 5.2898\times10^{13} \\ 0 & 0 & 0 & 83.333 \end{bmatrix}$	$\left\|\Delta B\right\|_{\mathrm{bound}}^{2}=\begin{bmatrix} 0 \\ 0 \\ 0 \\ 0.2736 \end{bmatrix}$

随着缓变故障严重程度的增加,如图 9.6 所示,系统极点位置趋于虚轴移动且向着中心收敛,表明系统响应出现了降级;此外,不仅部分极点向着虚轴收缩,同时也具有远离实轴的趋势,说明系统响应开始振荡。随着系统缓变故障的增加,系统主控极点往虚轴移动,从而可得出结论,即使是系统的缓变故障,在故障程度变大的情况下,也会对系统性能有影响。

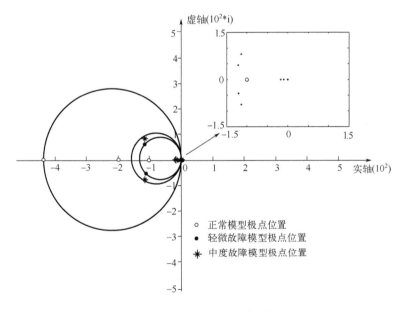

图 9.6 开环系统不同工况下系统极点位置分布图

选定轻度故障和中度故障,给定方波信号和叠加正弦信号,分析缓变故障对系统性能影响的时域响应。相较于正常工况和轻度故障情形(图 9.7)、中度故障(图 9.8),重度故障情形(图 9.9)系统的跟踪性能下降得更快,即故障程度和系统性能呈现负相关。

将保性能控制和基于凸面体优化的容错控制方法进行对比,仿真结果表明,相比于传统的保性能控制方法,基于凸面体优化的被动容错控制方法在缓变故障存在的工况下一定程度上提升了系统性能。

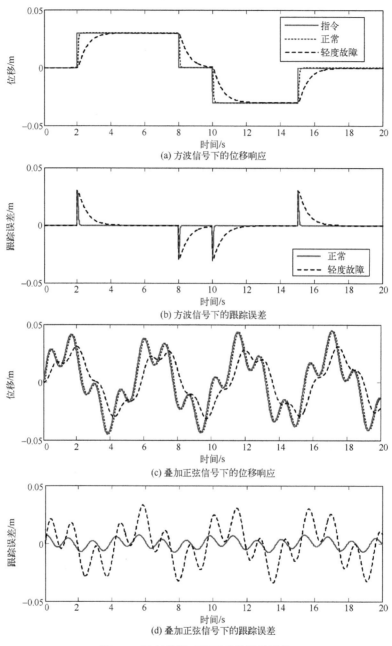

(a) 方波信号下的位移响应

(b) 方波信号下的跟踪误差

(c) 叠加正弦信号下的位移响应

(d) 叠加正弦信号下的跟踪误差

图 9.7 轻度故障工况下系统跟踪性能

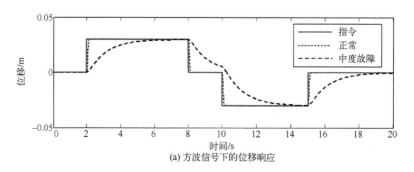

(a) 方波信号下的位移响应

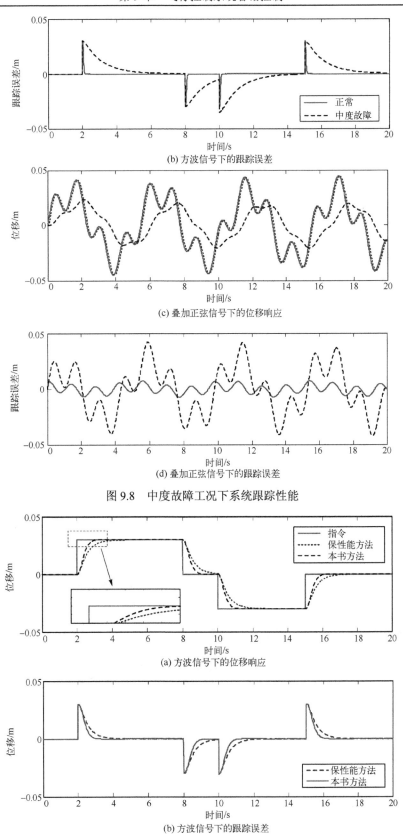

(b) 方波信号下的跟踪误差

(c) 叠加正弦信号下的位移响应

(d) 叠加正弦信号下的跟踪误差

图 9.8　中度故障工况下系统跟踪性能

(a) 方波信号下的位移响应

(b) 方波信号下的跟踪误差

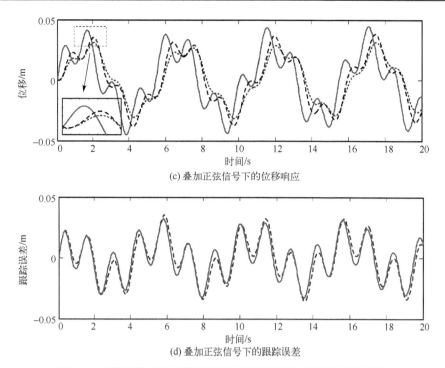

(c) 叠加正弦信号下的位移响应

(d) 叠加正弦信号下的跟踪误差

图 9.9　重度故障工况下采用不同容错控制策略时系统的跟踪性能

9.4　考虑性能降级的非相似余度作动系统主动容错控制

当 HA 性能优于 EHA 时，采取 HA 主动/EHA 备份的工作模式；当 HA 性能逐渐退化到低于 EHA 时应切换到 EHA 主动/HA 被动的模式，即通过对系统进行合理的性能降级以保证作动系统的可靠性。基于性能降级的参考模型集的主动容错控制方法可有效地解决上述非相似余度作动系统存在的问题。首先建立非相似余度作动系统不同故障程度下的故障模型，通过分析其闭环极点的移动规律，提取构造性能降级参考模型的主导极点。利用主导极点构造一系列表征不同性能期望的性能降级参考模型并设计智能模型匹配算法。基于构造的性能降级参考模型集和模型匹配算法，构造自适应模糊控制器。

9.4.1　非相似余度作动系统故障模型建立

HA 主动/EHA 被动模式下，不同故障程度的非相似余度作动系统模型为：

$$\begin{cases} \dot{\boldsymbol{x}}_1 = (\boldsymbol{A}_0 + \Delta\boldsymbol{A}_j)\boldsymbol{x}_1(\boldsymbol{t}) + (\boldsymbol{B}_0 + \Delta\boldsymbol{B}_j)u(t) + \boldsymbol{w}(t) \\ \quad = \boldsymbol{A}_j\boldsymbol{x}_1(\boldsymbol{t}) + \boldsymbol{B}_j u(t) + \boldsymbol{w}(t) \qquad\qquad j = 0,\cdots,N-1 \\ \boldsymbol{y}_1 = \boldsymbol{C}_0\boldsymbol{x}(t) \end{cases} \tag{9.14}$$

为便于系统故障注入，进行如下参数化表示：

$$\theta_1 = -\frac{B_h + B_e + B_d}{m_h + m_e + m_d}, \quad \theta_2 = \frac{A_h}{m_h + m_e + m_d}, \quad \theta_3 = -\frac{4E_h A_h}{V_h}, \quad \theta_4 = -\frac{4E_h K_{ce}}{V_h},$$

$$\theta_5 = \frac{4E_h K_q}{V_h}, \quad \theta_6 = -\frac{1}{\tau_v}, \quad \theta_7 = \frac{K_v}{\tau_v}, \quad \theta_8 = -\frac{1}{m_h + m_e + m_d}F$$

那么系统矩阵和故障模块矩阵可分别表示为：

$$A_0 = \begin{bmatrix} 0 & 1 & 0 & 0 \\ 0 & \theta_1 & \theta_2 & 0 \\ 0 & \theta_3 & \theta_4 & \theta_5 \\ 0 & 0 & 0 & \theta_6 \end{bmatrix}, \quad B_0 = \begin{bmatrix} 0 \\ 0 \\ 0 \\ \theta_7 \end{bmatrix}, \quad w = \begin{bmatrix} 0 \\ \theta_8 \\ 0 \\ 0 \end{bmatrix}, \quad \Delta A_j = \begin{bmatrix} 0 & 0 & 0 & 0 \\ 0 & \bar{\theta}_{j1} & 0 & 0 \\ 0 & \bar{\theta}_{j3} & \bar{\theta}_{j4} & \bar{\theta}_{j5} \\ 0 & 0 & 0 & \bar{\theta}_{j6} \end{bmatrix}, \quad \Delta B_j = \begin{bmatrix} 0 \\ 0 \\ 0 \\ \bar{\theta}_{j7} \end{bmatrix}$$

9.4.2　闭环极点移动分析

非相似余度作动系统工作在 HA 主动/EHA 被动工作模式时，系统存在的几种典型故障形式总结如表 9.3 所示。观察系统在每个单故障形式加剧时，其闭环极点的分布及移动趋势，如图 9.10 所示。

表 9.3　HA 典型故障形式

故障种类	HA 故障形式	系统参数变化范围
故障 1	液压缸内泄增大	$C_{hl} = 0.1 \times 10^{-10} \sim 1.0 \times 10^{-10}\ [(\mathrm{m^3/s})/\mathrm{Pa}]$
故障 2	伺服阀堵塞	$\tau_v = 0.01 \sim 0.1$
故障 3	柱塞杆运动阻尼增大	$B_h = 1.0 \times 10^4 \sim 1.0 \times 10^5\ [\mathrm{Ns/m}]$
故障 4	油液混入空气	$E_h = 8.0 \times 10^8 \sim 8.0 \times 10^7\ [\mathrm{Pa}]$
故障 5	伺服阀泄漏	$K_v = 3.04 \times 10^{-3} \sim 1.52 \times 10^{-3}\ [\mathrm{m/A}]$

非相似余度作动系统在 HA 主动/EHA 被动工作模式时的四个闭环极点可分别表示为：

$$S_i = -\frac{a_1}{4} \mp \frac{1}{2}\sqrt{\frac{a_1^2}{4} - \frac{2}{3}a_2 + \Delta} \pm \frac{1}{2}\sqrt{\frac{a_1^2}{2} - \frac{4}{3}a_2 - \Delta - \frac{-a_1^3 + 4a_1a_2 - 8a_3}{4\sqrt{\frac{a_1^2}{4} - \frac{2}{3}a_2 + \Delta}}}, \quad i = 1, \cdots, 4 \quad (9.15)$$

其中：

$$\Delta_1 = a_2{}^2 - 3a_1a_3 + 12Ka_4, \quad \Delta_2 = 2a_3{}^3 - 9a_1a_2a_3 + 27a_3{}^2 + 27Ka_1{}^2a_4 - 72Ka_2a_4$$

$$\Delta = \frac{\sqrt[3]{2}\Delta_1}{3\sqrt[3]{\Delta_2 + \sqrt{-4\Delta_1{}^3 + \Delta_2{}^2}}} + \frac{\sqrt[3]{\Delta_2 + \sqrt{-4\Delta_1{}^3 + \Delta_2{}^2}}}{3\sqrt[3]{2}}$$

闭环极点的变化范围如图 9.11 所示。随着系统故障程度的不断增大，第三、第四个闭环极点向虚轴移动，其距离虚轴的远近可代表系统的主要动态性能特征。因此可提取第三和第四个极点作为主导极点，来构造性能降级参考模型集。

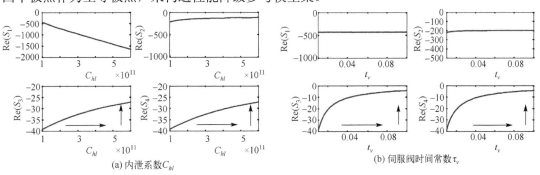

(a) 内泄系数 C_{hl}　　　　　　　　　　　　　　　(b) 伺服阀时间常数 τ_v

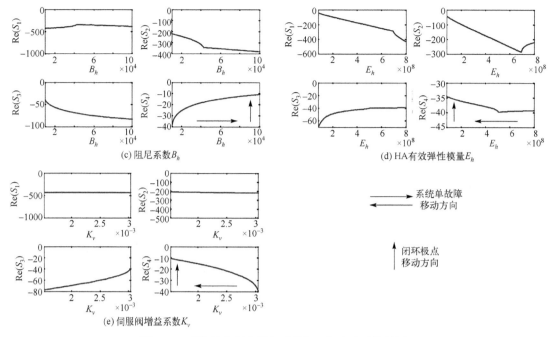

图 9.10　系统故障程度增加时其闭环极点移动轨迹图

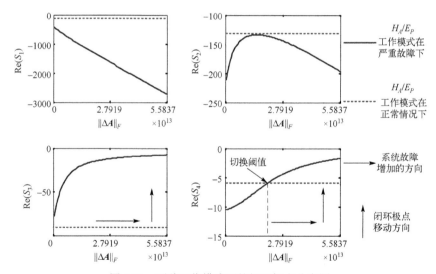

图 9.11　两种工作模式下的闭环极点分布图
(注：图中 H_A/E_P 是 HA 主动/EHA 被动的简化表达)

9.4.3　多性能降级参考模型集的构建

1. 性能降级参考模型

定义最大性能降级区间矩阵 $\boldsymbol{\psi}_{\max}$：

$$\boldsymbol{\psi}_{\max} = \mathrm{diag}\left[\frac{\mathrm{Re}(\bar{S}_3)}{\mathrm{Re}(S_3)}, \frac{\mathrm{Re}(\bar{S}_4)}{\mathrm{Re}(S_4)}\right] \tag{9.16}$$

将最大性能降级区间矩阵 $\psi_{\max}$ 划分成 $(m-1)$ 个性能降级区间，形成 m 个性能降级参考模型，其中正常系统的性能降级区间矩阵 $\psi_1 = \mathrm{diag}[1,\cdots,1]^\top$，第 $(k-1)$ 级故障程度下的性能降级区间矩阵 ψ_k 为：

$$\psi_k = \mathrm{diag}[\psi_{k3},\psi_{k4}]^\top = \psi_1 - (k-1)\frac{(\psi_1 - \psi_{\max})}{m-1}, \quad k = 1,\cdots,m \tag{9.17}$$

第 m 级故障程度下的性能降级区间矩阵 $\psi_m = \psi_{\max}$，这时 HA 系统性能降级达到 EHA 同等性能，也是 HA 和 EHA 之间切换的临界阈值。

定义正常情况下系统的期望性能参考模型为 M1：

$$\begin{cases} \dot{x}_1^r = A_1^r x_1^r + B_1^r r_1' \\ y_1^r = C_1^r x_1^r \end{cases} \tag{9.18}$$

M1 的特征根对角阵为 $\Lambda_1 = \mathrm{diag}[S_{31},S_{41}]$，则 M1 的特征根对角阵 Λ_1 满足 $\Lambda_1 = \Lambda_0$。根据性能降级区间矩阵 ψ_k 和正常系统的期望性能参考模型 M1 的特征根对角阵 Λ_1，推出第 $(k-1)$ 级故障程度下的性能降级参考模型的特征根对角阵 $\Lambda_k = \psi_k \Lambda_1, k = 1,\cdots,m$，因此可以构造一系列性能降级参考模型如下：

$$\begin{cases} \dot{x}_k^r = A_k^r x_k^r + B_k^r r_k' \\ y_k^r = C_k^r x_k^r \end{cases} \tag{9.19}$$

其中，$A_k^r = \psi_k A_1^r$，$B_k^r = \psi_k B_1^r$，$C_k^r = C_1^r$，$k = 1,\cdots,m$。

从表 9.4 可看出，从 HA 主动切换到 EHA 主动，存在一个最大性能降级区间。并且随着故障程度增大，其参考模型动态性能下降。可用来表征不同故障程度下系统的性能参考期望。

表 9.4 不同故障程度的性能降级参考模型

故障等级	性能降级区间矩阵	参考模型	补充
正常	$\psi_1 = \mathrm{diag}[1,1]$	$\begin{cases} \dot{x}_1^r = A_1^r x_1^r + b_1^r r_1' \\ y_1^r = c_1^r x_1^r \end{cases}$	$\Lambda_1 = \mathrm{diag}[S_{31},S_{41}]$
...	...	...	...
$(k-1)$ 级故障	$\psi_k = \psi_1 - (k-1)\dfrac{(\psi_1 - \psi_{\max})}{m-1}$	$\begin{cases} \dot{x}_k^r = A_k^r x_k^r + b_k^r r_k' \\ y_k^r = c_k^r x_k^r \end{cases}$	$A_k^r = \psi_k A_1^r$ $b_k^r = \psi_k b_1^r$ $c_k^r = c_1^r$
...	...	...	...
m 级故障 (切换)	$\psi_{\max} = \mathrm{diag}\left[\dfrac{\mathrm{Re}(S_{3m})}{\mathrm{Re}(S_{31})},\dfrac{\mathrm{Re}(S_{4m})}{\mathrm{Re}(S_{41})}\right]$	$\begin{cases} \dot{x}_m^r = A_m^r x_m^r + b_m^r r_m' \\ y_m^r = c_m^r x_m^r \end{cases}$	$\Lambda_m = \mathrm{diag}[S_{3m},S_{4m}]$

2. 智能模型匹配算法

假设诊断出系统故障模块 ΔA，定义故障后系统的状态矩阵 $A_0 + \Delta A$ 的特征根对角阵为 $\tilde{\Lambda}(t) = \mathrm{diag}[\tilde{\lambda}_3(t),\tilde{\lambda}_4(t)]$，根据健康状态下系统的特征根对角阵 Λ_0 和故障发生后系统的特征根对角阵 $\tilde{\Lambda}$，定义系统的健康状态指数向量 u 为：

$$u = [u_3,u_4]^\top = \left[\frac{\mathrm{Re}(\tilde{\lambda}_3(t))}{\mathrm{Re}(\lambda_3)},\cdots,\frac{\mathrm{Re}(\tilde{\lambda}_4(t))}{\mathrm{Re}(\lambda_4)}\right]^\top \tag{9.20}$$

令 $\|e_k(t)\| = \sqrt{(u_3-\psi_{k3})^2+(u_4-\psi_{k4})^2}$ ，$k=1,\cdots,m$ ，定义性能降级参考模型指标函数：

$$J_k(t) = c_1 \|e_k(t)\|^2 + c_2 \int_{t_0}^{t} e^{-\lambda(\tau-t_0)} \|e_k(t)\|^2 \, d\tau \tag{9.21}$$

其中， c_1 和 c_2 表示当前系统与第 $(k-1)$ 级参考模型的瞬态匹配权重值和记忆长度内的匹配误差的权值，并满足 $c_1>0$ ， $c_2>0$ ； λ 为遗忘因子，决定历史信息的记忆长度， $\lambda>0$ 。考虑性能降级的非相似余度作动系统主动容错控制如图 9.12 所示。

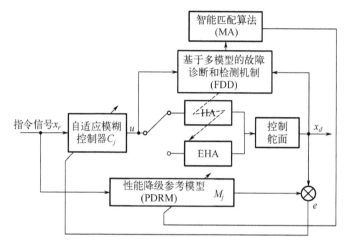

图 9.12 考虑性能降级的非相似余度作动系统主动容错控制整体结构图

9.4.4 仿真结果与分析

不同故障程度下系统模型及参考模型如表 9.5 所示。

表 9.5 不同故障程度下系统模型及参考模型

状态	$A_j/\Delta A_j$	$B_j/\Delta B_j$	PDRM	主控极点
正常状态 $j=0$	$A_0 = \begin{bmatrix} 0 & 1 & 0 & 0 \\ 0 & -31.41 & 2.07\times10^{-6} & 0 \\ 0 & -3.20\times10^{10} & -5.99\times10^2 & 5.88\times10^{13} \\ 0 & 0 & 0 & -1.0\times10^2 \end{bmatrix}$	$B_0 = \begin{bmatrix} 0 \\ 0 \\ 0 \\ 0.3 \end{bmatrix}$	$G_0^r(s) = \dfrac{1553.3}{s^2+78.66s+1553.3}$	$S_{3,4}=-39.33$ ±2.53
轻度故障 $j=1$	$\Delta A_1 = \begin{bmatrix} 0 & 0 & 0 & 0 \\ 0 & -28.169 & 0 & 0 \\ 0 & 2.56\times10^{10} & 435.37 & -4.702\times10^{13} \\ 0 & 0 & 0 & 50 \end{bmatrix}$	$\Delta B_1 = \begin{bmatrix} 0 \\ 0 \\ 0 \\ -0.2 \end{bmatrix}$	$G_1^r(s) = \dfrac{440.83}{s^2+44.61s+440.83}$	$S_3=-29.84$ $S_4=-14.773$
中度故障 $j=2$	$\Delta A_2 = \begin{bmatrix} 0 & 0 & 0 & 0 \\ 0 & -70.423 & 0 & 0 \\ 0 & 2.88\times10^{10} & 473.47 & -5.2898\times10^{13} \\ 0 & 0 & 0 & 83.333 \end{bmatrix}$	$\Delta B_2 = \begin{bmatrix} 0 \\ 0 \\ 0 \\ -0.27 \end{bmatrix}$	$G_2^r(s) = \dfrac{75.86}{s^2+15.66s+75.86}$	$S_{3,4}=-7.8319$ ±3.81
重度故障 $j=3$	$\Delta A_3 = \begin{bmatrix} 0 & 0 & 0 & 0 \\ 0 & -126.76 & 0 & 0 \\ 0 & 3.04\times10^{10} & 514.29 & -5.5837\times10^{13} \\ 0 & 0 & 0 & 90 \end{bmatrix}$	$\Delta B_3 = \begin{bmatrix} 0 \\ 0 \\ 0 \\ -0.29 \end{bmatrix}$	$G_3^r(s) = \dfrac{22.13}{s^2+9.64s+22.13}$	$S_3=-5.8746$ $S_4=-3.7672$

续表

状态	$A_j/\Delta A_j$				$B_j/\Delta B_j$	PDRM	主控极点
H_P/E_A^* 模式 $j=4$	$A_4 = \begin{bmatrix} 0 & 1 & 0 & 0 \\ 0 & -31.408 & 2.0704\times10^{-6} & 0 \\ 0 & -3.2\times10^{10} & -2.1769\times10^2 & 3.4646\times10^6 \\ 0 & 0 & -9.9472\times10^{-5} & -98.551 \end{bmatrix}$				$B_4 = \begin{bmatrix} 0 \\ 0 \\ 0 \\ 456.63 \end{bmatrix}$	$G_4^r(s) = \dfrac{537.16}{s^2+96.76s+537.16}$	$S_3 = -90.832$ $S_4 = -5.9138$

*H_P/E_A 是 EHA 主动/HA 被动的简化表达式。

给定一组正弦指令 $x_r = 0.03\sin(t)$ m，其动态响应曲线如图 9.13～图 9.16 所示。

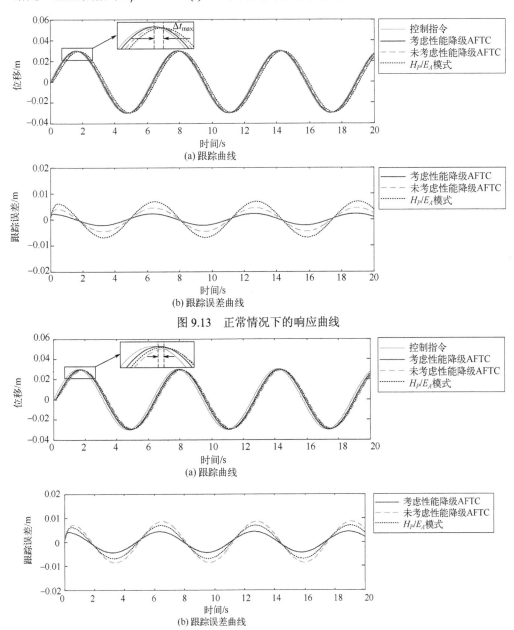

(a) 跟踪曲线

(b) 跟踪误差曲线

图 9.13　正常情况下的响应曲线

(a) 跟踪曲线

(b) 跟踪误差曲线

图 9.14　轻度故障情况下的响应曲线

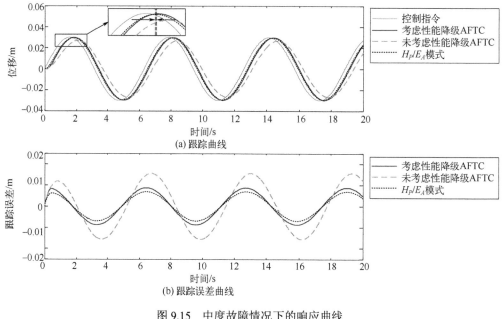

图 9.15　中度故障情况下的响应曲线

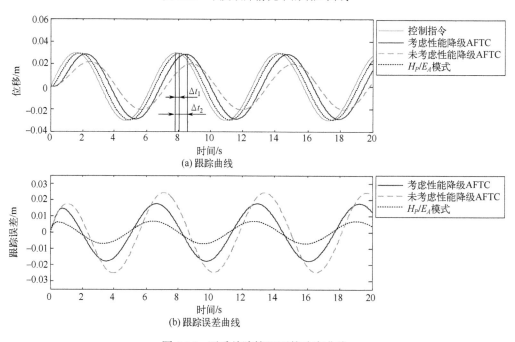

图 9.16　严重故障情况下的响应曲线

9.5　大型飞机水平安定面损伤情况下的自适应主动容错控制

9.5.1　基于气动导数的水平安定面断裂损伤建模

水平安定面断裂损伤如图 9.17 所示，假设水平安定面只有一侧结构损坏。

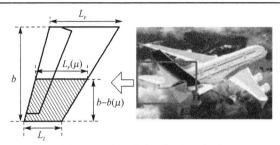

图 9.17 水平安定面损伤示意图

1. 具有断裂损伤的水平安定面损伤率

舵面损伤率：水平安定面的损伤率为剩余面积占总面积的比例，可表示为：

$$\mu = \frac{[L_t(\mu) + L_r] \times \dfrac{b(\mu)}{2}}{[L_t + L_r] \times \dfrac{b}{2}} = \frac{1 + \dfrac{L_t(\mu)}{L_r}}{1 + \dfrac{L_t}{L_r}} \times \frac{b(\mu)}{b} \tag{9.22}$$

其中，L_t 为水平安定面最短段的长度；L_r 为水平安定面最长段的长度；b 为水平安定面的翼展长度；$b(\mu)$ 是剩余水平安定面的翼展长度。假设水平安定面的原始面积为 S_t，则水平安定面结构损伤的剩余面积表示为 $S_t(\mu) = \mu S_t$。

2. 飞机水平安定面断裂损伤建模

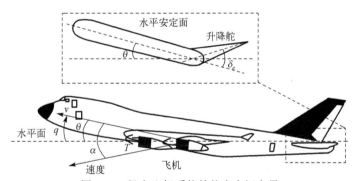

图 9.18 纵向飞机系统的状态空间变量

图 9.18 给出了纵向飞机系统的多个状态空间向量，其中，α 为飞机攻角；θ 为飞机俯仰角；q 为飞机俯仰角速度；T 表示发动机推力；v 表示飞机的速度；δ 表示升降舵的角度。构建定巡航速度的飞机模型为：

$$\begin{bmatrix} \dot{\theta} \\ \dot{q} \\ \dot{\alpha} \\ \dot{\delta} \end{bmatrix} = \begin{bmatrix} 0 & 1 & 0 & 0 \\ 0 & M_q + \dfrac{M_{\dot{\alpha}}(V + Z_q)}{V - Z_{\dot{\alpha}}} & M_\alpha + \dfrac{M_{\dot{\alpha}} Z_\alpha}{V - Z_{\dot{\alpha}}} & M_{\delta_e} + \dfrac{M_{\dot{\alpha}} X_{\delta_e}}{V - Z_{\dot{\alpha}}} \\ 0 & \dfrac{V + Z_q}{V - Z_{\dot{\alpha}}} & \dfrac{Z_\alpha}{V - Z_{\dot{\alpha}}} & \dfrac{Z_{\delta_e}}{V - Z_\alpha} \\ 0 & 0 & 0 & -\dfrac{1}{T_{\delta_i}} \end{bmatrix} \begin{bmatrix} \theta \\ q \\ \alpha \\ \delta \end{bmatrix} + \begin{bmatrix} 0 \\ 0 \\ 0 \\ \dfrac{1}{T_{\delta_i}} \end{bmatrix} \delta_r \tag{9.23}$$

其中，$\{X_v, X_\alpha, Z_q, Z_\alpha, M_{\dot\alpha}, Z_{\dot v}, Z_{\delta_e}, M_{\delta_e}, M_{\delta_r}, M_q, Z_{\dot\alpha}\}$ 是飞行器的气动参数。气动参数随损伤率的变化而变化。飞机故障模型可以简化为：

$$
\begin{bmatrix} \dot\theta \\ \dot q \\ \dot\alpha \\ \dot\delta \end{bmatrix} = \begin{bmatrix} 0 & 1 & 0 & 0 \\ 0 & a_4(\mu) & a_3(\mu) & b_2(\mu) \\ 0 & a_2(\mu) & a_1(\mu) & b_1(\mu) \\ 0 & 0 & 0 & -1/T_{\delta_t} \end{bmatrix} \begin{bmatrix} \theta \\ q \\ \alpha \\ \delta \end{bmatrix} + \begin{bmatrix} 0 \\ 0 \\ 0 \\ 1/T_{\delta_t} \end{bmatrix} \delta_r \tag{9.24}
$$

其中：

$$
a_1(\mu) = \frac{Z_\alpha}{V - Z_{\dot\alpha}}, \quad a_2(\mu) = \frac{V + Z_q}{V - Z_{\dot\alpha}}, \quad a_3(\mu) = M_\alpha + \frac{M_{\dot\alpha} Z_\alpha}{V - Z_{\dot\alpha}}, \quad a_4(\mu) = M_q + \frac{M_{\dot\alpha}(V + Z_q)}{V - Z_{\dot\alpha}}
$$

$$
b_1(\mu) = \frac{Z_{\delta_e}}{V - Z_{\dot\alpha}}, \quad b_2(\mu) = M_{\delta_e} + \frac{M_{\dot\alpha} X_{\delta_e}}{V - Z_{\dot\alpha}}, \quad X_v = -\frac{QS_w}{mv}(2C_D + C_{DV}), \quad X_\alpha = \frac{QS_w}{m}(C_L - C_{D\alpha})
$$

$$
M_\alpha = \frac{QS_w c_A}{I_{yy}} C_{m\alpha}, \quad M_{\dot\alpha} = \frac{QS_w c_A}{I_{yy}} \frac{c_A}{2V} C_{m\dot\alpha}, \quad M_q = \frac{QS_w c_A}{I_{yy}} \frac{c_A}{2V} C_{mq}, \quad M_{\delta_e} = \frac{QS_w c_A}{I_{yy}} C_{m\delta_e}
$$

$$
Z_\alpha = -\frac{QS_w}{m}(C_D + C_{L\alpha}), \quad Z_{\dot\alpha} = -\frac{QS_w c_A}{2mV} C_{L\dot\alpha}, \quad Z_v = -\frac{QS_w}{mV}(2C_L + C_{LV}), \quad Z_q = -\frac{QS_w c_A}{2mV}
$$

$$
C_{Lq}, Z_{\delta_e} = -\frac{QS_w}{m} C_{L\delta_e}
$$

$\{Q, S_w, m, c_A, I_{yy}\}$ 代表飞行器的物理参数；$Q = \rho V^2/2$ 为空气的动压，ρ 为飞行器高度处的空气密度；S_w 为机翼面积；m 为飞机的质量；c_A 为机翼的平均几何弦长；I_{yy} 为飞机 y 轴上的惯性积；C_* 为飞行器的气动导数。

如果水平安定面受损，与纵向稳定性和升降舵相关的气动导数将随之变化。由于飞机的升力主要由机翼提供，因此可忽略水平安定面损坏引起的升力变化。$\{C_{m\alpha}, C_{m\dot\alpha}, C_{mq}, C_{m\delta_e}\}$ 是与飞机纵向弯矩有关的气动导数；$C_{m\alpha}$ 为飞行器纵向静稳定性；$C_{m\dot\alpha}$ 为平尾下洗时差阻尼力矩导数，C_{mq} 为飞机的俯仰力矩系数。

$$
C_{mq} = -2\frac{S}{S_w}\left(\frac{l_t}{c_A}\right)^2 C_{L\alpha h}, \quad C_{m\dot\alpha} = -2\varepsilon_\alpha \frac{S_t}{S_w}\left(\frac{l_t}{c_A}\right)^2 C_{L\alpha h} \tag{9.25}
$$

其中，l_t 为水平安定面到机翼的距离；$\varepsilon_\alpha = \varepsilon/\alpha$，$\varepsilon$ 为水平尾流下冲角。利用它与安定面俯仰力矩系数之间的比例特性，可得到故障模式下的 $C_{m\dot\alpha}(\mu)$ 和 $C_{mq}(\mu)$：

$$
C_{m\dot\alpha}(\mu) = \frac{C_{m\dot\alpha}}{C_{m\alpha h}(0)} C_{m\alpha h}(\mu), \quad C_{mq}(\mu) = \frac{C_{mq}}{C_{m\alpha h}(0)} C_{m\alpha h}(\mu) \tag{9.26}
$$

俯仰操作力矩导数 $C_{m\delta_e}$ 随损伤率变化而变化。如果水平安定面稍有损坏，执行器仍可操作，但会降低升降舵的气动效率。此外，如果水平安定面有大面积的结构损伤，一侧执行器将无法驱动升降舵。假设 $C_{m\delta_e}$ 可以表示为：

$$
C_{m\delta_e}(\mu) = \begin{cases} 0.5 C_{m\delta_e} & (\mu > 0.3) \\ (1 - 0.5\mu) C_{m\delta_e} & (\mu \leq 0.3) \end{cases} \tag{9.27}
$$

3. 水平安定面损伤对气动参数的影响

完好水平安定面的升力曲线斜率可以表示为:

$$C_{L\alpha h} = \frac{2\pi A}{2 + \sqrt{4 + \frac{A^2 \beta^2}{\eta^2}\left(1 + \frac{\tan\left(\Lambda_{\max}\right)^2}{\beta^2}\right)}} F \tag{9.28}$$

其中, A 为翼型的展弦比; $\Lambda_{\max}$ 为机翼的后掠角; η 为机翼的空气动力效率; $\beta = \sqrt{1 - \mathrm{Ma}^2}$ 和 $F = 1.07(1 + d/b(\mu))^2$, Ma 为飞机的马赫数; d 为机身直径。

在图 9.17 中, 结构损伤时水平安定面的最短端长可以表示为:

$$L_t(\mu) = \sqrt{\frac{2(1-\mu)L_t + 2\mu L_r}{b}S_t - L_t L_r} \tag{9.29}$$

单边水平安定面的翼展长度表示为:

$$b(\mu) = b\left(1 - \frac{\left(L_t + L_r\right)\mu}{L_t + L_r(\mu)}\right) \tag{9.30}$$

翼型的展弦比可以重新计算为:

$$A(\mu) = \frac{b(\mu)^2}{S_t - \mu S_t} \tag{9.31}$$

将式(9.29)~式(9.31)代入式(9.28), 可得结构损伤对称的水平安定面升力曲线斜率为:

$$\tilde{C}_{L\alpha h}(\mu) = \frac{2.14\pi A\left(1 + \dfrac{d}{b(\mu)}\right)^2}{2 + \sqrt{4 + \dfrac{A^2 \beta^2}{\eta^2}\left(1 + \dfrac{\tan \Lambda_{\max}^2}{\beta^2}\right)}} \tag{9.32}$$

则水平安定面在非对称结构损伤下的升力曲线斜率为:

$$C_{L\alpha h}(\mu) = \frac{C_{L\alpha h} + \tilde{C}_{L\alpha h}(\mu)}{2} \tag{9.33}$$

根据水平安定面的升力曲线斜率, 可以得到水平安定面俯仰力矩系数为:

$$C_{m\alpha h}(\mu) = -\frac{S_t}{S_w}\overline{l}_t\left(1 - \varepsilon_\alpha\right)C_{L\alpha h}(\mu) \tag{9.34}$$

其中, $\overline{l}_t = l_t/c_A$ 是无量纲的相对水平尾力臂。

飞机的纵向静稳定导数是各气动面俯仰力矩导数之和。一般情况下, 各气动面提供的稳定性贡献是相互独立的, 当纵向静稳定性导数为负时, 飞机是稳定的。结构损伤水平安定面的纵向静稳定性导数可计算为:

$$C_{m\alpha}(\mu) = C_{m\alpha} - C_{m\alpha h}(0) + C_{m\alpha h}(\mu) \tag{9.35}$$

9.5.2　受损水平安定面自适应容错控制器设计

基于参考模型的直接自适应控制如图 9.19 所示，该自适应更新率可以根据飞行条件对控制器进行调整，从而保证飞机在故障情况下的稳定性。

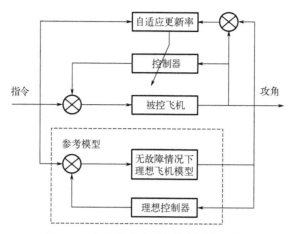

图 9.19　参考模型自适应控制系统结构

1. 自适应控制律设计

设状态变量分别为 θ,q,α,δ，利用反步法设计基准线性反馈控制器。其中 α 被认为是一个已知的量，θ,q,δ 为控制变量，通过适当的负反馈系数来保证系统的稳定性。由于

$$\dot{\theta}_e = K_1\theta_e, \quad \dot{q}_e = K_2 q_e, \quad \dot{\delta}_e = K_3\delta_e \tag{9.36}$$

其中，$\bullet_e$ 为控制过程中 $\bullet$ 的误差；K_1,K_2,K_3 是需要选择的三个反馈参数。对于 $\dot{\theta}_e = K_1\theta_e$，将误差项展开得到：

$$q_d - \dot{\theta}_d = K_1(\theta - \theta_d) \tag{9.37}$$

将 $\dot{q}_e = K_2 q_e$ 中的误差项展开，得到：

$$(\dot{q})_d - \dot{q}_d = K_2(q - q_d) \tag{9.38}$$

将状态方程 (9.24) 代入式 (9.38)，可得当前命令下升降舵的期望角度为：

$$\delta_d = \frac{K_2(q - q_d) + \dot{q}_d - a_4(\mu)q - a_3(\mu)\alpha}{b_2(\mu)} \tag{9.39}$$

升降舵反馈公式中的误差项为：

$$\dot{\delta} - \dot{\delta}_d = K_3(\delta - \delta_d) \tag{9.40}$$

将状态方程代入式 (9.40) 可得：

$$-\frac{1}{T_{\delta l}}\delta_d + \frac{1}{T_{\delta l}}\delta_r = K_3(\delta - \delta_d) + \dot{\delta}_d \tag{9.41}$$

其中，为 δ_r 升降舵在当前俯仰角下的指令：

$$\delta_r = T_{\delta l}(K_3(\delta - \delta_d) + \dot{\delta}_d) + \delta_d \tag{9.42}$$

式中，$T_{\delta l}$ 为升降舵执行器一阶模型的时间常数。将式 (9.37) 代入式 (9.39) 可得到所期望的升

降舵偏转角：

$$\delta_d = \frac{K_2(q - K_1(\theta - \theta_d) + \dot\theta_d) + K_1(\dot\theta - \dot\theta_d) + \ddot\theta_d - a_4(\mu)q - a_3(\mu)\alpha}{b_2(\mu)} \tag{9.43}$$

进而可得到升降舵控制命令的表达式即控制律：

$$\delta_r = \begin{bmatrix} \Theta_1 & \Theta_2 & \Theta_3 & \Theta_4 \end{bmatrix} \begin{bmatrix} \theta \\ q \\ \alpha \\ \delta_l \end{bmatrix} + \begin{bmatrix} \Theta_5 & \Theta_6 & \Theta_7 \end{bmatrix} \begin{bmatrix} \ddot\theta_d \\ \dot\theta_d \\ \theta_d \end{bmatrix} \tag{9.44}$$

其中：

$$\Theta_1 = \frac{1}{b_2(\mu)}(K_1 - K_1 K_2 - K_1 K_3 T_{\delta l} + K_1 K_2 K_3 T_{\delta l})$$

$$\Theta_2 = \frac{1}{b_2(\mu)}\begin{pmatrix} -a_4(\mu) + K_2 - a_2(\mu)a_3(\mu)T_{\delta l} + K_1 T_{\delta l} + a_4(\mu)(K_2 + K_3 - 1)T_{\delta l} \\ -K_1 K_2 T_{\delta l} - K_2 K_3 T_{\delta l} \end{pmatrix}$$

$$\Theta_3 = \frac{1}{b_2(\mu)}(-a_3(\mu) - a_1(\mu)a_3(\mu)T_{\delta l} + a_3(\mu)K_2 T_{\delta l} + a_3(\mu)K_3 T_{\delta l})$$

$$\Theta_4 = -\frac{b_1(\mu)a_3(\mu)T_{\delta l}}{b_2(\mu)} + (K_2 + K_3)T_{\delta l}$$

$$\Theta_5 = \frac{1}{b_2(\mu)}(T_{\delta l} + K_2 T_{\delta l})$$

$$\Theta_6 = \frac{1}{b_2(\mu)}(-K_1 T_{\delta l} + K_1 K_2 T_{\delta l})$$

$$\Theta_7 = \frac{1}{b_2(\mu)}(1 - K_1 + K_2 + K_1 K_2 - K_3 T_{\delta l} + K_1 K_3 T_{\delta l} - K_2 K_3 T_{\delta l} - K_1 K_2 K_3 T_{\delta l})$$

2. 基于梯度下降的自适应控制方法设计

若系统出现故障导致系统参数未知，尽管误差可测量，但控制器无法提供正确的控制指令。将 $\hat\bullet$ 定义为对 $\bullet$ 的估计，失效情况下角速度的控制律定义为：

$$\dot{\hat q}_e = K_2 \hat q_e = K_2(q - q_d) = (\dot q)_d - \dot q_d \tag{9.45}$$

其中，q_d 由俯仰角控制单元获得；q 可以直接测量；$\dot q_d$ 是 q_d 的导数；$(\dot q)_d$ 受故障影响且可根据状态方程展开 $a_4(\hat\mu)q_d + a_3(\hat\mu)\alpha + b_2(\hat\mu)\delta_d$，其中 $\hat\mu$ 是 μ 的估计，当 μ 估计得不准确时，控制器不满足式(9.45)。在飞行过程中，如果出现意外的误差变化，应通过调整 $\hat\mu$ 来调整角速度控制单元的输入从而调节系统的整体性能。根据前面的分析，建立以下优化目标函数：

$$\mathrm{AF}(\hat\mu) = \frac{1}{2}(a_4(\hat\mu)q + a_3(\hat\mu)\alpha + b_2(\hat\mu)\delta - \dot q_d)^2 \tag{9.46}$$

其中，$\hat\mu$ 代表系统在故障情况下的损伤率估计，其在初始状态下是不准确的。如果系统趋于稳定，当 $t \to \infty$ 时，所有状态的期望值和真值是相等的并且 $\dot q_d - \dot q \to 0$。当 $t \to \infty$，$\hat q - \dot q_d \to 0$ 同时 $\mathrm{AF}(\hat\mu) \to 0$。然后，设计自适应更新律。通过梯度下降法调整 $\hat\mu \to \mu$ 使得 $\mathrm{AF}(\hat\mu) \to 0$。

根据梯度下降公式，最终得到自适应律为：

$$\frac{\mathrm{d}\hat{\mu}}{\mathrm{d}t} = K_a \frac{\partial AF(\hat{\mu})}{\partial \hat{\mu}} \tag{9.47}$$

其中，K_a 是自适应参数。优化目标函数 $AF(\hat{\mu}) = 0$ 在一组状态变量下只有一个解。由于 $a_4(\hat{\mu}), a_3(\hat{\mu}), b_2(\hat{\mu})$ 是单调的，$a_4(\hat{\mu})q + a_3(\hat{\mu})\alpha + b_2(\hat{\mu})\delta - \dot{q}_d$ 关于 $\hat{\mu}$ 也是单调的。由于系统的一致性，不同组状态变量的解也是一致的。以上控制方法称为智能自适应容错控制（Intelligent adaptive fault tolerant control，IAFTC）。

9.5.3 仿真结果

以商用飞机 B747 在高空固定速度巡航为研究目标进行仿真：①比较结构损伤和未损伤情况下自适应控制和基线控制器的控制性能；②给出自适应控制在不同损伤率下的控制性能。表 9.6 和表 9.7 为相关参数。

表 9.6 飞机飞行环境参数及物理参数

参数	值	单位	参数	值	单位
高度	12192.15	m	安定面跨度	22.2	m
空气密度	0.303	kg/m³	重量	288523.43	kg
速度	265.48	m/s	I_{xx}	24.68×10⁶	kg×m²
机翼面积	511.00	m²	I_{yy}	44.88×10⁶	kg×m²
机翼跨度	59.71	m	I_{zz}	67.38×10⁶	kg×m²
安定面面积	61.61	m²	I_{xz}	1.32×10⁶	kg×m²

表 9.7 B747 在给定飞行工况下的气动导数 （单位：1/rad）

导数	值	导数	值	导数	值
C_{L0}	0.52	$C_{m\dot{\alpha}}$	−9.00	C_{Lq}	7.80
C_{D0}	0.045	C_{mq}	−25.50	$C_{D\alpha}$	0.20
C_{T0}	0.045	$C_{L\mu}$	−0.23	C_{DU}	0.00
$C_{m\mu}$	−0.09	$C_{L\alpha}$	5.50	$C_{L\delta e}$	0.30
$C_{m\alpha}$	−1.60	$C_{L\dot{\alpha}}$	8.00	$C_{D\delta e}$	0.00
$C_{m\delta e}$	−1.20				

1. 自适应容错控制性能验证

给定纵向控制系统类方波指令，在 90 秒设置水平安定面的损坏率为 0.7，图 9.20 给出了在基准控制器和 IAFTC 下跟踪控制性能及误差曲线。

2. 在不同的损坏率下验证自适应控制

假设结构损伤发生在 90s，损伤率从 0.1 ~ 1.0 变化。从图 9.21~图 9.23 给定的不同损伤率（轻微损伤（0.3）、中等损伤（0.5）、重度损伤（0.7））下的仿真结果可以看出，该系统能够实现任意损伤率下的容错控制，确保飞机在水平安定面损伤情况下的稳定性。

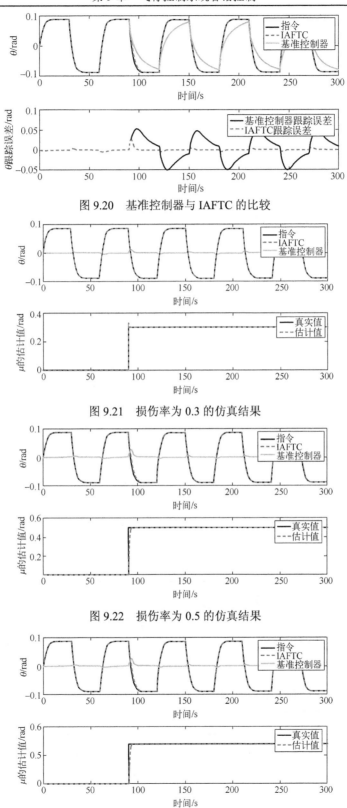

图 9.20 基准控制器与 IAFTC 的比较

图 9.21 损伤率为 0.3 的仿真结果

图 9.22 损伤率为 0.5 的仿真结果

图 9.23 损伤率为 0.7 的仿真结果

9.6　大型多电飞机垂尾损伤的主动容错控制方法

在垂尾损伤下，飞机姿态控制过程所需的偏航力矩无法得到保证，且结构受损易导致液压系统损伤而失去操纵能力。由垂尾受损引起的横侧向控制问题可分为两类：①垂尾部分受损，未引起液压系统整体失压；②垂尾严重受损，引起液压系统失压。两种情况对多电飞机横侧向控制的影响可由表 9.8 和表 9.9 表示。

表 9.8　第一类情况多电飞机的影响

飞机系统	HA 系统可用	
	EHA 系统备用	
	发动机差动推力备用	
质量变化	变化不大	
飞机操纵	外副翼和上方向舵失效	

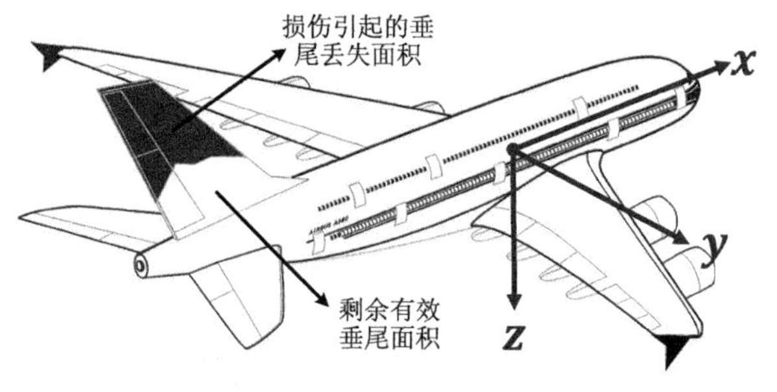

表 9.9　第二类情况多电飞机的影响

飞机系统	HA 系统失效	
	EHA 系统可用	
	发动机差动推力可用	
质量变化	垂尾重量的损失	
飞机操纵	外副翼和整个方向舵失效	
	主轴惯量改变	

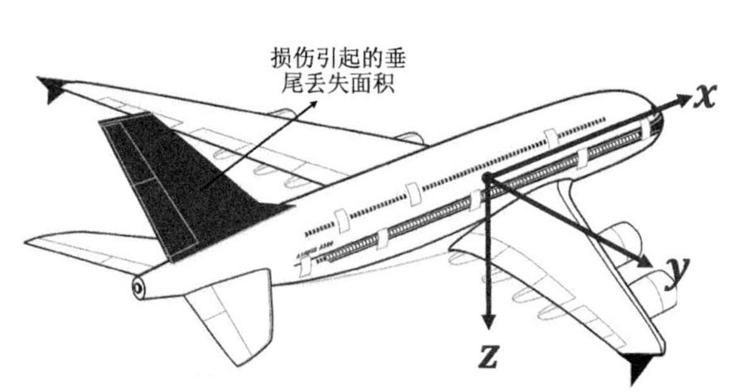

对飞机横侧向的 3 种开环模态进行分析，如表 9.10 所示。从表中可看出，$\mu > 0.6$ 时，飞机的荷兰滚模态的极点位于右半平面，荷兰滚模态变为不稳定状态，飞机的自身特性受到改变，飞机对控制器的要求会更为严格。根据垂尾受损程度 μ，设计基于垂尾受损程度的作动器/控制器切换机制，如图 9.24 所示。

表 9.10　不同垂尾受损程度下的横侧向开环模态

模式	$\mu=0$	$\mu=0.3$	$\mu=0.5$	$\mu=0.6$	$\mu=1$
滚转	-0.9629	-0.9802	-0.994	-1.002	-1.040
荷兰滚	$0.126\pm1.06\mathrm{i}$	$0.060\pm0.914\mathrm{i}$	$-0.015\pm0.804\mathrm{i}$	$0.007\pm0.743\mathrm{i}$	$0.092\pm0.430\mathrm{i}$
螺旋	-0.0172	-0.0190	-0.0191	-0.0186	6.321×10^{-18}

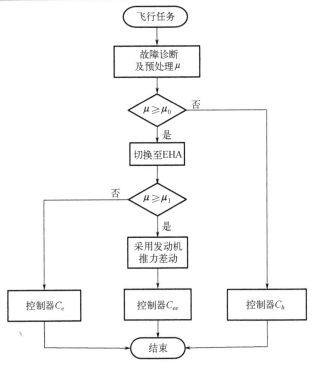

图 9.24　控制器与作动器切换机制

其中，μ_0 和 μ_1 分别代表切换至 EHA 和采用发动机差动推力控制的阈值。当 $\mu > \mu_1$ 时，垂尾严重受损，飞机失去方向舵提供偏航力矩，这时采用发动机推力差动控制提供所需的偏航力矩，利用 EHA 和发动机差动推力保证飞机的横侧向操纵性能。根据垂尾受损程度及飞行任务所需的力矩需要定义一个切换的性能因子用以描述何时切换至 EHA 及何时引入发动机差动推力控制：

$$\eta(\mu) = \frac{t_{s,90\%}(R, C_0, u_0, \mu) - t_{s,90\%}(R, C_{qh}, u_{qh}, \mu)}{t_{s,90\%}(R, C_{qh}, u_{qh}, \mu)} \times 100\% \tag{9.48}$$

其中，R 为飞机飞行任务；u_0 为切换前的控制输入；u_{qh} 为切换后的控制输入；C_0 为切换前的重构控制器；C_{qh} 为切换后的重构控制器；$t_{s,90\%}$ 为系统在给定的任务、输入和控制器下到达稳态值的 90% 所需要的过渡过程时间。

9.6.1　横侧向主动容错控制

以飞机协同转弯为例描述横侧向主动容错控制。协同转弯控制以滚转角和侧滑角为控制输出，由于二者存在耦合，通常由副翼和方向舵协同完成。当二者处于稳定时，飞机以确定的偏航角速度保持偏航：

$$\lim_{t \to \infty} e(t) = \lim_{t \to \infty} r_\phi(t) - \phi(t) = 0, \quad \lim_{t \to \infty} \beta(t) = 0 \tag{9.49}$$

其中，$r_\phi(t)$ 为控制指令，ϕ 为滚转角，$e(t)$ 为角度误差和 β 为侧滑角。系统基本控制器的设计原则有：①整个系统闭环稳定；②滚转角能够稳定跟踪指令 $r_\phi(t)$，指令跟踪误差 $e(t) = r_\phi(t) - \phi(t)$ 能够渐进趋于 0，并保持无侧滑角，$\beta(t)$ 趋于 0。以对滚转角和侧滑角作为直接控制目标，在正常情况下设计全状态反馈+积分形式的闭环反馈控制器如下所示。图 9.25

为横侧向基本控制律。

$$u = K_x x + K_\phi \int (r_\phi - \phi)\mathrm{d}t + K_\beta \int (0 - \beta)\mathrm{d}t \tag{9.50}$$

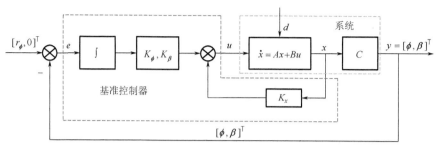

图 9.25　横侧向基本控制律

9.6.2　偏航力矩补偿——发动机差动推力

1. 发动机差动推力与方向舵输入映射关系

当垂尾严重损伤（$\mu > 0.8$）时，飞机执行任务所需的偏航力矩将严重缺失，导致飞机控制性能极差，甚至可能失去横侧向稳定性。为补偿方向舵的缺失带来的偏航问题，可通过发动机差动推力控制，建立方向舵输入通道与发动机差动推力输入的映射关系，通过两侧发动机的差动推力形成所需的偏航力矩，以满足此故障工况下飞机的飞行要求。以四发的大型多电飞机为例，考虑到发动机系统的复杂性，仅采用两翼外侧两个发动机进行推力差动控制（因其具有更长的力臂）。内侧两个发动机则保持推力一致，保持飞机飞行的要求。飞机的推力表达式如下：

$$\delta T = T_1 - T_4, \quad T_2 = T_3 \tag{9.51}$$

图 9.26 为发动机推力差动产生力矩 $N_{\delta T}$ 的示意图，建立垂尾掉落后垂尾偏转与发动机推力差动的映射关系（图 9.27）。令 $N_{\delta r} = N_{\delta T}$，则

$$\frac{\delta T}{\delta_r} = \frac{qSbC_{N_{\delta r}}}{l_e} \tag{9.52}$$

其中，l_e 为外侧发动机推力到机体轴 x 的垂直距离。

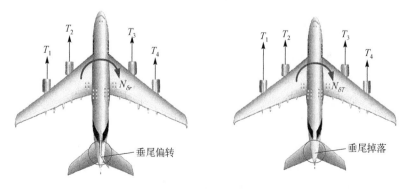

图 9.26　发动机推力差动的示意图

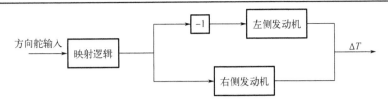

图 9.27　发动机差动推力与方向舵输入的映射关系

2. 发动机控制模型

发动机的响应特性由时间常数和时滞决定，时间常数表征了推力响应的速度，时滞反映了发动机的内在特性，如油液传输的滞后或机械部件的惯性等。为简化控制器设计，将其简化成一个典型的二阶时滞系统：

$$\ddot{T} + 2\xi\omega\dot{T} + \omega^2 T = \omega^2 T_c(t - t_d) \tag{9.53}$$

其中，ξ 为阻尼比；ω 为频带宽度；T_c 为推力指令；t_d 为发动机的时滞常数。系统的时间常数可以被定义为 $\tau = 1/\omega$，阻尼比设置为 $\xi = 1$ 表示严格阻尼系统。因此发动机控制的动态方程可以表示为：

$$\begin{bmatrix} \dot{T} \\ \ddot{T} \end{bmatrix} = \begin{bmatrix} 0 & 1 \\ -\dfrac{1}{\tau^2} & -\dfrac{2}{\tau} \end{bmatrix} \begin{bmatrix} T \\ \dot{T} \end{bmatrix} + \begin{bmatrix} 0 \\ \dfrac{1}{\tau^2} \end{bmatrix} T_c(t - t_d) \tag{9.54}$$

采用 P&W 公司 JT9D-7A 发动机相关参数，给定飞机飞行状态为马赫数为 0.8，高度为 30000 英尺，时间常数为 1.6 s，时滞为 0.6 s，配平的推力为 2789 lbf(1lbf=4.45N)。由此可得到飞机增加推力和减小推力的响应曲线，如图 9.28 所示。

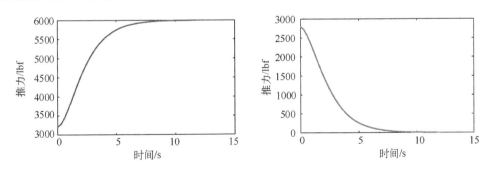

图 9.28　马赫数 0.8，30000 英尺下的发动机响应曲线

9.6.3　主动容错控制律设计

1. 模型参考自适应算法

基于模型参考自适应控制算法，以正常工况下的飞机横侧向闭环控制模型为参考模型，介绍大型多电飞机垂尾损伤的主动容错控制方法。选取的理想参考模型为基本控制律下的系统闭环模型：

$$\dot{x}_m = A_m x_m + B_m u_m$$
$$y_m = C_m x_m \tag{9.55}$$

其中，$A_m = \begin{bmatrix} A+BK_x & BK_c \\ -B_c C & A_c \end{bmatrix}_{6\times 6}$，$B_m = \begin{bmatrix} 0_{4\times 2} \\ I \end{bmatrix}_{6\times 2}$，$C_m = \begin{bmatrix} 0 & 0 & 0 & 1 & 0 & 0 \\ 1 & 0 & 0 & 0 & 0 & 0 \end{bmatrix}_{2\times 6}$。

令参考状态变量为增广状态变量 $x_m = [x \quad x_c]^\top_{6\times 1}$，$u_m = r = [r_\phi, r_\beta]^\top$ 为输入指令，输出为 $y = [\phi, \beta]^\top$。为得到和参考模型相同的数学结构，引入一个控制变量 $\dot{x}_c = r - y$ 将模型增广为 6 阶，则受损模型变成新形式如下：

$$\dot{x}_p = A_p x_p + B_p u_p + B_r r$$
$$y_p = C_p x_p \tag{9.56}$$

此时，$A_p = \begin{bmatrix} A & 0 \\ -C & 0 \end{bmatrix}_{6\times 6}$，$B_p = \begin{bmatrix} B_{1i} \\ 0 \end{bmatrix}_{6\times i}$，$B_r = \begin{bmatrix} 0_{4\times 2} \\ I \end{bmatrix}_{6\times 2}$，$C_m = \begin{bmatrix} 0 & 0 & 0 & 1 & 0 & 0 \\ 1 & 0 & 0 & 0 & 0 & 0 \end{bmatrix}_{2\times 6}$。

当某个舵面发生故障以后，系统控制矩阵 B_1 对应的列将置为 0。模型跟随方法实现对系统输入指令的跟踪，即使在零初始条件下，针对连续输入 u_m，广义状态的误差向量 $e(t) = 0$，$\dot{e}(t) = 0$。假设被控对象状态和参考模型状态误差 $e = x_m - x_p$，6 阶列向量。被控对象的输入 u_p 为：

$$u_p = -K_p x_p + K_m x_m + K_u u_m$$
$$= K_e x_e + K_u u_m \tag{9.57}$$

令反馈增益 $K_m \in R^{i\times 6}$ 满足以下条件：

$$A_m - A_p - B_p K_m = 0 \tag{9.58}$$

只要 $A_p - B_p K_e$ 具有稳定的负实部，那么故障模型的状态和参考模型的状态误差会趋近 0。同时满足以下条件：

$$K_m = B_p^+ (A_m - A_p) \tag{9.59}$$

其中，B_p^+ 为 B_p 的伪逆，即 $B_p^+ = (B_p^\top B_p)^{-1} B_p^\top$。

2. 自适应律设计

若被控对象的参数完全已知，则控制器的反馈增益 K_e、K_m 可以由系统矩阵 A 和 B 计算出来，线性模型跟随控制器可以实现线性模型的完美跟踪，但是实际系统中往往被控对象的参数存在不确定性且受到外界的干扰，实际系统的闭环动态特性可能会与参考模型的动态特性出现较大的偏差。因此，增加自适应机构和线性补偿器可以解决参数不确定性等问题，如图 9.29 所示，其中 D 为线性补偿器。

在理想无误差情况下，存在着标称值 $\overline{K_e}, \overline{K_m}$，使得：

$$A_m - A_p - B_p \overline{K_m} = 0,\ (A_p - B_p K_e) = \overline{A_p} \tag{9.60}$$

当系统矩阵 A_p、B_p 和系统实际真实值不等时，$K_e \neq \overline{K_e}$，$K_m \neq \overline{K_m}$，需要在线调整 K_e, K_m 使其最终满足 $\dot{e} = (A_p - B_p K_e)e$。

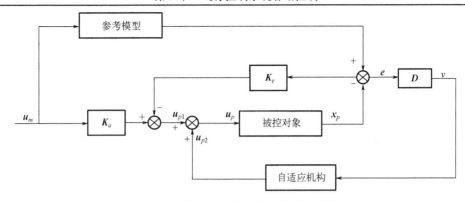

图 9.29　模型参考自适应控制结构框图

将式(9.57)转化为:

$$
\begin{aligned}
\dot{e} = \dot{x}_m - \dot{x}_p &= (A_p - B_p K_e)e + (A_m - A_P - B_p K_m)x_m \\
&= \overline{A_p}e + B_p(\overline{K_e} - K_e)e + B_p(\overline{K_m} - K_m)x_m \\
&= \overline{A_p}e + B_p\Phi e + B_p\Psi x_m
\end{aligned} \tag{9.61}
$$

其中，$\Phi = \overline{K_e} - K_e$; $\Psi = \overline{K_m} - K_m$。以广义误差向量 e , 可调参数误差 Φ 、 Ψ 组成了增广状态空间($e \in R^{6\times6}, \Phi \in R^{i\times6}, \Psi \in R^{i\times6}$)。在增广状态空间中定义了一个李雅普诺夫函数:

$$
V = \frac{1}{2}[e^\top Pe + \mathrm{tr}(\Phi^\top \Gamma_1^{-1}\Phi + \Psi^\top \Gamma_2^{-1}\Psi + \zeta^\top \Gamma_3^{-1}\zeta)] \tag{9.62}
$$

其中，$P \in R^{6\times6}, \Gamma_1 \in R^{i\times i}, \Gamma_2 \in R^{i\times i}, \Gamma_3 \in R^{i\times i}$ 都是正定的对称矩阵。

$$
e^\top PB_p\Phi e = \mathrm{tr}(ee^\top PB_p\Phi), \quad e^\top PB_p\Psi x_m = \mathrm{tr}(x_m e^\top PB_p\Psi) \tag{9.63}
$$

对式(9.61)求导，将式(9.60)代入式(9.62)，可得:

$$
\dot{V} = \frac{1}{2}[e^\top(\overline{A_p}P + P\overline{A_p}^\top)e + \mathrm{tr}(\dot{\Phi}^\top \Gamma_1^{-1}\Phi + ee^\top PB_p\Phi) + \mathrm{tr}(\dot{\Psi}^\top \Gamma_2^{-1}\Psi + x_m e^\top PB_p\Psi) \tag{9.64}
$$

由于 $\overline{A_p}$ 是稳定性矩阵，因此可以选定对称正定矩阵 Q 使得下列等式成立:

$$
P\overline{A_P} + \overline{A_P}^\top P = -Q \tag{9.65}
$$

此时若能使得式(9.63)右边后两项都为 0, 则可以得到 $\dot{V} = -Q$ 为负定。因此可令:

$$
\dot{\Phi}^\top \Gamma_1^{-1}\Phi + ee^\top PB_p\Phi = 0, \quad \dot{\Psi}^\top \Gamma_2^{-1}\Psi + x_m e^\top PB_p\Psi = 0 \tag{9.66}
$$

通过解式(9.65)两个方程可以得到参数误差变化率:

$$
\dot{\Phi} = [-ee^\top PB_p\Gamma_1]^\top, \quad \dot{\Psi} = [-x_m e^\top PB_p\Gamma_2]^\top \tag{9.67}
$$

因此可以得到闭环反馈增益的自适应调节规律:

$$
\dot{K}_e = \dot{\overline{K_e}} - \dot{\Phi} = -\dot{\Phi} = [ee^\top PB_p\Gamma_1]^\top, \quad \dot{K}_m = \dot{\overline{K_m}} - \dot{\Psi} = -\dot{\Psi} = [x_m e^\top PB_p\Gamma_2]^\top \tag{9.68}
$$

在容错控制系统中，考虑到加入线性补偿器 D 后的输入输出关系 $v(t) = De(t)$, 因此自适应控制规律的闭环控制增益矩阵的形式为:

$$\boldsymbol{K}_e(t) = \int_0^t [\boldsymbol{v}\boldsymbol{v}^\top \boldsymbol{P}\boldsymbol{B}_p\boldsymbol{\varGamma}_1]^\top \mathrm{d}\tau + \boldsymbol{K}_e(0), \quad \boldsymbol{K}_m(t) = \int_0^t [\boldsymbol{x}_m\boldsymbol{v}^\top \boldsymbol{P}\boldsymbol{B}_p\boldsymbol{\varGamma}_2]^\top \mathrm{d}\tau + \boldsymbol{K}_m(0) \quad (9.69)$$

其中，$\boldsymbol{K}_e(0), \boldsymbol{K}_m(0)$ 为初始的反馈增益。经过自适应调整的闭环控制输入形式为：

$$\boldsymbol{u}_p(t) = \boldsymbol{K}_e(t)\boldsymbol{v}(t) + \boldsymbol{K}_m(t)\boldsymbol{x}_m(t) \quad (9.70)$$

大型多电飞机垂尾受损的横侧向容错控制策略如图 9.30 所示。由大量仿真分析与实际作动系统配置情况可知，控制器与作动器切换机制的阈值 μ_0 和 μ_1 的值分别为 0.6 和 0.8。

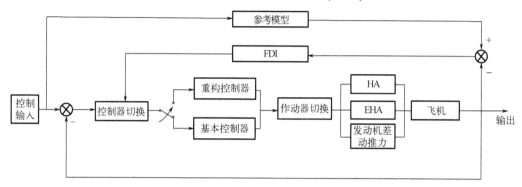

图 9.30　容错控制器策略示意图

9.6.4　仿真分析

1. 液压失压条件下的容错控制仿真

相比于传统的液压驱动舵面，多电飞机采用的非相似冗余作动系统提供了更多的余度资源，以飞机协同转弯响应为仿真条件，图 9.31～图 9.33 显示了在液压失压条件下利用 EHA 驱动和利用发动机差动控制的飞机性能响应对比结果。

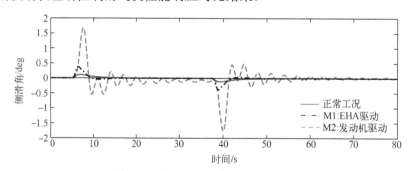

图 9.31　液压失压条件下的侧滑角响应

由图 9.31～图 9.33 可以看出，系统在 5s 处给出指令为滚转角 15° 的阶跃信号并让侧滑角保持 0°，通过比较两种控制策略的仿真结果，将驱动系统切换到 EHA 系统，系统性能非常接近正常情况，由于 EHA 的带宽和刚性等问题带来的性能降级，系统侧滑角响应的超调稍大，滚转角的上升时间也稍长。而传统飞机仅由发动机推力差控制的系统响应，表现出较大的侧滑角振动，且响应有一定的时滞。虽然仍可以大致达到飞行要求，但是在实际情况下需要更多的 FDI 信息以及飞行员丰富的飞行经验。

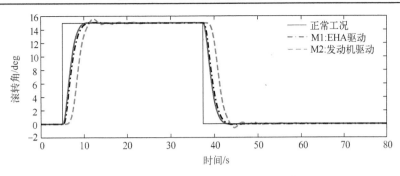

图 9.32　液压失压条件下的滚转角响应

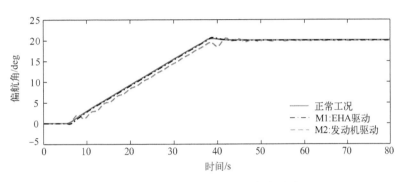

图 9.33　液压失压条件下的偏航角响应

2. 不同受损程度下的重构控制器横侧向容错控制仿真

以飞机协同转弯响应为仿真条件,验证当垂尾受损后,根据垂尾受损程度的不同如何确定何时进行控制器重构和作动配置的切换。在对液压系统影响分析的基础上,假定当 $\mu > 0.6$ 时,液压系统受到损伤,此时将作动系统由 HA 驱动切换至 EHA 驱动;此处对何时引入发动机差动推力控制进行仿真分析。

1) 垂尾受损程度 $\mu = 0.65$ 的横侧向响应

图 9.34 给出了飞机在垂尾受损程度 $\mu = 0.65$ 的情况下由 HA 切换到 EHA,能够跟踪系统指令,满足飞行控制要求。整个系统在重构控制器下的响应接近于正常情况下的响应,此时引入发动机差动推力对系统的性能提升不会有大的帮助。

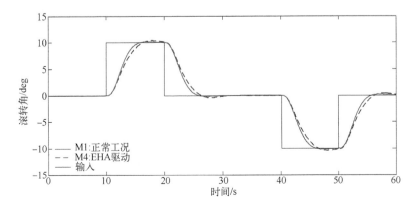

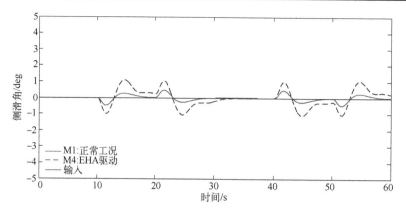

图 9.34　重构控制器下垂尾受损 $\mu = 0.65$ 的横侧向响应

2) 垂尾损伤程度 $\mu = 0.8$ 的横侧向响应

图 9.35 给出了垂尾损伤程度增大到 $\mu = 0.8$ 时，发动机差动推力控制的引入对系统性能的影响。从图中可看出，系统在重构控制器下引入发动机差动控制能够对侧滑角的跟踪性能有所提升。由于发动机差动推力提供了额外的偏航力矩，使得系统在协同转弯的过程中有更小的侧滑，因此，设置引入发动机差动推力的阈值为 $\mu = 0.8$。

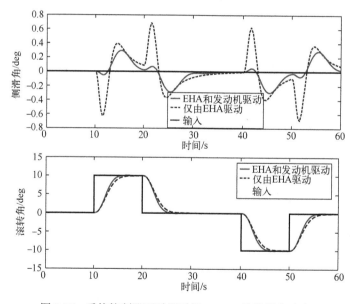

图 9.35　重构控制器下垂尾受损 $\mu = 0.8$ 的横侧向响应

3) 垂尾受损程度 $\mu = 1$ 的横侧向响应

当垂尾受损程度继续恶化 $\mu > 0.8$ 时，侧力导数急剧下降，垂尾能够产生的偏航力矩急剧减小，因此利用发动机推力差动来补偿偏航力矩的损失。由图 9.36～图 9.38 可以看出，采用发动机推力差动提供偏航力矩以及 EHA 来驱动剩余操纵面，侧滑角收敛较快，振幅只有 $\pm 0.8°$，同时滚转角响应过渡过程时间仅比正常工况大了 0.8s 且超调很小；当系统未采用发动机差动推力，仅靠飞机的 EHA 来完成协同转弯，受损飞机的侧滑角和滚转角振荡非常剧烈，很难实现指令的跟随。对比受损后只用 EHA 系统驱动副翼实现转弯和 EHA 和发动机推力差动的结合实现转弯的性能，前者的侧滑角不能跟踪系统的指令且一直伴随振幅 1.5° 的振动，滚转角相比后者性能表现恶劣且跟踪误差接近 2°。

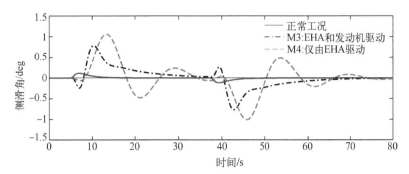

图 9.36　重构控制器下垂尾受损 $\mu = 1$ 的侧滑角响应

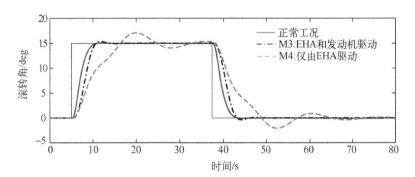

图 9.37　重构控制器下垂尾受损 $\mu = 1$ 的滚转角响应

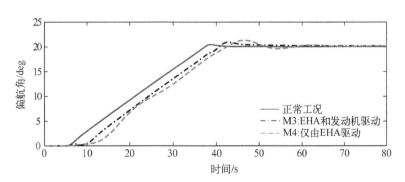

图 9.38　重构控制器下垂尾受损 $\mu = 1$ 的偏航角响应

线 上 习 题

[9.1]　调研一种现役大型客机的容错资源，包括飞控计算机、液压源/电源、作动器、舵面、传感器等。

[9.2]　飞机右侧副翼故障的情况下，可以采用哪些容错资源实现飞机滚转控制？

[9.3]　水平安定面的主要功能是什么？是否可以用于飞机的俯仰控制？为什么？

线 下 习 题

9.1　请根据 A380 飞机的容错资源，设计容错控制的逻辑关系和容错控制率设计方法。

9.2　A380 客机的滚转角速率传感器出现故障，请给出几种容错控制方法。

9.3　飞机的三个主操纵面设计容错资源和容错控制律的优先级是什么？为什么？

参 考 文 献

张平. 2001. 自修复飞行控制系统的故障检测与控制重构[D]. 北京: 北京航空航天大学.

Boškovic J, Mehra R. 2000. Intelligent adaptive control of a tailless advanced fighter aircraft under wing damage[J]. Journal of Guidance, Control, and Dynamics, 23: 876-884.

Bossche D. 2006. The A380 flight control electrohydrostatic actuators, achievements and lessons learnt[C]// Proc. 25th International Congress of the Aeronautical Sciences: 1-8.

Goupil P. 2010. Oscillatory failure case detection in the A380 electrical flight control system by analytical redundancy[J]. Control Engineering Practice, （18）: 1110-1119.

Jiang J. 1994. Design of reconfigurable control systems using eigenstructure assignments[J]. International Journal of Control, 59: 395-410.

Miao Y N, Wang X, Miao Y Q, et. al. 2020. Dynamics andadaptive fault-tolerant flight control under structure damage of horizontalstabilizer[J]. Aerospace Science and Technology, 106: 106135.

Shi C, Wang X, Wang S, et al. 2015. Adaptive decoupling synchronous control of dissimilar redundant actuation system for large civil aircraft[J]. Aerospace Science and Technology, 47: 114-124.

Wang J, Wang S, Wang X, et al. 2016. Active fault tolerant control for vertical tail damaged aircraft with dissimilar redundant actuation system[J]. Chinese Journal of Aeronautics, 29: 1313-1325.

Wang X, Wang S, Yang Z, et al. 2015. Active fault-tolerant control strategy of large civil aircraft under elevator failures[J]. Chinese Journal of Aeronautics, 28: 1658-1666.

Zhang Y, Jiang J. 2001. Integrated active fault-tolerant control using IMM approach[J]. IEEE Transactions on Aerospace and Electronic Systems, 37:1221-1235.

Zhang Y, Jiang J. 2002. Active fault-tolerant control system against partial actuator failures[C]// IEE Proceedings of Control Theory and Applications, 149: 95-104.

Zhang Y, Jiang J. 2003. Fault tolerant control system design with explicit consideration of performance degradation[J]. IEEE Transactions on Aerospace and Electronic Systems, 39: 838-848.

Zhang Y, Jiang J. 2008. Bibliographical review on reconfigurable fault-tolerant control systems[J]. Annual Reviews in Control, 32: 229-252.

 拓展阅读

波音 B747

B747 是美国波音公司在美国空军(USAF)主导下推出的大型商用宽体客/货运输机(Wide-body commercial airliner and cargo transport aircraft),也是世界上第一款宽体民用飞机,B747-400 更是有"空中女皇"之称。B747 全长 76.4 米,高 19.4 米,翼展 68.5 米,标准载客量达 524 人,1968

年首飞时是世界上最大的民用飞机,这个纪录直到 2007 年才被空客 A380 打破。

B747 是一种四发双层宽体双通道飞机,采用普通半硬壳式结构、悬臂式下单翼。该机采用两层客舱的布局方式,驾驶室在较短的上层客舱前方,下层主客舱地板下是货舱。该机有四套液压系统、多重结构备用装置,拥有 18 个机轮,即使在机轮爆胎时也能确保飞机顺利滑行。

自从 B747 问世以来,一直垄断着民用大型运输机的市场,但后来,由于双发飞机的发展,四发飞机的舒适性和节油性较差的问题开始凸显出来,波音也决定停止 B747 的发展。但到了 2007 年,空客 A380 问世,使波音为了维持 B747 的市场不得不翻出了早期的 B747 增大设计图,研发出了 B747-8。

空客 A380

空中客车 A380(Airbus A380)是欧洲空中客车公司制造的全球最大的宽体客机。空中客车公司于 1988 年开始相关的研究工作,并于 1990 年宣布该项目已向波音 747 在远程航空客运市场的主导地位发起挑战。空中客车公司于 1994 年提出了 A3XX 项目;于 2000 年 12 月 19 日投入 107 亿美元来启动 A380 计划。

空中客车 A380 的第一架原型机于 2005 年 1 月 18 日在法国图卢兹首次公开,并于 2005 年 4 月 27 日完成首飞。该机型在 2006 年 12 月获得 EASA 和 FAA 的型号许可证。空客 A380 是四引擎、525 座超大型双层客机,发动机为 Engine Alliance GP7200 或 Rolls-Royce Trent 900 涡扇发动机,航程 14800 千米。截至 2019 年 2 月,空中客车接到 290 个订单,并交付了 235 架飞机。阿联酋航空公司是最大的空客 A380 顾客,共有 123 个订单,已交付 109 架。

2019 年 2 月，空客宣布将在 2021 年停止 A380 的生产。此前，空客的主要客户阿联酋航空公司同意放弃 39 架 A380 的订单，代之以 40 架 A330-900 和 30 架 A350 -900。空客在关闭生产线之前将再制造 17 架 A380 客机，14 架交付给阿联酋航空公司，3 架交付给日本航空公司，然后该机型的交付总数达到 251 架。空客需要从每架飞机的价格中拿出 9000 多万美元来支付该计划估计约 250 亿美元的开发成本。然而每架飞机 4.45 亿美元的价格不足以支付生产成本。因此，空客的每架 A380 都在亏损，并且订单在不断减少，所以从经济上来讲应该停止生产。

第 10 章　容错控制系统可靠性分析实例

10.1　容错控制系统实例概述

为了说明容错控制系统的可靠性相关技术，本章采用空客 A350 飞控系统作为实例进行分析，如图 10.1 所示。

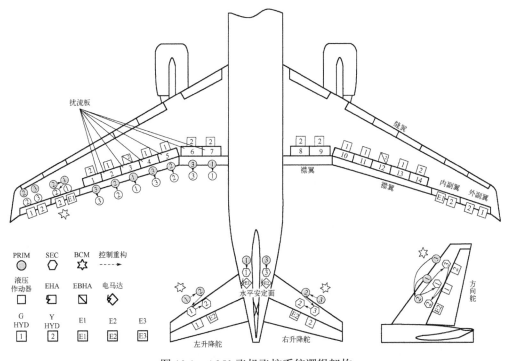

图 10.1　A350 飞机飞控系统逻辑架构

为了保证飞机的安全性和可靠性，A350 飞机飞控系统设计了充分冗余且对称的控制舵面（2 对副翼、7 对扰流板、1 块方向舵、1 对升降舵、1 块水平安定面、7 对后缘襟翼）、飞控计算机、作动器、驾驶舱操纵设备及相关控制功能。其中，利用副翼和扰流板实现滚转，利用方向舵实现偏航，利用升降舵实现飞机俯仰。

10.1.1　A350 飞机余度架构

空客公司电传飞控的设计理念是提供充足的容错资源，在非集成、舵面层和作动器层都可以实现故障容错。A350 飞机的电传操纵系统设计不仅具有余度设计、容错故障管理和隔离切换，还具备功能重构和飞推一体重构。A350 飞控系统的余度设计如图 10.2 所示，主要包括传感器、计算机、作动器、能源和总线的余度设计和隔离要求。由图 10.2 可知，A350 有 2 套液压能源和 3 套电源。

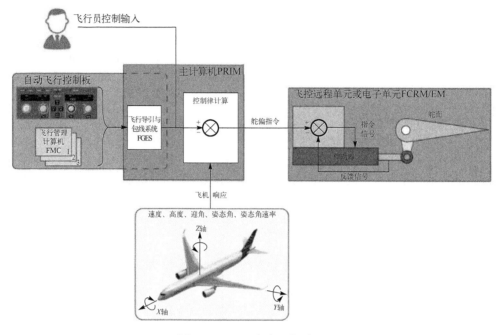

图 10.2　A350 余度飞控系统

飞控计算机计算舵面控制指令，并发送给舵面执行器，执行器输出位移反馈到飞控计算机实现作动器的位置反馈。A350 飞控计算机包括 3 台主计算机 PRIM(Primary)、3 台次计算机 SEC(Secondary)、1 台重机备份计算机 BCM(Backup Control Module)。PRIM 和 SEC 接收侧杆/脚蹬、自动飞行控制系统单元和飞管计算机指令，按照 3 套 ADIRU(Air Data/Inertial Reference Unit)发来的大气数据/姿态/位置信息和 6 套速率陀螺和加速度单元(Rate Gyro and Accelerometer Unit，RGAU)发来的惯性参考数据进行控制律计算，并将控制指令传递给作动器。

A350 作动器部件包括副翼、扰流板、水平安定面、升降舵、方向舵的作动器。A350 采用多种不同的作动器，包括：

- 传统的液压伺服作动器(Hydraulic Actuator，HA)：由黄和绿色液压源供能。
- 电静液作动器(Electro-hydrostatic Actuator，EHA)：由粉和红电源供能。
- 电静液备份作动器(Electro-backup-hydrostatic Actuator，EBHA)。
- 电马达作动器(平尾作动器)。

每个作动器均可接收 PRIM 和 SEC 的控制指令，并优先执行 PRIM 指令；当作动器对应的 PRIM 失效后，按系统定义的重构逻辑，作动器选择相应的 SEC 指令。这里，HA 通过飞控远程模块 FCRM(EHA 和 EBHA 则通过电子模块)接收飞控计算机指令，并将数字信号转换为模拟信号和离散信号。

A350 飞控系统采用的是 A429 总线和 MIL1553 总线，A429 总线主要用于 PRIM 和 SEC 之间的通信，以及飞控计算机与 ADIRU 之间的通信。MIL1553 总线是一种多路传输数据总线，主要用于飞控计算机与作动器和 RGAU 之间的通信。

10.1.2　A350 飞控系统逻辑架构

飞控系统的逻辑架构包括：

1) 主控计算机有限逻辑

一般情况下，只有 PRIM1 作为主控计算机(Master)，主控计算机可以感知飞行员指令，接收飞机传感器反馈，计算控制律指令，并将舵面偏转指令发送给有连接关系的作动器和其他计算机。当 PRIM1 收不到控制律计算所必需的外部数据，PRIM2 成为主控计算机 Master，以此类推(优先顺序为 PRIM1 > PRIM2 > PRIM3)。

2) PRIM 与 SEC 的关系

每一个 PRIM 和其对应的 SEC 成对工作，任一作动器只接收一个 "计算机对" 的控制指令。当系统正常工作时，作动器执行 PRIM Master 计算的控制律指令(非 Master 的 PRIM，仅传递 PRIM Master 指令给对应作动器)。当 PRIM Master 失效后，其对应的 SEC 开始激活，接收其他 PRIM Master 指令，并控制作动器运动。当 3 台 PRIM 均失效后，SEC 独立计算直接控制律指令，并控制相应作动器。当所有 PRIM 和 SEC 均失效后，系统进入备份模式。

3) 副翼使用逻辑

A350 配置了 2 对副翼(均布置在机翼外侧)。当飞机高速时(约 >240 节)，外侧副翼锁定在中立位，只使用内侧副翼；当低速时，两对副翼均可使用。在起飞和着陆阶段，当襟翼伸出时，副翼对称下偏 10 度(副翼下垂)，以提供额外升力。内侧副翼配置了两种类型作动器：液压伺服作动器和 EHA，两种作动器采用"主备"工作模式。液压作动器为主，EHA 为备。当主作动器失效后，备作动器进入主动状态。

外侧副翼配置了两个液压伺服作动器，采用"主主"工作模式。当一个作动器失效后，进入软阻尼模式，另一作动器继续工作。当两个作动器都失效后，它们均进入硬阻尼模式，为失效的舵面提供强阻尼。

4) 升降舵使用逻辑

A350 在尾翼处配置了 2 块升降舵，用于实现短时俯仰控制(平尾实现长时俯仰配平)。升降舵外侧作动器采用 HA，内侧采用 EHA。正常情况下，同一舵面上两个作动器采用"主备"控制，HA 为"主"，EHA 为"备"(阻尼模式)。当舵面需要执行较大的偏转指令时，主备作动器也可以同时工作。

5) 平尾使用逻辑

平尾有 2 个控制通道，分别配置有电子马达控制单元 EMCU，接收指令并控制相应的电机运动。两个控制通道采用"主备"的形式，任一时刻只允许 1 个通道处于激活状态，避免双配平产生机械破坏。每经过 2 个飞行架次，主备通道之间进行轮换。当某个通道失效后，另一通道作为主动通道。

主计算机 PRIM 中，有三种不同层级的控制律：正常控制律、辅助控制律、直接控制律。计算机输出什么层级控制律的指令，取决于飞机姿态和大气数据传感器的可用情况。控制律提供了包线保护功能，确保飞机姿态被限制在安全范围之内。正常控制律有完整的保护功能(包括过载保护、失速保护、高速保护、滚转角保护、方向舵行程限制等)，辅助控制律的保护功能减弱，而直接控制律无保护功能。直接控制律提供了杆到舵(或脚蹬到舵)的直接控制，杆位移与舵偏呈比例关系。当飞机在地面时，只有直接控制律是可用的。

6）飞控系统的终极备份

A350 的终极备份系统采用的是备用供电系统（Backup Power Supply，BPS）独立供电。当全机电源系统完全失效，或所有飞控计算机（PRIM 和 SEC）丧失的情况下，BCM 可以提供基本的控制功能。BPS 核心部件是一台发电机，当它收不到 PRIM2 和 SEC2 信号，且第二套（黄色）液压系统有压力时，BPS 自动启动，将第二套液压系统能源转化为电能。当 BCM 收不到 PRIM1、PRIM3、SEC1 和 SEC3 的信号，且 BPS 开始供电时，终极备份系统开始工作，系统进入备份模式。BCM 内部有 2 个陀螺仪，可产生俯仰和偏航角速率信号，提供俯仰和偏航阻尼功能，使极端情况下可以就近降落。

当 BCM 工作时，它能够执行侧杆和脚蹬的输入指令，经过直接控制律计算后，控制部分液压伺服作动器运动，对应的控制舵面有：左/右升降舵（外侧作动器）、方向舵（上作动器）、左/右内副翼（外侧作动器）。需要注意的是，BCM 只控制液压伺服作动器，不控制功率电传作动器（EHA、EBHA 等）。

10.2 基于分层递归的飞控系统三轴可靠性分析

10.2.1 A350 飞机飞行控制系统特征

飞机操纵系统的安全性设计是依据美国汽车工程师学会（Society of Automotive Engineers，SAE）出版的《民用飞机与系统研制指南》（Guidelines for Development of Civil Aircraft and Systems）。满足该指南内容是取得美国和欧洲的适航当局认可的必要条件。ARP4754 是以需求为导向的设计准则，飞机操纵系统中首要考虑的因素是安全因素，飞机安全设计的目标是要求任何影响安全飞行和安全着陆的故障率不得超过 $1.0 \times 10^{-9}/\text{h}$。

为了满足飞机设计的安全性和可靠性要求，A350 多电飞行控制系统采用了非相似余度能源（两套液压源两套电源，简称 2H/2E），其控制和作动系统具有多源网络拓扑、多任务管理以及多状态这三个特点，下面分别进行描述。

1. 非相似余度能源

能源回路的作用是为作动执行系统提供能量，为了保障作动系统的可靠运行，A350 飞机采用 2H/2E 能源+HA/EHA 或 EBHA 的作动系统构型，能源回路除了液压回路外还有电回路。A350 的动力系统为 2 套液压能源（黄系统 Y 和绿系统 G）及 2 套主电源（E1 和 E2），如图 10.2 所示。2 套电源是由发动机带动变频发电机发电，进入交流电网络（AC 网络），组成的双体系能源系统，如图 10.3 所示。

每套液压能源系统包括 2 台发动机驱动泵（EDP），一个 EDP 给绿系统（GREEN）系统供压，另一个 EDP 给黄系统（YELLOW）供压，即使一台发动机失效，另一台发动机仍然能够给两套液压系统供压。每一套系统有一个带电控的交流电动泵（EMP），仅仅在双发关闭时为液压系统供压。A350 液压系统对油箱油量、系统压力、泵压力、壳体回油温度、防火切断阀等工作状态进行监控，当液压系统出现压力异常、油箱油量低油位、EDP 工作状态故障等，会在液压系统维护页上显示。

A350 飞机电源系统包括 4 台发动机驱动的变频启动发电机（VFG）、1 台辅助动力装置（APU）交流发电机（ASG）、1 台冲压空气涡轮驱动的空气涡轮发电机（RAT-G）、1 台静变流机、

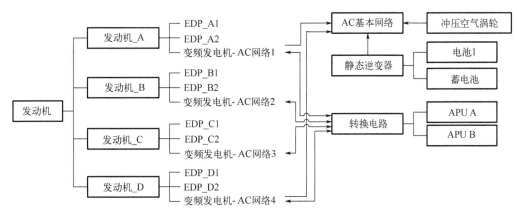

图 10.3　A350-2H/2E 能源结构布局

2 个外部交流电源(GPU,地面电源)、4 个电瓶和 4 个变压整流装置(TRU)。A350 飞机电源系统构成如图 10.4 所示,构成 E1 和 E2 两套电网络。

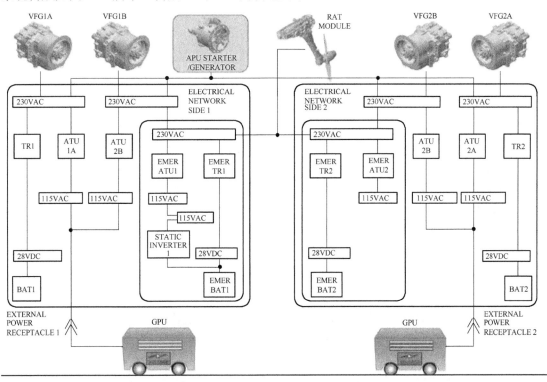

图 10.4　A350 飞机的电源系统组成

VFG: 变频启动发电机；APU: 辅助动力装置；APU starter generator: 交流发电机辅助电源；RAT module: 冲压空气涡轮单元；BAT: 电瓶；ATU: 自耦变压器装置; electrical network side: 电网；TR: 变压整流器；EMER: 应急; static inverter: 静变流机；GPU: 地面电源; external power receptacle: 外部电源插座

1 台冲压空气涡轮(RAT)用于应急,是 E3 通道的重要组成。除了交流发电系统,A350还具有直流功率转换和储能系统,直流系统具有提供不中断电源的能力,保障飞控系统能不中断供电工作。

2. 非相似余度计算机

飞机飞行控制系统有自己的处理机，飞控主系统中包括两种类型的计算机：主计算机和辅助计算机，系统功能在所有计算机之间分配。以 A350 为例，主飞控计算机系统包括三台主飞控计算机(P1,P2,P3)和三台辅助飞控计算机(S1,S2,S3)，2 个飞行控制数据集中器(FCDC)和 2 个缝翼/襟翼计算机(SFCC)。PRIM 和 SEC 均采用不同的结构，使用不同的硬件和软件技术以增加系统的鲁棒性。每台 PRIM 可以提供正常方式、直接方式或备份方式下的全部飞行控制；SEC 仅能提供直接方式下的全部飞行控制。P1 计算机作为 Master 负责飞控律的解算、自动驾驶和飞行控制。其他五台计算器负责具体飞机操纵面的控制和监控。所有的飞控计算机同时投入工作，计算机之间通过点对点的数据总线连接进行通信，以对不同失效情况下的飞控系统进行余度管理，并负责控制率的解算和指定操纵面的作动控制。六台处理机分别管理不同的飞机操纵面，如图 10.5 所示。

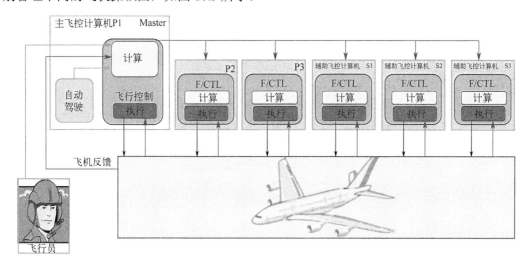

图 10.5　A350-2H/2E 飞控计算机结构布局

3. 余度作动系统

多电飞机操纵系统中的作动器是推动舵面运动的执行机构，以余度形式配置在操纵面上。A350 采用 HA 和 EHA 异构作动、也有与电备份静液作动器(Electro-backup-hydraulic Actuator, EBHA)异构作动，如图 10.6 所示。

图 10.6(a)中是 HA 的组成原理，其主要组成部件是伺服阀和作动筒。伺服阀将控制器传来的电信号转换为一定功率的液压信号，控制液体的流量和方向，它一般包括力矩马达和液压放大器。力矩马达将电控制信号转换成与之成比例的衔铁的机械偏角，液压放大器将衔铁的机械偏角转化为阀芯两腔的压力差，迫使阀芯运动，同时将相应的进油口和出油口打开，高压油进入负载，进入负载的油量与进油口打开的程度成正比。作动筒是施力机构，被拖动的舵面与活塞相连，作动筒与活塞的相对运动受伺服阀控制。

图 10.6(b)中是 EHA 的组成原理，包括电机、泵和作动筒。电机的控制是相应数字控制部分的指令，对电机实施脉宽调制，把电力加到电机上以驱动液压泵；液压泵是传动装置，

液压泵与液压作动筒相连，驱动液压作动筒带动舵面偏转。

　　图 10.6(c)表示的是机电作动器(EMA)的组成原理图，EMA 由可调速的双向电机带动减速器，将高速低转矩的电机输出转换成低速大转矩的机械传动，然后通过滚珠丝杠转换为输出杆的直线位移。EMA 直接由电驱动，无需液压源，但如出现卡滞将会影响安全，因此其故障安全的结构设计复杂，一般用在单个作动器驱动单个舵面的情况。

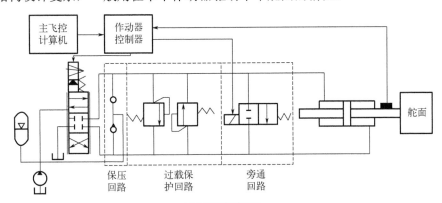

(a) HA组成原理图

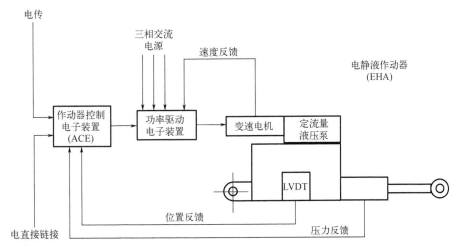

(b) EHA组成原理图

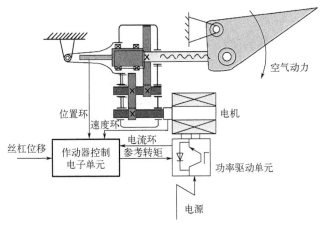

(c) EMA组成原理图

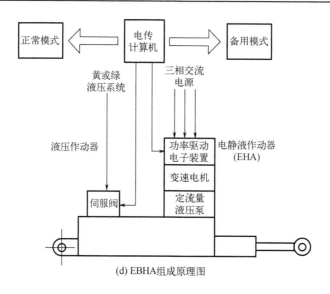

(d) EBHA组成原理图

图 10.6　常见的执行系统的组成原理图

图 10.6(d) 是 EBHA 的组成原理图, EBHA 的主控系统是传统的阀控电液作动系统, EHA 作为备份, 主系统出现故障时 EHA 接替工作, 此切换由特制的电液换向阀完成。EBHA 自身就提供了非相似余度。

总的来说, A350 飞机上的 EHA/EBHA 是作为备份的系统, 采用电驱动模式。在液压系统正常工作时, EHA 不工作, EBHA 采用液压驱动模式工作; 在双液压系统失效的情况下, EBHA 转化为电动模式, 同时启动 EHA 工作, 扰流板、副翼、方向舵、升降舵均能被操纵, 从而保证飞机可控。

10.2.2　A350 飞行控制系统物联网络拓扑

A350 飞机的飞行控制系统最关心的是飞行安全和控制品质, 将 A350 飞机飞行控制系统用物联网络描述如图 10.7 所示。

由图 10.7 可知, A350 飞机飞行控制系统物联网络中有能源节点(液压源和电源)、信息节点(飞控计算机)和作动节点(HA、EHA、EBHA), 其节点间连接关系既有能量供给关系又有信息交换关系。

1. 能源系统与执行机构的连接回路

两套液压动力系统(Y 和 G)为液压作动器(HA)提供高压液压能, 驱动相应的舵面偏转实现飞机姿态变化。类似地, 两套电源动力系统(E1 和 E2)驱动电动静液作动器(EHA)或电备份液压作动器(EBHA), 在备份使用情况下驱动相应的舵面偏转实现飞机姿态变化。A350 各个作动器在飞机操纵面上的布置方式如图 10.1 所示。基于飞机的高可靠性和高安全性要求, 在对 A350 飞机舵面的作动系统设计中, 通常在能源、计算机和作动方面均采用余度设计以防止单点故障的发生。如在控制副翼的作动系统中, 外侧副翼采用了两套 HA 作动系统, 并由不同的液压能源提供动力; 内侧副翼采用了一套 HA 和一套 EHA 共同驱动, 从而减少共模故障的影响。

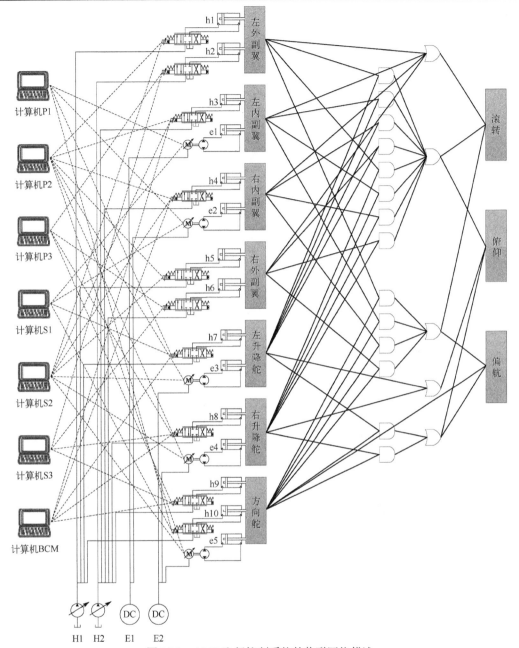

图 10.7　A350 飞行控制系统的物联网络描述

2. 飞控系统与执行机构的连接结构

飞机操纵面和飞行控制计算机有一一对应的关系，而且一个飞机操纵面可能有不同的飞行控制计算机的冗余配置，保障在某一台飞控计算机故障情况下，不影响飞机的飞行安全。A350 飞机的飞控系统使用 ARINC429 总线进行信息传输，其飞控系统与执行机构的连接结构如图 10.8 所示。

另外，A350 飞机将飞控计算机与作动器控制电子集成在一起，其作动器以及飞控计算机重构切换逻辑如图 10.9 所示。

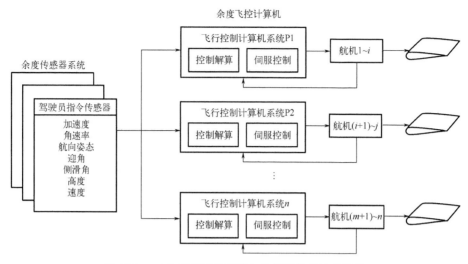

图 10.8　A350 飞机飞控系统与执行机构的连接结构

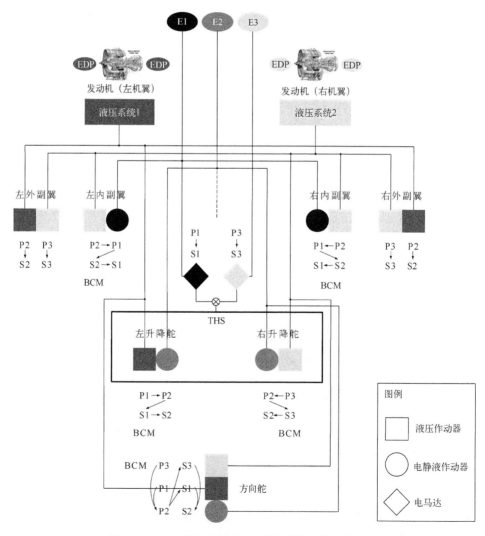

图 10.9　A350 的作动器以及飞控计算机切换逻辑过程

3.　三轴操纵功能通道耦合

飞机飞行姿态控制原理如图 10.10 所示。当飞机的副翼发生转动时，由于空气动力的作用，将使飞机在舵面的作用点产生沿 Z 轴的力，由于舵面的作用点离飞机的重心有一定的距离，力与力臂将使飞机产生沿 X 轴滚转的力矩(力矩的方向符合右手定则)，从而实现飞机的滚转操作。当飞机的升降舵面发生转动时，由于空气动力的作用，将使飞机在舵面的作用点产生沿 Z 轴的力，由于舵面的作用点离飞机的重心有一定的距离，力与力臂将使飞机产生沿 Y 轴俯仰的力矩(力矩的方向符合右手定则)，从而实现飞机的俯仰操作。当飞机的方向舵面发生转动时，由于空气动力的作用，将使飞机在舵面的作用点产生沿 Y 轴的力，由于舵面的作用点离飞机的重心有一定的距离，力与力臂将使飞机产生沿 Z 轴偏航的力矩(力矩的方向符合右手定则)，从而实现飞机的偏航操作。

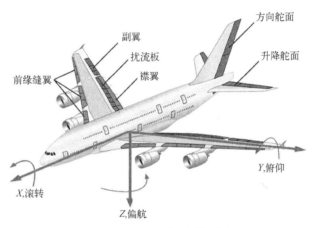

图 10.10　飞机三轴操纵控制原理

为了实现飞机的高可靠性，通常对舵面采用容错组合实现飞机三轴操纵功能的重构。基于功能实现的重构策略给出如下说明。

对于滚转操作的功能重构为：

(1) 当副翼上的一个舵面失效时可由副翼的其他舵面完成操纵功能；

(2) 当副翼上的全部舵面失效时，理论上可由扰流板来完成滚转操作。

对于俯仰操作的功能重构为：

(1) 当升降舵的一个舵面失效时可由升降舵的其他舵面完成操纵功能；

(2) 当升降舵上的全部舵面失效时，理论上可由水平安定面完成俯仰姿态控制。

对于偏航操作的功能重构为：

(1) 当方向舵的一个舵面失效时可由方向舵的其他舵面完成操纵功能；

(2) 当方向舵如果全部失效，通过俯仰和滚转也可以实现左右朝向的调整。

可以看出三轴功能通道由于功能容错的设计，具有强耦合的特性。

10.3　多电飞机控制系统可靠性建模与分析

鉴于 A350 飞机具有充分的容错配置，因此部件的失效仅会造成系统性能的降低以及系统完成任务能力的降低，但不至于导致整个系统的失效和任务的失败，然而丰富的余度资源也增加了系统传统可靠性分析的难度。

　　为了能够实现非相似余度飞控系统的可靠性分析，采用图 10.11 所示的分层递归的可靠性分析方法。元部件层：关键元部件的可靠性分析，电子部件采用基于统计的故障率，机械部件采用应力-强度干涉模型计算。分系统层：采用可以表征余度降级和切换的可靠性分析方法(如动态故障树法、马尔可夫状态转移法或广义 Petri 网等)。系统层：采用基于功能解耦的可靠性建模与分析方法。

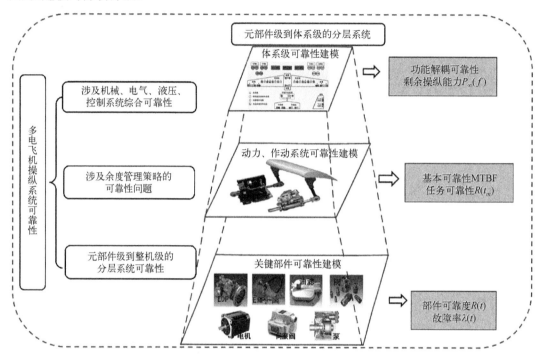

图 10.11　分层递归的多电飞机三轴操纵系统可靠性分析架构

10.3.1　元部件可靠性参数选择

　　传统的可靠性模型是基于两态的，即正常和故障。假设飞机操纵系统中的各个电子部件的寿命都服从指数分布，则部件可靠度与故障率的关系可以表示为 $R=\mathrm{e}^{-\lambda t}$，查表可以得到电子部件的故障率。如果是机械部件，其承受的载荷和材料的强度已知，也可以根据第 4 章机械部件的可靠性设计方法，计算得到其可靠性指标。这里给出表 10.1 所示的多电飞机飞行控制系统典型部件的可靠性参数表。

表 10.1　飞机飞行控制系统典型元部件可靠性参数表

元部件名称	故障率($\times 10^{-4}$/h)	可靠度(工作时间 20h)
单套液压源	1.4521	0.9971
单套电源	1.7029	0.9966
液压作动器(HA)	1.06026	0.9968
电静液作动器(EHA)	1.8534	0.9963

元部件名称	故障率(×10⁻⁴ /h)	可靠度(工作时间 20h)
电备份的液压作动器(EBHA)	0.65042	0.9987
主飞控计算机(P1-P3)	0.4502	0.9991
辅助飞控计算机(F1-F3)	0.7506	0.9958

10.3.2　子系统的可靠性建模分析

这里以 HA/EHA 异构作动系统为例,给出子系统级的可靠性建模分析方法。图 10.12 给出了由液压源(hydraulic supply, HS)/电源提供能源的 HA/ EHA 异构作动的原理图。HS 和 HA 构成液压作动系统,ES 和 EHA 构成电静液作动系统,HA/ EHA 同时作用于舵面,驱动舵面偏转,实现飞机姿态变化。

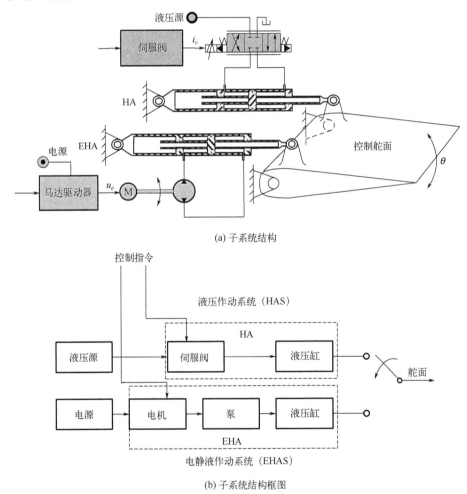

(a) 子系统结构

(b) 子系统结构框图

图 10.12　HA/ EHA 异构作动系统结构图

1. 广义随机 Petri 网理论

广义随机 Petri 网(GSPN)是 Petri 网可以通过赋时变迁集和瞬态变迁集描述系统的动态行

为，是功能强大的动态图形工具。GSPN 在可靠性分析中广泛应用的基本思想是：对每一个赋时变迁 t，从其被使能开始到触发的时间是一个连续的随机变量 ξ_t，ξ_t 可以具有不同的分布，一般假设其为指数分布。有文献已经证明，若 GSPN 为 K（常数）有界，且赋时变迁的延时是服从指数分布的函数，则 GSPN 模型与连续时间 Markov 链（CTMC）同构，且 GSPN 的可达状态标识同 CTMC 的状态一一对应，可以应用 Markov 随机过程求解，得到系统的可靠性特征量。

采用 GSPN 间系统可靠性分析可以描述为以下 6 个步骤：

(1) 设 GSPN 的可达集为 $\boldsymbol{R}$，按照特性可以分为两个集合 M_T 和 M_V，其中 M_T 为显状态集合，只包括不能触发瞬态变迁的状态；M_V 为隐状态集合，包括的状态中瞬态变迁被使能。

(2) 对 $\boldsymbol{R}$ 中所有的状态进行重新排列，隐状态在前，显状态在后，则 GSPN 中各状态之间相应的转移概率矩阵为：

$$\boldsymbol{P} = \boldsymbol{A} + \boldsymbol{B} = \begin{bmatrix} P^{VV} & P^{VT} \\ 0 & 0 \end{bmatrix} + \begin{bmatrix} 0 & 0 \\ P^{TV} & P^{TT} \end{bmatrix} \tag{10.1}$$

(3) 系统显状态之间的转移概率矩阵为：

$$\boldsymbol{U} = \boldsymbol{P}^{TT} + \boldsymbol{P}^{TV} (\boldsymbol{I} - \boldsymbol{P}^{VV})^{-1} \boldsymbol{P}^{VT} \tag{10.2}$$

(4) 用 $\boldsymbol{U}$ 构建连续时间 Markov 链的转移速率矩阵 $\boldsymbol{Q}$，其中的元素为：

$$q_{ij} = \begin{cases} \lim\limits_{\Delta t \to 0} \dfrac{u_{ij}(\Delta t)}{\Delta t} & (i \neq j) \\ \lim\limits_{\Delta t \to 0} \dfrac{u_{ij}(\Delta t) - 1}{\Delta t} & (i = j) \end{cases} \tag{10.3}$$

称 q_{ij} 是由显状态 T_i 到显状态 T_j 的转移速率，其中 $i, j \in [1, l]$，$l = |M_T|$。

(5) 最后根据 Markov 随机过程，由转移速率矩阵 $\boldsymbol{Q}$ 求解系统的可靠性概率分布。

假设系统状态的概率向量 $\boldsymbol{P}(t) = [p_1(t)\ p_2(t)\ \cdots\ p_l(t)]$，其中 $p_i(t)$ 为系统处于状态 T_i 的瞬态概率。系统初始时刻的 Token 分布是 T_i 的概率为 $p_i(0)$，是由系统的结构和初始时刻的条件确定的，从而确定出 $\boldsymbol{P}(0) = [p_1(0)\ p_2(0)\ \cdots\ p_l(0)]$。

$$\begin{cases} [p_1(t)\ p_2(t)\ \cdots\ p_l(t)] = [p_1(0)\ p_2(0)\ \cdots\ p_l(0)] \cdot \boldsymbol{Q} \\ \boldsymbol{P}(0) = [p_1(0)\ p_2(0)\ \cdots\ p_l(0)] \end{cases} \tag{10.4}$$

通过对式 (10.4) 微分方程的求解，就可以得到每个显态的瞬态概率。

(6) 求解系统的可靠度。若系统状态为 M_f 时系统失效，其中 $f \in [1, l]$，则系统失效的概率为 $Q(t) = \sum\limits_{M_f \in M_T} p_f(t)$，则系统的可靠度为：

$$R(t) = 1 - Q(t) = 1 - \sum_{M_f \in M_T} p_f(t) \tag{10.5}$$

虽然基于 GSPN 的可靠性建模与评价方法具有直观，方便对复杂系统的动态过程进行建模等优势，但是随着系统建模部件数目的增加，符号矩阵 $\boldsymbol{P}$ 占据的存储空间迅速增加，甚至可能出现超出计算机内存范围，无法全部存储，同时计算机的执行效率也会变得很低。

针对部件的 GSPN 模型，其假设条件给出如下：

（1）在 $t=0$ 时，部件处于完好的状态，仅仅考虑部件逐渐退化的过程，不考虑直接失效的故障模式。

（2）部件的故障时间和维修时间都服从指数分布。

（3）部件的稳态可达状态分为四个：完好、轻度故障、重度故障和完全故障。

定义一个编号为 j 的元件 GSPN 模型是 $(S_j, T_j; F_j, K_j, W_j, M_{j0}, \Lambda_j)$，其中 S_j 是库所集合，$S_j = [s_j.up\ s_j.ld\ s_j.sd\ s_j.dn]$，其中的各项表示设备的各个状态；$T_j$ 是变迁集合，定义了 ETU_j 故障的动态过程。$T_j = T_{jt} \bigcup T_{ji}$ 且 $T_{jt} \bigcap T_{ji} = \varnothing$，$T_{jt} = (t_{j1}, t_{j2}, t_{j3})$ 定义了和时间有关的变迁过程，$T_{ji} = (t_{ji1}, t_{ji2}, t_{ji3}, t_{ji4})$ 定义了直接变迁过程；F_j 表示模型的输入输出函数的集合；W_j 是 F_j 中所有流关系的权重，取权值为 1；$K_j = (1,1,1,1)$ 是容量函数，定义了 S_j 中所有元素的容量；$M_{j0} = (1,0,0,0)$ 定义了 GSPN 模型的初始状态，即 ETU_j 的初始工作状态；$\Lambda_j = (\lambda_{j1}, \lambda_{j2}, \lambda_{j3})$ 描述了在 ETU_j 的 GSPN 中各状态的转换率，λ_{j1} 是从 s.up 到 s.ld 的转移率，它表示导致元件故障因素的施加频率。下面对各个关键设备建立多态模型。

2. 液压作动系统的可靠性模型与分析

液压作动系统（HAS）中的关键部件是液压泵源（HS）和液压作动器（HA）。HA 中的关键元件包括伺服阀和液压缸，其中电液伺服阀由四个串联的主要部件组成：机电转换装置、机械液压转换装置、液压放大器和反馈装置，它接受飞控计算机的指令；液压缸是最典型的作动执行元件，液压缸的功能是在腔内两侧的压力差的作用下做活塞杆运动，推动舵面的运动。在图 10.13 中显示了 HA 的结构以及关键元件电液伺服阀与液压缸的连接。

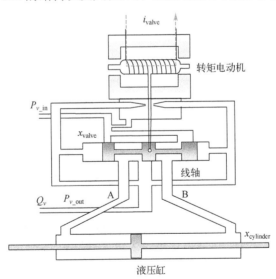

图 10.13　HA 的结构与工作原理

电液伺服阀的故障主要归纳为四类：泄漏型故障、堵塞型故障、卡滞型故障和电气元件故障。电液伺服阀的泄漏型故障主要包括阀套、阀芯的棱边磨损、阀芯径向磨损、反馈杆小球磨损等三种常见失效形式。泄漏型故障会使伺服阀的零偏增大、零位泄漏明显增大，并造成系统增益降低、压力减小，噪声增大等故障现象。伺服阀堵塞型故障可能造成的原因有：

喷嘴堵塞、固定节流口堵塞和内部滤芯堵塞。卡滞型故障主要有阀芯卡滞、衔铁卡滞及严重堵塞等失效形式。这类故障主要由油液污染、滑阀变形或永久磁铁中有异物导致产生的。按其严重程度可划分为轻度卡滞故障和重度卡滞故障，轻度卡滞故障表现为污染物淤积，阀芯移动摩擦将增大，导致阀的流量减小、响应变慢等性能下降；重度卡滞故障则导致阀无动作、卡死而输出恒定流量。电气元件故障主要指伺服放大器故障、力矩马达线圈烧坏、电气接头脱焊和连线接触不良，这类故障往往导致阀无动作、系统失去控制。

液压缸的典型故障模式包括低速爬行、内泄漏和卡滞等三种。液压缸的爬行故障是液压缸主要的故障之一，是指液压缸运动时出现断断续续地、时停时走的运动状态，这种现象在低速运动时容易发生。液压缸的泄漏可能是由于活塞与缸筒内壁之间的密封变差导致的缸内的高压油腔中的油液渗漏向低压腔(往复密封失效)，也可能是由于缸体与外界连接处密封失效、活塞杆密封性能下降、进出有口处密封较差等原因导致的液压缸两腔的油液向外泄漏(端面密封失效)，这两种泄漏都是由于连接处密封失效、接触不良或相互运动部件的磨损造成的。

故障导致的多态部分我们采用图 10.14 中所示的 GSPN 模型，定义基于 GSPN 的 HA 可靠性模型可以描述为 $GSPN_{HA} = (S_{HA}, T_{HA}, F_{HA}, K_{HA}, W_{HA}, M_{HA0}, \Lambda_{HA})$。

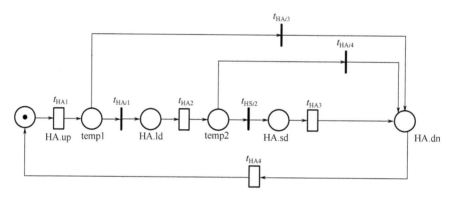

图 10.14　HA 的 GSPN 模型

对于图 10.14 中的模型描述如下，在 $t = 0$ 时刻，HA 处于正常状态，$\#(HA.up) = 1$，经历一段时间 t_{HA1} 后，液压源会以 $Pr(t_{HAi3})$ 的概率进入直接故障模式，而到达状态 HA.down。由于渐进性故障模式，也会以 $Pr(t_{HAi1})$ 的概率进入轻度故障状态，则有 $\#(HA.ld) = 1$，此时有 $Pr(t_{HAi3}) + Pr(t_{HAi1}) = 1$。假设时间变迁 t_{HA1} 的变迁速率是 λ_{HA1}，则 $Pr(t_{HAi3})\lambda_{HA1}$ 描述了 HA 从正常状态进入到完全故障状态，$Pr(t_{HAi1})\lambda_{HA1}$ 描述了 HA 从正常状态到轻度故障状态的性能退化率。随着运行时间的进行，HA 可能由于承担了更大额外的工作应力而直接进入故障状态 (HA.dn)，概率是 $Pr(t_{HAi4})$ 也可能首先进入到严重故障状态 (HA.sd)。其中，$Pr(t_{HAi4}) + Pr(t_{HAi2}) = 1$ 以及 $Pr(t_{HAi1}) + Pr(t_{HAi3}) = 1$。$temp_i (i = 1, 2)$ 表示性能退化过程中的临时状态。一旦液压源发生故障，HA 需要 t_{HA4} 的转移时间来恢复到完好的状态，这个速率用 μ_{HA} 来表示。

定理10.1　具有有穷个位置、有穷个变迁的连续时间的 GSPN 同构于一个一维连续时间 Markov 链 (CTMC)。

液压作动器的 CTMC 模型中 HA 的稳定状态有 4 个，分别用 0，1，2，3 来表示。为了进行数学计算，根据定理，可以针对图 10.14 建立与 Markov 链同构的模型，如图 10.15 所示。

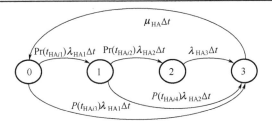

图 10.15　HA 的 CTMC 模型

GSPN 模型与 CTMC 模型之间的关系如表 10.2。

表 10.2　GSPN 模型与 CTMC 模型之间的对应关系

编号	Markov 模型中的状态	GSPN 模型中的状态	描述
1	'0'	$\#(\text{HA.up})=1$	HA 的完好状态
2	'1'	$\#(\text{HA.ld})=1$	HA 的轻度故障状态
3	'2'	$\#(\text{HA.sd})=1$	HA 的重度故障状态
4	'3'	$\#(\text{HA.dn})=1$	HA 的故障状态

稳定状态的概率计算公式为：

$$\boldsymbol{P}_{\text{HA}} = \begin{bmatrix} p_{\text{HA}}^{(0)} \\ p_{\text{HA}}^{(1)} \\ p_{\text{HA}}^{(2)} \\ P_{\text{HA}}^{(3)} \end{bmatrix} = \begin{bmatrix} \dfrac{\mu_{\text{HA}}\,\lambda_{\text{HA2}}\,\lambda_{\text{HA3}}}{G} \\[2mm] \dfrac{\mu_{\text{HA}}\,\text{Pr}_{\text{HA}i1}\,\lambda_{\text{HA1}}\,\lambda_{\text{HA3}}}{G} \\[2mm] \dfrac{\mu_{\text{HA}}\,\text{Pr}_{\text{HA}i1}\,\lambda_{\text{HA1}}\,\text{Pr}_{\text{HA}i2}\,\lambda_{\text{HA2}}}{G} \\[2mm] \dfrac{\lambda_{\text{HA1}}\lambda_{\text{HA2}}\lambda_{\text{HA3}}}{G} \end{bmatrix} \tag{10.6}$$

其中，$G = \lambda_{\text{HA1}}\lambda_{\text{HA2}}\lambda_{\text{HA3}} + \mu_{\text{HA}}\lambda_{\text{HA2}}\lambda_{\text{HA3}} + \mu_{\text{HA}}\text{Pr}_{\text{HA}i1}\lambda_{\text{HA1}}\lambda_{\text{HA3}} + \mu_{\text{HA}}\text{Pr}_{\text{HA}i1}\lambda_{\text{HA1}}\text{Pr}_{\text{HA}i2}\lambda_{\text{HA2}}$。

HA 在状态 0，1，2 都是可以完成任务的，因此其等效的可用概率 $p_{\text{HA}}^{\text{eup}}$ 为：

$$p_{\text{HA}}^{\text{eup}} = p_{\text{HA}}^{(0)} + p_{\text{HA}}^{(1)} + p_{\text{HA}}^{(2)} \tag{10.7}$$

相应的，HA 的等效失效概率是 $p_{\text{HA}}^{\text{edn}} = p_{\text{HA}}^{(3)}$。因此，可以给出 HA 的简化 GSPN 模型，如图 10.16 所示。

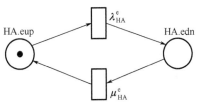

图 10.16　HA 的简化 GSPN 模型

由图 10.16 的结构可知，HA 的等效可用概率是 $p_{\text{HA}}^{\text{eup}} = \dfrac{\mu_{\text{HA}}^{\text{e}}}{\lambda_{\text{HA}}^{\text{e}} + \mu_{\text{HA}}^{\text{e}}}$，其中 $\mu_e = \mu$，HA 的等效失效率是 $\lambda_{\text{HA}}^{\text{e}} = \dfrac{1 - p_{\text{HA}}^{\text{eup}}}{p_{\text{HA}}^{\text{eup}}} \cdot \mu_{\text{HA}}^{\text{e}}$。给定初始条件 $[p_{\text{HA}}^{(0)}(0) \quad p_{\text{HA}}^{(1)}(0) \quad p_{\text{HA}}^{(2)}(0) \quad p_{\text{HA}}^{(3)}(0)] = [1 \quad 0 \quad 0 \quad 0]$，以及图 10.15 中 HA 模型的参数，如表 10.3 所示。

表 10.3　HA 的 GSPN 模型中的参数

参数	参数值	参数	参数值
$\mathrm{Pr}(t_{\mathrm{HA}i1})$	0.9	$\mathrm{Pr}(t_{\mathrm{HA}i2})$	0.3
$\mathrm{Pr}(t_{\mathrm{HA}i3})$	0.1	$\mathrm{Pr}(t_{\mathrm{HA}i4})$	0.7
$\lambda_{\mathrm{HA}i}(i=1,2,3)$	$9.6 \times 10^{-4}/\mathrm{h}$	μ_{HA}	$8.3 \times 10^{-4}/\mathrm{h}$

给定 100000 组仿真样本，我们可以得到四个状态的稳态概率的计算值，见表 10.4。

表 10.4　HA 的 GSPN 模型中的稳态结果

状态	完好状态	轻度故障状态	严重故障状态	故障状态
概率	$p_{\mathrm{HA}}^{(0)}$	$p_{\mathrm{HA}}^{(1)}$	$p_{\mathrm{HA}}^{(2)}$	$p_{\mathrm{HA}}^{(3)}$
数值	0.303	0.269	0.083	0.345

同样的，液压源(HS)的四个状态的基于 GSPN 的可靠性模型如图 10.17 所示，其 GSPN 模型可以描述为 $\mathrm{GSPN_{HS}} = (S_{\mathrm{HS}}, T_{\mathrm{HS}}, F_{\mathrm{HS}}, K_{\mathrm{HS}}, W_{\mathrm{HS}}, M_{\mathrm{HS0}}, \Lambda_{\mathrm{HS}})$，采用与 HA 相同的分析流程，结合液压源 GSPN 模型中的参数，如表 10.5 所示。

表 10.5　HS 的 GSPN 模型中参数[6]

参数	参数值	参数	参数值
$\mathrm{Pr}(t_{\mathrm{HS}i1})$	0.9	$\mathrm{Pr}(t_{\mathrm{HS}i2})$	0.3
$\mathrm{Pr}(t_{\mathrm{HS}i3})$	0.1	$\mathrm{Pr}(t_{\mathrm{HS}i4})$	0.7
$\lambda_{\mathrm{HS}i}(i=1,2,3)$	$5.4 \times 10^{-5}/\mathrm{h}$	μ_{HS}	$6.8 \times 10^{-5}/\mathrm{h}$

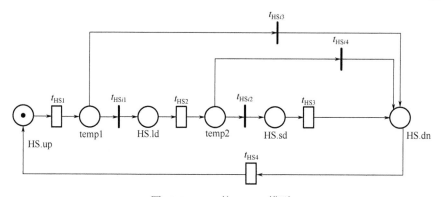

图 10.17　HS 的 GSPN 模型

通过仿真，得到四个稳态值的概率结果如表 10.6 所示。

表 10.6　HS 的 GSPN 模型运行结果

状态	完好状态	轻度故障状态	严重故障状态	故障状态
概率	$p_{\mathrm{HS}}^{(0)}$	$p_{\mathrm{HS}}^{(1)}$	$p_{\mathrm{HS}}^{(2)}$	$P_{\mathrm{HS}}^{(3)}$
数值	0.3376	0.3050	0.2688	0.0886

将系统中的 HA 和 HS 结合成液压作动系统(HAS)，得到等效 GSPN 模型表示，HAS 的 GSPN 模型如图 10.18 所示。

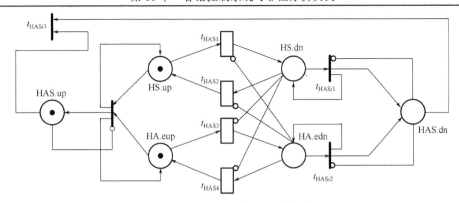

图 10.18　HAS 的 GSPN 模型

初始状态时，HA 和 HS 都正常运行，$\#(\text{HA.eup})=1$，$\#(\text{HS.up})=1$，$\#(\text{HAS.up})=1$。当 t_{HAS1} 被触发，HS 从正常工作状态转移到故障状态，触发的速率依赖于 HS 的故障率 λ_{HS}，t_{HAS2} 表示 HS 的恢复过程，它依赖于 HS 的维修率 μ_{HS}。

HA 的状态转移规则与 HS 类似，t_{HAS3} 和 t_{HAS4} 分别是 λ_{HA} 和 μ_{HA}。HAS.up 表示 HAS 是正常状态，iff $\#(\text{HS.up})=1 \cap \#(\text{HA.eup})=1$，则有 $\#(\text{HAS.up})=1$，这意味着 HAS 的正常运行需要 HS 和 HA 都正常工作。HAS.dn 表示 HAS 处于故障状态，iff $\#(\text{HS.dn})=1$ $\cup \#(\text{HA.edn})=1$，则有 $\#(\text{HAS.dn})=1$，这意味着 HAS 的故障是由于 HA 或者 HS 中任意一个故障就会被触发。HAS 的三个稳态可达状态可以描述为：0，HA 和 HS 都正常，HAS 正常；1，HS 失效，HA 正常工作，HAS 失效；2，HS 正常，HA 失效，HAS 失效。

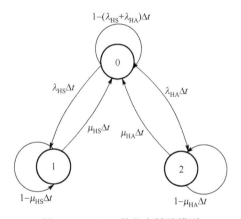

图 10.19　HAS 的状态转移模型

根据图 10.19 中的状态转移图，得到状态转移方程：

$$\begin{bmatrix} \dot{P}_0(t) \\ \dot{P}_1(t) \\ \dot{P}_2(t) \end{bmatrix} = \begin{bmatrix} -(\lambda_{\text{HS}}+\lambda_{\text{HA}}) & \lambda_{\text{HS}} & \lambda_{\text{HA}} \\ \mu_{\text{HS}} & -\mu_{\text{HS}} & 0 \\ \mu_{\text{HA}} & 0 & -\mu_{\text{HA}} \end{bmatrix}^{\top} \begin{bmatrix} P_0(t) \\ P_1(t) \\ P_2(t) \end{bmatrix} \tag{10.8}$$

给定初始状态为 $[P_0(0),P_1(0),P_2(0)]=[1,0,0]$，　HAS 的稳态可靠度为：

$$P = \lim_{t\to\infty} P_0(t) = \lim_{s\to 0} s \cdot \frac{1}{s + s\left(\dfrac{\lambda_{\text{HS}}}{s+\mu_{\text{HS}}} + \dfrac{\lambda_{\text{HA}}}{s+\mu_{\text{HA}}}\right)} = \left(1 + \frac{\lambda_{\text{HS}}}{\mu_{\text{HS}}} + \frac{\lambda_{\text{HA}}}{\mu_{\text{HA}}}\right)^{-1} \approx 0.9545 \tag{10.9}$$

3. 电静液作动系统的可靠性模型与分析

电静液作动系统(EHAS)的可靠性模型与分析中包括电静液作动器(EHA)和电源(ES)。与 HAS 系统的分析相类似，部件的 GSPN 模型划分为 4 个状态，考虑 EHAS 的状态转移关系，表 10.7 中给出了 EHAS 在 GSPN 模型中的具体参数，模型具体的结果会在下一节子系统可靠性模型中展示。

表 10.7　EHAS 的 GSPN 模型中参数

参数	数值	含义
λ_{ES}	1.0×10^{-4}/h	时间转移 t_{EHAS1} 的触发率，ES 的故障率
μ_{ES}	7.1×10^{-4}/h	时间转移 t_{EHAS2} 的触发率，ES 的维修率
λ_{EHA}	1.3×10^{-4}/h	时间转移 t_{EHAS3} 的触发率，EHA 的故障率
μ_{EHA}	7.3×10^{-4}/h	时间转移 t_{EHAS4} 的触发率，EHA 的维修率

4. HA/EHA 非相似余度异构作动系统的可靠性模型与分析

非相似余度异构作动系统(dissimilar redundant actuation system, DRAS)的工作机制是冷备份的，初始时刻有#(HAS.up)=1，#(DRAS.up)=1，#(EHAS.bp)=1，表示全部正常；若 HAS 失效，但此时 EHAS 处于正常的备份状态，则由 EHAS 代替 HAS 驱动舵面，此时 EHAS.bp 获得 token；若 EHAS 也失效，DRAS 完全失效，表达为 iff #(HAS.dn)=1∩#(EHAS.dn)=1，#(DRAS.dn)=1。当 EHAS 修复好，它仍处于备份状态，EHAS.bp 再次获得 token。DRAS 的工作逻辑，部件的维修过程用 GSPN 模型表示如图 10.20。

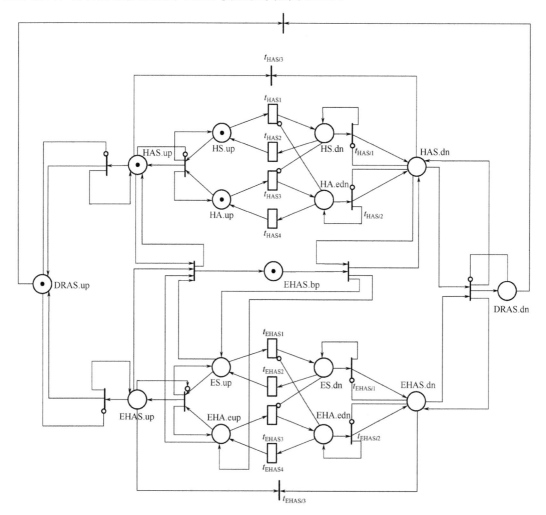

图 10.20　DRAS 的 GSPN 模型

运行上述 GSPN 图形化模型，我们考虑了非相似余度作动系统的工作机制，液压作动系统主动工作，当液压作动系统故障后，电静液作动通道获得 token，切换到电静液作动系统工作。本质上，该模型的运行结果是通过蒙特卡罗算法实现。在该软件中运行该模型，我们可以得到非相似余度作动系统的可达稳定状态有 9 个，见表 10.8。

表 10.8　DRAS 的稳态可达状态及概率

状态	HS.*up*	HA.*up*	ES.*up*	EHA.*up*	HAS.*up*	EHAS.*up*	EHAS.*bp*	DRAS.*up*	DRAS.*dn*	概率
M_0	1	1	0	0	1	0	1	1	0	0.621248
M_1	1	0	1	1	0	1	0	1	0	0.13812
M_2	1	0	0	1	0	0	0	0	1	0.011624
M_3	0	1	1	1	0	1	0	1	0	0.150389
M_4	1	0	1	0	0	0	0	0	1	0.014404
M_5	1	1	1	0	1	0	0	1	0	0.02074
M_6	0	1	1	0	0	0	0	0	1	0.015666
M_7	0	1	0	1	0	0	0	0	1	0.012338
M_8	1	1	0	1	1	0	0	1	0	0.015471

分析 DRAS 中各个元件的状态，其中 M_0，M_1，M_3，M_5，M_8 表示 DRAS 的正常工作状态，因此 DRAS 的可用度为：

$$P = P(M_0) + P(M_1) + P(M_3) + P(M_5) + P(M_8) = 0.945968 \qquad (10.10)$$

10.3.3　飞机三轴控制系统的可靠性建模分析

1.　前提与假设

对于非相似冗余飞机操纵系统特征描述，其中动力源、作动器、飞控计算机相互约束，相互配合，构成复杂的交联系统。目前关于这类复杂系统的可靠性分析和计算方法尚不明确，制约了我国大型飞机可靠性、安全性设计以及体系结构优化。这里所分析的均建立在图 10.1 所示的飞机操纵面布局的基础上，飞机具有 4 片副翼(A1，A2，A3，A4)，2 片升降舵(E1，E2)和 1 片方向舵(R)构成的操纵面结构，每片副翼和升降舵由 2 个作动器驱动，方向舵由 3 个作动器驱动的典型结构，如图 10.21 所示。

为了实现飞机的高可靠性和高安全性，飞机飞行控制系统还存在功能重构策略，通过对舵面采用容错组合实现飞机三轴操纵功能的重构，飞机三轴重构策略如表 10.9～表 10.11 所示。

2.　基于三轴有效操纵的飞机操纵系统可靠性

从飞机三轴操纵功能完成的角度考虑，只有在滚转、俯仰、偏航运动都能够实现时，才能保证飞机操纵系统整体功能的实现。同时，考虑飞机系统设计的"永不放弃"原则，将飞机操纵系统功能可靠性定义为：在规定的使用条件下和规定的时间内，能够同时实现对飞机滚转、俯仰、偏航三轴运动有效控制的能力，系统的可靠度表达式为：

$$R_{\text{sys}} = \Pr\{R \cap P \cap Y\} = \Pr\{S\} \qquad (10.11)$$

其中，R、P、Y 分别表示滚转、俯仰、偏航功能可实现的事件；sys 表示三轴运动可同时实现的事件，即系统成功的事件。考虑系统功能重构，各功能完成涵盖多种操纵面组合方式，则式(10.11)可以进一步表示为：

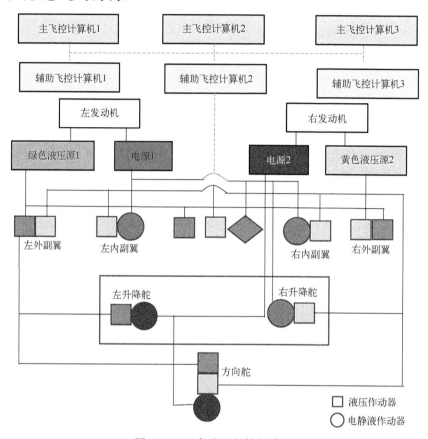

图 10.21　飞机主飞行控制系统

表 10.9　飞机滚转运动的重构策略

序号	故障位置	操纵面组合方式
1	A1/A2/A3/A4	A2A3A4/A1A3A4/A1A2A4/A1A2A3
2	A1A2/A1A3/A2A3/A1A4/A2A4/A3A4	A3A4/A2A4/A1A4/A2A3/A1A3/A1A2
3	A1A2A3/A1A2A4/A1A3A4/A2A3A4	A4/A3/A2/A1
4	A1A2A3A4	扰流片

表 10.10　飞机俯仰运动的重构策略

序号	故障位置	操纵面组合方式
1	E1/E2	E2/E1
2	E1E2	水平安定面

表 10.11　飞机偏航运动的重构策略

序号	故障位置	操纵面组合方式
1	R	无

$$R_{sys} = \Pr\left\{\left(\bigcup_{i=1}^{l} R_i\right) \cap \left(\bigcup_{j=1}^{m} P_j\right) \cap \left(\bigcup_{k=1}^{n} Y_k\right)\right\} \tag{10.12}$$

其中，R_i、P_j 和 Y_k 分别表示使得滚转、俯仰、偏航功能实现的某种方式，是包含关键设备（飞控计算机、动力源、作动器）的逻辑函数。

我们明确了飞机操纵系统的结构后，就可以得到节点的集合，$V = (P_1, P_2, P_3, S_1, S_2, S_3, Y, G, R, O, h_1, \cdots, h_m, e_1, \cdots, e_n)$，其中 $P_i(i=1,2,3)$ 表示主飞控计算机，$S_i(i=1,2,3)$ 表示辅助飞控计算机，Y, G, R, O 分别表示动力源的类型，Y, G 是液压源，R, O 是电源，$h_1, \cdots, h_m$ 分别表示液压作动器 HA，$e_1, \cdots, e_n$ 分别表示 EHA，针对图中的构型有 $m + n = 15$。由于 HA 的能源只能由 Y/G 提供，EHA 的能源只能由 R/O 提供，当确定作动器在舵面上的配置后，能源-执行拓扑结构随之确定；计算机与作动器的连接一旦确定，整个网络的拓扑结构就被确定了。

本节针对飞机操纵系统的典型结构，如分析与假设中所提到的，着重设计一种适用于任意能源、飞控计算机、作动器组成的飞机体系的可靠性评价方法，通过最小路理论排除蕴含项，不交化算法解算项之间的相关关系，处理运用于复杂网络的计算。即关注已知符合物理连接的 $G_{sys}(V, E)$ 拓扑结构，通过三轴功能解耦，输入任意关键设备的可靠度参数，输出飞机操纵系统可靠度的方法。

3. 基于最小路不交和求可靠度的基本原理

对于其拓扑结构是 $G(V, E)$ 的网络，最小路是系统成功的最小路径集合，用 $\bigcup S_i$ 来表示，一般而言，最小路之间是相容的，因此

$$\Pr\left\{\bigcup_{i=1}^{N} S_i\right\} \neq \sum_{i=1}^{N} \Pr\{S_i\} \tag{10.13}$$

根据容斥定理，可以去掉相容时间的相交部分：

$$\begin{aligned} R_s = \Pr\left\{\bigcup_{i=1}^{N} S_i\right\} &= \sum_{i=1}^{N} \Pr(S_i) - \sum_{1 \leqslant i < j \leqslant N} \Pr(S_i S_j) \\ &+ \sum_{1 \leqslant i < j < k \leqslant N} \Pr(S_i S_j S_k) + \cdots + (-1)^{N-1} \Pr(S_1 S_2 \cdots S_N) \end{aligned} \tag{10.14}$$

采用不交和求解网络可靠度是目前网络可靠性算法中最为有效的形式之一，将使系统成功的最小路集转化为互不相容的事件，可靠度即为各项概率的和。

4. 基于多维体锐积理论的不交和算法

为了便于编程实现，本章结合多维体锐积理论对系统的最小路集进行不交化处理。对于网络 $G(V, E)$，其中的节点用逻辑变量 $X_i(i=1,2,\cdots,n)$ 来表示，将所有逻辑变量对应于空间的 n 个坐标轴，由于对于任意 $X_i(i=1,2,\cdots,n)$ 有正常和失效两种可能性，则共有 2^n 种可能的组合，在空间中对应了一个 n 维立方体（多维体）。网络中的最小路是 n 个节点变量的逻辑函数，可以用它在空间中所占多维体集合表示：

$$\boldsymbol{T}(y) = \{c^1, c^2, \cdots, c^i, \cdots, c^N\} \tag{10.15}$$

其中，$c^i = c_1^i c_2^i \cdots c_k^i \cdots c_n^i$ 是第 i 条最小路；多维体中的组元 c_k^i 是节点变量 X_i，其取值范围是

$c_k^i \in \{0,1,x\}$，分别代表对应的节点故障、正常、未在路径中出现，本章所提出的算法中 $x=2$，用矩阵 $\boldsymbol{T}(G)$ 中的各列对应网络节点集 V 中的元素，各行对应每条最小路的多维向量。集合锐积定义为：

$$A\#B = \{x \,/\, x \in A \bigcap x \notin B\} = A\bar{B} \tag{10.16}$$

多维体 c^i 和 c^j 之间的锐积按照如下法则和表 10.12 中的锐积表对应关系进行。

表 10.12　锐积表

#		c^j		
		0	1	x
c^i	0	ε	$\varnothing$	ε
	1	$\varnothing$	ε	ε
	x	1	0	ε

$$c^i\#c^j = \begin{cases} c^i, & \text{有任意} k, c_k^i\#c_k^j = \varnothing \\ \varnothing, & \text{全部} k, c_k^i\#c_k^j = \varepsilon \\ \bigcup_k \{c_1^i, c_2^i, \cdots \alpha_k, \cdots c_n^i\}, & \text{其中} c_k^i\#c_k^j = \alpha_k \in (0,1) \end{cases} \tag{10.17}$$

其中，$\varnothing$ 为不相交且 ε 为蕴涵。$c^i\#c^j$ 的布尔乘积为：

$$P(c^i\#c^j) = P(c^i) \cdot \overline{P(c^j)} \tag{10.18}$$

对最小路多维体集合 $\boldsymbol{T}(G)$ 进行锐积运算实现不交化，最终可以输出各行不相交的矩阵。

5. 基于功能解耦的飞机操纵系统可靠性计算流程

针对 A350 多电飞机飞行控制系统结构，设计了一套可以解决不同配置的可靠性评价流程，具体实施流程如下七个步骤。

第一步，首先定义用于展开可靠性表达式的临时变量和表示可靠性表达式的变量。本章所提出的算法里，定义 ABCX 为可靠性表达式的变量，其中 ABC 表示参数的位置信息，A 的值可取 L，R，分别代表左、右；B 的值可取 I，O，分别代表内外；C 的值可取 A，E，R，分别代表副翼，升降舵，方向舵；其中 B、C 的值可能为空，例如 LOA 代表左外副翼，R 代表方向舵。X 的值用来表示编号，可取值有 1，2。所有项的排列顺序保存在 ONE1 中。A1，A2，A3，A4，B1，B2，C 用来分别表示 4 片副翼，2 片升降舵以及 1 片方向舵的可靠性组合。下面我们给出具体的几个例子，LOA1 是左外副翼第一个作动器的可靠度，它可以是 HA 也可以是 EHA；R2 是方向舵第二个作动器的可靠度；S1～S4 分别表示能源节点 1～4 的可靠度，H 和 E 可以交互配置；P1～P3 分别表示主飞控计算机 1～3 的可靠度；F1～F3 分别表示辅助飞控计算机 1～3 的可靠度。所有的项排列顺序保存在 ONE1 中，即 ONE1=[' S1 S2 S3 S4 P1 P2 P3 F1 F2 F3 LOA1 LOA2 LIA1 LIA2 RIA2 RIA1 ROA2 ROA1 LOE LIE RIE ROE R1 R2 R3 ']。

第二步，用符号表示将用于计算可靠性的多项式，展开表达式并做字符化处理。用上述所定义的参数根据操纵面的容错重构和使用策略列出用于计算的各舵面的表达式，并写出计算可靠性概率的多项式表达式 ANSWER，即 ANSWER=(A1+A2+A3+A4)·(B1+B2)·(C)。

将可靠性概率计算的多项式表达式展开为各项相加的展开式 ANSWERexpand, 即将 ANSWER 中的元素都用非临时变量表示。将符号化表达式的展开式 ANSWERexpand 用字符串形式表示为 arrayall。

第三步, 定义出用于求解最小路的多项式数组和最小路的矩阵。对展开式遍历, 提取展开式中每两个加号间的字符串存放在数组 array1 中, array1 的项数为 numplus1, 生成一个 25 列(25 个关键设备, 即点集中的全部元素)、1 行的全一阵, 将每项乘以 2 构造出一个 25 列 1 行全 2 矩阵 ONE。

第四步, 处理最小路矩阵, 通过蕴含化简求出最小路。提取 array1 中的每个字符串的字母组合, 根据含有的字母修改为全 2 矩阵。查找 ONE1 中的空格, 提取出 ONE1 中的 25 个项, 若由 array1 中提取的字符串的字母组合中包含有 ONE1 中 25 个项所对应的字母, 那么在全 2 阵的对应位置的数字 2 改为 1, 由此得出 1 行 25 列的由 1 和 2 组成的混合矩阵 ONE。将矩阵 ONE 放入到 NUMBER 矩阵中成为 NUMBER 矩阵的最后一列, 后将 NUMBER 矩阵与 array1 的下一项转化成的矩阵 ONE 进行减运算, 即 NUMBER 矩阵中的每一行的每一项与 ONE 矩阵中对应列的每一项相减, 如果这些项中没有正数, 则说明 NUMBER 代表的字符串项所包含的元素不多于 ONE 代表的字符串项所包含的元素, 如果在没有正数的情况下存在负数, 则说明 NUMBER 被 ONE 蕴含, 也即 array1 中两个相邻的字符串项的前一项被后一项蕴含, 此时将前一项替换为后一项, 那么最终得出的 NUMBER 数组中将存在重复项, 取出所有不重复项即为最小路矩阵 NUMBERuni。

第五步, 准备用于不交化运算的矩阵。通过遍历矩阵找出矩阵中 2 的位置和数量, 用数组 two 表示 2 在矩阵中的位置, 数组 B 表示每行 2 的数量。

第六步, 通过基于锐积运算的不交化算法求出不交化矩阵。由输入的最小路多维体集合记为 A, 将 A 中各行多维体按维数从小到大排列, 不断取出 A 中的第一行, 并判断剩余矩阵 A' 是否为空, 如果 A' 为空, 那么就将由第一行处理得到的行 C 存入矩阵 D, 否则就将 C 与 A' 得到的锐积存入矩阵 D, 由此得到不交化矩阵 F。锐积表如表 10.12 所示。

第七步, 代入输入参数求解可靠性数值 Fsum。将 F 的值赋值给 Fgailv, 循环判断 Fgailv 中的每一行, 矩阵的每一行中, 为 1 的位置代入对应的可靠度数值, 为 0 的位置带入(1–可靠度)的数值, 为 2 的位置赋值为 1, 将 Fgailv 中的每个元素相乘, 得到的矩阵为 Fprod, 将 Fprod 的每一列值相加即为可靠性数值。

通过上述七个步骤, 我们给出了对典型结构的飞机操纵系统的可靠度计算的通用算法, 对于不同的能源–作动器在舵面上的配置, 我们无须更改算法, 就可以计算出系统的可靠度, 便于系统可靠度影响分析。

6. 算例分析

给定飞机操纵系统组成部件的故障率如表 10.1 所示, 各部件的工作时间按 20 小时计算(北京往返西雅图的时间)。针对图 10.22 中所示的 2H/2E 的一种典型配置, 两套液压系统分别为绿液压系统和黄液压系统, 两套电系统用红色和橘红色标注分别为 E1 和 E2。用方块表示液压作动器(HA), 用圆表示电静液作动器(EHA), 用菱形方式表示电备份的液压作动器(EBHA), 我们将其进行编号, 代入到以上可靠性评价流程中。

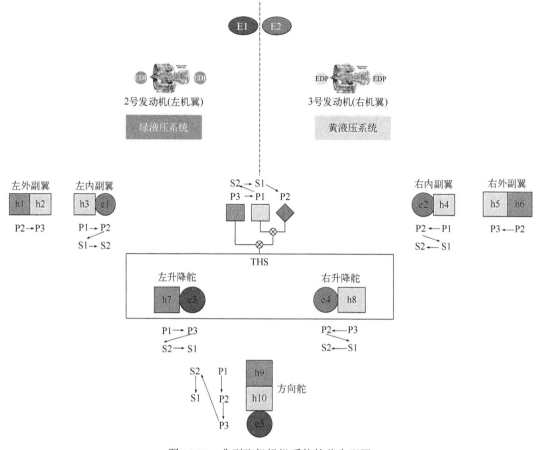

图 10.22　典型飞机操纵系统的节点配置

根据基于功能解耦的可靠性建模方法，得到 A350 典型飞行控制系统结构的可靠性结果为：

$$R_{2H/2E} = 0.9999996737 \tag{10.19}$$

参 考 文 献

何勇, 吴敏. 2004. 多时变时滞系统的鲁棒稳定及有界实引理的时滞相关条件[J]. 控制理论与应用, (21): 735-741.

金原, 李彦平. 2014. 主动容错控制理论: 自适应方法[M]. 北京: 电子工业出版社.

空客 A350. 电传飞控系统架构介绍. https://www.sohu.com/a/218667650_100066677.

孙晓哲, 陈宗基, 顾永亮. 2018. 基于动态重构的余度容错飞控计算机系统研究[J]. 系统仿真学报, 30(10): 366-373.

张平. 2001. 自修复飞行控制系统的故障检测与控制重构[D]. 北京: 北京航空航天大学.

Alwi H, Edwards C, Marcos A. 2012. Fault reconstruction using a LPV sliding mode observer for a class of LPV systems[J]. Journal of the Franklin Institute, (349): 510-530.

Boškovic J, Mehra R. 2000. Intelligent adaptive control of a tailless advanced fighter aircraft under wing damage[J]. Journal of Guidance, Control, and Dynamics, (23): 876-884.

Caglayan A, Allen S, Wehmuller K. 1988. Evaluation of a second generation reconfiguration strategy for aircraft flight control systems subjected to actuator failure/surface damage[C]// Proceedings of the IEEE 1988 National Conference in Aerospace and Electronics（NAECON 1988）: 520-529.

Etkin B, Teichmann T. 1959. Dynamics of Flight: Stability and Control[M]. New York: Wiley.

Ganguli S, Marcos A, Balas G. 2002. Reconfigurable LPV control design for Boeing 747-100/200 longitudinal axis[C]// Proceedings of the 2002 Conference in American Control: 3612-3617.

Guler M, Clements S, Wills L, et al. 2003. Transition management for reconfigurable hybrid control systems[J]. IEEE Transactions on Control Systems,（23）: 36-49.

Hitachi Y. 2009. Damage-tolerant Control System Design for Propulsion-controlled Aircraft[D]. Toronto: University of Toronto.

Kim K, Lee K, Kim Y. 2002. Model following reconfigurable flight control system design using direct adaptive scheme[C]// Proceedings of AIAA Guidance, Navigation, and Control Conference: 5-8.

Kufoalor D, Johansen T. 2012. Reconfigurable fault tolerant flight control based on nonlinear model predictive control[C]// American Control Conference（ACC2013）: 5128-5133.

Lavretsky E. 2009. Combined/composite model reference adaptive control[J]. IEEE Transactions on Automatic Control,（54）: 2692-2697.

Li X, Liu H. 2012. A passive fault tolerant flight control for maximum allowable vertical tail damaged aircraft[J]. Journal of Dynamic Systems, Measurement and Control,（134）: 031006.

Liao F, Wang J, Yang G. 2022. Reliable robust flight tracking control: An LMI approach[J]. IEEE Transactions on Control Systems Technology,（10）: 76-89.

Mahmoud M, Jiang J, Zhang Y. 2002. Stochastic stability analysis for fault tolerant control systems with multiple failure processes[J]. International Journal of Systems Science,（33）: 55-65.

Polycarpou M. 2001. Fault accommodation of a class of multivariable nonlinear dynamical systems using a learning approach[J]. IEEE Transactions on Automatic Control,（46）: 736-742.

SAE ARP4754A. 2010. Guidelines for development of civil aircraft and systems[R]. SAE International: 1-115.

Shi C, Wang X, Wang S, et al. 2015. Adaptive decoupling synchronous control of dissimilar redundant actuation system for large civil aircraft[J]. Aerospace Science and Technology,（47）: 114-124.

Shin J, Belcastro C. 2006. Gain-scheduled fault tolerance control under false identification[R]. National Aeronautics and Space Administration, Langley Research Center.

Stengel R, Huang C. 1990. Restructurable control using proportional-integral implicit model following[J]. Journal of Guidance, Control, and Dynamics,（13）: 303-309.

Veillette R. 1995. Reliable linear-quadratic state-feedback control[J]. Automatica,（31）: 137-143.

Yoo S. 2014. Neural-network-based decentralized fault-tolerant control for a class of nonlinear large-scale systems with unknown time-delayed interaction faults[J]. Journal of the Franklin Institute,（351）: 1615-1629.

Yu X, Jiang J. 2012. Hybrid fault-tolerant flight control system design against partial actuator failures[J]. IEEE Transactions on Control Systems Technology,（20）: 871-886.

Zhang Y, Jiang J. 2003. Fault tolerant control system design with explicit consideration of performance degradation[J]. IEEE Transactions on Aerospace and Electronic Systems,（39）: 838-848.

拓展阅读

波音 787 飞机电传飞控系统

波音 787-8 飞机全长 56.69 米、高 17 米、翼展 60.17 米，两级客舱布局可搭乘 242 人。波音 787 全面采用电传操纵技术，将自动飞行、主飞行控制、高升力都整合在一起。波音 787 飞机终极备份采用了电备份形式，其还可以通过襟副翼和升降舵实现垂直阵风减缓功能，提高乘坐品质。波音 787 飞机飞控舵面布置如附图 10.1 所示。

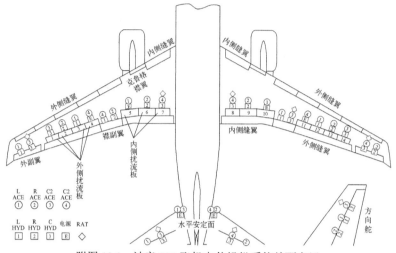

附图 10.1　波音 787 飞机电传操纵系统舵面布局

波音 787 飞机有两台发动机，两侧机翼上布置了一对外侧副翼、一对襟副翼、7 对扰流板以及前缘襟翼、后缘襟翼等增升装置。尾翼布置了一块水平安定点、一对升降舵和一块方向舵。

波音 787 飞机飞控系统配置了 4 台电源调节模块（Power Conditioning Module，PCM），PCM 配置了 3 个交/直流供电余度（分别是 PMG、直流汇流条、蓄电池），为飞控不断供电，其物理结构如附图 10.2 所示。

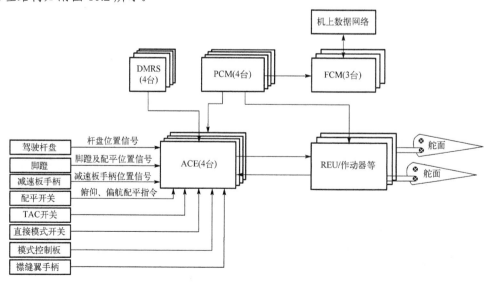

附图 10.2　波音 787 飞机飞控架构图

空客 380 飞机电传飞控系统的余度配置

A380 是空中客车公司研制的四发超大型远程宽体客机，A380 飞机全长 72.75 m，高 24.09 m，翼展 79.75m，三级客舱布局可搭载 555 人，全经济舱布局可搭载 853 人，是现役民航客机中载客量最大的飞机，堪称"空中巨无霸"。

A380 飞控舵面布置如附图 10.3 所示，由于其具有超丰富的冗余能源(液压和电源)、冗余舵机(液压作动器、电静液作动器、机电作动器等)和冗余计算机(主计算机、备份计算机等)配置，因此其重构逻辑可以确保在一定故障下飞控品质不降级。

A380 两侧机翼上布置有 3 对副翼、8 对扰流板，以及前缘缝翼、后缘襟翼等增升装置。

尾翼布置有 1 块水平安定面、2 对升降舵和 2 块方向舵。A380 率先在大型客机上应用了 35MPa (5000psi) 的高压液压技术和多电技术。多电技术的应用使 A380 减少了 1 套液压系统，在飞机层面获得了减重收益。在 A380 飞控系统中，功率电传作动器(电作动器)得到了广泛应用。A380 在方向舵和两对扰流板上采用了 EBHA，副翼和升降舵上采用了 EHA。其终极备份也摒弃了机械备份形式，完全采用电备份的形式。

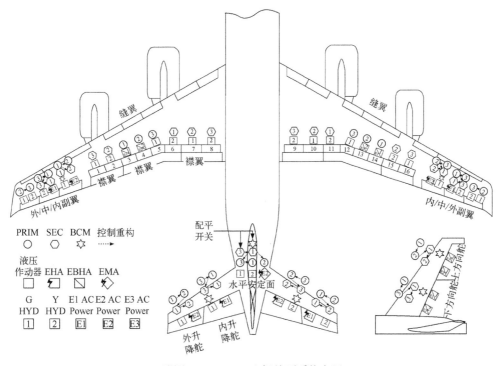

附图 10.3　A380 飞机舵面系统布局

A380 飞控系统物理架构如附图 10.4 所示。A380 飞控系统继承了空客公司电传飞控系统体系架构，主飞控计算机同时集成了自动飞行和高升力的功能。与波音不同(ACE 是飞控系统核心)，在空客的体系中，飞控计算机是整个飞控的核心环节。A380 飞控系统主要由 3 台主飞控计算机(PRIM)和 3 台次飞控计算机(SEC)组成。这 6 台计算机，通过处理飞行员和自动驾驶指令输入，计算正常、备用和直接控制律，进而指令舵面运动。根据空客的设计理念，任意一台计算机都足以控制飞机，实现安全飞行和着陆。

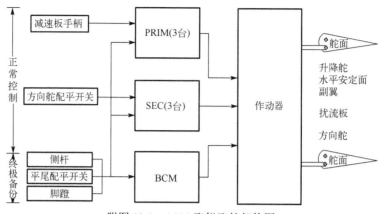

附图 10.4　A380 飞机飞控架构图

1) 主飞控计算机

3 台 PRIM 接收大气惯导、RA、起落架、刹车、液压等接口系统信号,通过正常、备用和直接控制律计算,实现对所有舵面的操纵。此外,PRIM 还可实现载荷减缓、包线保护、自动飞行、特征速度计算等功能。每一台 PRIM 均由两个飞控导引单元(FCGU)组成。

2) 次飞控计算机

3 台 SEC 只能计算直接控制律,并在直接模式下对飞机进行操纵。直接控制律与正常和备用控制律相比,更为直接和简单,且需要较少的输入信号。因此 SEC 不易受到飞机其他系统失效的影响。

3) 备用控制单元

A380 飞控系统配置了一台备用控制单元(BCM),在完全丧失 3 台 PRIM 和 3 台 SEC 后,BCM 可提供必要的飞行控制和稳定性。

这里以俯仰轴向为例介绍 A380 飞控系统逻辑架构。飞控系统采用 4 块升降舵和 1 块水平安定面控制飞机俯仰。

(1) 升降舵工作逻辑。每块升降舵配置两台作动器(传统液压作动器或 EHA),升降舵作动器采用主-备工作方式,当需要较大的舵面偏转速率时,两台作动器允许同时工作。正常情况下,一块舵面只接受一台计算机控制指令,其他计算机作为备份。PRIM1 控制左外升降舵,PRIM2 控制右外升降舵,PRIM3 控制内侧升降舵。如果一台计算机或一套液压系统失效后,系统将通过重构逻辑切换至其他计算机和动力源。例如对于左外升降舵,若 PRIM1 或绿色液压系统失效后,系统将切换至 PRIM2 和 E2 AC Power。

(2) 平尾工作逻辑。水平安定面由两个液压马达和一个电马达驱动,任一时刻只允许一台马达工作。当系统处于直接模式或飞机在地面上时,可通过俯仰配平开关实现人工配平。在正常模式和备用模式下,飞机可实现自动配平。其计算机指令和能源选择逻辑,与升降舵类似,不再赘述。

4) A380 终级备份

A380 飞控系统的 3 台 PRIM 和 3 台 SEC,任意一台计算机都足以控制飞机安全飞行和着陆。在部分计算机故障后,系统可自动重构。当电传飞控系统丧失后(所有飞控计算机均失效),A380 仍然可以通过备用控制单元(BCM),接收侧杆、脚蹬和俯仰配平开关的指令,控制一对内副翼、一对内升降舵、两块方向舵和水平安定面运动。因此，在完全丧失 3 台 PRIM 和 3 台 SEC 后，BCM 可针对飞机三轴提供必要的飞行控制和稳定性。

A380 的备份系统不仅扩展了可控舵面，而且还采用了电备份的形式。空客的终极备份系统，一般采用方向舵控制偏航，采用水平安定面控制俯仰。而 A380 甚至将备份舵面扩展到副翼和升降舵，其安全余度达到了前所未有的高度。

与波音飞机相比，空客最新机型的备份系统更加彻底，不仅能在空中维持飞机姿态，还可实现安全飞行和着陆。

附录　标准正态分布表

$$\phi(z) = \frac{1}{\sqrt{2\pi}} \int_{-\infty}^{z} e^{-\frac{z^2}{2}} dz$$

z	0	1	2	3	4	5	6	7	8	9
−2.0	0.0013	0.0010	0.0007	0.0005	0.0003	0.0002	0.0002	0.0001	0.0001	0.0000
−2.9	0.0019	0.0018	0.0017	0.0017	0.0016	0.0016	0.0015	0.0015	0.0014	0.0014
−2.8	0.0026	0.0025	0.0024	0.0023	0.0023	0.0023	0.0022	0.0021	0.0020	0.0019
−2.7	0.0035	0.0034	0.0033	0.0032	0.0031	0.0030	0.0029	0.0028	0.0027	0.0026
−2.6	0.0047	0.0045	0.0044	0.0043	0.0041	0.0040	0.0039	0.0038	0.0037	0.0036
−2.5	0.0062	0.0060	0.0059	0.0057	0.0055	0.0054	0.0052	0.0051	0.0049	0.0048
−2.4	0.0082	0.0080	0.0078	0.0075	0.0073	0.0071	0.0069	0.0068	0.0066	0.0064
−2.3	0.0107	0.0104	0.0102	0.0099	0.0096	0.0094	0.0091	0.0089	0.0087	0.0084
−2.2	0.0139	0.0136	0.0132	0.0129	0.0126	0.0122	0.0119	0.0116	0.0113	0.0110
−2.1	0.0179	0.0174	0.0170	0.0166	0.0162	0.0158	0.0154	0.0150	0.0146	0.0143
−2.0	0.0228	0.0222	0.0217	0.0212	0.0207	0.0202	0.0197	0.0192	0.0188	0.0183
−1.9	0.0287	0.0281	0.0274	0.0268	0.0262	0.0256	0.0250	0.0244	0.0238	0.0233
−1.8	0.0359	0.0352	0.0344	0.0336	0.0329	0.0322	0.0314	0.0307	0.0300	0.0294
−1.7	0.0446	0.0436	0.0427	0.0418	0.0409	0.0401	0.0302	0.0384	0.0375	0.0367
−1.6	0.0548	0.0537	0.0526	0.0516	0.0505	0.0495	0.0485	0.0475	0.0465	0.0455
−1.5	0.0668	0.0655	0.0643	0.0630	0.0618	0.0606	0.0594	0.0582	0.0570	0.0559
−1.4	0.0808	0.0793	0.0778	0.0764	0.0749	0.0735	0.0722	0.0708	0.0694	0.0681
−1.3	0.0968	0.0951	0.0934	0.0918	0.0901	0.0885	0.0869	0.0853	0.0838	0.0823
−1.2	0.1151	0.1131	0.1112	0.1093	0.1075	0.1056	0.1038	0.1020	0.1003	0.0985
−1.1	0.1337	0.1335	0.1314	0.1292	0.1271	0.1251	0.1230	0.1210	0.1190	0.1170
−1.0	0.1587	0.1562	0.1539	0.1515	0.1492	0.1469	0.1446	0.1423	0.1401	0.1379
−0.9	0.1841	0.1841	0.1788	0.1762	0.1763	0.1711	0.1685	0.1660	0.1635	0.1611
−0.8	0.2119	0.2090	0.2061	0.2033	0.2005	0.1977	0.1949	0.1922	0.1894	0.1867
−0.7	0.2420	0.2389	0.2358	0.2327	0.2297	0.2266	0.2236	0.2206	0.2177	0.2148
−0.6	0.2743	0.2709	0.2676	0.2643	0.2611	0.2578	0.2546	0.2514	0.2483	0.2451
−0.5	0.3085	0.3050	0.3015	0.2981	0.2946	0.2912	0.2877	0.2843	0.2810	0.2776
−0.4	0.3446	0.3409	0.3372	0.3336	0.3300	0.3264	0.3228	0.3192	0.3156	0.3121
−0.3	0.3821	0.3783	0.3745	0.3707	0.3669	0.3632	0.3594	0.3557	0.3520	0.3483
−0.2	0.4207	0.4168	0.4129	0.4090	0.4052	0.4013	0.3974	0.3936	0.3397	0.3859
−0.1	0.4602	0.4562	0.4522	0.4483	0.4443	0.4404	0.4364	0.4325	0.4286	0.4247
−0.0	0.5000	0.4960	0.4920	0.4880	0.4840	0.4801	0.4761	0.4721	0.4681	0.4641
0.0	0.5000	0.5040	0.5080	0.5120	0.5160	0.5199	0.5239	0.5279	0.4319	0.5359
0.1	0.5398	0.5438	0.5478	0.5517	0.5557	0.5596	0.5686	0.5675	0.5714	0.5753

z	0	1	2	3	4	5	6	7	8	9
0.2	0.5793	0.5832	0.5871	0.5910	0.5948	0.5987	0.6026	0.6064	0.6103	0.6141
0.3	0.6179	0.6217	0.6255	0.6293	0.6331	0.6368	0.6406	0.6643	0.6480	0.6517
0.4	0.6554	0.6591	0.6628	0.6664	0.6700	0.6736	0.6772	0.6808	0.6844	0.6879
0.5	0.6915	0.6950	0.6935	0.7019	0.7054	0.7088	0.7123	0.7157	0.7190	0.7224
0.6	0.7257	0.7291	0.7324	0.7357	0.7389	0.7422	0.7454	0.7486	0.7517	0.7549
0.7	0.7580	0.7611	0.7642	0.7673	0.7703	0.7734	0.7764	0.7794	0.7823	0.7852
0.8	0.7881	0.7910	0.7939	0.7967	0.7995	0.8023	0.8051	0.8078	0.8106	0.8133
0.9	0.8159	0.8186	0.8212	0.8238	0.8264	0.8289	0.8315	0.8340	0.8365	0.8389
1.0	0.8413	0.8438	0.8461	0.8485	0.8508	0.8531	0.8554	0.8577	0.8599	0.8621
1.1	0.8643	0.8665	0.8686	0.8708	0.8729	0.8749	0.8770	0.8790	0.8810	0.8830
1.2	0.8849	0.8869	0.8888	0.8907	0.8925	0.8944	0.8962	0.8980	0.8997	0.9015
1.4	0.9192	0.9207	0.9222	0.9236	0.9251	0.9265	0.9278	0.9292	0.9306	0.9319
1.6	0.9452	0.9463	0.9474	0.9484	0.9495	0.9505	0.9515	0.9525	0.9535	0.9545
1.8	0.9541	0.9648	0.9656	0.9664	0.9671	0.9678	0.9686	0.9693	0.9700	0.9706
2.0	0.9772	0.9778	0.9783	0.9788	0.9793	0.9798	0.9803	0.9808	0.9812	0.9817
2.2	0.9861	0.9864	0.9868	0.9871	0.9874	0.9878	0.9881	0.9884	0.9887	0.9890
2.4	0.9918	0.9920	0.9922	0.9925	0.9927	0.9929	0.9931	0.9932	0.9934	0.9936
2.6	0.9953	0.9955	0.9956	0.9957	0.9959	0.9960	0.9961	0.9961	0.9963	0.9964
2.8	0.9974	0.9975	0.9976	0.9977	0.9977	0.9978	0.9978	0.9979	0.9980	0.9981
2.9	0.9981	0.9982	0.9982	0.9983	0.9984	0.9984	0.9985	0.9985	0.9986	0.9986
2.0	0.9987	0.9990	0.9993	0.9995	0.9997	0.9998	0.9998	0.9999	0.9999	1.0000